SOLIDWORKS® 公司原版系列培训教程
CSWP 全球专业认证考试培训教程

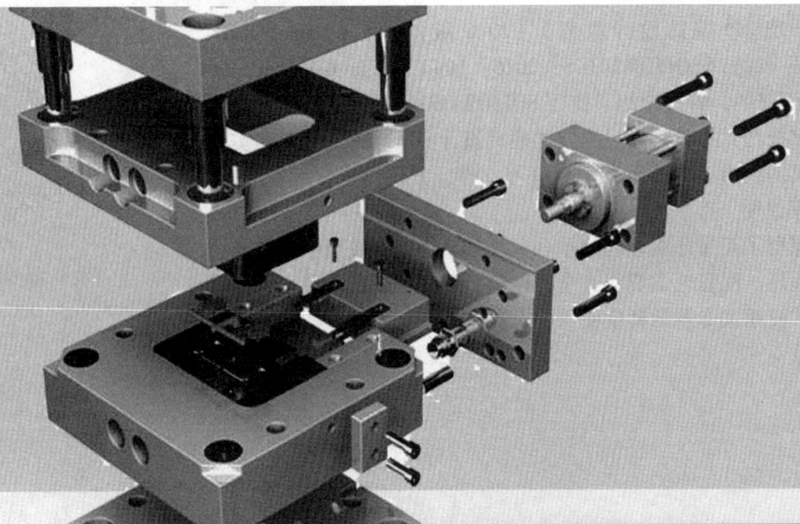

2016版

SOLIDWORKS®
模具设计教程

[美] DS SOLIDWORKS®公司 著
陈超祥 胡其登 主编
杭州新迪数字工程系统有限公司 编译

机械工业出版社
CHINA MACHINE PRESS

《SOLIDWORKS® 模具设计教程》（2016 版）是根据 DS SOLIDWORKS®公司发布的《SOLIDWORKS® 2016：Mold Design Using SOLIDWORKS》编译而成的，着重介绍了使用 SOLIDWORKS 软件进行模具设计的方法、技术和技巧。本教程通过丰富的模具设计实例，帮助读者在实战中提高设计模具的能力。本教程有配套练习文件，方便读者学习和培训，详见“本书使用说明”。

本教程在保留了英文原版教程精华和风格的基础上，按照中国读者的阅读习惯进行编译，配套教学资料齐全，适合企业工程设计人员和大专院校、职业技术学校相关专业的师生使用。

图书在版编目（CIP）数据

SOLIDWORKS®模具设计教程：2016 版/美国 DS SOLIDWORKS®公司著；陈超祥，胡其登主编. —3 版. —北京：机械工业出版社，2012.9

SOLIDWORKS®公司原版系列培训教程　CSWP 全球专业认证考试培训教程

ISBN 978 – 7 – 111 – 54293 – 3

Ⅰ.①S…　Ⅱ.①美…②陈…③胡…　Ⅲ.①模具 – 计算机辅助设计 – 应用软件 – 教材　Ⅳ.①TG76 – 39

中国版本图书馆 CIP 数据核字（2016）第 161079 号

机械工业出版社（北京市百万庄大街 22 号　邮政编码 100037）
策划编辑：宋亚东　责任编辑：宋亚东
责任印制：常天培　责任校对：任秀丽
北京京丰印刷厂印刷
2016 年 8 月第 3 版・第 1 次印刷
210mm × 285mm・16.25 印张・477 千字
0 001—4 000 册
标准书号：ISBN 978 – 7 – 111 – 54293 – 3
定价：59.80 元

凡购本书，如有缺页、倒页、脱页，由本社发行部调换

电话服务	网络服务
服务咨询热线：010-88361066	机 工 官 网：www.cmpbook.com
读者购书热线：010-68326294	机 工 官 博：weibo.com/cmp1952
010-88379203	金 书 网：www.golden-book.com
封面无防伪标均为盗版	教育服务网：www.cmpedu.com

陈超祥　先生　现任 DS SOLIDWORKS®公司亚太区资深技术总监

陈超祥先生早年毕业于香港理工学院机械工程系，后获英国华威克大学制造信息工程硕士及香港理工大学工业及系统工程博士学位。多年来，陈超祥先生致力于机械设计和 CAD 技术应用的研究，曾发表技术文章 20 余篇，拥有多个国际专业组织的专业资格，是中国机械工程学会机械设计分会委员。陈超祥先生曾参与欧洲航天局“猎犬 2 号”火星探险项目，是取样器 4 位发明者之一，拥有美国发明专利（US Patent 6，837，312）。

前言

DS SOLIDWORKS®公司是一家专业从事三维机械设计、工程分析、产品数据管理软件研发和销售的国际性公司。SOLIDWORKS 软件以其优异的性能、易用性和创新性，极大地提高了机械设计工程师的设计效率和质量，目前已成为主流 3D CAD 软件市场的标准，在全球拥有超过 210 万的用户。DS SOLIDWORKS®公司的宗旨是：To help customers design better products and be more successful——让您的设计更精彩。

“SOLIDWORKS®公司原版系列培训教程”是根据 DS SOLIDWORKS®公司最新发布的 SOLIDWORKS 2016 软件的配套英文版培训教程编译而成的，也是 CSWP 全球专业认证考试培训教程。本套教程是 DS SOLIDWORKS®公司唯一正式授权在中国大陆出版的原版培训教程，也是迄今为止出版的最为完整的 SOLIDWORKS®公司原版系列培训教程。

本套教程详细介绍了 SOLIDWORKS 2016 软件和 Simulation 软件的功能，以及使用该软件进行三维产品设计、工程分析的方法、思路、技巧和步骤。值得一提的是，SOLIDWORKS 2016 不仅在功能上进行了 600 多项改进，更加突出的是它在技术上的巨大进步与创新，从而可以更好地满足工程师的设计需求，带给新老用户更大的实惠！

《SOLIDWORKS® 模具设计教程》（2016 版）是根据 DS SOLIDWORKS®公司发布的《SOLIDWORKS® 2016：Mold Design Using SOLIDWORKS》编译而成的，着重介绍了使用 SOLIDWORKS 软件进行模具设计的方法、技术和技巧。

序

尊敬的中国地区 SOLIDWORKS 用户：

DS SOLIDWORKS®公司很高兴为您提供这套最新的 SOLIDWORKS®公司中文原版系列培训教程。我们对中国市场有着长期的承诺，自从 1996 年以来，我们就一直保持与北美地区同步发布 SOLIDWORKS 3D 设计软件的每一个中文版本。

我们感觉到 DS SOLIDWORKS®公司与中国用户之间有着一种特殊的关系，因此也有着一份特殊的责任。这种关系是基于我们共同的价值观——创造性、创新性、卓越的技术，以及世界级的竞争能力。这些价值观一部分是由公司的共同创始人之一李向荣（Tommy Li）所建立的。李向荣是一位华裔工程师，他在定义并实施我们公司的关键性突破技术以及在指导我们的组织开发方面起到了很大的作用。

作为一家软件公司，DS SOLIDWORKS®致力于带给用户世界一流水平的 3D 解决方案（包括设计、分析、产品数据管理、文档出版与发布），以帮助设计师和工程师开发出更好的产品。我们很荣幸地看到中国用户的数量在不断增长，大量杰出的工程师每天使用我们的软件来开发高质量、有竞争力的产品。

目前，中国正在经历一个迅猛发展的时期，从制造服务型经济转向创新驱动型经济。为了继续取得成功，中国需要最佳的软件工具。

SOLIDWORKS 2016 是我们最新版本的软件，它在产品设计过程自动化及改进产品质量方面又提高了一步。该版本提供了许多新的功能和更多提高生产率的工具，可帮助机械设计师和工程师开发出更好的产品。

现在，我们提供了这套中文原版培训教程，体现出我们对中国用户长期持续的承诺。这些教程可以有效地帮助您把 SOLIDWORKS 2016 软件在驱动设计创新和工程技术应用方面的强大威力全部释放出来。

我们为 SOLIDWORKS 能够帮助提升中国的产品设计和开发水平而感到自豪。现在您拥有了最好的软件工具以及配套教程，我们期待看到您用这些工具开发出创新的产品。

此致

敬礼！

Gian Paolo Bassi

DS SOLIDWORKS®公司首席执行官

2016 年 1 月

胡其登　先生　现任 DS SOLIDWORKS®公司大中国区技术总监

胡其登先生毕业于北京航空航天大学，先后获得“计算机辅助设计与制造（CAD/CAM）”专业工学学士、工学硕士学位。毕业后一直从事3D CAD/CAM/PDM/PLM技术的研究与实践、软件开发、企业技术培训与支持、制造业企业信息化的深化应用与推广等工作，经验丰富，先后发表技术文章20余篇。在引进并消化吸收新技术的同时，注重理论与企业实际相结合。在给数以百计的企业进行技术交流、方案推介和顾问咨询等工作的过程中，对如何将3D技术成功应用到中国制造业企业的问题上，形成了自己的独到见解，总结出了推广企业信息化与数字化的最佳实践方法，帮助众多企业从2D平滑地过渡到了3D，并为企业推荐和引进了PDM/PLM管理平台。作为系统实施的专家与顾问，在帮助企业成功打造为3D数字化企业的实践中，丰富了自身理论与实践的知识体系。

胡其登先生作为中国最早使用SOLIDWORKS软件的工程师，酷爱3D技术，先后为SOLIDWORKS社群培训培养了数以百计的工程师。目前负责SOLIDWORKS解决方案在大中国区全渠道的技术培训、支持、实施、服务及推广等全面技术工作。

本套教程在保留了原版教程精华和风格的基础上，按照中国读者的阅读习惯进行编译，使其变得直观、通俗，让初学者易上手，让高手的设计效率和质量更上一层楼！

本套教程由 DS SOLIDWORKS®公司亚太区资深技术总监陈超祥先生和大中国区技术总监胡其登先生共同担任主编，由杭州新迪数字工程系统有限公司副总经理陈志杨负责审校。承担编译、校对和录入工作的有蒋成、黄伟、李明浩、熊康、叶伟、张曦、周忠等杭州新迪数字工程系统有限公司的技术人员。杭州新迪数字工程系统有限公司是 DS SOLIDWORKS®公司的密切合作伙伴，拥有一支完整的软件研发队伍和技术支持队伍，长期承担着 SOLIDWORKS 核心软件研发、客户技术支持、培训教程编译等方面的工作。在此，对参与本套教程编译的工作人员表示诚挚的感谢。

由于时间仓促，书中难免存在疏漏和不足之处，恳请广大读者批评指正。

陈超祥　胡其登

2016年1月

本书使用说明

关于本书

本书的目的是让读者学习如何使用 SOLIDWORKS 机械设计自动化软件来建立零件和装配体的参数化模型，同时介绍如何利用这些零件和装配体来建立相应的工程图。

SOLIDWORKS 2016 是一个功能强大的机械设计软件，而本书章节有限，不可能覆盖软件的每一个细节和各个方面。所以本书将重点给读者讲解应用 SOLIDWORKS 2016 进行工作所必需的基本技术和主要概念。本书作为在线帮助系统的一个有益的补充，不可能完全替代软件自带的在线帮助系统。读者在对 SOLIDWORKS 2016 软件的基本使用技能有了较好的了解之后，就能够参考在线帮助系统获得其他常用命令的信息，进而提高应用水平。

前提条件

读者在学习本书之前，应该具备如下经验：

- 机械设计经验。
- 使用 Windows 操作系统的经验。
- 已经学习了《SOLIDWORKS®高级装配教程》(2014 版)。

编写原则

本书是基于过程或任务的方法而设计的培训教程，并不专注于介绍单项特征和软件功能。本书强调的是，完成一项特定任务所遵循的过程和步骤。通过对每一个应用实例的学习来演示这些过程和步骤，读者将学会为完成一项特定设计任务所需采取的方法，以及所需要的命令、选项和菜单。

知识卡片

除了每章的研究实例和练习外，本书还提供了可供读者参考的“知识卡片”。这些“知识卡片”提供了软件使用工具的简单介绍和操作方法，可供读者随时查阅。

使用方法

本书的目的是希望读者在有 SOLIDWORKS 使用经验的教师指导下，在培训课中进行学习，通过教师现场演示本书所提供的实例，学生跟着练习的这种交互式的学习方法，使读者掌握软件的功能。

读者可以使用练习题来应用和练习书中讲解的或教师演示的内容。本书设计的练习题代表了典型的设计和建模情况，读者完全能够在课堂上完成。应该注意到，学生的学习速度是不同的，因此，书中所列出的练习题比一般读者能在课堂上完成的要多，这确保了学习最快的读者也有练习可做。

标准、名词术语及单位

SOLIDWORKS 软件支持多种工程图标准，如中国国家标准（GB）、美国国家标准（ANSI）、国际标准（ISO）、德国国家标准（DIN）和日本国家标准（JIS）。本书中的例子和练习基本上采用了中国国家标准（除个别为体现软件多样性的选项外）。为与软件保持一致，本书中一些名词术语、物理量符号、计量单位未与国家标准保持一致，请读者使用时注意。

练习文件

读者可以从网络平台下载本书的练习文件，具体方法是：扫描封底的“机械工人之家”微信公众号，关注后输入“2016MJ”即可获取下载地址。

读者也可以从 SOLIDWORKS 官方网站下载，网址是 www. solidworks. com/trainingfilessolidworks，您将会看到一个专门用于下载练习文件的链接，这些练习文件都是有数字签名并且可以自解压的文件包。

Windows® 7

本书所用的屏幕图片是 SOLIDWORKS 2016 运行在 Windows® 7 时制作的。

本书的格式约定

本书使用以下的格式约定：

约　定	含　义	约　定	含　义
【插入】/【凸台】	表示 SOLIDWORKS 软件命令和选项。例如【插入】/【凸台】表示从下拉菜单【插入】中选择【凸台】命令	注意	软件使用时应注意的问题
提示	要点提示	操作步骤 步骤 1 步骤 2 步骤 3	表示课程中实例设计过程的各个步骤
技巧	软件使用技巧		

关于色彩的问题

SOLIDWORKS 2016 英文原版教程是采用彩色印刷的，而我们出版的中文教程则采用黑白印刷，所以本书对英文原版教程中出现的颜色信息做了一定的调整，以便尽可能地方便读者理解书中的内容。

更多 SOLIDWORKS 培训资源

my. solidworks. com 提供更多的 SOLIDWORKS 内容和服务，用户可以在任何时间、任何地点，使用任何设备查看。用户也可以访问 my. solidworks. com/training，按照自己的计划和节奏来学习，以提高 SOLIDWORKS 技能。

用户组网络

SOLIDWORKS 用户组网络（SWUGN）有很多功能。通过访问 swugn. org，用户可以参加当地的会议，了解 SOLIDWORKS 相关工程技术主题的演讲以及更多的 SOLIDWORKS 产品，或者与其他用户通过网络来交流。

目　　录

第 1 章　曲面概念与输入几何体

学习目标

- 了解影响 CAD 数据在不同系统间转换的因素
- 从其他数据源输入实体和曲面几何体
- 使用输入诊断来诊断与解决输入几何体中存在的问题
- 理解曲面和实体模型之间的关系
- 使用曲面建模技术手动修复与编辑输入的几何体

1.1　概述

在创建模具的过程中存在许多步骤，但是无论如何，总体过程可以分为三个阶段：

- 导入几何体，如果有必要，修复模型。
- 创建型芯（考虑与软件一致，下面均用“型心”）和型腔。
- 创建完整的模具。

在第 1 章中，将会回顾曲面建模和输入概念。本教程的信息可以在 SOLIDWORKS 曲面建模中找到。这样安排便于教师和学生自行判断本次课程所需投入的学习时间。

我们将会关注使用模具工具创建型心和型腔，以及介绍模具设计中使用的数据重用，如图 1-1 所示。在最后一章，我们会把模具插入模架中，在一个装配体内完成。

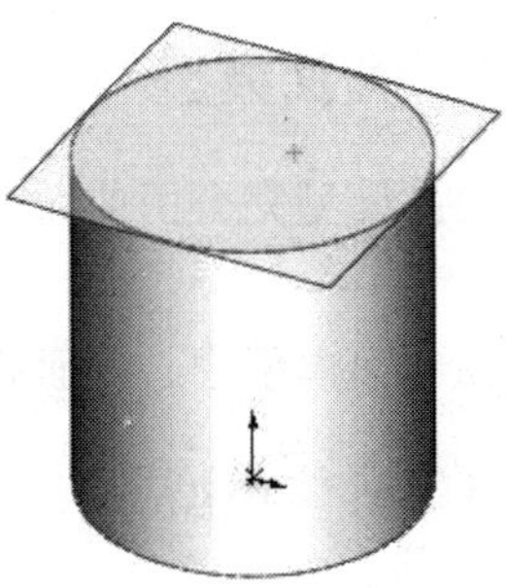

图 1-1　几何元素

1.2　隐藏/显示树项目

在 FeatureManager 设计树中，有些项目如果没有使用到，则是被自动隐藏的。对于本教程，需要将 FeatureManager 中的某些文件夹设置为一直显示。

单击【工具】/【选项】/【系统选项】/【FeatureManager】，在【隐藏/显示树项目】下面，设置以下项目为显示，如图 1-2 所示。

- 实体。
- 曲面实体。

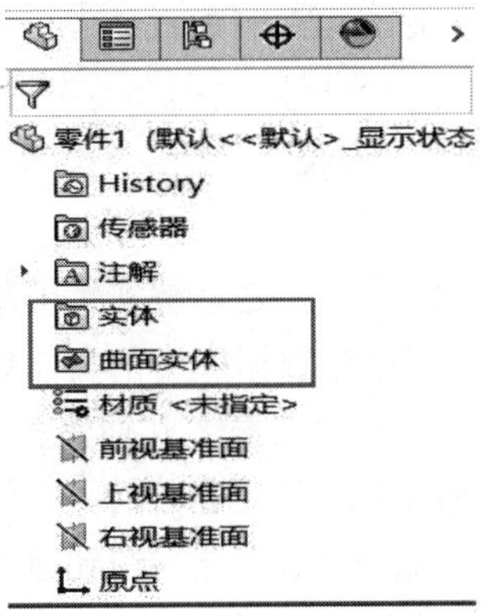

图 1-2　隐藏和显示几何元素

1.3　获取命令

为了方便获取本教程中的常用命令，将【曲面】和【模具工具】标签添加到 CommandManager。在列表菜单中右键添加或者选择添加额外的标签，如图 1-3 所示。

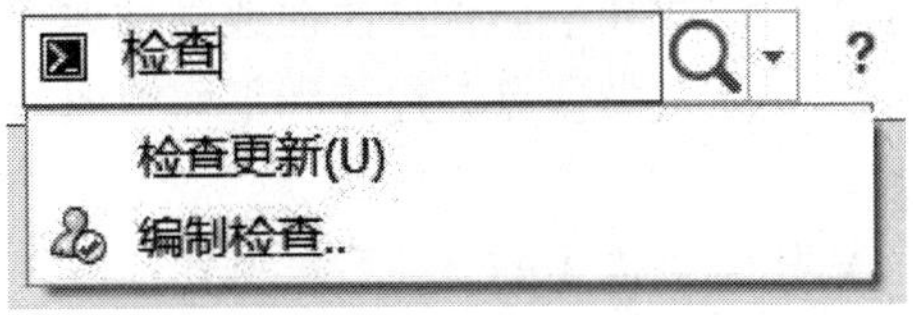

图 1-3　添加命令

1.4 输入数据

在模具创建过程中，很多模型都是从其他 CAD 系统导入到 SOLIDWORKS 中的。输入的模型并非永远都不会产生错误，所以需要检查导入过程，以便理解哪里错了和如何修复它。

要理解导入过程，首先要准确地知道曲面和实体是由什么组成的。虽然实体是最终的结果，但它们是由许多曲面经剪裁和缝合而来的。理解了这一点将有助于理解为什么导入的过程中会产生错误以及如何利用曲面工具修复它们。

1.5 模型的类型

3D 模型有三种类型：线框、曲面和实体。在 SOLIDWORKS 中，实体和曲面实体几乎是一样的，这也是在高级建模和模具创建过程中可以如此简单地同时使用它们的原因之一。

1.5.1 线框模型

线框模型完全由空间的点，以及连接它们的线、圆弧和样条曲线组成。对象由它们的边线展示。

在模具创建的过程中，线框模型并没有实际的用处。但是，知道它们的存在是很重要的，因为在模型导入过程中会看到线框模型相关的选项。

1.5.2 曲面模型

曲面模型完全由曲面组成，对曲面之间是否接触没有要求，甚至当它们相遇时是否停止都不作要求。

在曲面模型中，曲面的边界范围由数学方法定义的区域决定。

1.5.3 实体模型

在现实生活中，实体模型是满足多种要求的曲面模型。

组成实体模型的拓扑结构是完整的(没有丢失的面或缺口)，并且形成一个单一的封闭体积。举个例子来说，它能装水。

1.6 定义

以下定义是理解实体模型的重点。

储存在数据库中的实体模型的几何信息和拓扑信息有着本质的区别。

1. 几何信息 几何信息描述的是形状。例如物体的扁平或者翘曲、直线形或者弯曲状。点 *A* 代表了空间中特定且唯一的一个位置。

几何体是由点、线和面等几何元素(图 1-4)的形状、尺寸和位置定义的。几何体也可能参考一个剪裁面的基本曲面。

2. 拓扑信息 拓扑信息描述的是几何元素如何被封闭(形成拓扑元素)以及如何被关联。实体模型的顶点、边线和平面被显性地或隐性地定义着。

拓扑元素由顶点、边线和平面组成，如图 1-5 所示。由基础曲面衍生出来的剪裁环和平面也是拓扑元素。

拓扑信息描述的是关系，例如：

- 实体的内部或者外部，一般来说这是通过面来定义的。

- 哪些边相交于哪些顶点。
- 哪些面的分界线形成哪些边线。
- 哪些边是两个相邻面的共同边线。

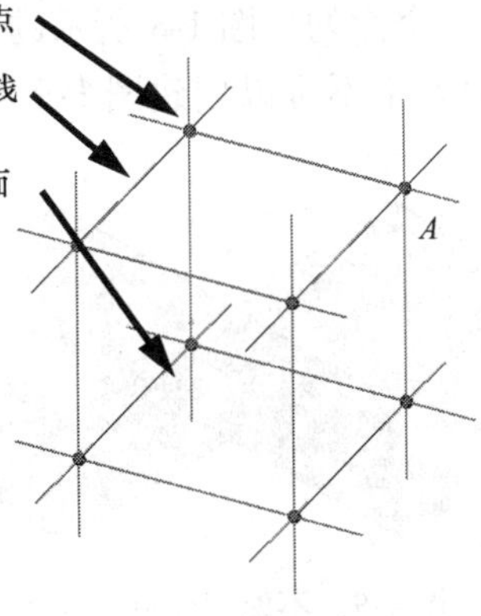

图 1-4　几何元素

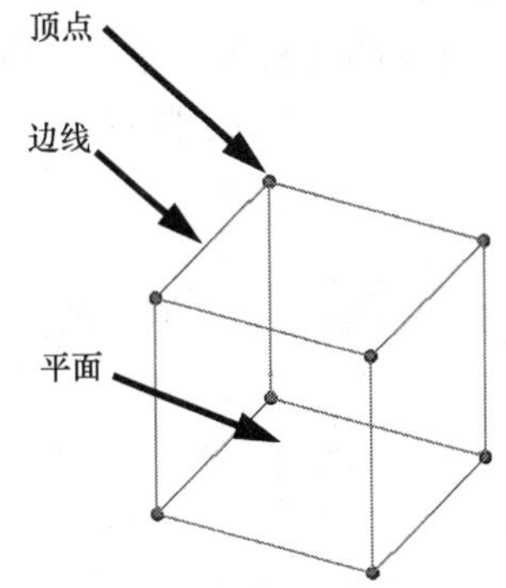

图 1-5　拓扑元素

1.6.1　几何信息与拓扑信息

对一个简单的立方体而言，几何信息包括 8 个空间的点，这些点被 12 条线连接并形成了 6 个面。拓扑信息描述为 6 个面相交于 12 条边线，这些边线定义了 8 个顶点。

在保持实体模型的原始拓扑信息的情况下，可以用参数方式改变它。

图 1-6 所示的实体都有着相同的拓扑信息，但尺寸不同。

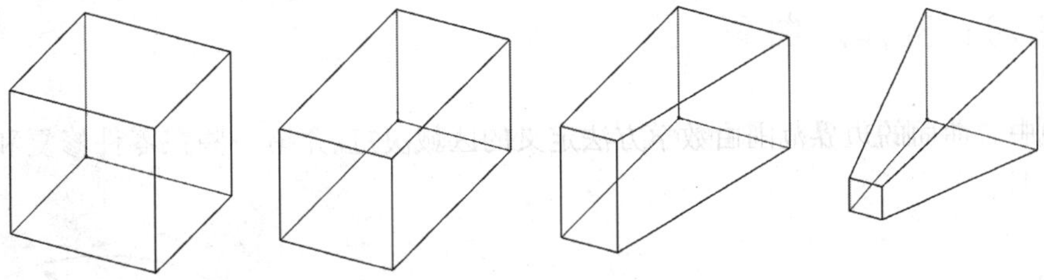

图 1-6　几何与拓扑信息

如图 1-7 所示的两个实体，它们都是由 6 个面、12 条边线以及 8 个顶点组成的。从拓扑信息来看，它们都是一样的，但是，很明显它们的几何外形是完全不一样的，左侧的实体完全由平面以及直线组成，右侧的实体则不是。

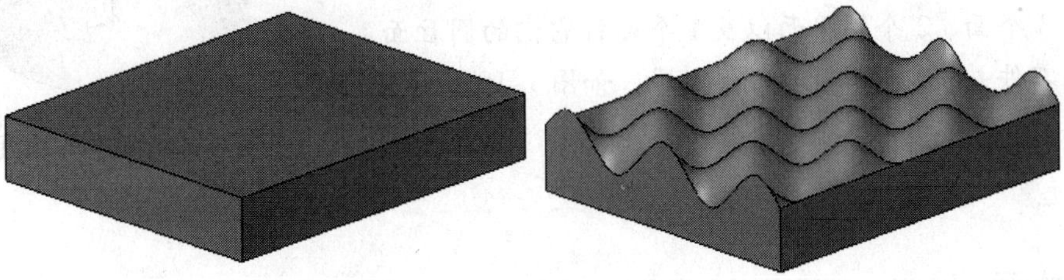

图 1-7　几何形状与拓扑信息

表 1-1 显示了两类信息间的相互对应关系。

表 1-1　几何信息和拓扑信息的对应关系

拓扑信息	几何信息	拓扑信息	几何信息
面	平面或曲面	顶点	曲线的端点
边	曲线，如直线、圆弧或样条曲线		

1.6.2 实体

通过下面的规则来区分实体或者曲面：对于一个实体，其中任意一条边线同时属于且只属于两个面。也就是说，在一个曲面实体中，其中一条边线可以仅是属于一个面的。图 1-8 所示的曲面中含有 5 条边线，每条边线都仅属于一个单一的面。这也是在 SOLIDWORKS 中不可以创建图 1-9 所示单一实体的原因。图 1-9 中，所指边线同时属于 4 个面。

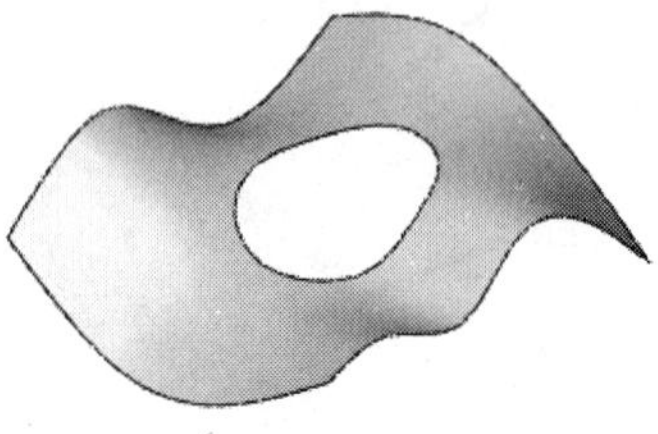

图 1-8 曲面示例

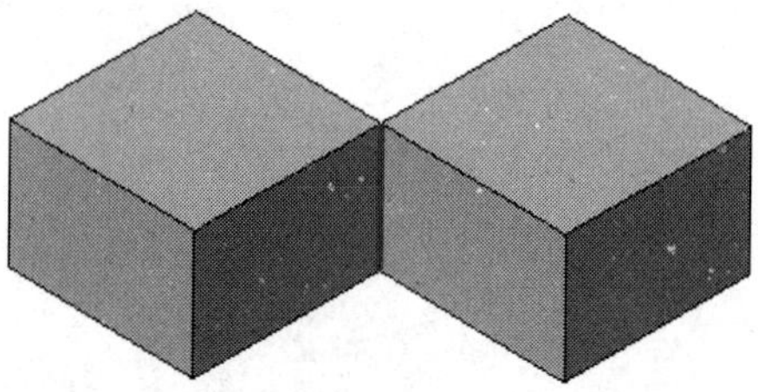

图 1-9 不能创建单一实体

1.6.3 欧拉方程

欧拉方程 $V-E+F=2$ 定义了实体的顶点(V)、边线(E)和平面(F)之间的关系，这个方程用于证明实体拓扑信息的正确性，一个有效的实体必须满足欧拉方程。

立方体有 8 个顶点、12 条边和 6 个面($8-12+6=2$)，它满足欧拉方程，所以立方体是有效的实体。

1.7 实例练习：实体对曲面

以简单的圆柱体为例说明实体和曲面实体之间的区别，并且介绍一些在零件修复和模具创建过程中常用的曲面工具。

操作步骤

步骤 1 拉伸形成圆柱体实体

使用模板“Part _ MM”创建一个新的零件。

在上视基准面上，绘制一个草图圆，直径为 25mm，圆心置于原点，拉伸高度为 25mm。

生成 3 个面、2 个端平面以及 1 个连接它们的圆柱面。

保存零件并将文件命名为“Solid”，如图 1-10 所示。

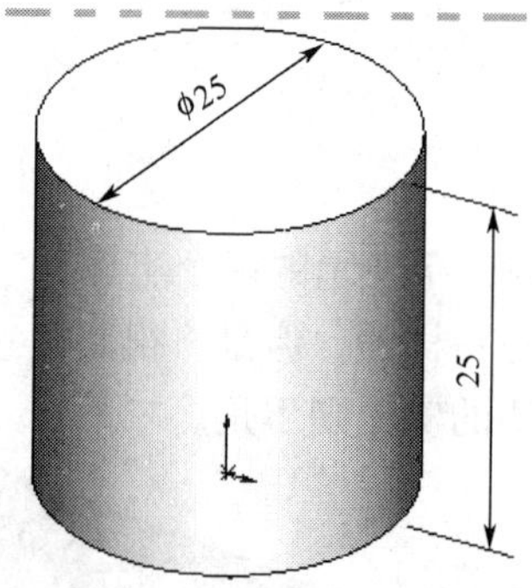

图 1-10 拉伸形成圆柱实体

1.7.1 拉伸曲面

知识卡片

拉伸曲面	【拉伸曲面】命令类似于【拉伸凸台/基体】，只不过它生成的是一个曲面而不是一个实体，它的端面不会被封闭，同时也不要求草图是闭合的。
操作方法	● CommandManager：【曲面】/【拉伸曲面】。 ● 菜单：【插入】/【曲面】/【拉伸曲面】。

步骤 2　拉伸曲面

使用模板"Part _ MM"创建一个新的零件。

在上视基准面上，绘制一个草图圆，直径为 25mm，圆心置于原点，拉伸高度为 25mm，如图 1-11 所示。

选择下拉菜单中的【窗口】/【纵向平铺】，以同时显示实体模型窗口以及曲面模型窗口，如图 1-12 所示。

保存零件并将文件命名为"Surface"。

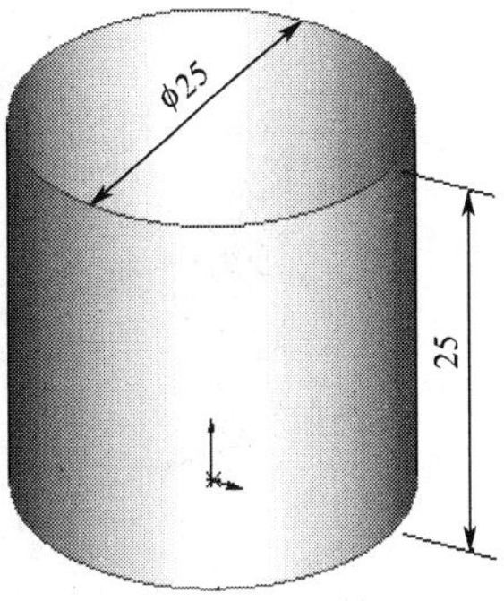

图 1-11　拉伸曲面

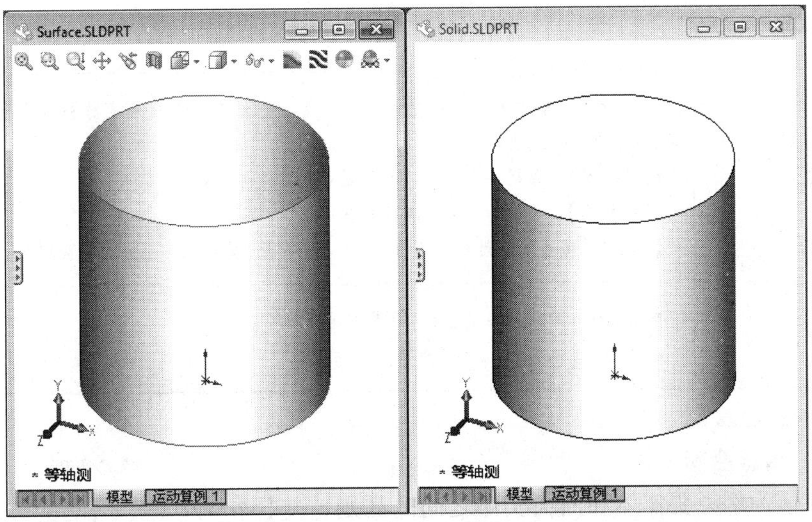

图 1-12　纵向平铺

1.7.2　平面区域

知识卡片

平面区域	用户可以利用一个封闭的轮廓、不相交的草图或一组封闭的平面边线建立平面区域。
操作方法	● CommandManager：【模具工具】/【平面区域】。 ● CommandManager：【曲面】/【平面区域】。 ● 菜单：【插入】/【曲面】/【平面区域】。

步骤 3　建立一个平面区域

在"Surface"零件的上视基准面上新建一个草图，绘制一个正方形，中心位于原点，且边与圆柱面边线相切，如图 1-13 所示。

单击【平面区域】，当前激活的草图将自动被选择。

单击【确定】。

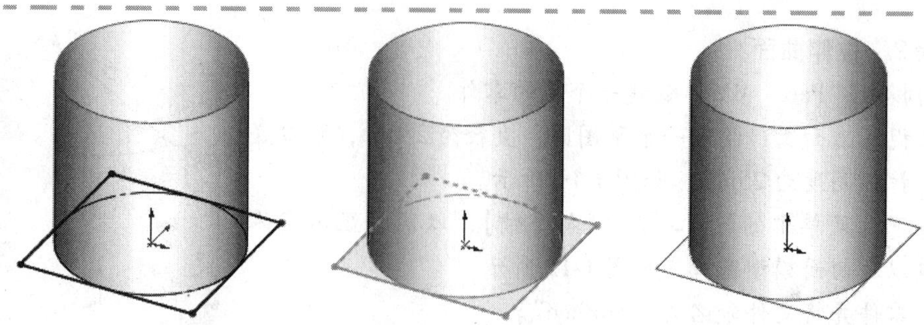

图 1-13　平面区域

1.7.3　剪裁曲面

知识卡片		
	剪裁曲面	【剪裁曲面】命令允许用户使用一个曲面、平面或者草图来裁剪另一个曲面，在【剪裁类型】中，有两个选项： 1）【标准】。使用一个曲面、平面或者草图作为剪裁工具。 2）【相互】。多个曲面之间相互剪裁。 【标准】剪裁生成的是分离的曲面实体，【相互】剪裁能将生成的曲面缝合。
	操作方法	● CommandManager：【曲面】/【剪裁曲面】。 ● 菜单：【插入】/【曲面】/【剪裁曲面】。

步骤 4　剪裁曲面

单击曲面工具栏上的【剪裁曲面】。在【剪裁类型】中，选择【标准】，如图 1-14 所示。

提示　为了继续后面的讲解内容及步骤，在这里选用的是【标准】剪裁类型。

在【剪裁工具】一栏中，选取曲面-拉伸。

选择【保留选择】。

技巧　旋转视图可以轻松地看到圆柱的底面。

当鼠标箭头移动至将要被剪裁的面上时，系统将以不同的结果亮显。

选择图 1-15 所示圆形平面，单击【确定】。

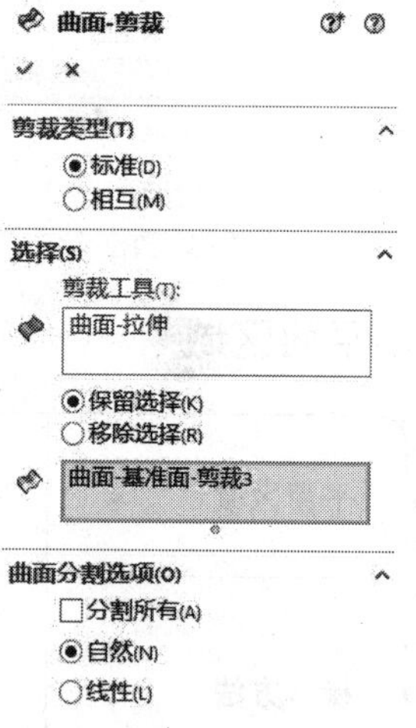

图 1-14　剪裁曲面

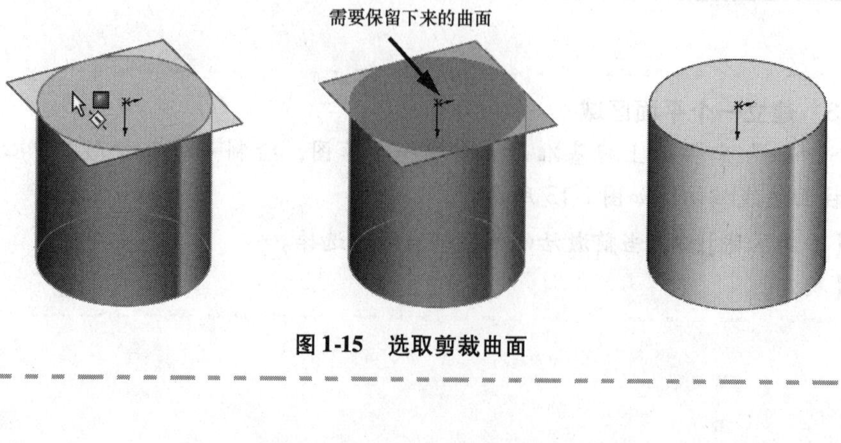

图 1-15　选取剪裁曲面

提示　在另外一些模型中，用户可能会发现使用【移除选择】选项来直接选择那些需要被删除的面会更方便些。

步骤 5　第二个平面区域

切换至【等轴测】视图方向。

单击【平面区域】，选择圆柱顶面的圆形边线。

单击【确定】，如图 1-16 所示。

步骤 6　结果

可以看到，步骤 5 操作得到的结果与步骤 4 所得到的结果是完全一样的，然而它仅使用了一个操作，而不是像前面一样通过两个步骤来完成的，如图 1-17 所示。而且，现在看到的结果与步骤 1 中生成的实体圆柱体是非常像的，但它并不是一个真正的实体，而仅仅是 3 个曲面的组合。

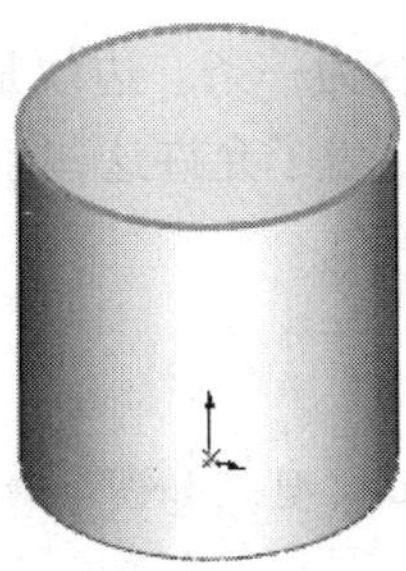

图 1-16　第二个平面区域

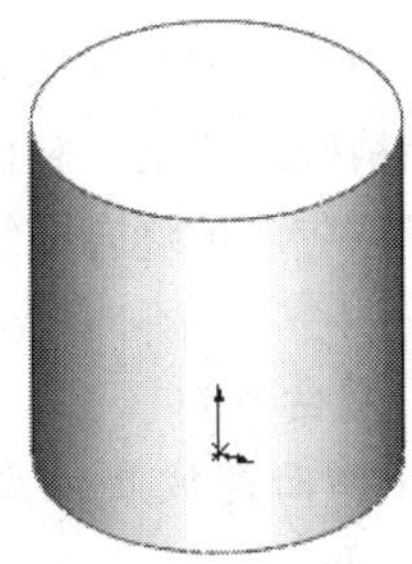

图 1-17　结果

1.7.4　解除剪裁曲面

知识卡片

解除剪裁曲面	使用【解除剪裁曲面】命令可以将曲面恢复到其原始边界状态。假如用户刚才删除的是内部的圆形面，使用【解除剪裁曲面】命令后，其结果将使删除的圆孔被重新修补完整。使用该命令可以生成一个新的曲面，也可以替代原始面。
操作方法	• CommandManager：【曲面】/【解除剪裁曲面】。 • 菜单：【插入】/【曲面】/【解除剪裁曲面】。

步骤 7　解除剪裁曲面

单击曲面工具栏上的【解除剪裁曲面】，选择步骤 5 中建立的平面区域。

通过预览视图，可以查看系统自动创建的由圆形边线生成的矩形面，如图 1-18 所示。

单击【取消】，退出【解除剪裁曲面】命令。

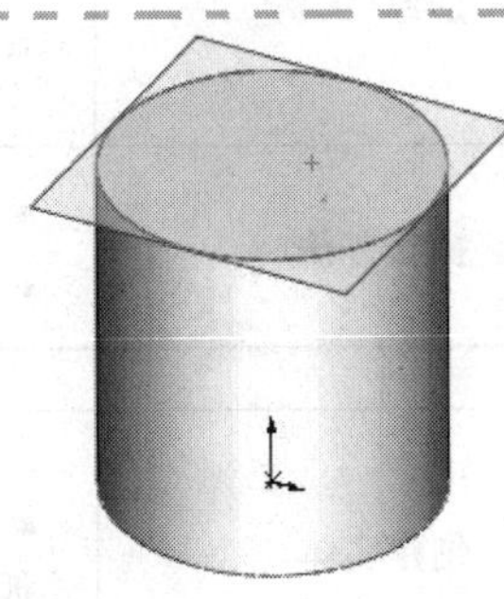

图 1-18　解除剪裁曲面

1.7.5 缝合曲面

知识卡片

缝合曲面	【缝合曲面】命令可以将多个分离的曲面缝合并生成一个单一的曲面，且遵循以下缝合规则： ● 曲面必须是边与边相交。 ● 曲面不能相互交叉、相交于一点或者不是边线的位置(例如一个面的中间)。 ● 不相连的曲面不能被缝合。
操作方法	● CommandManager：【模具工具】/【缝合曲面】。 ● CommandManager：【曲面】/【缝合曲面】。 ● 菜单：【插入】/【曲面】/【缝合曲面】。

1.7.6 缝隙控制

缝合曲面时，边线必须相互接触，这样才可以将两条边线合为一条。边线是数学表达形式，许多例子中边线并不能精确地匹配，它们中间可能存在很小的缝隙。为了允许这些小的开口，【缝隙控制】可以指定多大的缝隙应该被缝合或维持开口状态。

步骤 8 缝合曲面

因为 3 个曲面是彼此独立的，所以看到的是一个曲面模型，如图 1-19 所示。

单击【缝合曲面】，选择 3 个曲面，清除【尝试形成实体】。

单击【确定】。

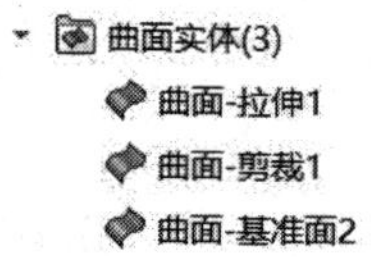

图 1-19 曲面实体

步骤 9 检查结果

在 FeatureManager 设计树中，“曲面实体”文件夹中只包含了一个名为“曲面-缝合 1”的曲面，如图 1-20 所示。

图 1-20 检查结果

1.7.7 曲面生成实体

要由曲面生成实体，曲面必须形成一个封闭的体积。有两种方法可以生成实体：【加厚】和【创建实体】。

知识卡片

加厚	【加厚】命令通过加厚一个或多个相邻曲面创建实体。在加厚之前，曲面必须已被缝合。如果曲面形成了一个封闭的体积，【从闭合的体积生成实体】选项有效。
操作方法	● CommandManager：【曲面】/【加厚】。 ● 菜单：【插入】/【凸台/基体】/【加厚】。

知识卡片

创建实体	缝合曲面时，如果曲面形成了一个封闭的体积，【尝试形成实体】选项有效。选择此选项，体积将被加厚直到形成实体为止。
操作方法	● 菜单：【插入】/【曲面】/【缝合曲面】，选择【尝试形成实体】选项。

步骤10　形成实体

编辑特征“曲面-缝合1”。勾选【尝试形成实体】，单击【确定】。

步骤11　检查结果

在FeatureManager设计树中，看不到任何曲面实体，只有一个名为“曲面-缝合1”的实体位于实体文件夹下，如图1-21所示。

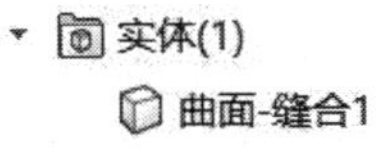

图1-21　实体

1.7.8　实体分解成曲面

由于目前还没有一个专门与【缝合曲面】功能相逆反的命令，因此也就不能简便地将实体直接转换成曲面。但是，下面几个技巧在实际应用中还是非常有用的：

- 删除一个实体的面，可以将实体还原至曲面状态。
- 复制实体的面，对它们进行编辑，然后用它们替换原始的实体面。

1.7.9　删除面

知识卡片

删除面	使用【删除面】工具可以移除模型的一个或多个面，同时允许用延伸相邻面边界所形成的面来替换它，或者直接生成新曲面来填补这个删除后出现的缺口。而且，【删除面】也可以是简单移除实体面而不做任何替代操作，以实现实体到曲面的转换。
操作方法	• CommandManager：【删除面】。 • 菜单：【插入】/【面】/【删除】。

步骤12　删除面

单击【删除面】。选择模型的上顶面，在【选项】中选择【删除】，单击【确定】。

此时，只有一个由圆柱面和底面组成的曲面实体，如图1-22所示。

图1-22　曲面实体

步骤13　保存并关闭零件

1.7.10　边线

面上的孔是由边线定义的真实存在的边界，在实体模型中加入切除特征后，会生成新的边线来定义该面的边界，当这些边线被删除后，它下面所包含的面就会被还原。这就是实体与曲面的互操作性的关键，如图1-23所示。

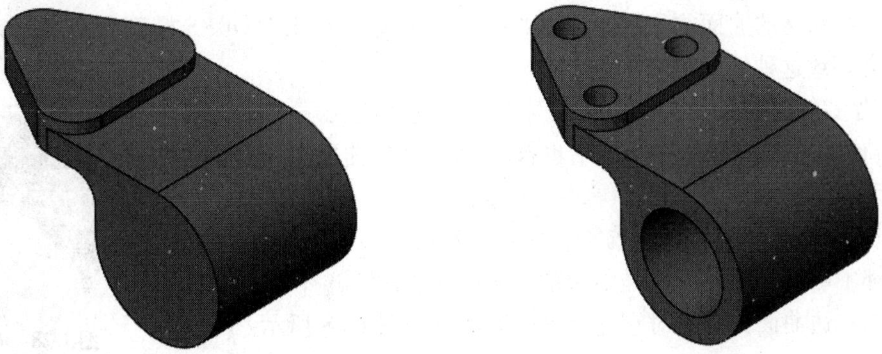

图1-23　边线

1.7.11 曲面类型

曲面几何体可以分成很多类，下面仅列出了最主要的几个类别：

- 代数曲面可以用简单的代数公式来描述，这类曲面包括平面、球面、圆柱面、圆锥面、环面等，代数曲面中的 U-V 曲线都是一些直线、圆弧或者圆周，如图 1-24 所示。
- 直纹曲面上每个点都有直线穿过，且直线位于面上，如图 1-25 所示。

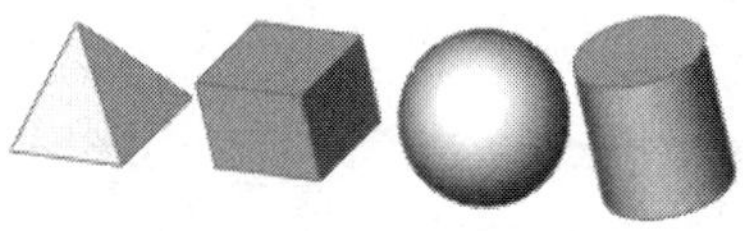

图 1-24　代数曲面

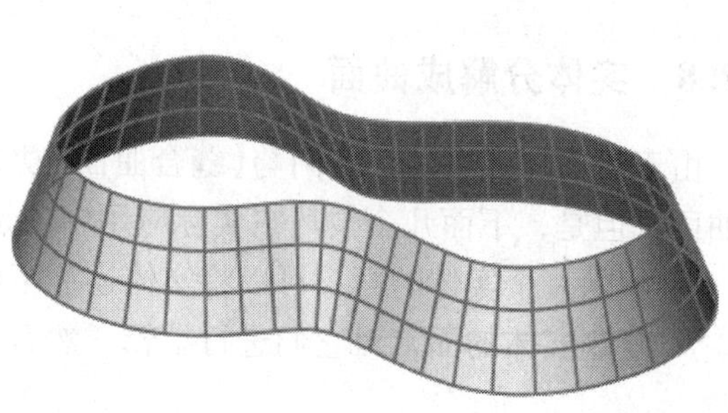

图 1-25　直纹曲面

- 可展曲面是直纹曲面的子集，它们可以在没有被拉伸的状态下自由展开，这类曲面包括平面、圆柱面以及圆锥面等。由于钣金的展开功能使得这类曲面在 SOLIDWORKS 中也显得非常重要，除钣金外，可展曲面在造船业中也有广泛的应用(简单的成形平板或片状玻璃纤维)，在商标应用方面(在非展开状态下曲面的伸展或者折叠)也是如此，如图 1-26 所示。
- NURBS(非均匀有理 B 样条)作为一种曲面技术被广泛应用于 CAD 行业以及计算机绘图软件中，NURBS 曲面通过参数化的 U-V 曲线来定义，这些 U-V 曲线都是样条曲线，就在这些样条曲线间插值形成曲面，如图 1-27 所示。

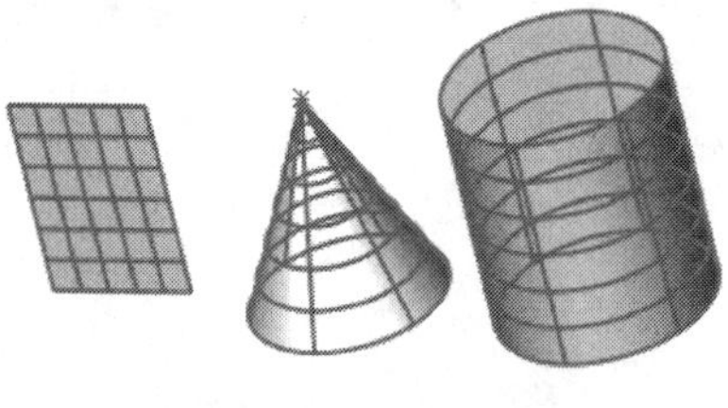

图 1-26　可展曲面

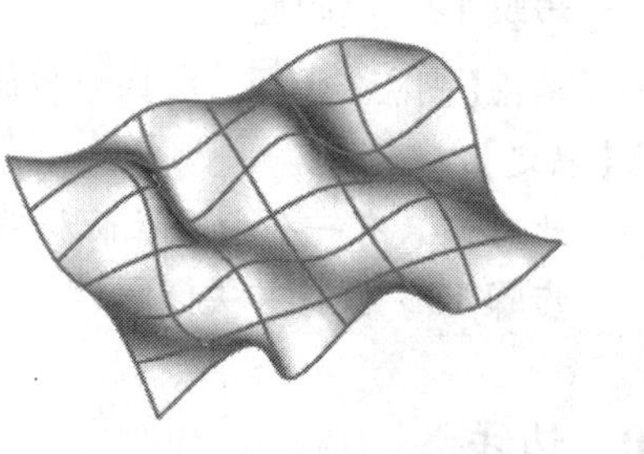

图 1-27　NURBS 曲面

代数曲面、直纹曲面以及可展曲面都可归成“解析曲面”中的一类，而 NURBS 曲面通常被称作“数值曲面”。

带有正交曲线网格的曲面往往都是 4 边曲面，很明显，SOLIDWORKS 模型曲面中也有不是 4 边的，以下两种情形会导致这种情况的产生：

- 一条或者多条边的长度为零，并且某个方向的曲线交于一点，该点通常称为“奇点”，该曲面通常情况下也被称为“退化曲面”。产生这个问题的主要因素有圆角、抽壳或者等距操作等。
- 将一个原始的 4 边曲面剪裁成所需形状，然后再对它进行抽壳操作，这样一般都不会产生问题，这是因为系统内部其实是这样操作的：系统先等距原始的 4 边曲面，然后对它进行再次剪裁，如图 1-28 所示。

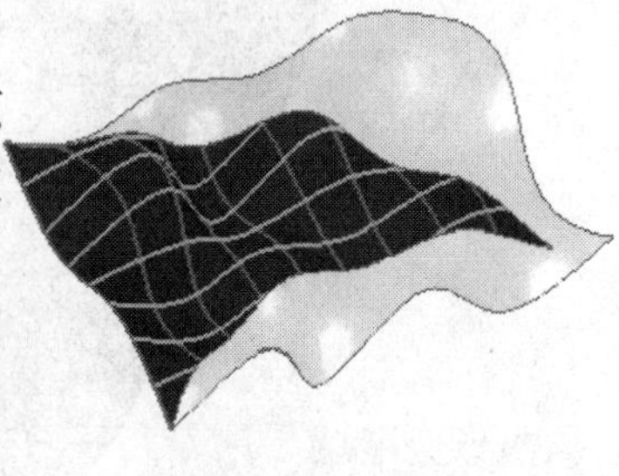

图 1-28　4 边曲面

1.8 术语

导入过程需要使用一些新的术语，大部分术语不仅适用于 SOLIDWORKS，也适用于各种 CAD 程序。

1.8.1 CAD 文件

为了便于理解具体哪些数据在程序之间传递，有必要知道 CAD 文件包含哪些内容。一个简单的方法是将 CAD 文件想象成由三部分构成：数据头、特征指令集、最终实体数据库。

1. 数据头　所有 Windows 文件都有一个文件数据头，它包含诸如文件格式、文件名称、类型、尺寸、属性和二维及三维的预览图像。

2. 指令集　特征指令可以被想象为 FeatureManager，设计树的二进制形式。这一系列的指令将发送至建模内核并完成模型创建，这部分由各种实体建模程序所拥有。

3. 数据库　建模内核的输出是一个数据库，包含在图形区域中看到的拓扑定义。实质上，这是建模指令之后产生的结果，指令对于建模器和建模内核而言是唯一的。

1.8.2 建模内核

建模内核是实体建模软件的引擎，包括创建和编辑功能可以访问的核心实体建模代码，建模内核读取 CAD 程序提供的信息并生成实体。

建模内核是非常复杂的，所以很多公司不花费时间和精力来创建和维护建模内核。建模内核可以是获得使用许可的或是专有的。

1. Parasolid 内核　Parasolid 模型是一个发放许可的内核，所有权归 Siemens PLM Software 公司。这个建模内核使用于 SOLIDWORKS、早期版本的 Solid Edge 和 Unigraphics。

2. ACIS 内核　ACIS 内核也是一个发放许可的内核，所有权归 Spacial Technologies，现在是 Dassault Systèmes 的一部分。这个内核使用于 AutoCAD、Mechanical Desktop、早期版本的 Inventor、CADKEY 和 IronCAD。

3. 专有内核　有些公司开发并维护自己的专有内核，如 Pro-Engineer、Inventor、UPG2 和 think3。

1.9 文件转换方法

文件转换分为两种：直接转换和中性转换。

1.9.1 直接转换

直接数据转换就是使用软件读取原始 CAD 系统的专有数据文件，并直接将它们转化为目标系统的专有文件格式。

1.9.2 中性转换

中性文件格式不被任何 CAD 程序直接使用，这些格式形成一个通用的参考，以便各种 CAD 程序交换数据。大多数 CAD 程序可以读写中性格式。

原始 CAD 系统使用前处理器将其专有的文件格式转化为通用的中性文件格式。目标 CAD 系统使用后处理器将通用的中性文件格式转化为自己专有的文件格式。

1.9.3 支持的中性转换器

下面列出了几种模具创建过程中最常用的模型导入转换器：

1. Parasolid Parasolid 由 Unigraphics Solutions（剑桥）开发，前身是 Shape Data，Parasolid 交换器不转换实体的“历史”。尽管 Parasolid 文件格式支持在基于 Parasolid 的系统之间交换实体数据，但这些数据仅定义了实体本身（面、边和顶点），而不包括实体是如何创建的历史数据。

2. STEP（产品数据交换标准） STEP 是产品数据定义和交换的标准集。STEP 是一个不断进化的标准，它覆盖了整个产品生命周期过程中的数据共享、存储和交换。

STEP 又被称作 ISO 10303 产品数据表达与交换的国际标准，它的目标是提供一个能够应用于整个产品生命周期，并且独立于任何特定系统的可以描述产品数据的机制。它的特性使得它不仅适用于中性文件交换，并且成为执行和共享产品数据的基础。

3. IGES（初始化图形交换规范） IGES 首次发布于 1980 年，仅包括用线框模型创建工程图这一基本功能。此规范经过多年的发展，到目前已包括实体模型格式。

在转换过程中，模型文件或工程图文件中的每个对象都被赋予一个对象类型编号，以便在 IGES 文件中定义对象类型，这个过程将原始的对象映射为 IGES 对象。将原始对象映射为 IGES 对象可能有多种方式，把这种选择方式称为“配置器”。

4. ACIS ACIS 是一个基于开放的面向对象的架构，提供了曲线、曲面和实体建模功能的 3D 建模系统。Spatial 于 1990 年首次发布了世界上首个商用的、面向对象的 3D 几何建模器 ACIS，它被设计为 3D 建模应用程序的“几何引擎”。

ACIS 是一个类似于 Parasolid 的标准建模技术，被用于许多应用程序。然而，ACIS 和 Parasolid 并不兼容，它们是相互竞争的产品。

1.10 建模系统

实体模型的表达有多种方式，最常用的两种方法是边界表示法（B-rep）和体素构造表示法（CSG）。

1.10.1 边界表示法

B-rep 数据结构以显式定义的点、线、面的拓扑关系来定义和存储实体。曲面元素被组装为“密闭”的边界，边界所包围的三维空间被实体占据。

1.10.2 体素构造表示法

CSG 数据结构通过布尔运算（并集、交集、差集）将实体定义和存储为一系列的并集、交集、差异分析或自由形态的形状（球体、长方体、圆柱体等），CSG 实体的拓扑关系是隐式定义的（也就是说交集边界由数学方法得来）。

1.10.3 混合法

实体模型系统使用两个或两个以上的不同数据结构（如 CSG 和 B-rep）来储存和定义实体。

1.11 文件转换过程

明白了实体模型是由剪裁曲面组成的之后，可以检查将信息从一个 CAD 系统转换到另一个系统的过程。

尽管每个转换器都有自己独特的方法，但它们基本上都要做以下两件事中的一种：

1. 转换特征历史 如果转换器可以读取原始 CAD 系统的特征历史并转换为目标 CAD 系统对应的特征，则可以直接转换。

2. 转换实体数据信息 中性翻译器必须将原始 CAD 模型分解为独立曲面和剪裁边界的数学表达。

例如，图 1-29 所示为一个简单的法兰，它将被分解为许多独立的曲面。为了便于演示，图中的每个面都被赋予一个独立的颜色并被分离。

有些系统中(如 IGES)，每个面都被定义为一个对象类型，如“Type122-列表柱面对象”或“Type 190-平面曲面对象”。当一个曲面符合多个对象类型时就会产生问题，转换器将基于用户的输入来选择采用何种对象类型，这被称为“配置器”。

周期性曲面，如 360°圆柱体、球体和不满足 IGES 标准所支持的数学形式的曲面将被分割为多个面。

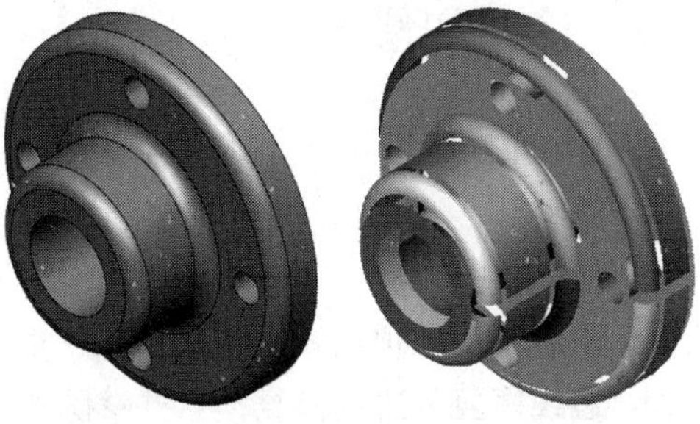

图 1-29　法兰模型的实体、曲面模型

就这点而言，输入数据非常类似于翻译外语，翻译后的单词并不一定能完全准确地传达其原始含义。假如在翻译过程中不能找到一个能准确表达其含义的单词或短语，那该怎么办呢？一般来说会用一个意思相接近的词或短语来替代它，即使两者所表达的含义并不是完全一致的。同样地，在 CAD 系统中也存在类似的问题，一个系统中的特征在另一个系统中却无法找到可以相匹配的。

1.12　输入数据出错的原因

输入文件生成实体模型的过程失败，其中会有几个原因，理解这些内在原因有助于用户检查输入错误并最终修复操作。

其中一个主要的难点就是不同的 CAD 系统使用了不同的数学表示或运算规则，当用户发送或者接收一个 3D 模型时，也正是这个差异造成了各个系统间的互操作性问题，具体如下：

1. 不同的精度　不可能所有的 CAD 系统使用相同的精度来运算，在发送系统中的圆整数值可能会导致接收系统中转换后的数值精度小于实体缝合所需精度要求，导致了实体缝合操作失败。

个别 CAD 系统具有改变文件数据精度以专门用于输出的功能，或者也可以在建模前事先调整好建模精度。了解相关的设置以及在输出模型前预先设定好参数，将大大降低 SOLIDWORKS 导入文件时出错的概率。

2. 转换特征映射　并不是所有的 CAD 系统都支持相同的特征，假如接收系统并不支持所输入的 3D 实体，那么转换就有可能会失败，也有可能是转换后的实体与原始模型并没有严格匹配。

3. 丢失的实体　有时候，不同系统间的转换过程有可能会产生面丢失的现象，假如形成的缺口足够大，那么系统自动修复工具就有不能修复该缺口的可能。

1.12.1　引发的问题

在转换过程中出现了各种各样的问题，一般原因如下：

- 缺口。重合点或重合边处的局部裂缝大于接收系统的建模精度，局部裂缝同样也会出现在面与面之间的交线处。
- 面、边的变形。包括自交叉、裂缝以及多重细小边线。

1.12.2　输入诊断

知识卡片		
	输入诊断	【输入诊断】命令可以对于输入几何体的问题进行定位和修复。为了让【输入诊断】正常工作，输入特征是设计树中的唯一的特征。
	操作方法	• CommandManager：【评估】/【输入诊断】。 • 菜单：【工具】/【输入诊断】。 • 快捷菜单：右键单击 FeatureManager 设计树中的输入特征，单击【输入诊断】。

1.13 诊断和修复

下面的术语常用于输入几何体的修复。

1. 修复 一系列功能用于纠正曲面或实体模型的几何体异常问题，常用功能包括曲面简化、面缝绑和边间隙修复。

2. 顶点修复 顶点修复移除顶点、重点边和面之间的间隙，它也会合并重点顶点。

3. 边线修复 边线修复搜索并移除相邻边之间的局部间隙。

4. 面修复 面修复搜索并移除的异常通常与边关联，这些条件包括自相交、连续边之间的间隙和消除微小边。

5. 本地修复 接收实体模型的系统提供自动或交互的工具，用于简化、分析和（或）纠正输入 3D 模型中的异常拓扑关系。

6. 愈合 搜索并移除面、曲面或实体模型公共边之间的间隙，这个间隙可能涉及一系列局部控制点或跨越整个边线长度。

7. 曲面简化 被转换模型中的样条曲线曲面被拟合为可解析的形状，如平面、圆柱面、锥面、球面或圆环面。如果样条曲线在一定公差范围内满足某种曲面类型，这个样条曲线曲面将被替换为此曲面类型。

8. 面愈合 模型修复器会先放松模型的面/边拓扑结构的内部公差，然后再愈合。

9. 间隙修复 如果面的公共边线处于内部公差范围之外，它们将被延长或剪裁直到满足公差要求，公共边之间的间隙将会闭合。一个或多个边线曲线的不规则性可能导致间隙(局部间隙)，它也可能存在于公共边线的整个长度中。

10. 愈合与缝合 当两个曲面相遇到一起时，它们各自有四条边线。缝绑会使两条边线变成两个曲面的一条公共边线，而缝合会将两个曲面变成一个曲面。

（1）**线框几何体** 如果允许，不要将线框几何体作为转换的对象。输入的样条曲线、直线段、圆弧、草图点以及实体边界曲线等都会占用很大一部分的系统资源。

（2）**文件格式** 假如用户可以选择输入某种类型的文件格式，需要考虑这些文件格式本身的优缺点。对于那些实体模型的文件格式，一般会优先选择 Parasolid、ACIS 以及 STEP 格式，因为相对于 IGES 格式来说，它们在转换过程中更不容易出错。

Parasolid 格式是 SOLIDWORKS 的建模内核，SOLIDWORKS 可以直接读取 Parasolid 格式文件而不需要转换操作，因此，假如 Parasolid 格式在可选范围之内，那么用这种格式来导入至 SOLIDWORKS 中将是最佳的选择。

即使 Parasolid 文件格式支持基于 Parasolid 的系统间实体数据的转换操作，但是这些数据仅仅定义了实体模型本身(面、边以及顶点)，并没有包含实体创建过程的历史数据。

11. 操作流程 当用户将 CAD 数据导入至 SOLIDWORKS 中，会出现很多的情况，一般来说，可以参照以下的操作流程：

1）尽量使用那些有利于数据转换的选项，这包括输出系统以及接收系统中的选项。

2）运行【输入诊断】，进一步清理输入的数据。

3）在 SOLIDWORKS 中手工填充、修补存在的裂缝缺口，并最终缝合生成实体。

12. 修复模型 当输入模型用于模具制作时，以下两种修复类型是必需的：

1）纠正转换错误。通常模型上有许多很小的区域，在这些区域面剪裁不当或丢失。

2）纠正模型错误。诸如缺少草图或特征，以至于无法以这种方式建模的错误。

13. 修复选择 对于上面的例子，可以把零件发回设计者或用户自己修复。有以下几种方法用来封闭输入的曲面：

- 改变输入的类型。一般来说会有不止一种的转换格式类型，假如其中一种得不到满意的结果，可以尝试使用另外一种格式。
- 改变精度。个别系统的输入方法允许调整其缝合精度，通过降低默认精度，这样就算输入的数据精度超出系统默认精度范围之外，同样也可以自动被缝合起来。

在某些情况下，用来输出的 CAD 系统中模型可以设置成高精度，以便于该模型数据导入至其他 CAD 系统中。

- 输入为曲面。假如自动修复不能够形成一个实体，可以将该模型输入为曲面，然后修补其中的错误面，缝合、加厚最后生成一个实体。
- 延伸曲面。当现有曲面太短以至于不能与相邻面接合时，可以延伸该曲面至缝合操作允许的范围之内。
- 剪裁曲面。曲面超出部分可以手工对其进行剪裁。
- 删除曲面。有些曲面很难对其进行修补，可以直接删除这个问题曲面，然后用另一个更为合适的面来替代该删除面。
- 填充曲面。【填充曲面】命令可以用来创建平面或者非平面的面来封闭模型缺口。

1.14　实例练习：修补与编辑输入的几何体

尽管零件被输入后其特征创建历史已完全丢失，但用户还是可以通过某些选项来编辑和修复输入的零件。

在接下来的课程实例中，将提示用户为新零件选择一个模板，并提示用户运行【输入诊断】。

1.14.1　处理流程

在 SOLIDWORKS 中输入实体模型的步骤如下：

1. 输入　通过转换器直接读取其他 CAD 软件文件格式或者中性格式的数据。

2. 缝合　输入文件生成一个单一实体的过程，缝合是一个很重要的步骤，在输入操作中，SOLIDWORKS 选项一般都默认设置成尝试缝合各个输入面并自动生成实体。

3. 新建文件　用户可以自己指定文件模板，也可以使用系统默认的模板，相关选项可以在【工具】/【选项】/【系统选项】/【默认模板】处设定。

4. 诊断　假如 SOLIDWORKS 不能够自动缝合各个输入单元并生成实体，有几个诊断工具可以用来检测问题。

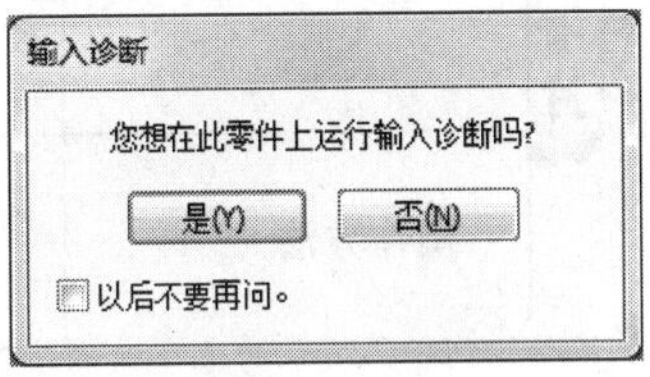

图 1-30　“输入诊断”对话框

如图 1-30 所示的“输入诊断”对话框中，用户可以选择【否】，也就是暂不运行输入诊断。假如之后又想运行输入诊断命令了，可以再右键单击输入特征，然后在快捷菜单中选择【输入诊断】。

假如用户选择了【以后不要再问】，那么将不会再出现系统的自动提示。但是，解除的提示信息将在【工具】/【选项】/【系统选项】/【高级】中列出，如果需要还可以恢复。

> **提示**　当输入的特征是零件的唯一特征时，【输入诊断】才可用。

5. 愈合　【输入诊断】命令提供的工具可以自动修复几何体中存在的问题，假如自动修复失败或者只修复了其中的部分错误，用户也可以手动创建那些影响缝合操作的丢失面，并且修复几何体。

1.14.2　FeatureWorks®

大多数输入的实体，其特征树上仅包含了一个特征，FeatureWorks 为用户提供了一种识别特征并将零件细分成多个单独特征的工具。棱柱状零件与自由形态的消费品零件相比，前者使用 FeatureWorks 来识别特征的成功率会更大些。由于 FeatureWorks 部分内容已经超出了本教程的讲解范围，因此读者可以参考相关自学教材来了解更多内容。

操作步骤

步骤 1　打开零件

打开 Lesson 01\Case Study 文件夹下的文件“baseframe. STP”，如图 1-31 所示。

步骤 2　新建 SOLIDWORKS 文件

选择模板“Part _ MM”。

步骤 3　输入诊断

系统将会提示用户是否运行“输入诊断”，单击【否】。

一般来说会选择【是】，但在这里要先用其他的工具和技术来检查这个零件，然后再运行【输入诊断】。

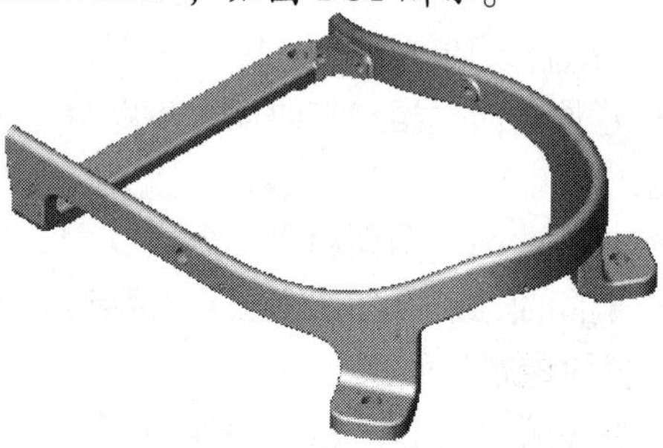

图 1-31　零件“baseframe”

步骤 4　使用重建验证

单击【选项】/【系统选项】/【性能】，勾选【重建模型时验证】选项，单击【确定】。

按 Ctrl + Q 键，确认没有出现错误提示。在继续下面步骤前，清除【重建模型时验证】复选框。

1.15　检查实体

一旦获得实体，可以进行额外的检查以定位任何无效的面或边，也可以检查最小曲率半径，这对于确定难以制造的曲面是很有帮助的。

知识卡片

检查	【检查】是一个用于识别几何体问题的工具。有时候特征不明原因地失败了，【检查】将在特征创建之前揭示这些坏的几何体。【检查】也可以查找阻止曲面缝合为实体的开放曲面边线，以及阻止零件抽壳的短边线和最小半径点。
操作方法	● CommandManager：【评估】/【检查】。 ● 菜单：【工具】/【检查】。

提示

清除【重建模型时验证】复选框是推荐的最佳实践方案，但在验证模型特征时要勾选此选项，验证完毕后再清除这个选项。作为最低要求，在完成模型之间，应该勾选【重建模型时验证】复选框对模型进行一次验证，尤其是复杂的模型。

知识卡片

几何体分析	【几何体分析】是SOLIDWORKS Utilities 提供的功能之一。它类似于【检查】，但提供了小面、裂开边线和顶点以及非连续面和边线的额外检查。
操作方法	● CommandManager：【评估】/【几何体分析】。 ● 菜单：【工具】/【几何体分析】。

步骤 5　【工具】/【检查】

单击【评估】/【检查】，检查模型。

单击【结果清单】中的面，相对应的面会在图形区域高亮显示。虽然结果显示有三处，其实两处是在同一个平面上，如图 1-32 所示。

通过【工具】/【检查】命令，可以检查出零件的错误，但却不能实现自我修复。

【输入诊断】是一种可以检查并修复错误的工具，接下来将学习如何去使用这个工具。

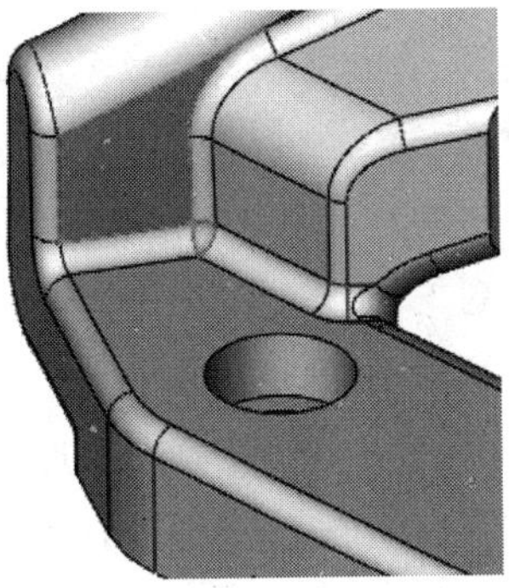

图 1-32　检查零件“baseframe”

1.15.1　输入诊断

【输入诊断】在前面已介绍过，这里列出了与之有关的其他功能。

1.15.2　面修复工具

右键单击错误面列表中的面时，可以选择下面的工具来修复这个面：

1. 修复面　通常情况下，修复面功能将延伸这个面以尝试与相邻的面缝合。

2. 删除面　如果修复面工具无法解决这个问题，用户可以先删除这个面，然后尝试利用修复技巧手动解决这个问题。

3. 重新检查面　只诊断此面并显示结果。

1.15.3　缝隙修复工具

右键单击面之间的缝隙列表中的面时，可以单击下面的工具来修复这个缝隙：

1. 愈合缝隙　尝试调整缝隙周围的面或将面缝合到缝隙中。

2. 移除缝隙　移除缝隙旁边的每个面。

3. 缝隙关闭器　缝隙关闭器是一个手动修复缝隙的工具。

1.15.4　自动修复工具

与单个的修复面和缝隙工具不同，【尝试愈合所有面】、【尝试愈合所有缝隙】和【尝试愈合所有】选项可以自动修复对应错误。

步骤 6　输入诊断

右键单击特征“输入 1”，然后单击【输入诊断】，结果识别出 3 个错误面，鼠标箭头停留在错误符号处，将会显示出每个错误面的具体出错信息，如图 1-33 所示。

步骤 7　尝试愈合所有

单击【尝试愈合所有】，虽然这步不一定能完全解决输入的问题，但对于之后的手工操作还是有益的。

【输入诊断】只修复了其中的两个错误面，还有一个未能自动修复。

步骤 8　接受该结果

单击【确定】，退出【输入诊断】命令。

提示 在执行【输入诊断】操作后，特征树中并不会留下任何特征历史，假如想回退至【输入诊断】前的状态，只能再次输入原始数据。

步骤 9　剩下的错误面

剩下的错误面是一个单一的三边面。

步骤 10　删除面

单击【删除面】，使用【删除】选项将该面直接删除，可以看到零件由实体转换成了曲面实体，如图 1-34 所示。

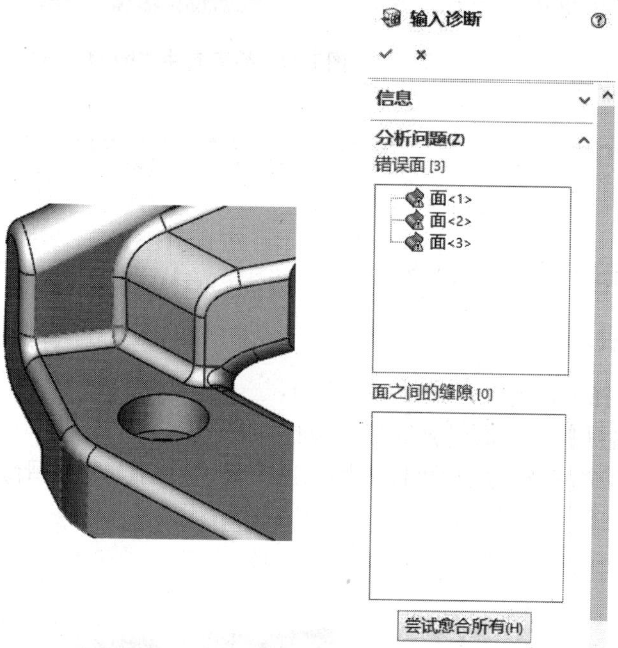

图 1-33　输入诊断

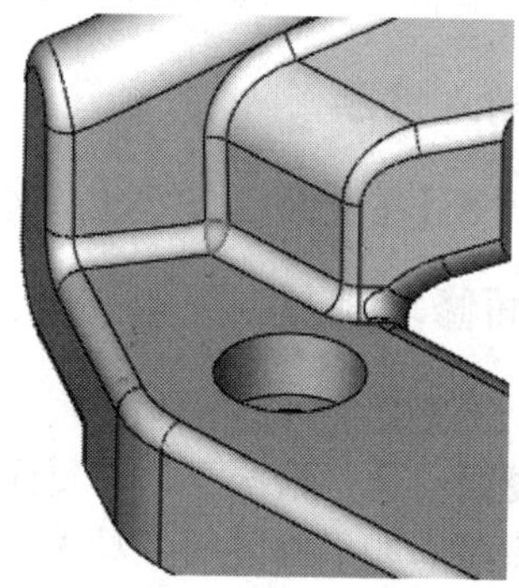

图 1-34　删除面

1.15.5　删除面的选项

在【输入诊断】命令的 PropertyManager 中，也可以直接右键单击某错误面，然后在弹出的快捷菜单中选择【删除面】命令来直接删除该面，但这与直接使用【删除面】命令还是有所不同的：

1）使用【删除面】命令将在特征树中生成一个“删除面”的特征历史，通过【输入诊断】命令删除面的操作则不会。

2）通过【输入诊断】命令删除面，特征树中的特征名将会由实体特征“输入 1”变为曲面特征“曲面-输入 1”。

3）【删除面】命令中带有其他的选项，允许修补或填充删除面后留下的缺口，通过【输入诊断】命令删除面的操作则不行。

1.15.6　补洞

在有些情况下必须使用一些专门工具来对零件面进行修补，例如：

1. 混合形状　有时，有些形状并不能简单地通过圆角、扫描或者放样这些命令直接得到。这些通常由零件设计者来完成，而不是模具制造者。

2. 在输入的曲面实体中修补缺口或错误几何体　有些时候，输入的曲面实体并不完整也不够精确，它们不能直接被缝合成一个实体，在这种情况下，就需要使用工具来修补它的缺失面。

3. 零件中的封闭孔　在型心和型腔的建模过程中，零件中的通孔必须被封闭。【关闭曲面】命令可以封闭多数这样的孔，但在有些实例中，可能需要使用标准曲面工具来封闭它们。

1.15.7　补洞策略

这里介绍一些补洞的技巧：

- 使用一个“填充曲面”。
- 在边线之间提升。
- 在边界之间创建边界曲面。
- 去除周围的几何，重新构建曲面。

知识卡片

填充曲面	使用【填充曲面】命令可以在任何数量的边界间创建一个填充面，这里提到的边界可以是现有模型的边线、草图或者曲线。 【填充曲面】需要用到曲面边界或者草图实体，甚至对于那些非闭环边界，它照样可以对其进行填充操作。在选择曲面边界后，还可以设定曲面在这些边线处的过渡状态，包括相触、相切或者曲率过渡。 【填充曲面】命令允许将填充后的曲面与周边曲面缝合起来，直接生成一个实体或者结合相邻单元生成一个合并实体。 【填充曲面】是通过生成一个四边面然后剪裁以匹配所选择边界实现的。
操作方法	• CommandManager：【模具工具】/【填充曲面】。 • CommandManager：【曲面】/【填充曲面】。 • 菜单：【插入】/【曲面】/【填充】。

步骤 11　补洞

修补图 1-35 所示缺口的优先选择就是使用【填充曲面】特征，单击曲面工具栏中的【填充曲面】。

在【边线设定】处，选择【相切】以及【应用到所有边线】，选择缺口处的 3 条边线，单击【确定】。

步骤 12　查看结果

在本例中，使用【填充曲面】命令后，得到了一个低品质的曲面，需要寻找一种更好的方法来修补该面。

步骤 13　撤销

单击【撤销】，删除曲面。

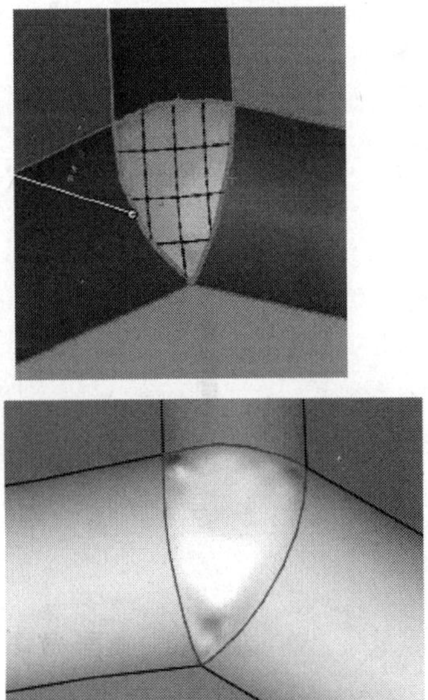

图 1-35　填充曲面

1.15.8　一致性通知

系统在创建【填充曲面】特征后，会自动分析比较结果曲面与输入的参数选项间的一致性，例如【相切】选项，假如两者不一致，那么系统将发出相关提示或警告，相关提示或警告会以弹出信息的方式出现在视图区。

步骤 14　放样修补

放样得到的是一个单一曲面，作为另外一个选择，旋转曲面同样也可以生成单一曲面。在本例中，使用放样操作会更合适，但需要对其进行正确的选项设置。

单击曲面工具栏中的【曲面-放样】，如图 1-36 所示。

在【轮廓】选择框中选取图示两条边，它们相交于一个顶点。

在【起始/结束约束】中均选择【与面相切】，在【引导线】选择框中，选取剩下的一条边线。

设置【引导线感应类型】为【整体】，在【边线-相切】类型中选择【与面相切】。

单击【确定】，结果如图 1-37 所示。

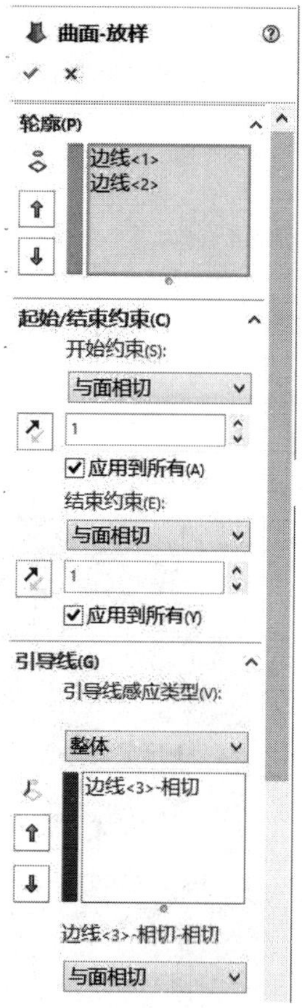

图 1-36　曲面-放样

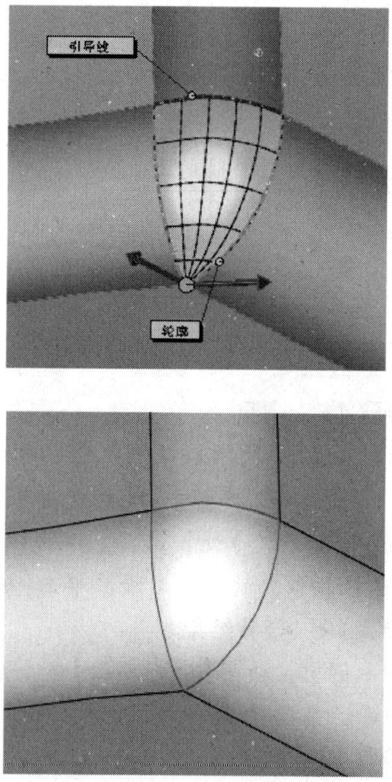

图 1-37　放样修补

步骤 15　评估结果

右键单击放样的曲面然后从快捷菜单中选择【曲率】，颜色显示有一些曲率半径较小的区域，如图 1-38 所示。

关闭曲率显示。

步骤 16　最小曲率半径

单击【检查】，然后选择放样的曲面，选择【最小曲率半径】，然后单击【检查】。

最小曲率半径是 0.0002mm，这表示尽管看上去放样曲面还不错，但还不是一个较好的方案。

关闭【检查实体】对话框。

步骤 17　删除

删除✖或者撤销↶放样曲面。

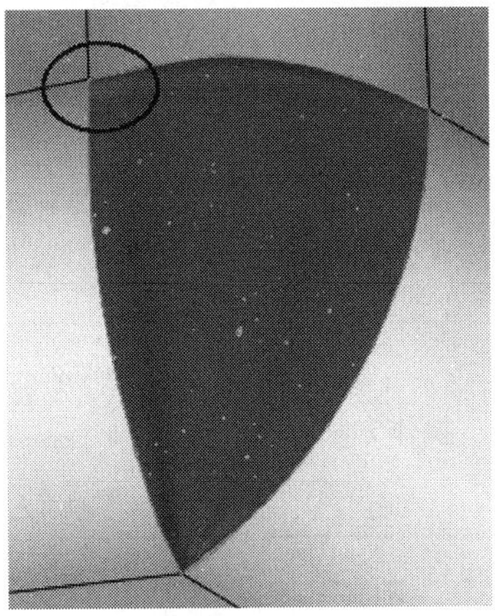

图 1-38　评估结果

1.15.9　其他方案

通过观察知道这个需要修补的面最初是由三个单独的圆角组成的，删除并重建这些圆角，通过【圆角】命令创建混合的拐角曲面，如图 1-39 所示。

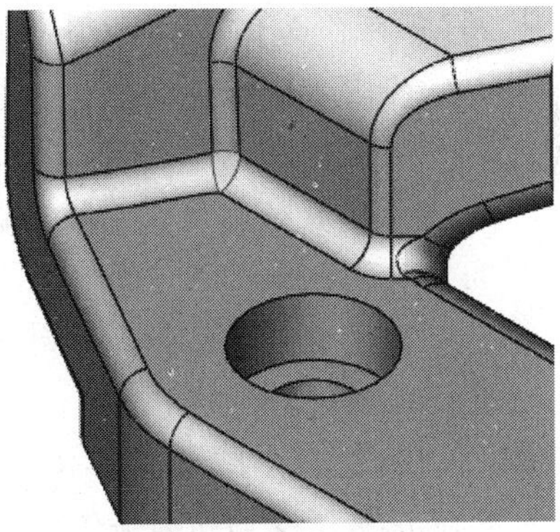

图 1-39　圆角修复

步骤 18　圆角半径

单击【检查】。

单击【所选项】，再选择【最小曲率半径】。

在键盘上按【X】键开启面选择过滤器，清除选择列表并重复这个步骤。

三个半径分别是 3.0mm、2.8mm 和 2.79992mm（将被近似为 2.8mm），如图 1-40 所示。

在键盘上按【X】键关闭面选择过滤器。

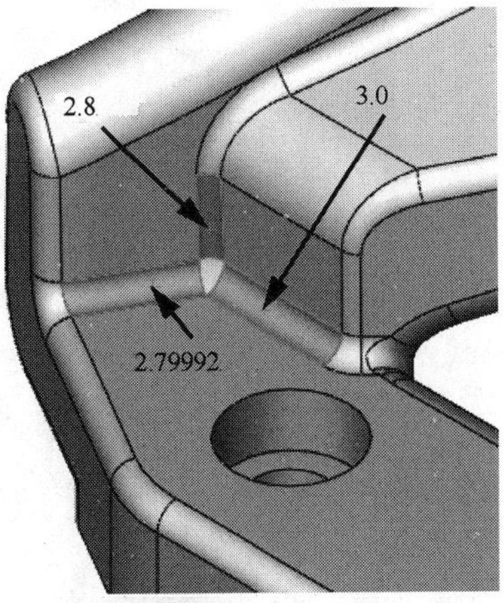

图 1-40　圆角半径

1.16　面的复制

有两种复制面的方法：【缝合曲面】和【等距曲面】。

为了使用【缝合曲面】工具，用户要复制的面必须是连接着的。如果它们没有连接着，使用【等距曲面】工具并设置距离为 0。

知识卡片

等距曲面	【等距曲面】命令可以实现从现有面生成一个新面，现有面可以是实体面也可以是曲面。假如等距曲面失败，可能是由于等距距离大于曲面最小曲率半径引起的，等距草图也存在类似问题。
操作方法	• CommandManager：【模具工具】/【等距曲面】。 • CommandManager：【曲面】/【等距曲面】。 • 菜单：【插入】/【曲面】/【等距曲面】。

步骤 19　复制面

复制图 1-41 所示的三个面。

因为这些面是不连接的，所以需要使用【等距曲面】工具并设置距离为 0。

步骤 20　删除面

隐藏在步骤 19 中创建的三个面。

删除原始的面，包括复制面和三个圆角面，这些面将被替换。

为了看得清楚些，在图 1-42 中高亮显示了面的开放边线。

步骤 21　隐藏和显示

隐藏主要的曲面实体，显示步骤 19 中复制的三个曲面，如图 1-43 所示。

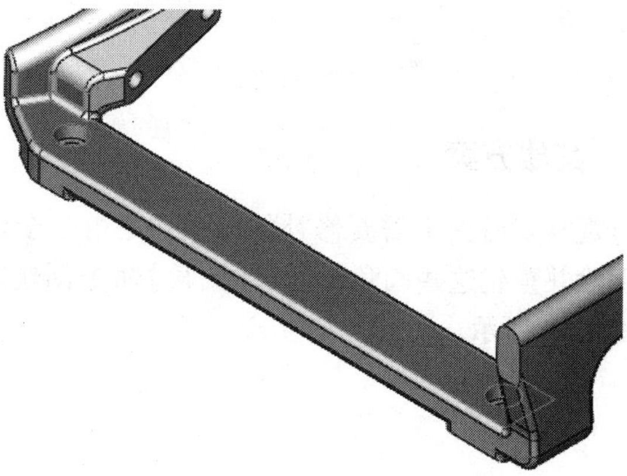

图 1-41　复制面

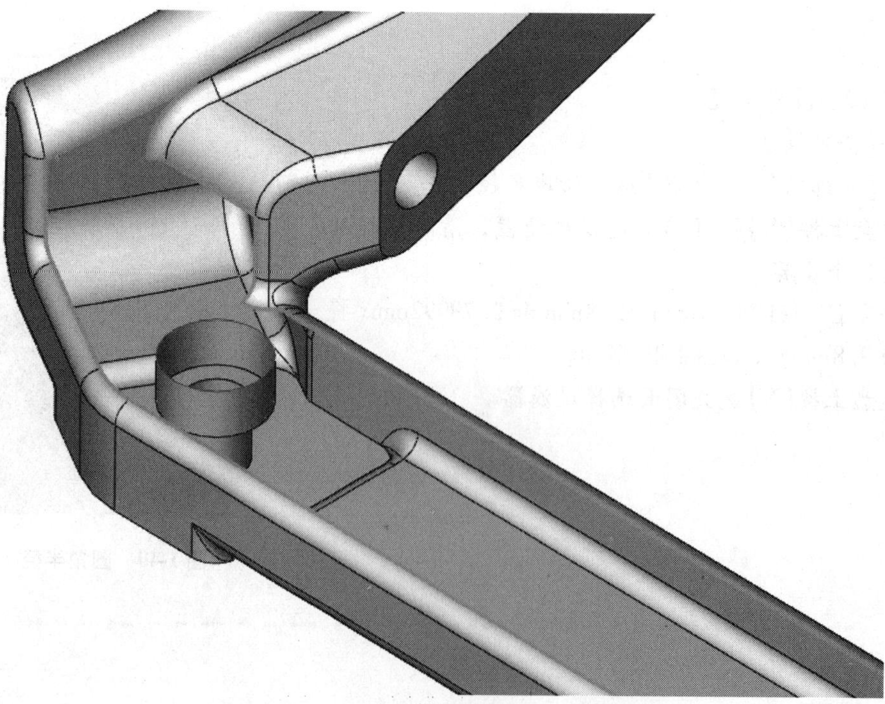

图 1-42　删除曲面

图 1-43　隐藏和显示曲面

1.16.1　延伸曲面

知识卡片	
延伸曲面	利用延伸曲面命令可以将曲面沿所选的边或所有边扩大，形成一个延伸曲面。所建立的延伸面可以是沿已有几何体的延伸，也可以是相切于原来的曲面来延伸。
操作方法	● CommandManager:【曲面】/【延伸曲面】。 ● 菜单:【插入】/【曲面】/【延伸曲面】。

【同一曲面】选项可以尝试推断现有曲面的曲率，应用至解析曲面中，该选项非常有用，并且可以做到无缝延伸现有曲面。应用至数值曲面中，该选项仅适用于短距离的延伸。

【线性】选项(切线延伸)可以应用至所有类型的曲面中，但是它往往会生成断边。

步骤 22　延伸曲面

如图 1-44 所示延伸底面中的两个边线。这些是被原先的圆角修剪过的边线。

选择【距离】作为【终止条件】，并设置值为【5.0mm】。

提示　【距离】必须大于最大的半径值 3.0mm。

选择【同一曲面】作为【延伸类型】。

步骤 23　重复

为其他两个曲面重复这一步骤，如图 1-45 所示。

步骤 24　相互修剪

相互修剪这三个曲面，使这些面缝合成一个简单的面，以便在下面的步骤中创建圆角特征，如图 1-46 所示。

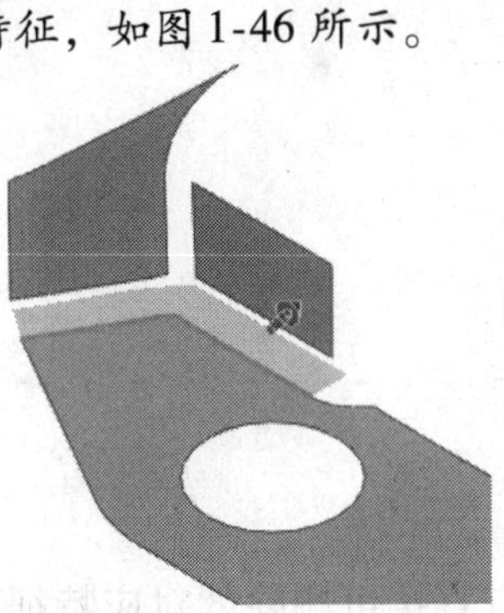

图 1-44　延伸曲面

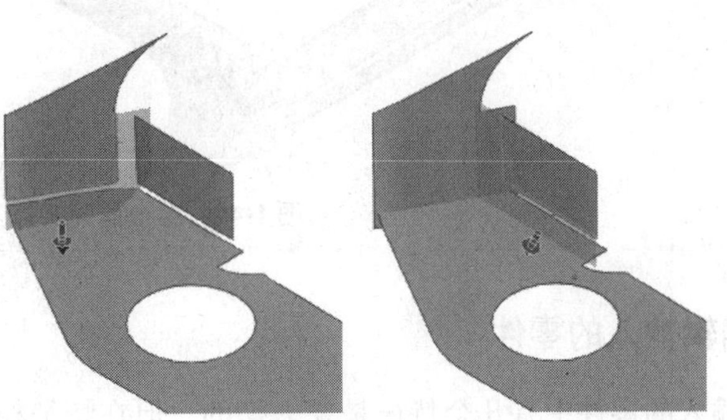

图 1-45　延伸其他曲面

步骤25 多半径圆角

单击【圆角】。

创建一个多半径圆角，使用在步骤17中取得的值2.8mm、2.8mm和3.0mm，如图1-47所示。

步骤26 结果

【圆角】命令创建了一个完美的复合角落曲面，如图1-48所示。

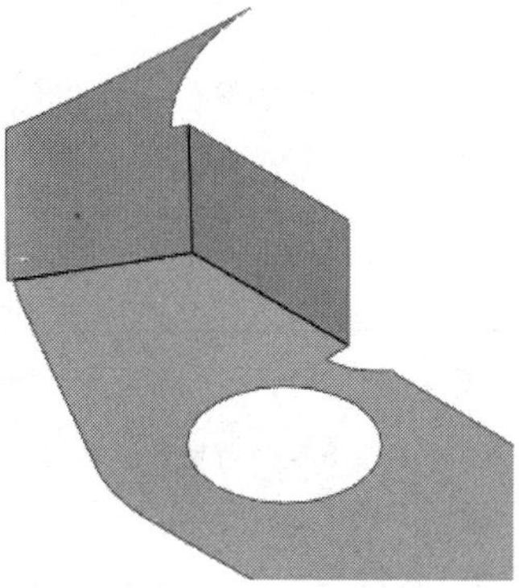

图1-46 相互修剪

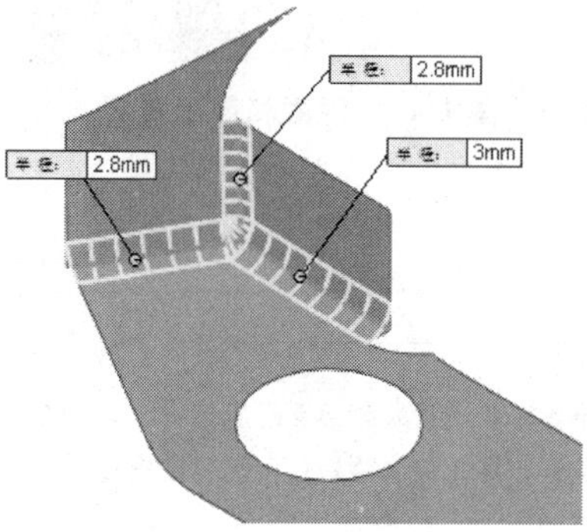

图1-47 多半径圆角

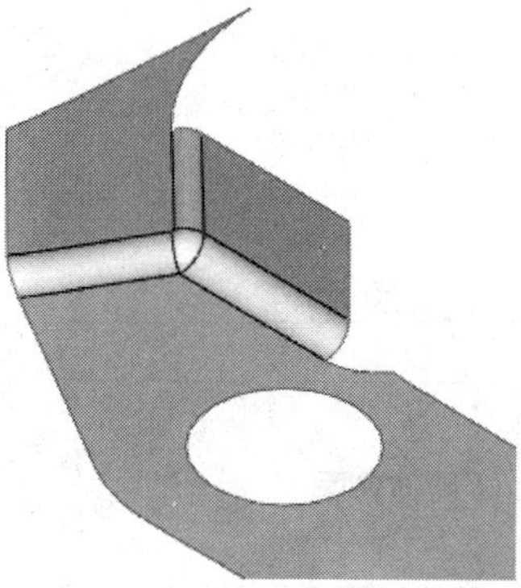

图1-48 圆角曲面

步骤27 缝合曲面成实体

显示其他曲面实体。

单击【缝合曲面】，缝合两个曲面实体并封闭体积成实体，如图1-49所示。

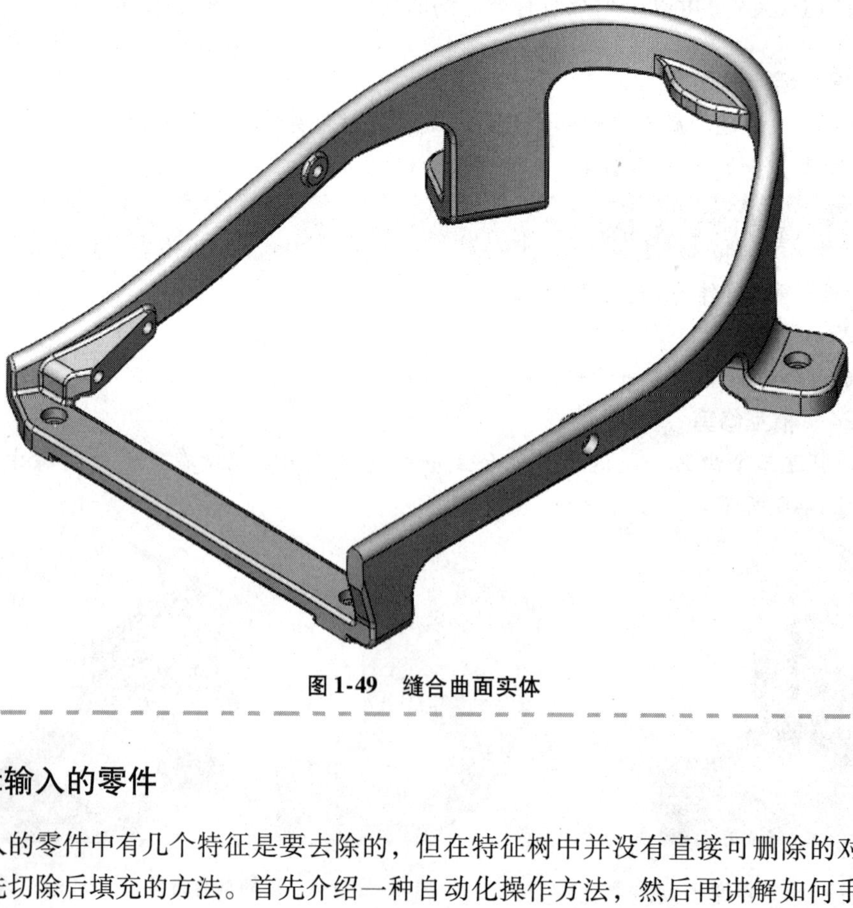

图1-49 缝合曲面实体

1.16.2 编辑输入的零件

在这个输入的零件中有几个特征是要去除的，但在特征树中并没有直接可删除的对应特征，同时也不希望使用先切除后填充的方法。首先介绍一种自动化操作方法，然后再讲解如何手动来完成这个操作。

步骤 28　移除凸台以及沉头孔

在这个零件中，移除图 1-50 所示的小凸台、通孔以及相应的沉头孔，零件在该区域是曲面形状。

图 1-50　小凸台、通孔以及沉头孔

步骤 29　删除面

单击【删除面】。

选取所有需要删除特征影响的面，总共会有 9 个面。

使用【删除并修补】选项，单击【确定】，如图 1-51 所示。

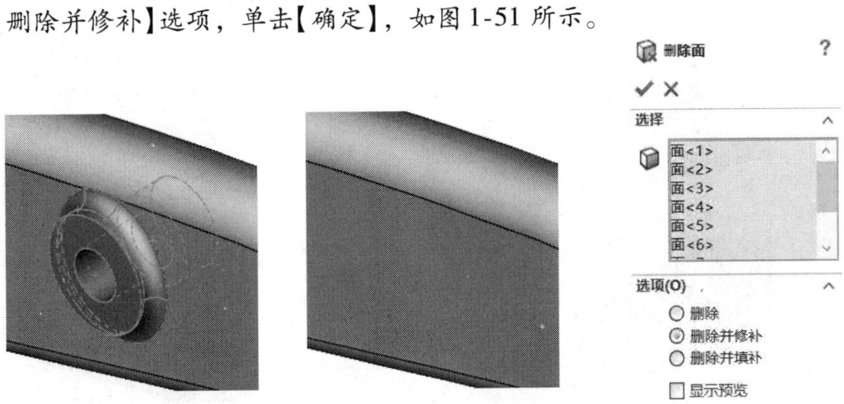

图 1-51　删除面

步骤 30　查看结果

可以看到，【删除面】命令之后生成的面非常完整平滑，就如同之前那个区域原本就没有任何特征一样，如图 1-51 所示。

步骤 31　编辑特征"删除面 2"

通过重复手动操作来展示刚才那个【删除面】特征背后隐藏的内容。

编辑特征"删除面 2"，将选项【删除并修补】改为【删除】，如图 1-52 所示。

步骤 32　结果

更改后将生成一个曲面实体，而不是一个实体，同时在该特征区域将留下两个缺口，如图 1-53 所示。

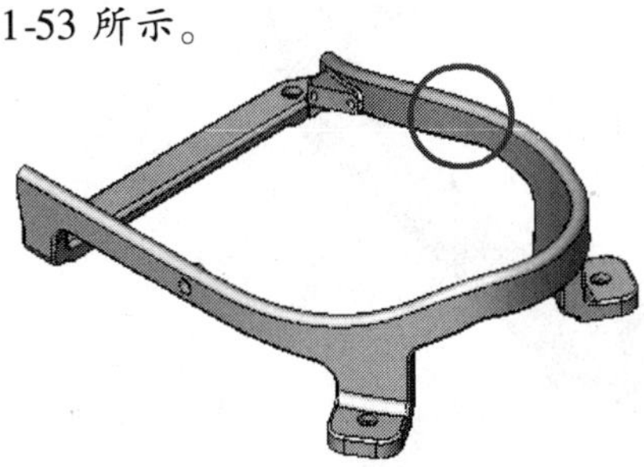

图 1-52　删除面

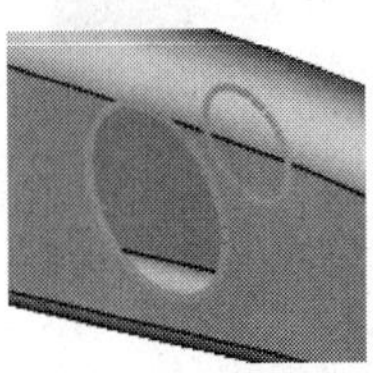

图 1-53　删除面-删除

1.16.3 删除孔

知识卡片

删除孔	【删除孔】命令类似于【切除曲面剪裁】，只不过【删除孔】仅适用于封闭的内环情况。
操作方法	● 键盘：选取单曲面实体上的封闭内环边线，然后按下键盘的【删除】键。 ● 菜单：选择边线，单击【编辑】/【删除】。

步骤 33　删除孔

选择孔边界后按下 Delete 键，系统将会提示是【删除特征】还是【删除孔】。

选择【删除孔】，单击【确定】。

这里有多种方法可以用来检查结果，如图 1-54 所示。

步骤 34　解除剪裁曲面

旋转视图至沉头孔删除后的缺口处方向，选取孔边线，如图 1-55 所示。

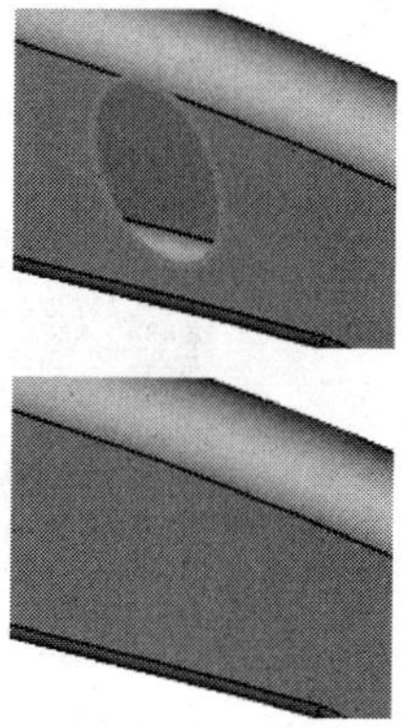

图 1-54　删除孔

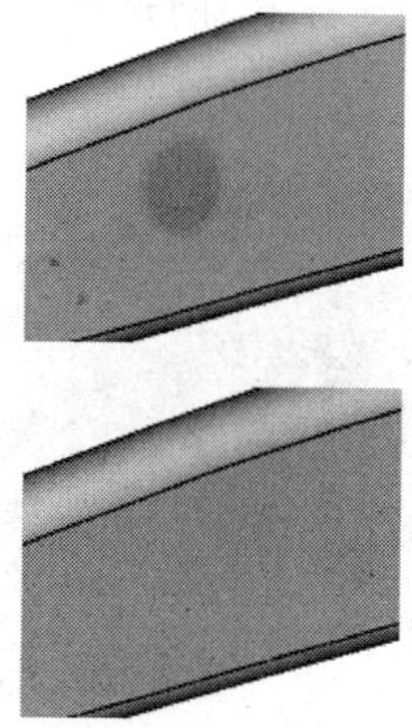

图 1-55　解除剪裁曲面

单击曲面工具栏中的【解除剪裁曲面】，使用默认选项，单击【确定】。

步骤 35　加厚

使用【加厚】命令使曲面实体转换为实体，完成的零件如图 1-56 所示。

步骤 36　保存和关闭零件

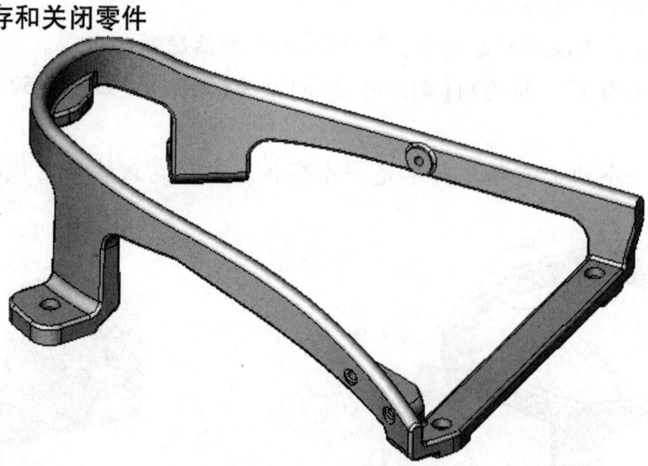

图 1-56　完成的零件

1.17 实例练习：输入诊断

在这个实例练习中，将输入一个 IGES 零件，并检查一些自动愈合的特征。

操作步骤

步骤 1 打开 IGES 文件

单击【文件】/【打开】。

选择 Lesson01\Case Study\Door Handle Bezel. IGS，不要单击【打开】。

单击【选项】按钮，清除【进行完全实体检查并修正错误】和【自动运行输入诊断(愈合)】复选框，如图 1-57 所示。

单击【确定】和【打开】。

步骤 2 输入诊断

当询问是否在此零件上运行输入诊断时，单击【否】。

步骤 3 检查零件

特征树中只有一个“曲面-输入 1”特征，由于输入过程中，输入的曲面不能缝合在一起而形成一个封闭的边界，所以看到的是曲面模型。

步骤 4 运行输入诊断

右键单击“曲面-输入 1”特征，并单击【输入诊断】。

步骤 5 分析问题

【输入诊断】显示了 4 个错误，1 个错误面和 3 个面之间的缝隙，如图 1-58 所示。可以尝试一个个地修复这些问题或一次性修复。

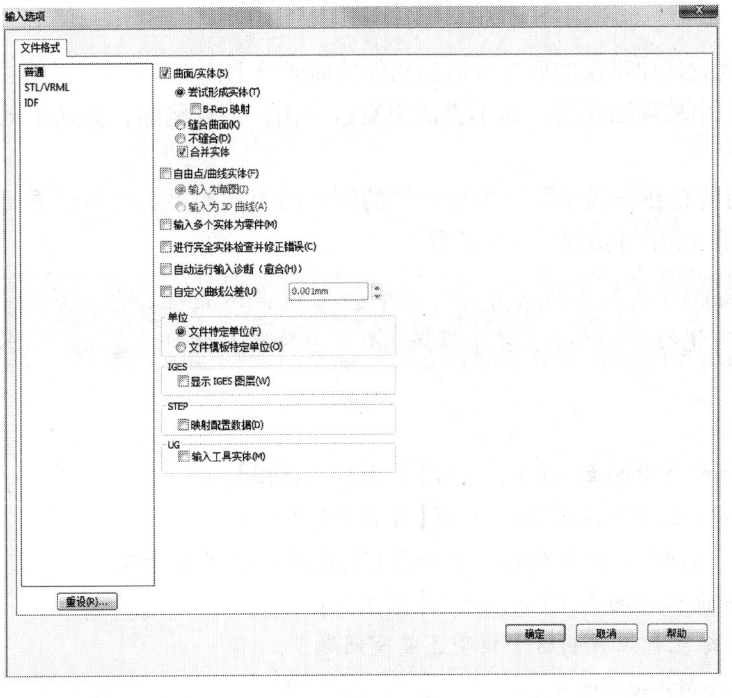

图 1-57 输入选项

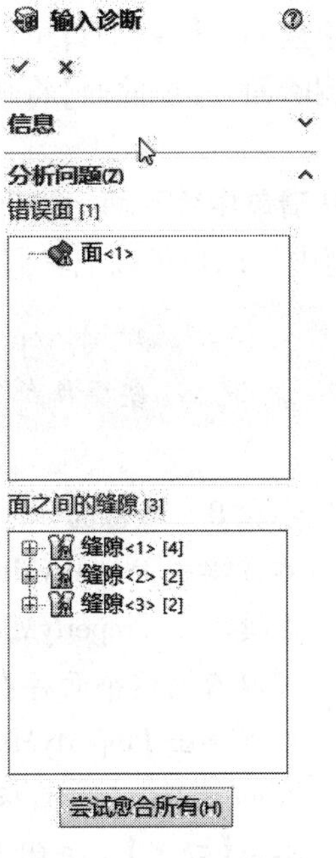

图 1-58 输入诊断

1.18 修复缝隙

有多种工具可用于愈合模型中的单个缝隙，右键单击【输入诊断】PropertyManager 上的缝隙访问这些工具。

1. 愈合缝隙 【愈合缝隙】尝试调整缝隙周围的面以封闭这个空隙，如果调整面不能封闭这个空隙，将生成新的面并缝合到缝隙中。

2. 移除缝隙 移除缝隙旁的每个面，随后，用户可以手动添加面以封闭模型曲面。

3. 缝隙关闭器 【缝隙关闭器】允许用户将顶点拖拽到边线上以关闭曲面缝隙。

步骤 6 愈合缝隙

右键单击缝隙 <1>，选择【放大所选范围】，可以看到在高亮的面和周围的面之间有一个缝隙，如图 1-59 所示。

右键单击缝隙 <1>，选择【愈合缝隙】，这个缝隙将被关闭，错误信息也从 PropertyManager 上移除。

步骤 7 重复愈合缝隙

以相同的方式移除余下的缝隙。

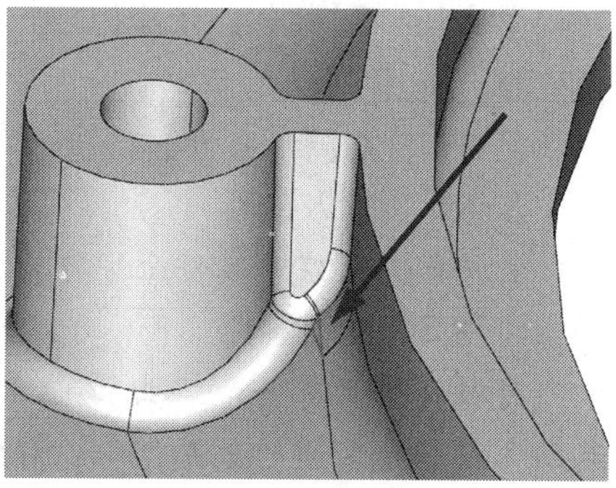

图 1-59 愈合间隙

1.19 修复面

【输入诊断】提供了多种工具修复错误的面，右键单击【输入诊断】PropertyManager 上的面访问这些工具。

1. 修复面 【修复面】可以剪裁或延伸错误的面直到遇到相邻的面或补上内部的孔。

2. 删除面 【删除面】将从模型中移除错误的面而不尝试修复这个面，一旦删除，必须手动创建一个新的面。

3. 从清单中移除面 模型中可能存在不属于零件模型边界的额外的面，如果这些面很重要并且要留在模型中，用户可以把它们从【输入诊断】错误列表中清除。

⚠ 注意 【输入诊断】PropertyManager 面板中的所有工具都不会在 FeatureManager 设计树中创建特征，并且这些操作都是不可逆的。如果用户犯了错误，只能再次输入模型并建立修复流程。

步骤 8 愈合面

右键单击 PropertyManager 面板中的面 <1>，选择【放大所选范围】。

右键单击 PropertyManager 面板中的面 <1>，选择【什么错误】。

可以看到这个面存在几何体问题，但是错误信息并没有说明具体错误是什么。

右键单击 PropertyManager 面板中的面 <1>，选择【修复面】。

PropertyManager 面板上的绿色标记说明这个模型已没有问题了。

单击【确定】，关闭 PropertyManager 面板。

步骤 9 检查实体

检查 FeatureManager 设计树。输入曲面已经被输入实体替代了。

步骤 10　查找最小曲率半径

单击【检查】，选择【所有】、【实体】和【曲面】选项。再选择【最小曲率半径】，单击【检查】。最小曲率半径为 0.249935mm，如图 1-60 所示。

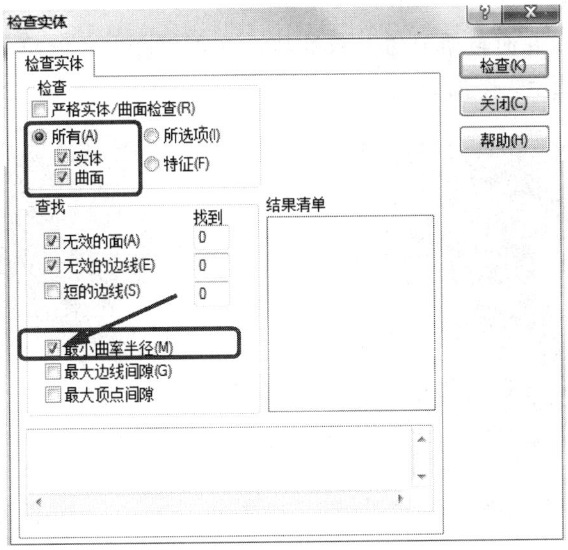

图 1-60　检查实体

步骤 11　保存并关闭零件

练习 1-1　输入诊断

输入的数据带有错误几何体，如图 1-61 所示。结合使用系统自动以及人工操作来修复这些错误。

本练习将使用以下技术：

- 输入一个 Parasolid 格式文件。
- 诊断和修复。
- 输入诊断。
- 删除面。

单位为 mm(毫米)。

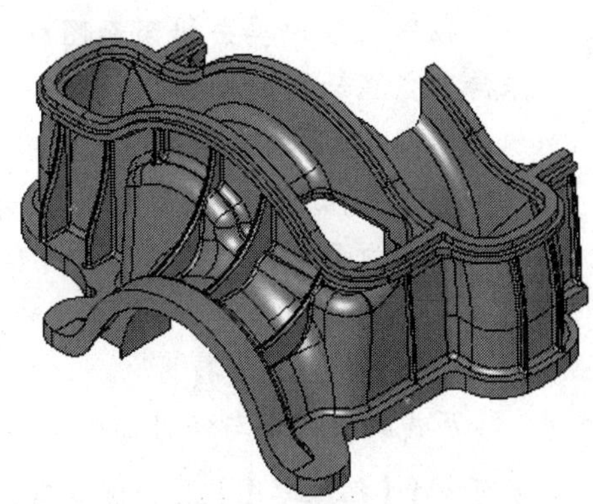

图 1-61　带有错误的几何体

操作步骤

步骤 1　打开一个“Parasolid”零件

打开 Lesson 01\Exercises 文件夹下的“Parasolid”格式文件“repair2. x _ b”，如图 1-62 所示。

提示：假如提示用户选择模板，可以选择“Part _ MM”。

步骤2　运行输入诊断

假如系统未提示运行【输入诊断】，用户可以右键单击特征“曲面-输入1”，然后在弹出的快捷菜单中选择【输入诊断】。

步骤3　问题区域

【输入诊断】检查出在面与面间的一条缝隙，单击列表中的缝隙符号，相对应的开环边线将在图形窗口高亮显示，如图1-63所示。

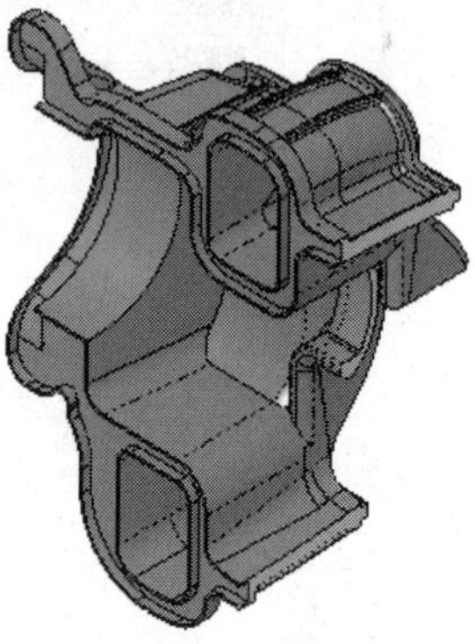

图1-62　零件“repair2”

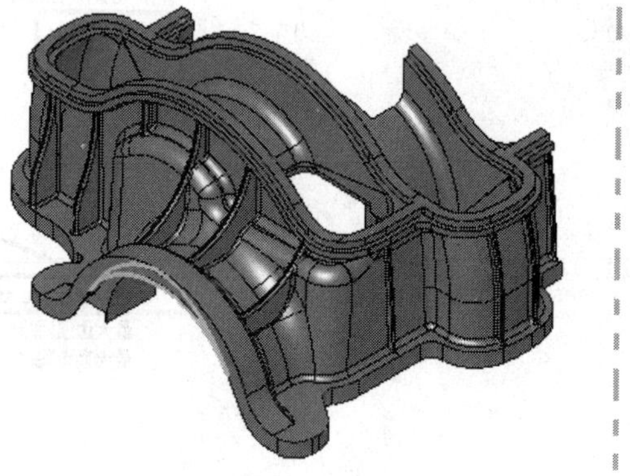

图1-63　问题区域

步骤4　尝试愈合所有

单击【尝试愈合所有】，系统将使用多个面来修补这个缝隙，但仍然不能完成修复，如图1-64所示。系统提示信息：“修复面的上一操作失败。您可从几何体中删除失败面然后手工重建模型。”

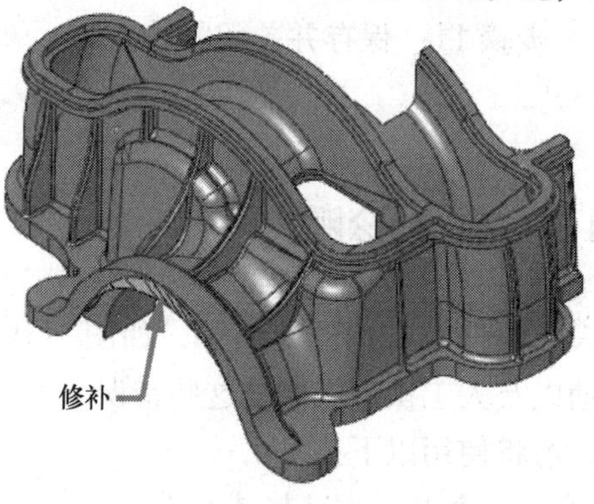

图1-64　尝试愈合所有

步骤5　出错面

在列表框中单击错误面图标，使其在视图区保持高亮显示。

步骤6　再次愈合所有

单击【尝试愈合所有】，系统修复剩余的出错面，并将曲面缝合为实体，如图1-65所示。

单击【确定】，退出【输入诊断】命令。

步骤7　近处观看

原先的缝隙面与修补面处于共面关系，右键单击修补面，查看弹出的快捷菜单中是否含有命令【插入草图】，假如有，那就表明这是一个平面，如图1-66所示。

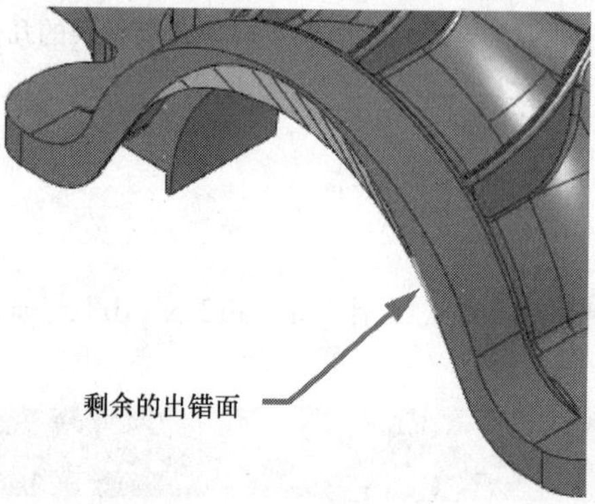

图1-65　剩余的出错面

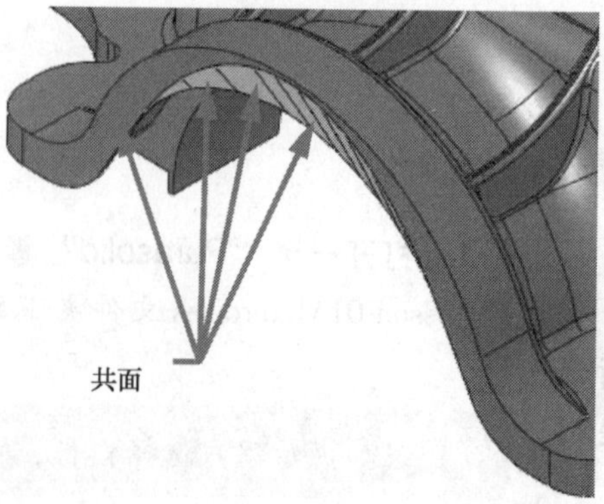

图1-66　近处观看

简化几何体　如果修补后的面为共面的平面，便可以将它们合并为一张面。

步骤 8　删除修补面

单击【删除面】，选取修补面。

这里需要放大视图，以便选中所有细小的面片。

使用选项【删除并修补】，单击【确定】，如图 1-67 所示。

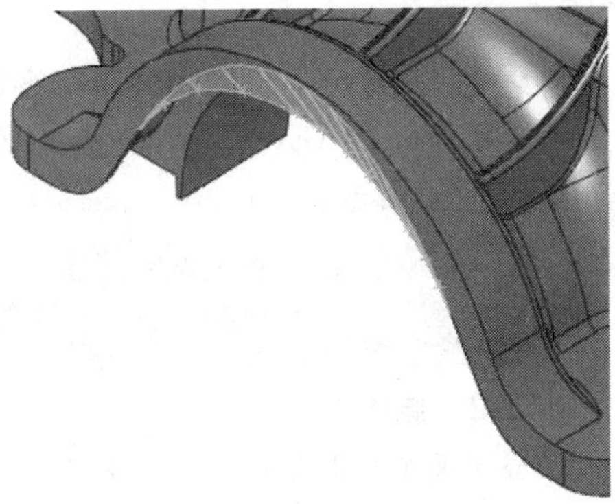

图 1-67　删除修补面

步骤 9　结果

原先两个相互分离的平面被一个单一面所替代，完成的零件如图 1-68 所示。

步骤 10　保存并关闭零件

图 1-68　完成的零件

练习 1-2　使用输入的曲面与替换面

本练习将演示一些修改输入模型的技术。练习中所用到的曲面从一个“Parasolid”（x _ t）文件中输入，移动该曲面并替换现有实体面，结果如图 1-69 所示。

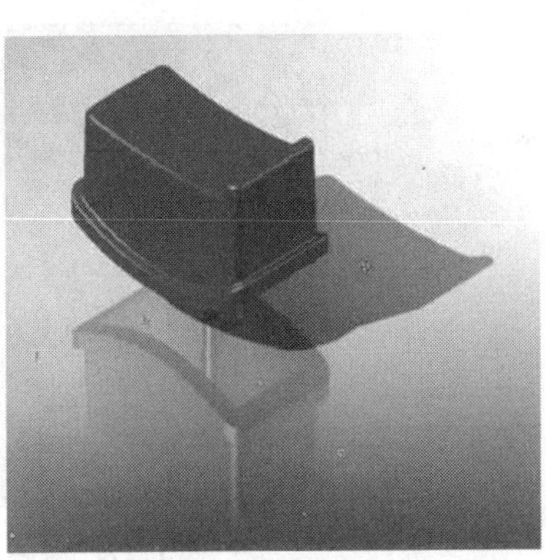

图 1-69　零件结果

本练习将应用以下技术：

- 输入数据。
- 编辑输入零件。
- 删除面。
- 移动/复制实体。

单位：mm（毫米）

操作步骤

步骤1 打开一个“Parasolid”零件

打开 Lesson 01\Exercises\Replace Face 文件夹下的“Parasolid”格式文件“Button. x _ t”，如图1-70所示。

提示 假如提示用户选择模板，可以选择“Part _ IN”，图中蓝色高亮显示的面将被替换。

步骤2 删除面

在替换面前，必须先删除部分圆角。

单击曲面工具栏上的【删除面】，选取如图1-71所示的面。

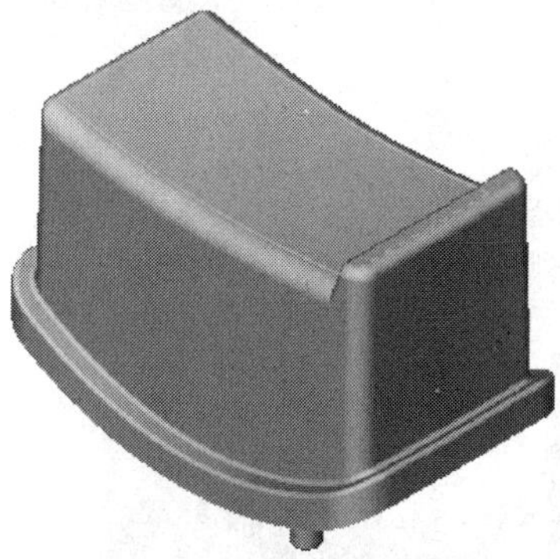

图1-70 零件“Button”

图1-71 删除面

放大零件边角，可以看到它由几个小面组成。

这里需要放大视图，以便选中所有7个细小的圆角面，如图1-72所示。

使用【删除并修补】选项，单击【确定】。

步骤3 输入曲面

选择下拉菜单的【插入】/【特征】/【输入的】来输入一个曲面。

选取 Lesson 01\Exercises\Replace Face 文件夹下名为“New Surface”的 Parasolid 格式文件。

改变曲面颜色，以方便观察，如图1-73所示。

图1-72 删除并修补

图1-73 输入曲面

步骤 4　移动曲面

选择下拉菜单的【插入】/【特征】/【移动/复制】，选取输入的曲面。

使用【平移】选项，在【Delta Y】中输入 63.5mm，单击【确定】，如图 1-74 所示。

步骤 5　替换面

使用输入的曲面替换零件的上表面，选择下拉菜单的【插入】/【面】/【替换】，如图 1-75 所示。

图 1-74　移动曲面

图 1-75　替换面

步骤 6　隐藏曲面

右键单击曲面并选择【隐藏】，如图 1-76 所示。

步骤 7　添加圆角

添加 0.635mm 的圆角，如图 1-77 所示。

图 1-76　隐藏曲面

图 1-77　圆角

步骤 8　保存并关闭零件（图 1-78）

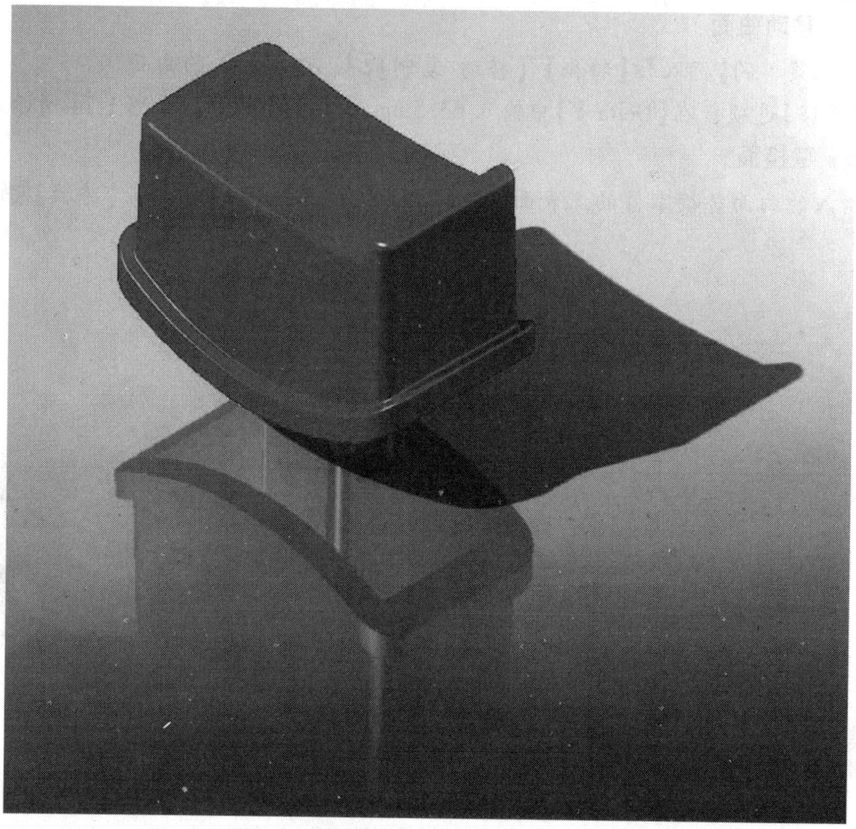

图 1-78　完成的零件

第 2 章　型心和型腔

学习目标

- 为已有的部件建立型心和型腔
- 分析模型，检查合适的拔模
- 对模型的面应用拔模
- 利用收缩率调整塑料制品的大小
- 明确分型线
- 创建关闭曲面
- 创建分型面
- 创建连锁曲面
- 创建切削分割
- 基于多实体零件创建装配体

2.1　型心和型腔的模具设计

SOLIDWORKS 模具工具是为已有的零件模型自动创建型心和型腔。其本质是将一个零件的分型线周围所有的曲面复制，并结合起来生成实体块，然后创建型心和型腔。

一旦要设计模具的模型，就必须遵循步骤以完成模具设计的过程。对于简单的零件，这个自动化工具能轻易地创建所需要的曲面。对于更为复杂的设计，就需要应用到手动的曲面建模技术。接下来，通过一个简要的描述来讲解 SOLIDWORKS 模具设计的基本步骤。

1. 模具设计步骤

（1）诊断并修复转换错误　如果部件已经导入，其可能存在转换错误。使用【输入诊断】命令来找到和修复错误，或者使用曲面建模技术。

（2）分析模型　使用分析工具，例如【拔模分析】来确定模型中是否存在可能无法制造的区域，如图 2-1 所示。

（3）根据要求修改模型　有时候需要对模型添加特征，或者修改模型的面以满足制造工艺的要求。

（4）比例缩放塑料件　高热的塑料在成型过程中冷却、变硬的同时还会产生收缩。所以，在创建模具之前，需略微放大塑料制品来补偿塑料的收缩率。

（5）创建分型线　分型线必须创建在部件上。它们是位于型心和型腔面之间的边界线。分型线通常都是基于拔模分析自动创建。

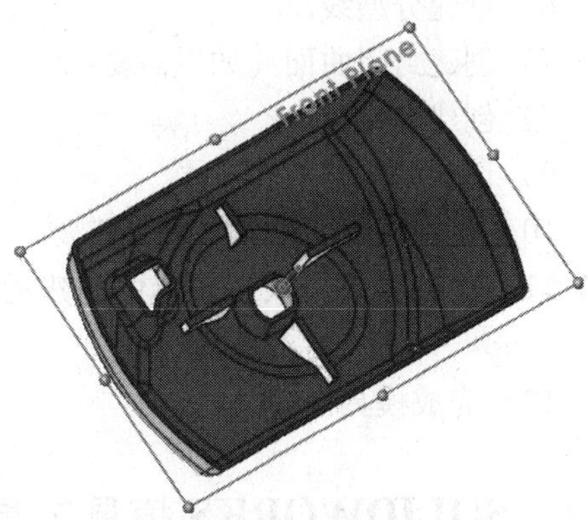

图 2-1　分析模型

（6）创建关闭曲面　创建完分型线之后，通过创建曲面来密封塑料制品上的关闭区域。关闭区域是位于模具中凹凸模彼此接触的部分，在塑料制品上呈现为一个孔或者一个开放区域。塑料制品中孔的成型需要一个关闭曲面，但并非所有的塑料制品都需要关闭曲面，如图 2-2 所示。

（7）创建分型面　一旦关闭曲面被创建，就可以创建分型面。分型面是通过沿着分型线的周边向外拉伸而创建的。虽然也可以通过其他的方法创建分型面，但其典型的形式是这些曲面都垂直于脱模方向。分型面被用作指定和分割模具的边界。分型面要延伸以超过模具块的尺寸，除非封闭曲面已经包含在设计中，如图 2-3 所示。

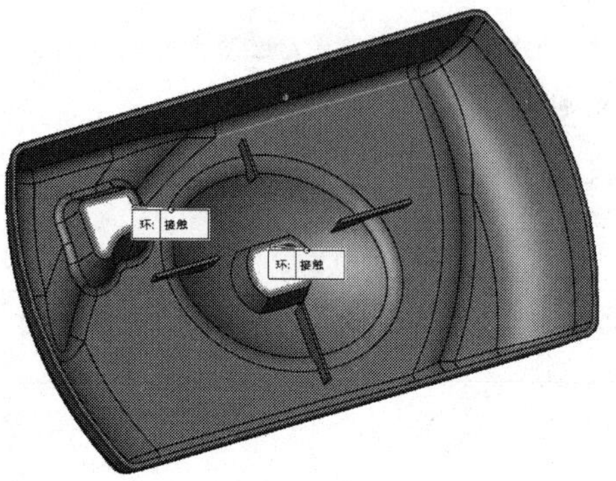

图 2-2　关闭曲面

图 2-3　分型面

（8）将模具切割成独立的实体　型心和型腔的实体可以使用已经创建的曲面来切割生成。

（9）设计额外的模具零件　除了型心和型腔外，有些部件还要有其他的模具零件。比如侧型心、斜顶、型心杆和顶针。

（10）从多个实体中创建独立的零件和装配体　以上步骤创建了一个多实体零件。每个实体将被保存为一个独立的零件并组装在一个装配体文件中。

（11）完成模具　将模具装配体和模具基体合并起来，并添加其他诸如分流道、浇口、冷却道等特征。如图 2-4 所示为模具装配体。

2. 总结　使用 SOLIDWORKS 自动工具创建模具的基本流程：

1）打开或者导入一个模型。
2）诊断和修复转换错误（如果需要）。
3）分析模型。
4）修改模型（如果需要）。
5）比例缩放塑料件。
6）创建分型线。
7）创建封闭曲面（如果需要）。
8）创建分型面。
9）切割型心和型腔实体。
10）设计额外的组件（如果需要）。
11）如有要求，从多实体中创建独立部件和装配体。
12）完成模具设计。

图 2-4　模具装配体

2.2　SOLIDWORKS 模具工具

SOLIDWORKS 提供了一套专门的工具和工具栏。工具栏含有完成模具设计工序的所有必要工具，这些工具是按正常的模具设计步骤排列的，所以从左到右地使用工具是常规的设计方法，如图 2-5 所示。

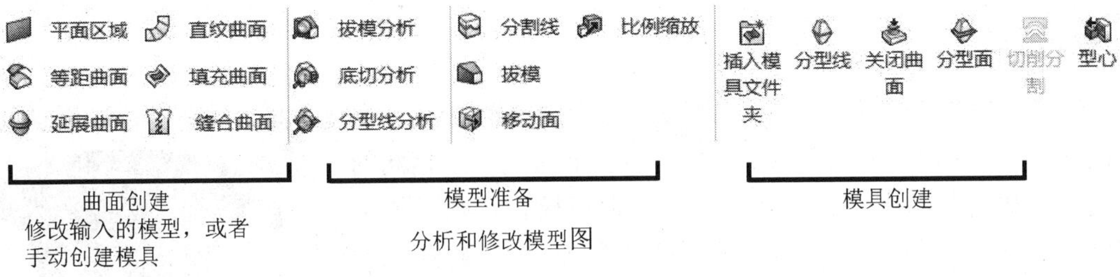

图 2-5　模具工具栏

2.3　实例练习：相机盖实体

使用模具工具对如图 2-6 所示的相机盖实体创建型心和型腔。这个零件是在 SOLIDWORKS 中完成设计的，因此第一步是分析模型。

2.4　模具分析工具

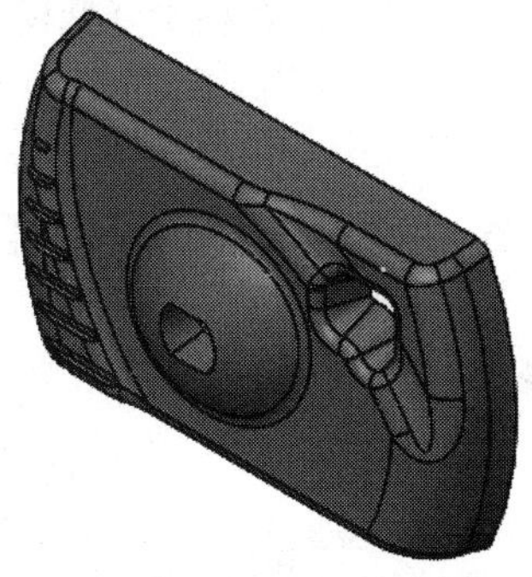

图 2-6　相机盖

模具分析工具被模具设计人员以及塑料制品设计人员使用。模具分析工具包括：

- 【拔模分析】：识别并显示拔摸不足的区域。
- 【底切分析】：识别并显示阻碍制品从模具中拔模的限制区域。
- 【分型线分析】：显示以及优化可行的分型线。

SOLIDWORKS 使用图形处理单元（GPU）来完成这些分析。GPU 为基础的处理，能够在用户改变分析参数以及模型几何参数时，实时地更新分析结果。分析结果在用户关闭“PropertyManager”后仍然可见。

2.5　对模型进行拔模分析

要对模型制品进行拔模分析，使用【拔模分析】有助于发现拔模和设计的错误。我们将使用这个工具识别相机盖实体的面是否能顺利拔模。

2.5.1　拔模的概念

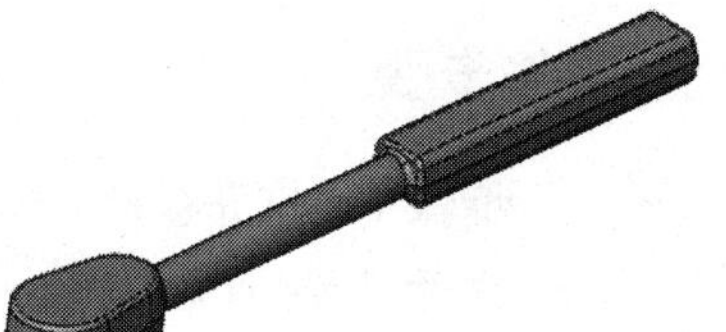

图 2-7　零件

拔模是对注射或者铸造零件的面所施加的斜度大小。一个为注射或者铸造而设计的零件必须能够制造出来，并且从周围的模具中顺利拔模。拔模的方向和分型线的方向相反。如图 2-7 所示的零件其拔模角度和分型线如图 2-8 所示。

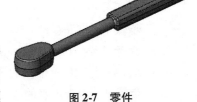

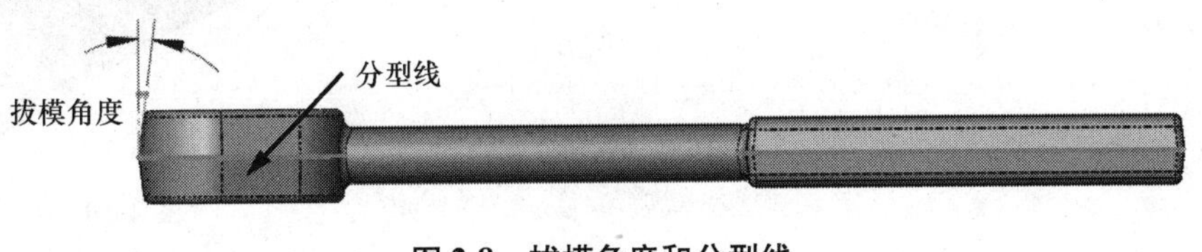

图 2-8　拔模角度和分型线

如果塑料制品没有正确地进行拔模，其从模具中被顶出时可能会被刮伤甚至被卡在模具中。

2.5.2　拔模方向

在图 2-9 中，通过杯形蛋糕这样的一个简单图例来解释什么是拔模方向。注意到杯形蛋糕的底部已被拔模，按图 2-9 所示箭头方向可以防止杯形蛋糕卡在盘中。相同的想法也被使用在塑料制品中。它们必须被正确地拔模，否则可能会被周围的模具卡住。为了在塑料制品中使用【拔模分析】，需要先确定拔模方向。

拔模方向是塑料件从模具中被顶出的方向。可以简单地把它理解为一个杯形蛋糕远离杯形蛋糕盘的方向。这个盘的顶部平面的方向就是拔模方向。拔模方向也可以比作“最小阻力方向”。贯彻这种思路，模具设计者能用尽可能少的材料设计出容易顶出塑料制品的模具。这样也有利于降低模具的成本，如图 2-9 所示，箭头表示拔模方向。

图 2-9　拔模方向

2.6　使用拔模分析工具

知识卡片

拔模分析	【拔模分析】用于确定在塑料制品中所有的面是否都具有足够的拔模角度。拔模方向可以是所选平面、面、曲面或者轴线的法向方向，也可以是选定的线、边线、或者轴线的方向。如果没有几何来制定合适的拔模方向，可以激活【调整三重轴】选项，屏幕会显示一个三重轴来定义方向。当运行【拔模分析】后，塑料制品中所有的面都被各种颜色指定，这用于反映相对于设定的拔模角度的拔模量。
操作方法	• CommandManager：【模具工具】/【拔模分析】。 • CommandManager：【评估】/【拔模分析】。 • 菜单：【视图】/【显示】/【拔模分析】。

操作步骤

步骤 1　打开零件

打开 Lesson02 \ Exercises 文件夹下的零件“Camera Body”，如图 2-10 所示。

步骤 2　检查正确的拔模

单击【拔模分析】，选择【拔模方向】为“Front-Plane”，设置【拔模角】为 3°，如图 2-11 所示。

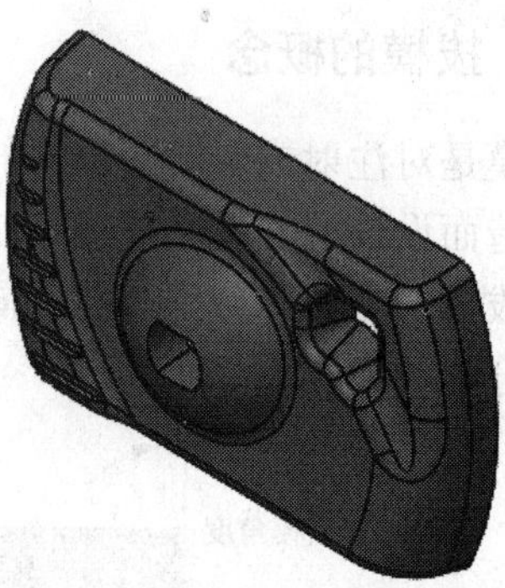

图 2-10　零件

技巧　通常来说，绿色的正拔模面表示模具中的型腔。红色的负拔模面表示模具中的型心。

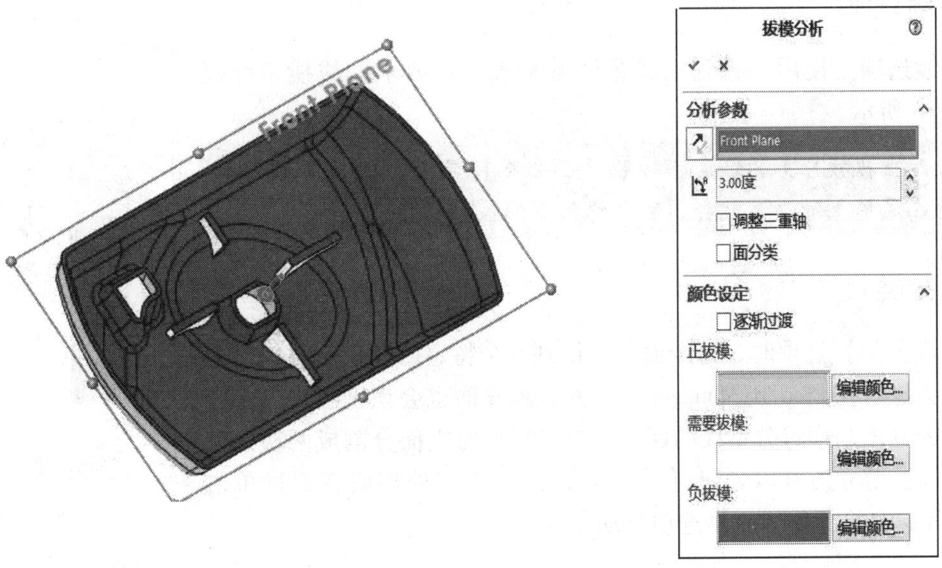

图 2-11　拔模分析

2.6.1　正负拔模

想象一束光照射在零件上，与之相反的方向即为拉出方向。如果光能够照亮某个面，那么这个面就有正角度拔模并且显示为绿色，而无法被光照射到的面就有负角度拔模，显示为红色，如图 2-12 所示。

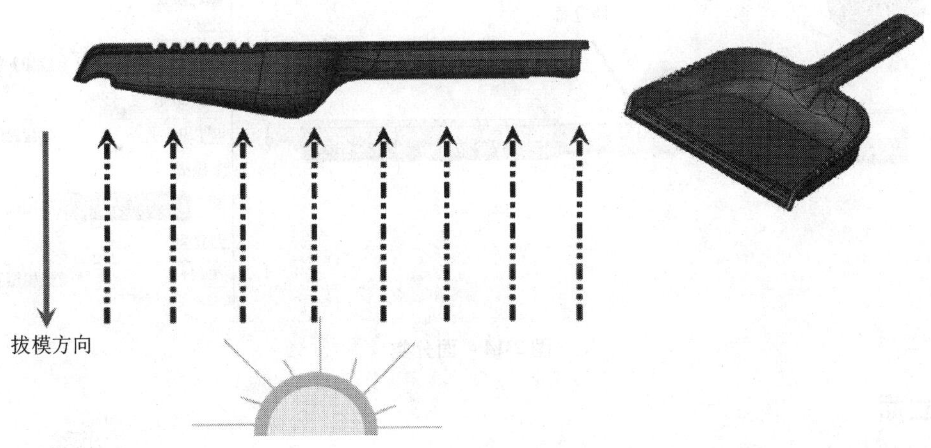

图 2-12　正负拔模

在合适的位置，绿色的正拔模面在分析中必须象征模具中的型腔侧，而红色的负拔模面必须象征型心侧。

2.6.2　要求拔模

如果某些面在两个方向上都不满足指定的【拔模角】，即会要求额外的拔模并且显示为黄色。

2.7　拔模分析选项

默认使用三种颜色分别表示正拔模、负拔模和需要拔模。可以使用额外的选项以修改模型中的颜色和识别特定的面。

2.7.1 逐渐过渡

逐渐过渡选项是使用一系列的颜色区域来表示所要求的拔模角度范围，如图 2-13 所示。

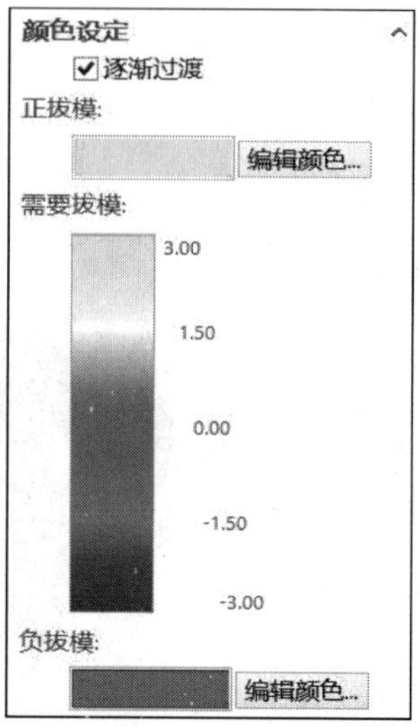

图 2-13　颜色设定

技巧　当拔模分析的颜色不按照【面分类】显示时，只要把光标放在零件上滑动，就会识别任意位置的拔模角度。

2.7.2 面分类

使用【面分类】选项时，每个面都会得到一个特定的颜色，对应每个颜色的面数会显示在 PropertyManager 中，并且跨立面也会识别出来，如图 2-14 所示。跨立面是横跨分型线的面。用户必须把跨立面分割成两块以分开模具的表面。跨立面可以通过【跨立面】命令手工处理或者通过单击【分型线】命令中的【分割面】选项自动完成。

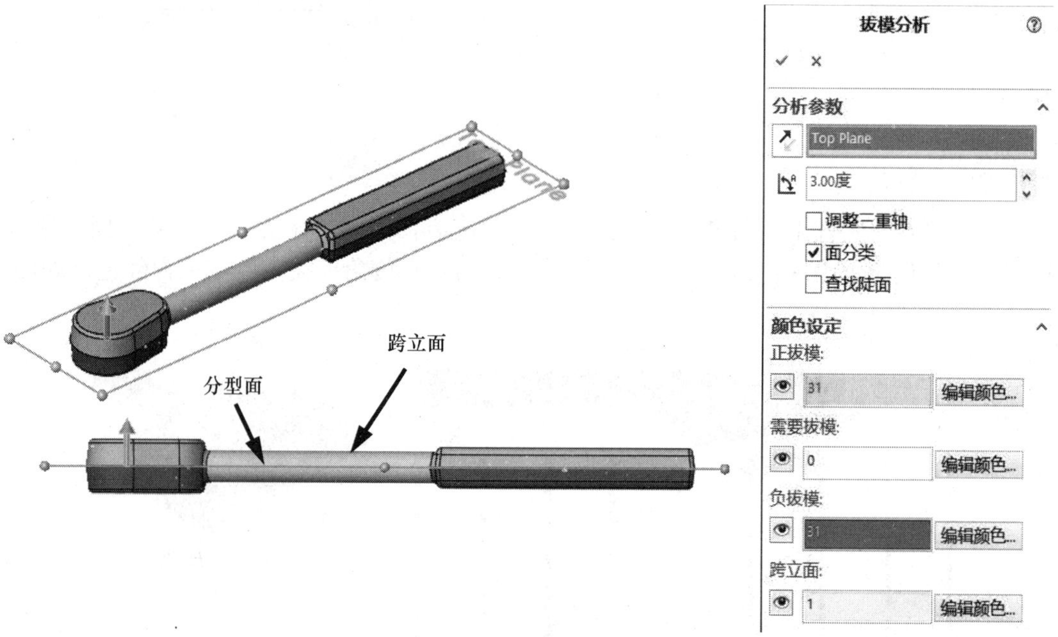

图 2-14　面分类

2.7.3 跨立面

打开【面分类】选项，跨立面也会用特定的颜色识别出来。跨立面是有一部分不满足要求的拔模角的面，如图 2-15 所示。

【显示/隐藏】👁按钮可以隐藏或者显示不同类型的拔模面。当所有面显示的时候，有些面非常小，难以找到。

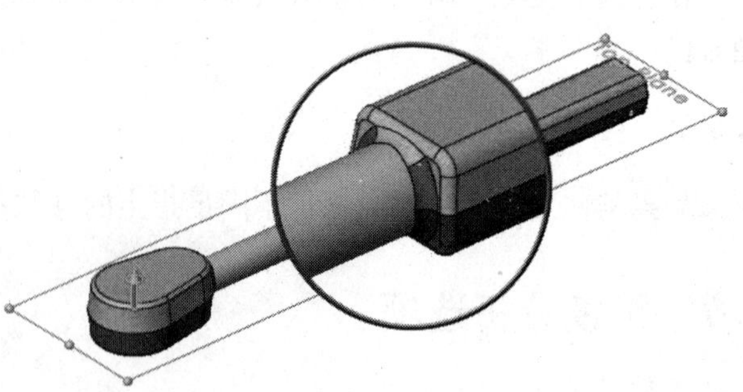

图 2-15　跨立面

步骤 3　修改【拔模分析】选项

勾选【面分类】和【查找陡面】复选框，如图 2-16 所示。

步骤 4　查看结果

一共有 16 个面要求拔模。

有些面属于 Stand-offs 特征。因为这些特征的创建过程，需要添加一个独立的拔模特征。

步骤 5　保持拔模分析颜色

勾选【面分类】和【查找陡面】复选框，单击【确定】✔。

这些颜色会保留在模型上，并且会随着模型的改变而更新。要去除这些颜色，在 CommandManager 或者【视图】/【显示】菜单中切换关闭【拔模分析】。

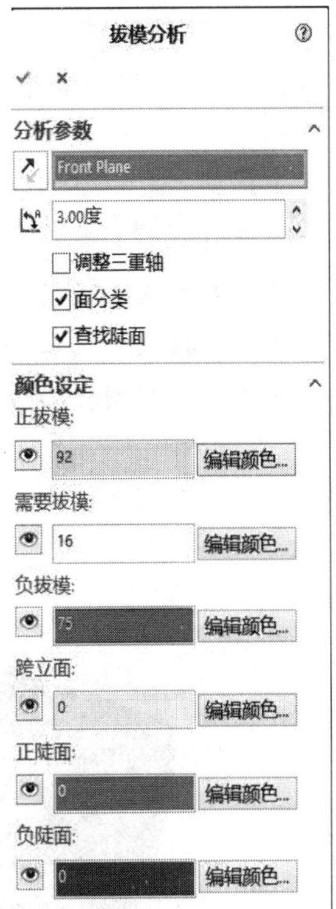

图 2-16　拔模分析

2.8　添加拔模

许多特征在创建过程中可以添加拔模，比如【拉伸凸台】和【拉伸切除】。然而，在有些设计或者输入模型中必须单独添加拔模特征。【拔模】特征可以创建三种拔模类型，同时包含一个 DraftXpert 模式让系统管理特征顺序。如图 2-17 所示。这里对拔模类型做一个简要的介绍，如图 2-18 所示。

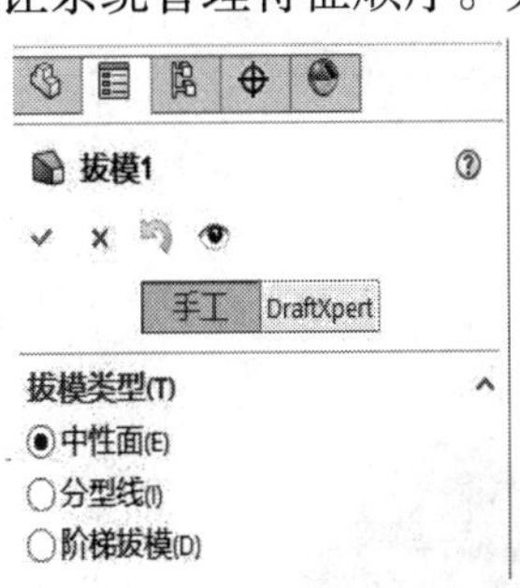

图 2-17　添加拔模

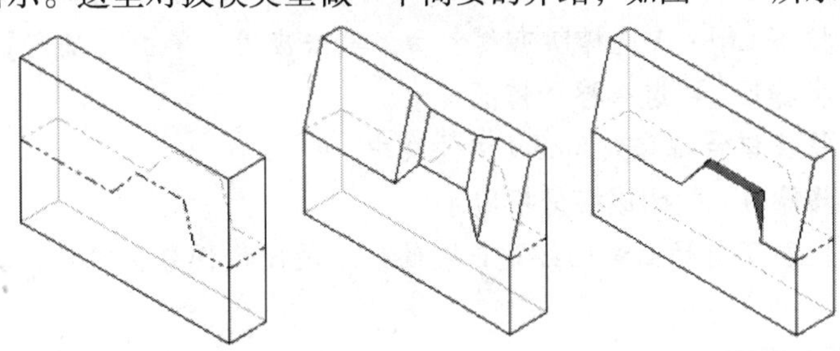

a) 带分型线的零件　b) 分型线拔模　c) 阶梯拔模

图 2-18　拔模类型

1. 中性面　如果一个平面或者面既可以表示拔模方向，也可以表示拔模角应用的位置，就可以使用【中性面】。这个拔模类型仅能在 DraftXpert 模式中创建。

> **技巧**　DraftXpert 能够协助选面并且自动地在特征历史中管理拔模特征。DraftXpert 也可以很容易地改变已有的拔模特征。

2. 分型线　当拔模需要应用在非平面边时，就可以选择分型线边来定义拔模角度从哪里开始。

3. 阶梯拔模 这种拔模类型允许选择在分型线上创建阶梯面。

对 Stand-off 特征拔模 对 Stand-off 特征采用中性面拔模类型，且应用在特征的顶面，并且保留特征尺寸，向外拔模。也可使用 DraftXpert 来协助选择要求拔模的特征面。

步骤 6 DraftXpert

单击【拔模】。

选择 DraftXpert，设置拔模角度为 3°。

对于中性面，选择 Stand-off 特征的一个顶面，如图 2-19 所示。选择【自动涂刷】，会根据选择的对象应用拔模分析的颜色。

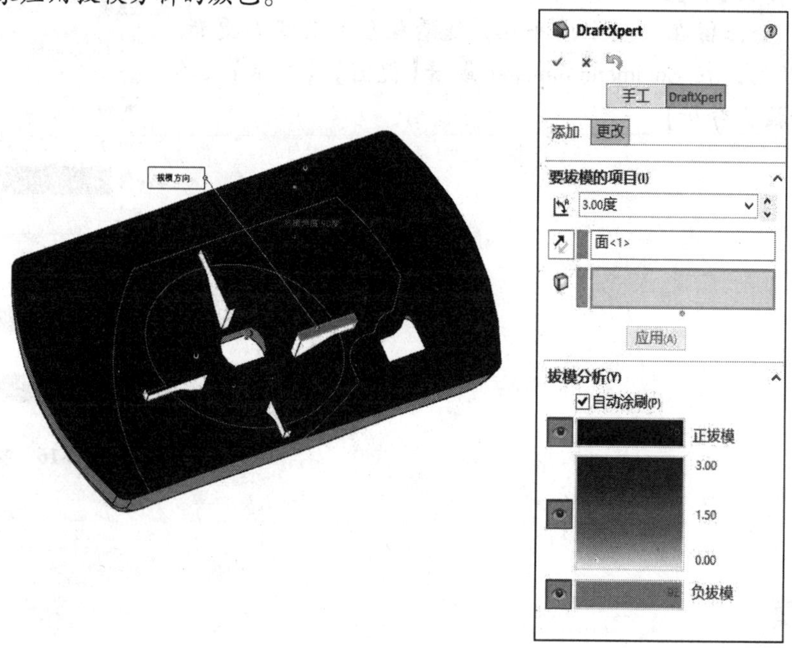

图 2-19 自动涂刷

步骤 7 面选择

为了方便选择面，可以单击【隐藏/显示】以隐藏正拔模和负拔模。

按下 Ctrl + A 选择所有剩余面，单击应用，单击【确定】，如图 2-20 所示。

步骤 8 可选：移动特征

将拔模特征移到 Model 文件夹中。

步骤 9 关闭拔模分析显示

现在所有的面都已经是正确的模。关闭拔模分析显示，如图 2-21 所示。

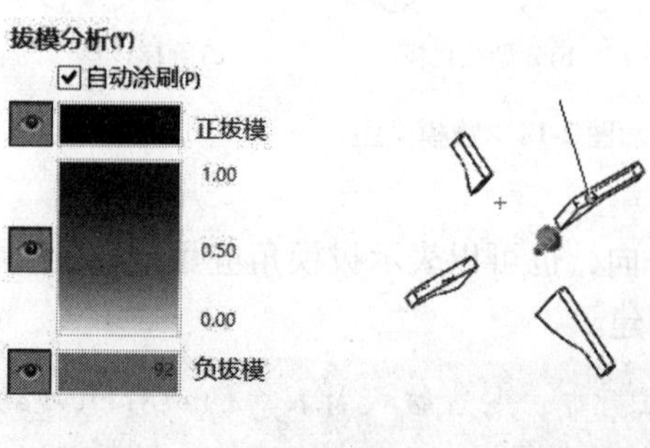

图 2-20 面选择

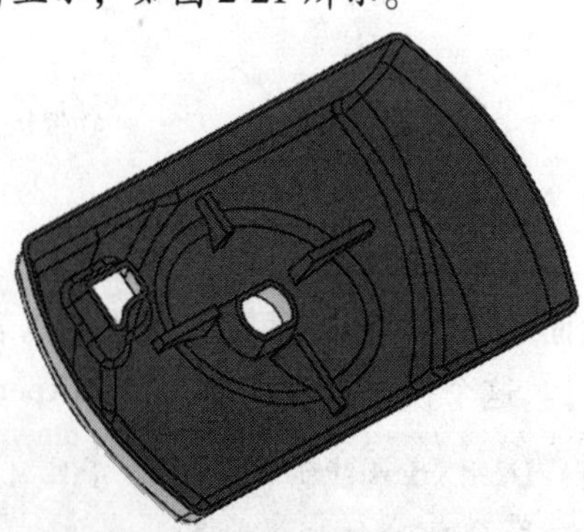

图 2-21 关闭拔模分析显示

2.9　比例缩放模型

模具中产品型腔部分的加工要略微比从模具中生产出来的塑料件大些。这样做是为了补偿高温被顶出的塑料件冷却后的收缩率。在通过塑料制品创建模具之前，模具设计者需要放大塑料制品来解决收缩率。对于不同的塑料，几何体和注射条件都是影响收缩的因素。浇铸件也需要做类似形式的比例缩放。

比例缩放特征用来增大或者减小模型的尺寸，有三种缩放模型的方式：

1. 重心　关于系统计算的重心缩放模型。

2. 原点　关于模型的原点缩放模型。

3. 坐标系　关于用户自定义的一个坐标系缩放模型。

统一比例缩放选项是在所有方向应用同一个缩放因子为默认设置，也可以对每个轴定义不同的缩放因子。

知识卡片

缩放比例	【缩放比例】应用了一个缩放比例因素。缩放比例可以是均匀的，也可以在 X、Y 和 Z 方向变化。
操作方法	• CommandManager：【模具工具】/【缩放】。 • 菜单：【插入】/【模具】/【缩放】。 • 菜单：【插入】/【特征】/【缩放】。

提示　【缩放比例】命令可以改变产品的尺寸，但是它不改变后续特征的尺寸。

注意　当对一个产品使用非统一比例缩放时，圆柱孔可能不再是圆柱孔。所以在创建模具之前，可能需要调整模型来补偿这种变化。

步骤 10　缩放

在特征工具栏上单击【比例缩放】。

然后在【比例缩放点】选择【重心】并勾选【统一比例缩放】复选框，设置【比例因子】为 1.05（增大 5%）。单击【确定】，如图 2-22 所示。

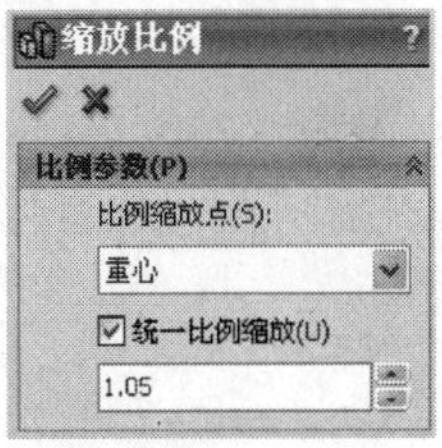

图 2-22　比例缩放

2.10　创建分型线

分型线是注射类塑料制品中型腔与型心曲面中相互接触的边界。分型线是那些用来分割型心和型腔曲面的边界，它们也构成了分型面的内部边界。

分型线命令允许设计者自动或者手动创建分型边，然后这个分型线特征会用来创建分型面。作为分型线命令的一部分，在运行【拔模分析】后，分型线被明显地定义，并被分类为正拔模和负拔模的两组面共用。

2.10.1　分型线选项

分型线命令的选项决定了分型线如何使用。

1. 用于型心/型腔的切割 在一个模型中可能存在多个分型线特征。【用于型心/型腔分割】选项是指定哪条分型线是用来创建模具的。当这个选项激活时创建分型线特征，如果可能的话，一组型心/型腔曲面就会自动生成。

2. 分割面 当跨立面的边无法形成中性分割面时，可以使用【分割面】沿着从正拔模向负拔模的过渡方向切割面。

3. 要分割的实体 当用户需要强制分型线穿过一个平面时，可以选择顶点对象或者草图对象。

知识卡片

分型线	【分型线】允许设计者自动或者手工创建分型线。而后，分型线特征将用于创建分型面。
操作方法	● CommandManager：【分型线】。 ● 菜单：【插入】/【模具】/【分型线】。

步骤 11 分型线拔模分析

在模具工具的工具栏上单击【分型线】，拔模方向选择 Front Plane，设置【拔模斜度】为 3.00°。再勾选【用于型心/型腔分割】复选框，并取消勾选【分割面】复选框。最后单击【拔模分析】，如图 2-23 所示。

步骤 12 分型线的边线

单击完成【拔模分析】后，所有的被绿色边和红色边共用的边被自动选中，并添加到分型线列表中，如图 2-23 所示。

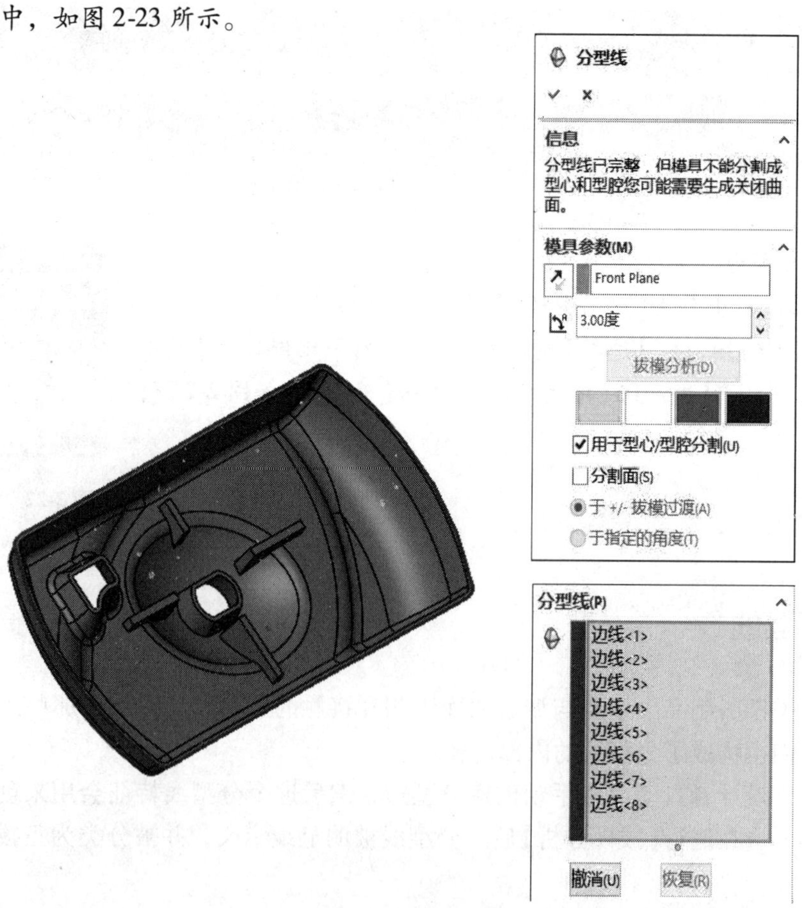

图 2-23 分型线的边线

> **提示** 在 PropertyManager 中的信息显示型心面和型腔面尚未创建，因此需要关闭曲面来闭合零件中的开放区域。

2.10.2　手动分型线

因为这个例子的分型线边界相对简单，所以边很容易自动选中。但有时分型线更为复杂，软件无法自动找到完整的分型线，或者自动选择的结果可能需要修改。更多手动选择分型线的边的内容请参考手动选择技术。

2.11　关闭曲面

在分型线建立后，下一步是决定塑料制品上哪些开放的成型区域需要关闭曲面。一个开放的成型区域是一个孔或者是一个开口，在注射制品中就是模具型心和型腔完全吻合而形成的孔。如图 2-24 所示为一个简单的关闭曲面。它创建在拔模后开口较小的一侧。

【关闭曲面】用于自动关闭塑料制品中的开放孔，如图 2-25 所示。

图 2-24　拔模过的穿越孔

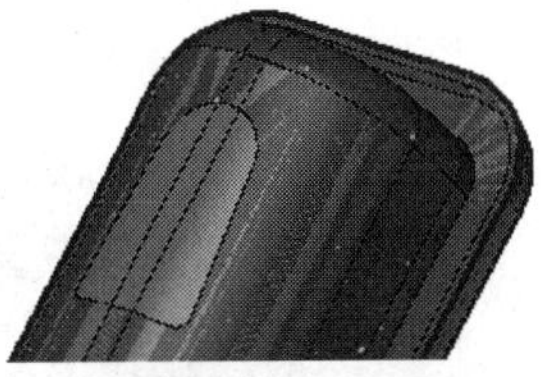

图 2-25　关闭曲面

SOLIDWORKS 会试图为关闭边界自动选择合适的边，或者手动选择。然后复制这个关闭曲面，并且自动地缝合到型心和型腔曲面上，这是为了创建实体模具块。

2.11.1　关闭曲面的修补类型

关闭曲面有三种修补类型：

1. 相切 创建一个修补面，它与相邻面相切。

2. 接触 创建一个修补面，它与相邻面接触。

3. 不填充 仅创建一个修补边界，而不创建一个曲面。这个修补类型是为了手动创建一个关闭曲面使用。

修补类型可以在 PropertyManager【重置所有修补类型】进行全局改变。对于单个区域要选择一个不同的修补类型，在图形区域单击这个修补类型标识。

表 2-1 显示关闭曲面的修补类型。

表 2-1　关闭曲面的修补类型

类　型	图　示	
相切：相切于环的下方面	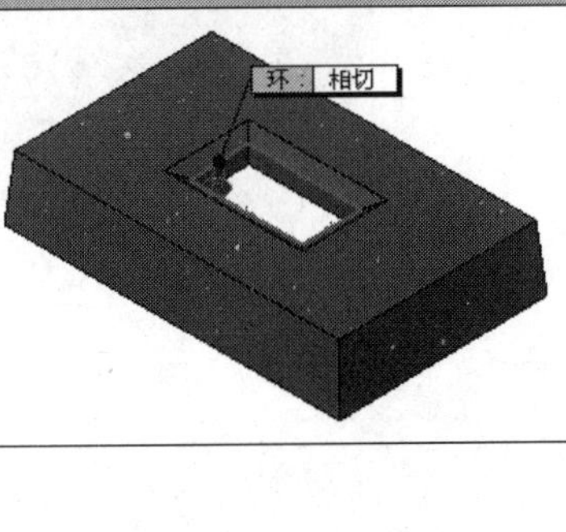	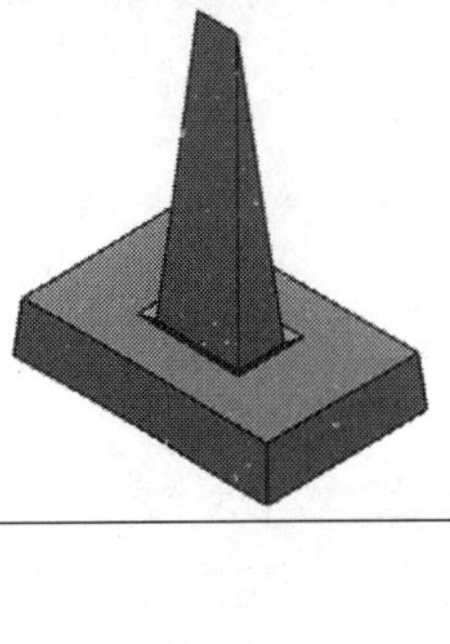

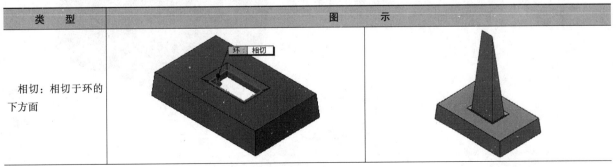

（续）

类　型	图	示
相切：相切于环的上方面	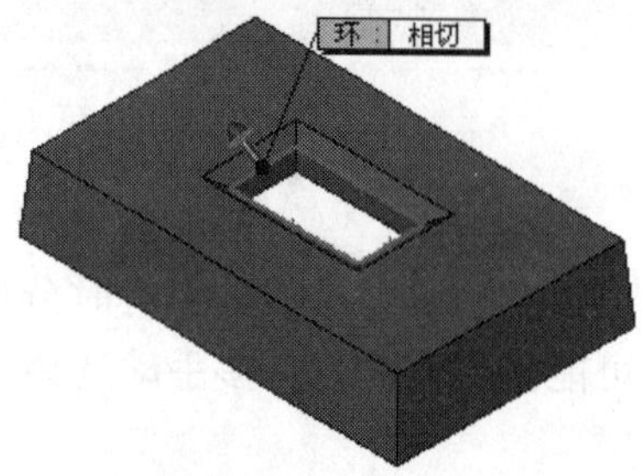	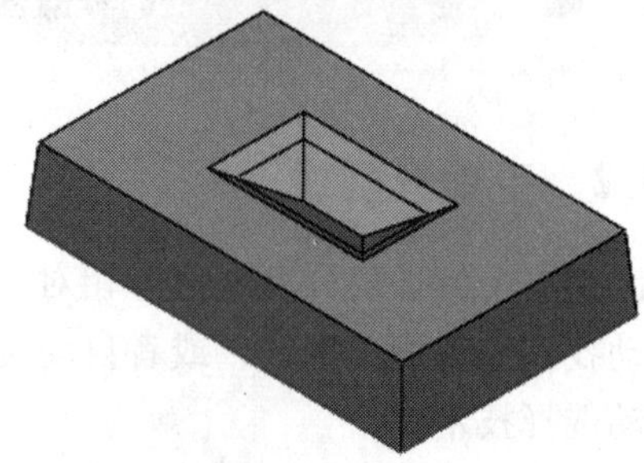
接触	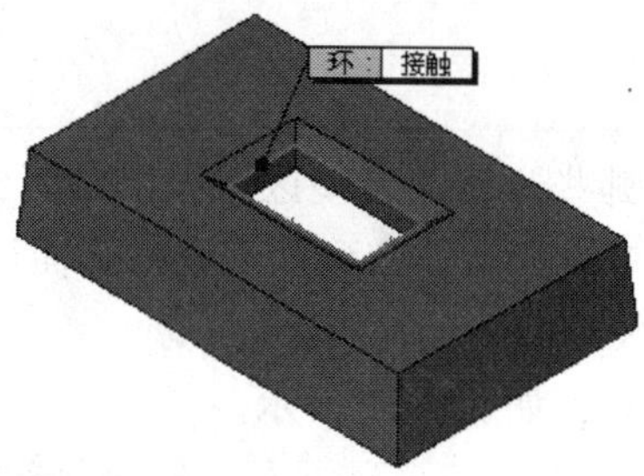	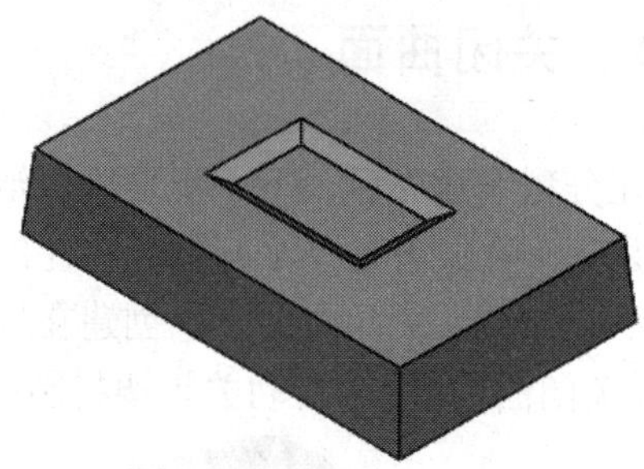
不填充	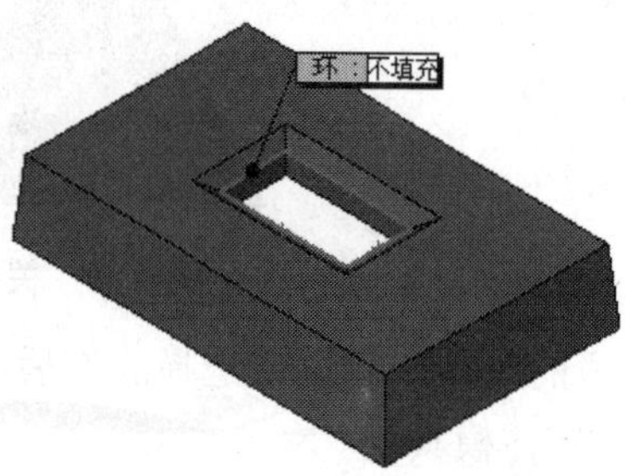	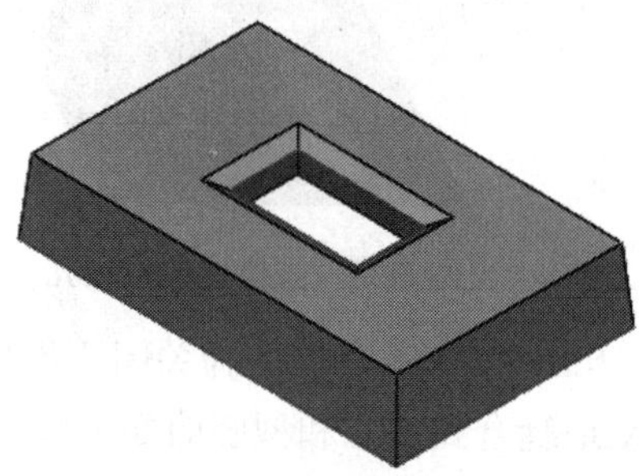

知识卡片

关闭曲面	【关闭曲面】允许设计者在塑料制品中自动或者手工关闭任何的开放孔和开口。单击图形区域上的弹出框，可以选择不同的修补类型。而如果要对全局的修补类型进行改变，则可以从【重新所有修补类型】选项中选择。
操作方法	• CommandManager：【模具工具】/【关闭曲面】。 • 菜单：【插入】/【关闭曲面】。

步骤 13　关闭曲面

单击【关闭曲面】，系统会自动选择开放区域的边，这些边是正拔模和负拔模的相交区域。

【接触】类型也是系统自动选择。单击【确定】✔，如图 2-26 所示。

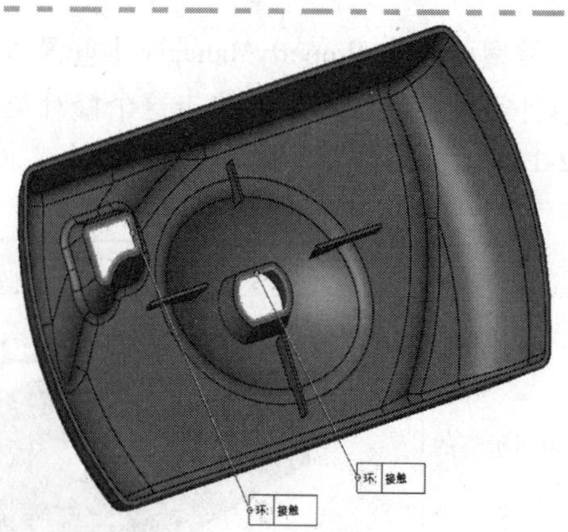

图 2-26　关闭曲面

2.11.2　手动关闭曲面

对于这个简单案例模型，关闭曲面的边很容易自动选取。但是有时需要创建的曲面可能会更为复杂，软件无法自动识别边，或者要对选择对象进行修改，此时需要手动创建关闭曲面，如图 2-27 所示。

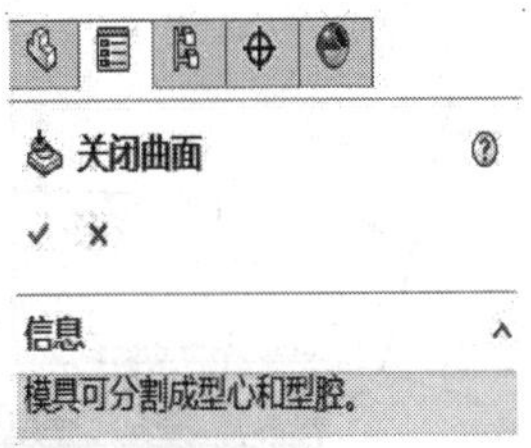

图 2-27　信息

2.12　创建分型面

正如 PropertyManager 所指出的，系统现在已经获取了所有的曲面信息，利用这些曲面能够在模型上创建型心和型腔面，但是还需要创建额外的曲面来定义模具的面，这些面包围整个零件。【分型面】特征的设计目的是自动从分型线延展曲面创建。分型面必须比模具块尺寸大，除非设计中包含连锁曲面。

分型面命令从分型线开始沿着垂直于拔模方向，正交或者相切相邻模型面的方向拉伸创建曲面。如果有必要，也提供了相应的设置来控制曲面【平滑】，如图 2-28 所示。

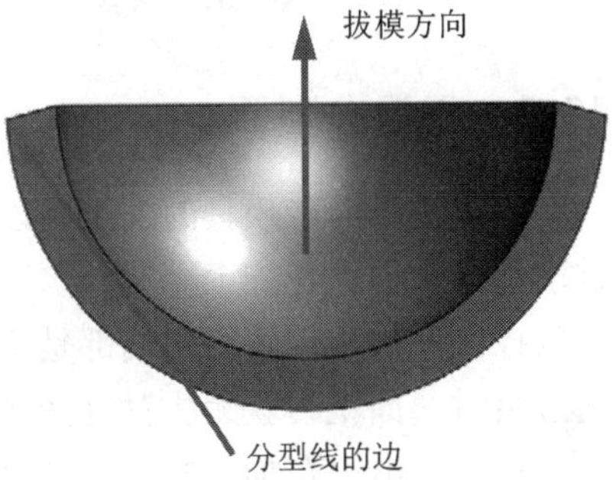

图 2-28　分型面

2.12.1　分型面选项

有三种对齐分型面的方法。下面将用半球的剖面来进行说明。

1. 相切于曲面　分型面和模型上正交于拔模方向最近的曲面相切。如图 2-29 所示为半球的上表面。

2. 正交于曲面　分型面和平行于拔模方向的最近的曲面正交。如图 2-30 所示为半球的外表面。

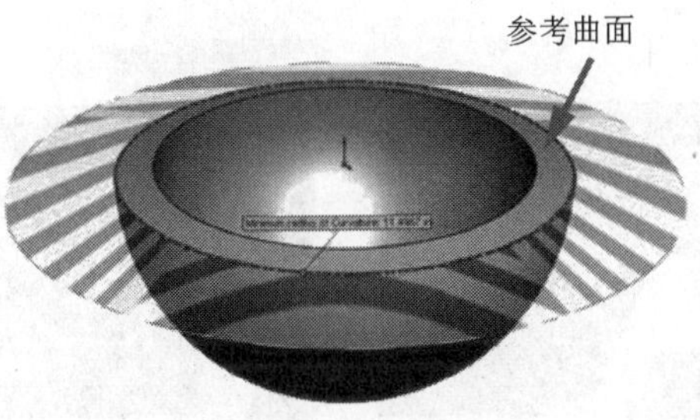

图 2-29　相切于曲面

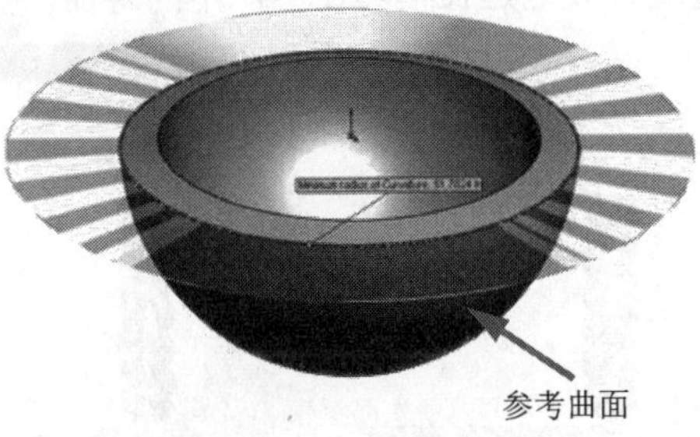

图 2-30　正交于曲面

3. 垂直于拔模　分型面和拔模方向垂直，这个是最常用的选项，如图 2-31 所示。

4. 角度　设置拔模方向和分型面正交方向之间的角度限制。它仅对【相切于曲面】和【正交于曲面】选项有效。图 2-29 中，分型面和参考曲面相切。

图 2-31　垂直于拔模

蓝色的线代表分型面正交方向。它与拔模方向的夹角为 15°，因为参考曲面由水平面切除 15°角而来。任何等于或大于 15°的角度对分型面都没有影响，如图 2-32 所示。

如图 2-33 所示，【角度】设置为 10°。限制了分型面和拔模方向之间的夹角不能超过 10°。

因此，在【相切于曲面】选项中使用【角度】，分型面会和参考曲面相切，否则就会造成分型面和拔模方向的夹角超过【角度】限制。

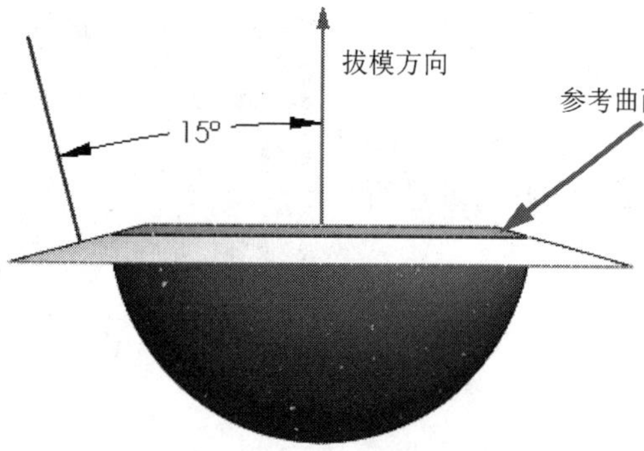

图 2-32　角度

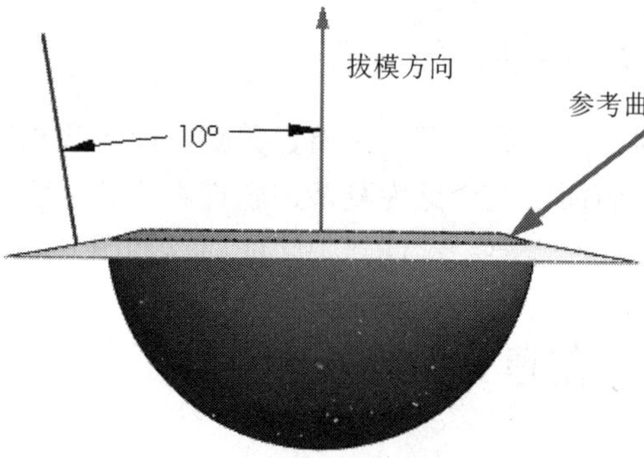

图 2-33　角度选项

2.12.2　平滑分型面

在创建模具时，模具的加工是以模具的设计为基础的。模具加工包含几个过程。有两种分别是数控铣削加工和电火花加工。

数控铣削加工需要用到端部是全圆角的面铣刀在金属上加工出 3D 形状。当 3D 形状上有紧密和尖锐的过渡时，面铣刀就无法对这些区域进行加工了。当面铣刀无法用于更为复杂的几何过渡的加工时，另一种被称为电火花加工的方法可以用于去除那些面铣刀无法去除的材料。但这种加工方法非常耗时，所以在加工过程中减少电火花加工，就意味着模具加工能更快地完成。

为了达到这一点，就要用【分型面】中的【平滑】选项来修整分型线的几何形状，使面铣刀无法加工的尖锐角落最小化。尽管它无法彻底去除尖锐区域，但可以有效地减少模具制造过程中电火花加工的使用。如图 2-34 所示。

平滑分型面的另一个好处是去除分型面上的尖锐边。模具上的尖锐边比圆角边磨损得更快，所以平滑边能有效地延长模具在生产中的寿命。如图 2-35 所示。

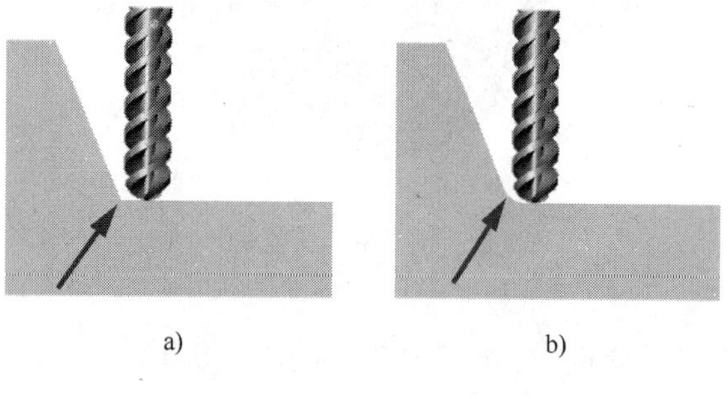

图 2-34　面铣刀加工的条件

a）面铣刀不能加工拐角　b）面铣刀可以加工圆角

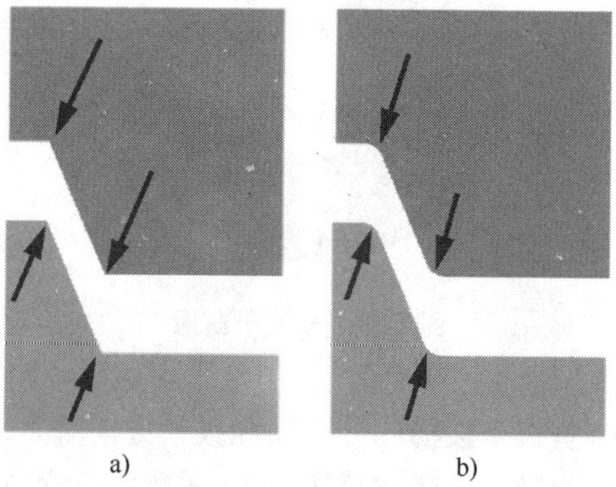

图 2-35　尖锐边与圆角边

a）尖锐边磨损快　b）圆角边寿命长

在分型面 PropertyManager 底部的复选框包括以下几个选项：

1. 缝合所有曲面　自动缝合所有曲面以形成一个单独的曲面实体。如果要求手动曲面建模，这个选项会被清除。

2. 显示预览　在图形区域显示预览分型面。

3. 手工模式　显示手柄可以进行手工处理分型面。

知识卡片

分型面	【分型面】允许自动创建分型面。
操作方法	• CommandManager：【模具工具】/【分型面】。 • 菜单：【插入】/【模具】/【分型面】。

步骤 14　分型面

单击【分型面】，用于【型心/型腔分割】的分型线特征会被自动选中。

分型面【平滑】选项圆滑分型面的尖锐过渡区域。【距离】定义相邻边的最大尺寸。这个值越大，过渡区域就越平滑，如图 2-36 所示。

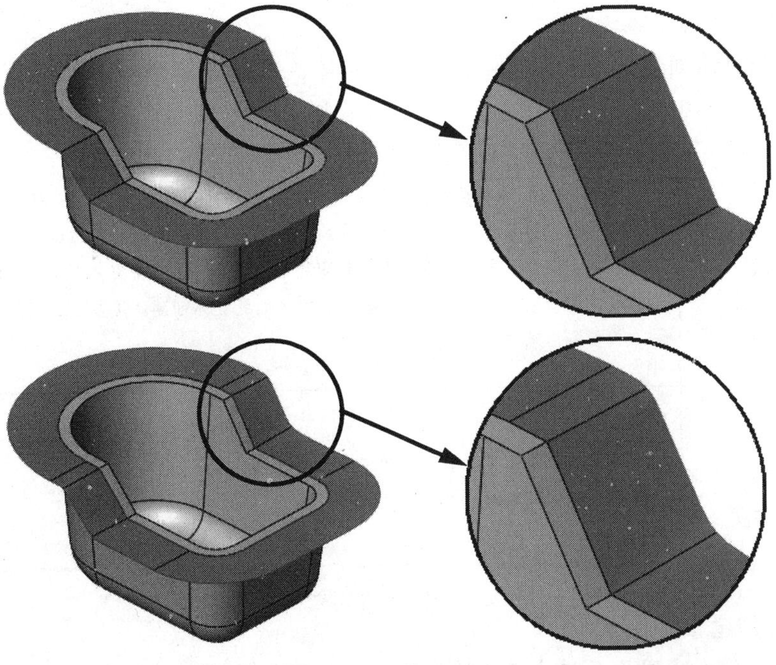

图 2-36　平滑效果

单击【垂直于拔模】，设置【距离】为 50mm，单击【确定】，如图 2-37 所示。

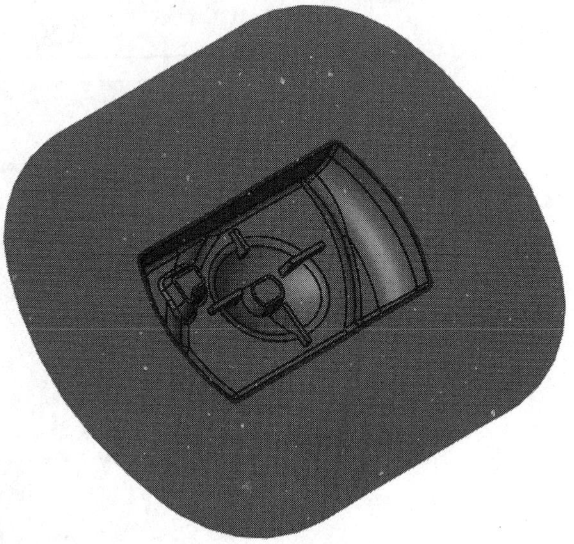

图 2-37　分型面

> 提示　这个模型的分型面是平面，因此不需要【平滑】选项。对于需要使用【平滑】设置的例子，见分型面平滑。

步骤 15　隐藏分型线

选择分型线 1 并且单击【隐藏】。

2.13 曲面实体

完成【分型线】/【关闭曲面】/【分型面】命令会创建相应的曲面实体。SOLIDWORKS 会自动创建三个曲面实体文件夹来管理模具的实体。

当手动创建这些曲面时候，这些文件夹也可以使用【插入模具文件夹】命令进行添加，如图 2-38 所示。

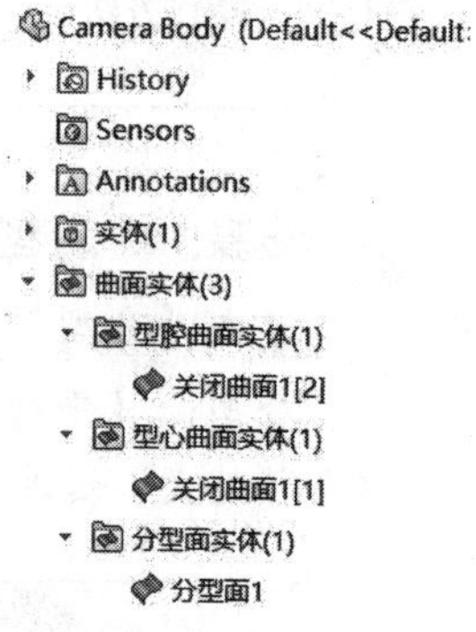

图 2-38　文件夹

2.14 创建模具

所有创建模具所需要的曲面现在都被放置在正确的“曲面实体”文件夹中，此时便可以创建模具了。

【切削分割】命令自动创建属于模具型腔和型心的实体，这时有多个实体被放置在“实体”文件夹中。

知识卡片

切削分割	【切削分割】命令要求在适合分割型心和型腔的位置创建一个草图，草图的尺寸即为模具尺寸。然后使用曲面实体文件夹中的曲面来创建型心和型腔实体的面。 型腔曲面实体和分型面实体缝合后即可切出包含这些曲面实体形状的实体块。 同时，型心也被型腔曲面和分型曲面实体的缝合体创建。这些曲面实体都是从相同的实体块中被切削出来的。
操作方法	• 在模具工具工具栏上单击【切削分割】。 • 菜单：【插入】/【模具】/【切削分割】。

步骤 16　创建草图

选择分型面作为草图平面创建模具的外轮廓，如图 2-39 所示。

退出草图。

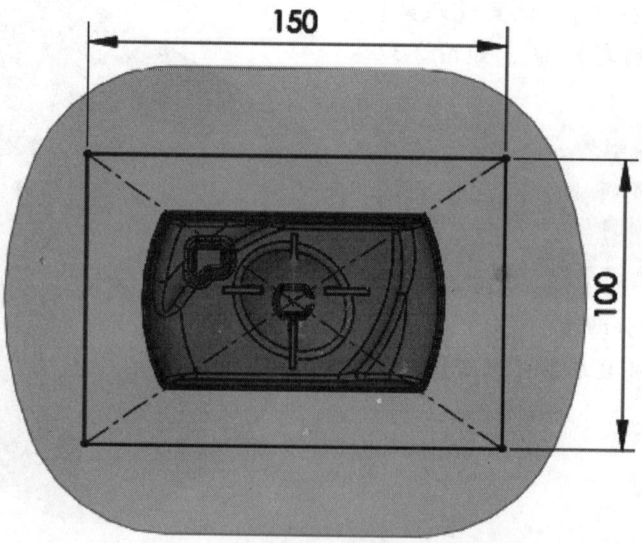

图 2-39　创建草图

步骤 17　创建模具

单击【切削分割】，设置【方向 1 深度】为 38mm，设置【方向 2 深度】为 12.5mm。

> **提示** 来自于模具文件夹的曲面实体会自动在 PropertyManager 中被选中，如图 2-40 所示。

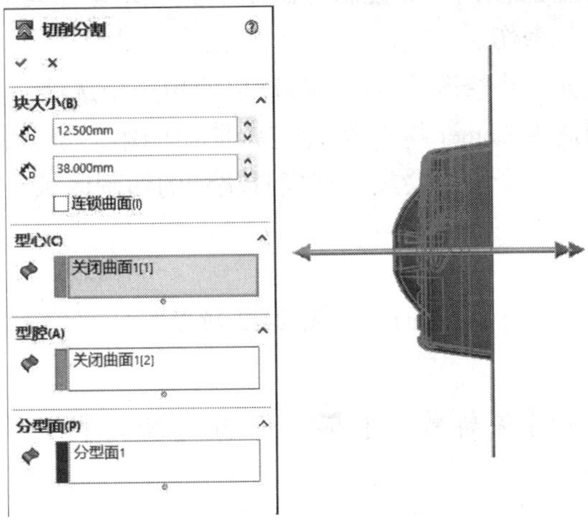

图 2-40　切削分割

单击【确定】。

步骤 18　查看结果

模具分割的结果是在模型中创建两个新的实体。

2.15　观察模具内部

现在我们有三个实体，但是很难看到单个部件。有三种方式查看模型：

1. 隐藏/显示实体　显示、隐藏或者独立显示某个感兴趣的实体。按下 Tab 键可以隐藏光标选中的一个实体，按下 Shift + Tab 组合键可以显示被隐藏的实体。

2. 移动实体　使用【移动/复制实体】移动单个实体到不同的位置，或者创建【爆炸视图】。

3. 改变实体外观　通过添加不同的外观透明度来识别不同的实体。

步骤 19　隐藏曲面

选择曲面实体文件夹，单击【隐藏】。

步骤 20　孤立

右键选择一个模具实体，选择【孤立】。【退出孤立】返回上一个显示，【孤立】其他模具实体以查看结果，如图 2-41 所示。

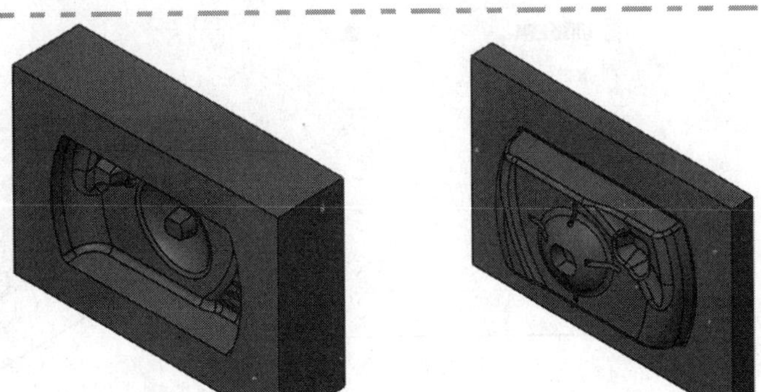

a) 型腔　b) 型心

图 2-41　实体结果

2.16 连锁模具工具

【切削分割】命令包括一个自动创建【连锁曲面】的选项。

连锁曲面从分型面开始拔模，有助于引导模具更为密封、准确的合模，还可使模具在关闭时保持对齐，这样可以确保模具不发生偏移，且不会制造出不平整、壁厚不可预料的产品。拔模也使得铁块上的曲面在模具开合时不会互相磨伤。

为了演示使用一个连锁曲面，将修改 Camera Body 以使用这个选项。连锁曲面是从分型面延伸到切割面，近似一个直纹曲面。因此为 Camer Body 创建连锁曲面的第一步是修改分型面距离，然后创建一个新平面用来放置模具块草图，这个平面会放置在模具块新的切割区域，连锁曲面会延伸到这个平面。

步骤 21 退回

退回栏移到【切削分割 1】的上面，如图 2-42 所示。

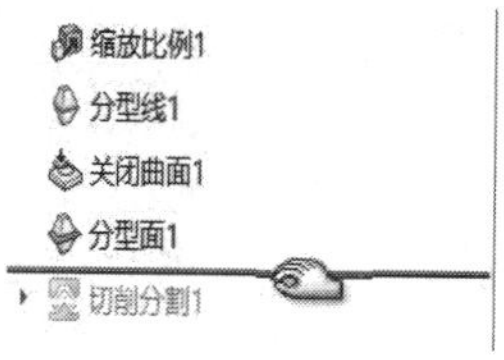

图 2-42 退回

步骤 22 修改分型面

选择分型面 1，单击【编辑特征】，设置【距离】为 10mm，单击【确定】。

步骤 23 新平面

单击【基准面】，将 Front Plane 向零件后方偏移 6mm。

步骤 24 向前回退

将退回栏移到 FeatureManager 树尾部。

步骤 25 编辑草图平面

选择模具切割草图，单击【编辑草图平面】，选择面 1。单击【确定】，如图 2-43 所示。

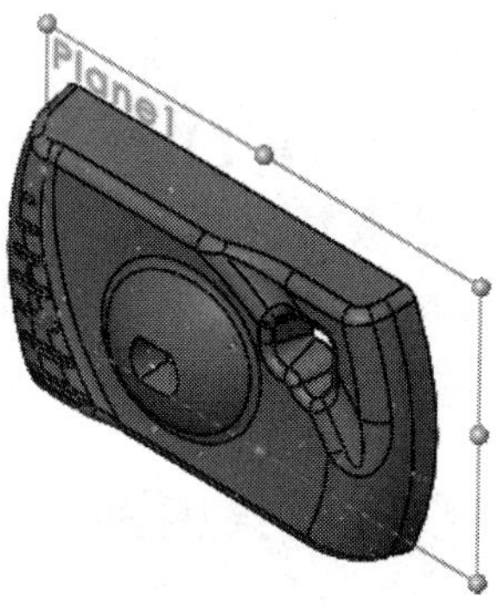

图 2-43 草图平面

步骤 26 编辑切削分割

单独选择【切削分割】，单击【编辑特征】，单击【连锁曲面】，角度设置为 3°，单击【确定】，如图 2-44 所示。

步骤 27 查看结果

【孤立】单独的实体或者对结果创建一个爆炸视图。

提示 为了更清楚地观察，修改了外观的透明度，如图 2-45 所示。

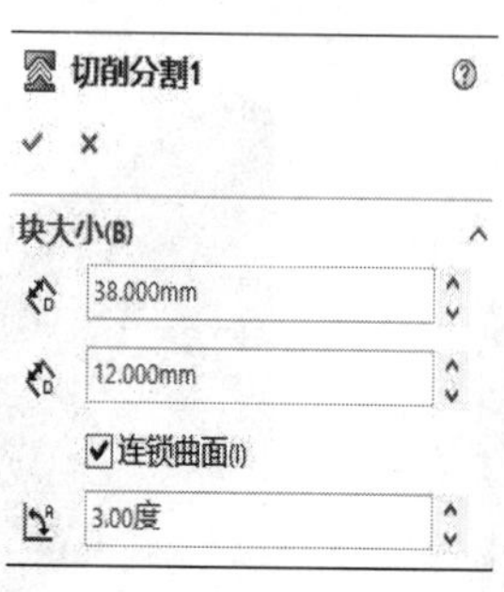

图 2-44 编辑切削分割

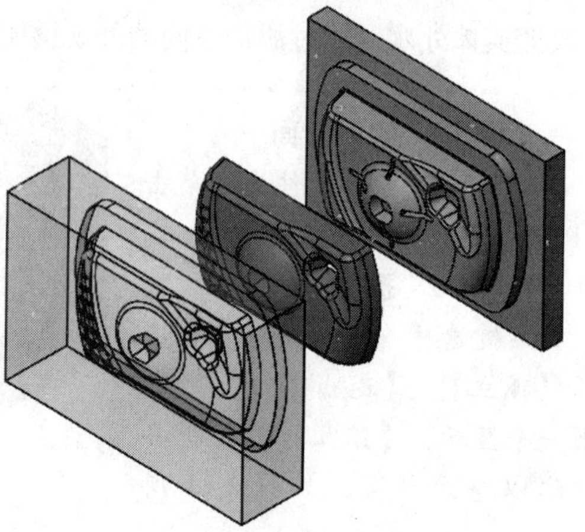

图 2-45 爆炸视图

2.17　创建零件和装配体文件

最后一步是将实体保存为单个的零件，在一个装配体中使用这些零件。这些步骤可以使用【保存实体】命令自动实现。使用模具工具创建零件时的名字就是实体的默认文件名。用户可对这些实体重命名。

步骤 28　重命名实体

对实体分别重命名为：

- Camera；
- Camera Cavity；
- Camera Core；

如图 2-46 所示。

步骤 29　保存实体

右键单击实体文件夹，选择【保存实体】。

爆炸视图将会展开这些特征，选择所有 3 个将要保存的实体。

不勾选【消耗切除实体】复选框，在【创建装配体】下单击【浏览】。

将装配体命名为 Camera Mold，保存到 Lesson02/CaseStudy 文件夹中。单击【确定】✔，如图 2-47 所示。

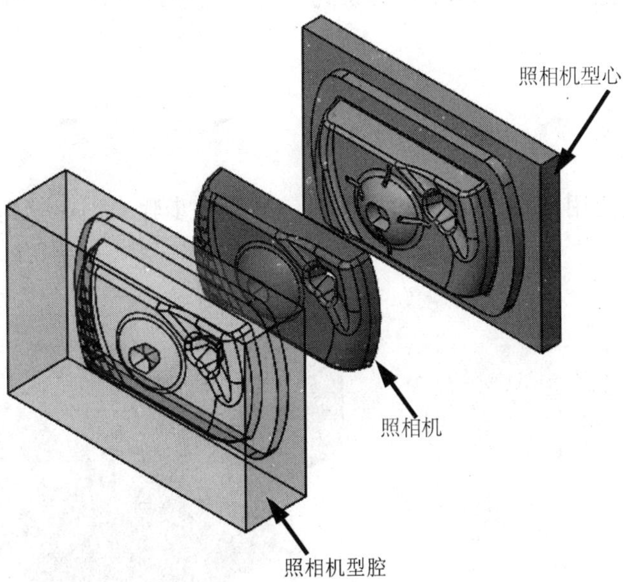

图 2-46　重命名

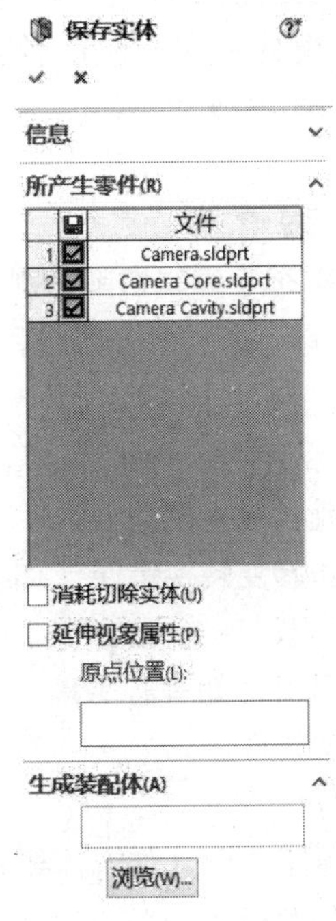

图 2-47　保存实体

步骤 30　查看结果

新的零件和装配体已经创建。

激活照相机模具文件窗口，装配体中的每个零件都通过外部参考关联到“Camera Body”零件中的实体，如图 2-48 所示。

步骤 31　创建爆炸视图

创建一个爆炸视图展示单独的零件，如图 2-49 所示。

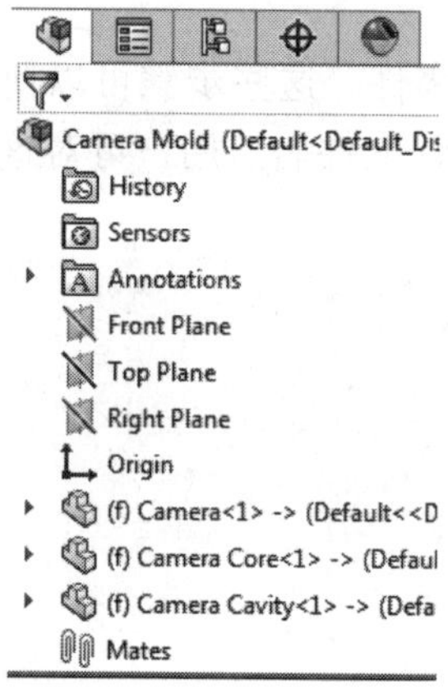

图 2-48　装配体结构

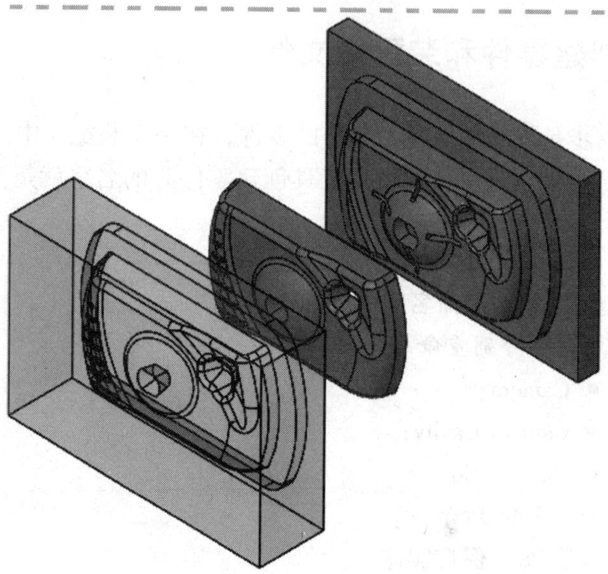
图 2-49　创建爆炸视图

步骤 32　保存并关闭文件

至此，模具的两块模板已创建成功。还需要根据这两块模板创建分流道、浇口、冷却道等几何体和放置模板的模具基体。将在后续课程介绍这些设计，本章不再讲述。完成这些任务只需使用 SOLIDWORKS 的核心功能。

练习 2-1　铸件

这个铸件有一个平面分型线和分型面。使用 SOLIDWORKS 模具设计过程的步骤来创建模具，如图 2-50 所示。

本次模具设计的步骤如下：

1）打开或者导入模型。

2）诊断和修复转换错误（如有需要）。

3）分析模型。

4）修改模型（如有需要）。

5）缩放塑料件。

6）建立分型线。

7）创建关闭曲面（如有需要）。

8）创建分型面。

9）切割模具的型心和型腔实体。

10）设计额外模具（如有必要）。

11）从多实体创建各自单独的零件和一个装配体。

12）完成模具。

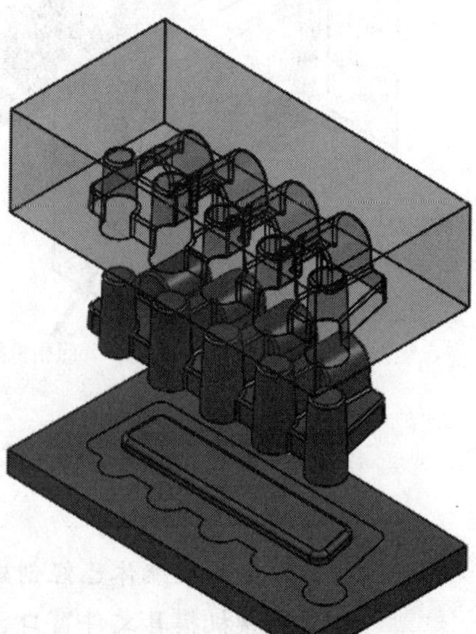
图 2-50　模具

本练习将应用以下技术：

- 型心和型腔模具设计。
- 使用拔模分析工具。
- 缩放模型。

- 创建分型线。
- 创建分型面。
- 切削分割。

操作步骤

步骤1　打开零件

打开 Lesson02 \ Exercises 文件夹下零件 "Casting"，如图2-51所示。

步骤2　分析模型

单击【拔模分析】，【脱模方向】选择底面。如有必要，单击【反转方向】，设置【拔模角】为1°。没有要求额外拔模的面，单击【取消】✕，如图2-52所示。

图2-51　打开零件

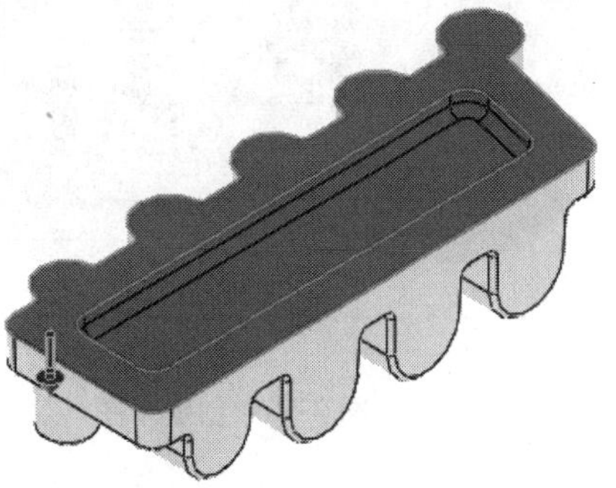

图2-52　分析模型

步骤3　缩放模型

单击【比例缩放】，选择【重心】和【统一比例缩放】，设置【比例因子】为1.03（放大3%），单击确定✔。

步骤4　创建分型线

单击【创建分型线】，使用底面以及1°拔模角度来生成如图2-53所示的分型线。如有必要，单击【反转方向】。单击【确定】✔。

步骤5　创建分型面

单击【创建分型面】，选择【垂直于拔模】，设置【距离】为50mm，单击确定✔。如图2-54所示。

图2-53　创建分型线

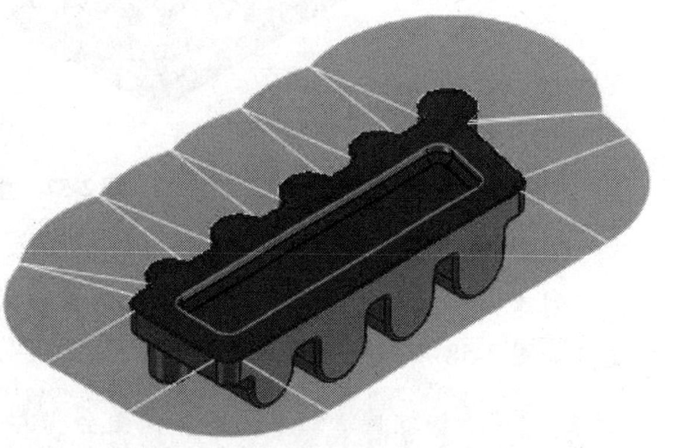

图2-54　创建分型面

步骤 6　创建草图

单击分型面作为草图平面，创建模具外轮廓，如图 2-55 所示。

退出草图。

步骤 7　切削分割

单击【切削分割】，设置【方向 1 深度】为 65mm，设置【方向 2 深度】为 15mm，单击确定，如图 2-56 所示。

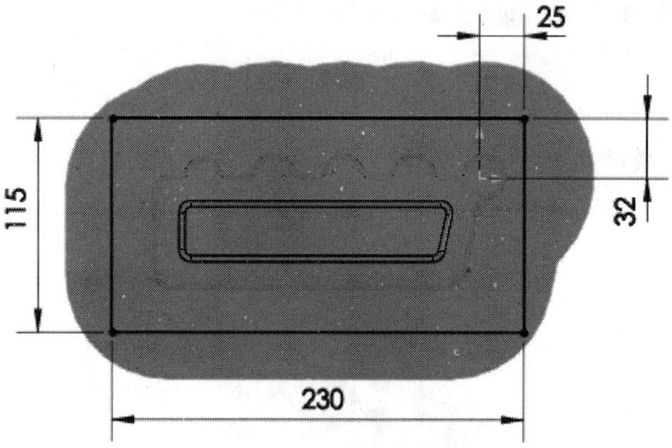

图 2-55　创建草图

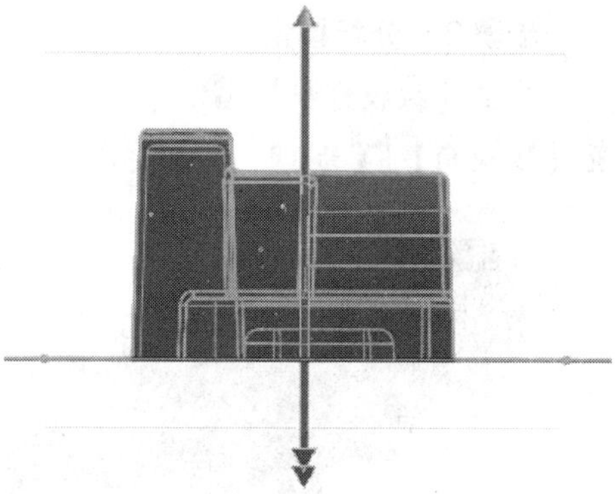

图 2-56　切削分割

步骤 8　结果

切削分割在模型中形成了两个新的实体。

步骤 9　隐藏曲面和分型线

选择隐藏曲面实体文件中的曲面实体，单击【隐藏】。【隐藏】分型线 1 特征。

步骤 10　重命名实体

在实体文件夹中，将新实体重命名为 Engineered Part、Casting Core 和 Casting Cavity，如图 2-57 所示。

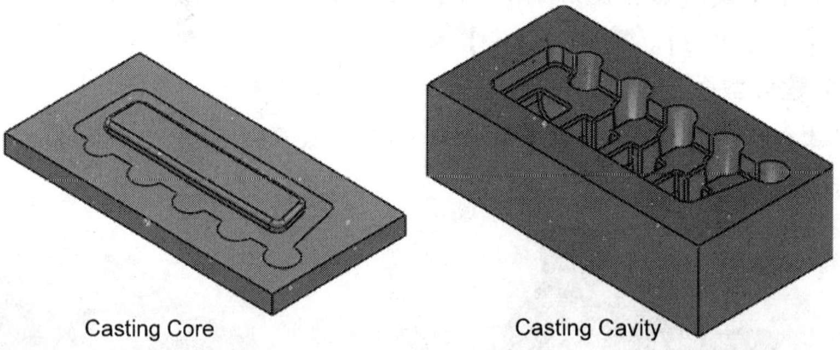

图 2-57　重命名实体

步骤 11　爆炸视图

创建一个【爆炸视图】，观察零件中所有的实体。为了更好的观察，修改外观透明度，如图 2-58 所示。

提示　通过激活配置，爆炸视图会保存在 ConfigurationManager 中，可以在那里展开一个已有的爆炸视图。

步骤 12　保存并关闭文件

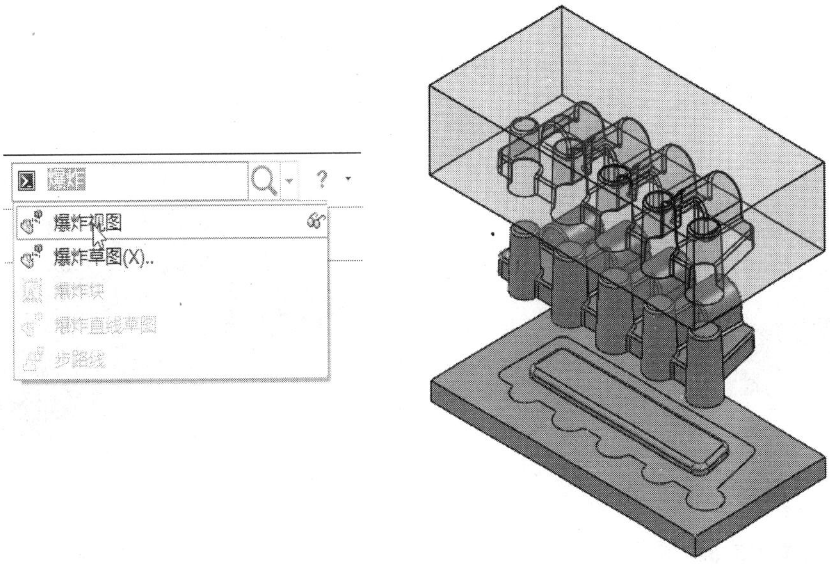

图 2-58　爆炸视图

练习 2-2　肋板零件

使用 SOLIDWORKS 模具设计来创建一个注射件的基本模具，如图 2-59 所示。

本练习将应用以下技术：

- 型心和型腔模具设计。
- 使用拔模分析工具。
- 比例缩放型。
- 创建分型线。
- 创建关闭曲面。
- 创建分型面。
- 切削分割。

图 2-59　肋板模具

操作步骤

步骤 1　打开零件

打开 Lesson02 \ Exercises 文件夹下零件 "Ribbed Part"。

步骤 2　分析模型

单击【拔模分析】，对于拔模方向，选择顶面。如果有必要，单击【反转方向】，设置【拔模角度】为 2°，没有需要额外拔模的面，单击【取消】×，如图 2-60 所示。

步骤 3　比例缩放

单击【比例缩放】，将实体尺寸增大 1.05 倍。

步骤 4　生成分型线

单击【分型线】，使用顶面生成分型线，如图 2-61 所示。

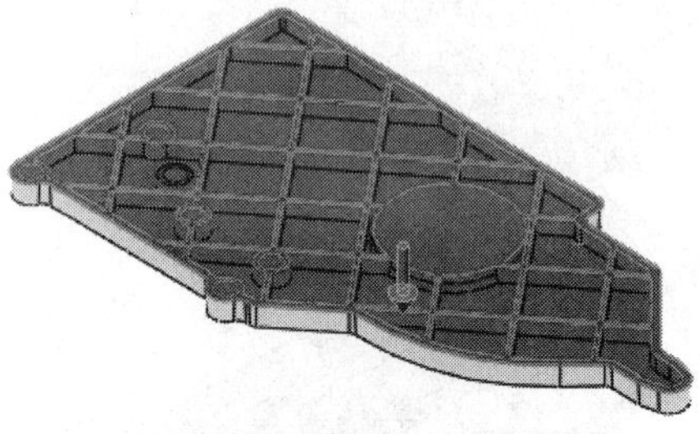

图 2-60　分析模型

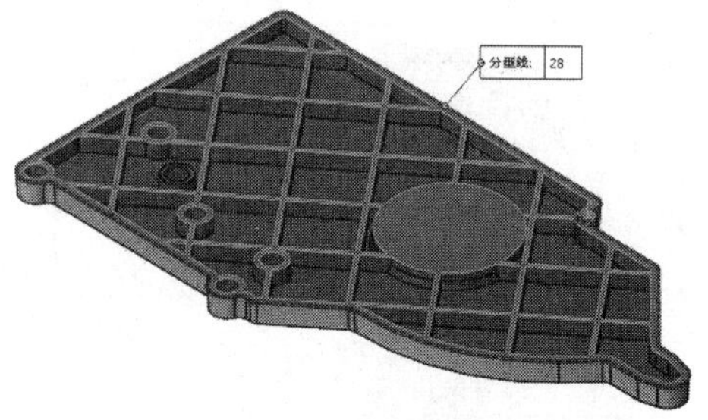

图 2-61　生成分型线

步骤 5　关闭曲面

使用【关闭曲面】命令自动生成如图 2-62 所示的关闭曲面。所有曲面都是【接触】类型。

步骤 6　创建分型面

创建【分型面】，选择【垂直于拔模】。设置【距离】为 80mm，如图 2-63 所示。

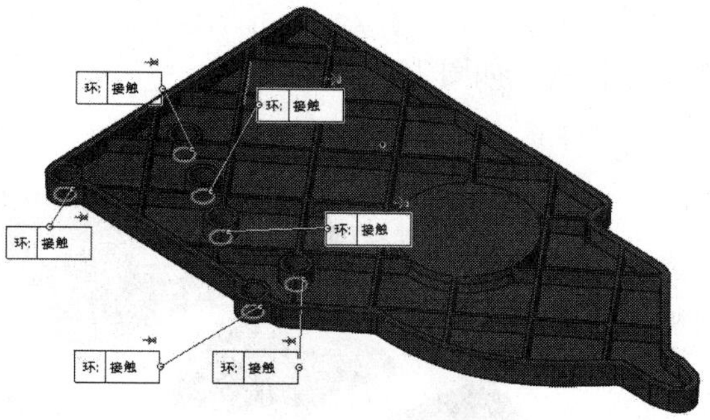

图 2-62　关闭曲面

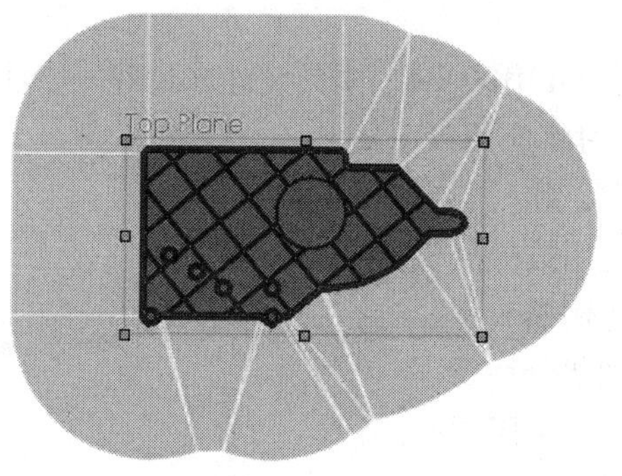

图 2-63　创建分型面

步骤 7　创建草图

使用分型面作为草图平面，创建模具外轮廓草图，如图 2-64 所示。

步骤 8　创建模具

单击【切削分割】，在两个方向都设置【深度】为 25mm，如图 2-65 所示。

步骤 9　重命名实体

对实体文件夹中的实体重命名为 Engineered Part、Core 和 Cavity。

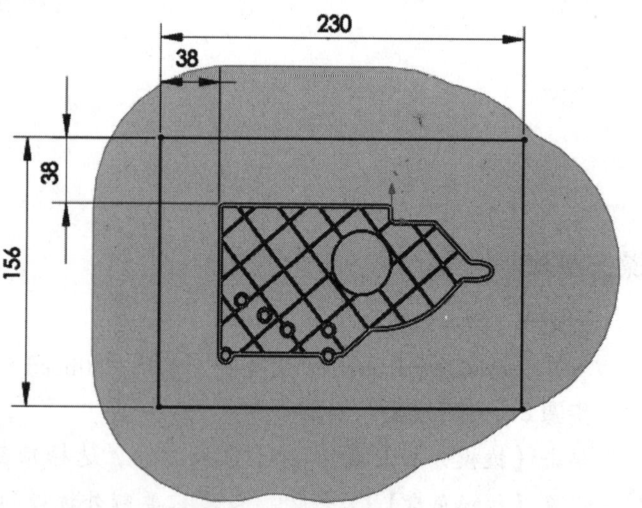

图 2-64　创建外轮廓草图

步骤 10　爆炸视图

创建爆炸视图以观察零件中的所有实体，如图 2-66 所示。

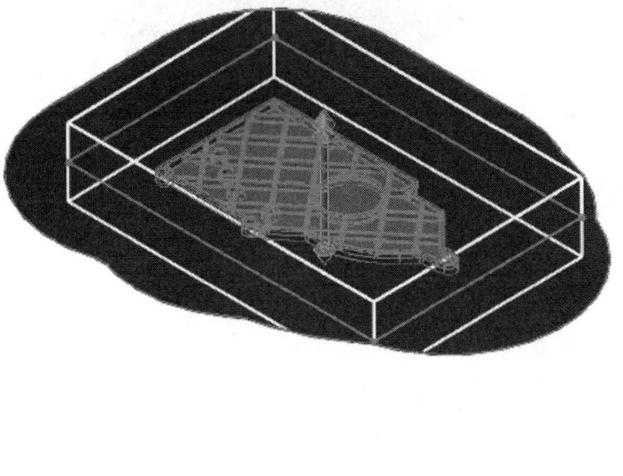

图 2-65　切削分割

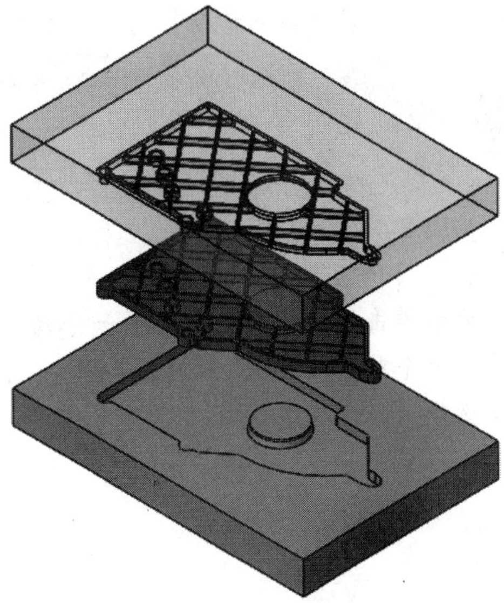

图 2-66　爆炸视图

步骤 11　保存并关闭文件

练习 2-3　簸箕

使用 SOLIDWORKS 模具设计步骤为 Dustpan 创建模具。输入零件要求修复几何，并且包含连锁曲面。一旦模具的实体创建完成，将它们保存为独立的零件，创建一个装配体。如图 2-67 所示为实体的爆炸视图。

本练习将应用以下技术：

- 型心和型腔模具设计。
- 使用拔模分析工具。
- 比例缩放型。
- 创建分型线。
- 创建关闭曲面。
- 创建分型面。
- 切削分割。
- 创建零件和装配体文件。

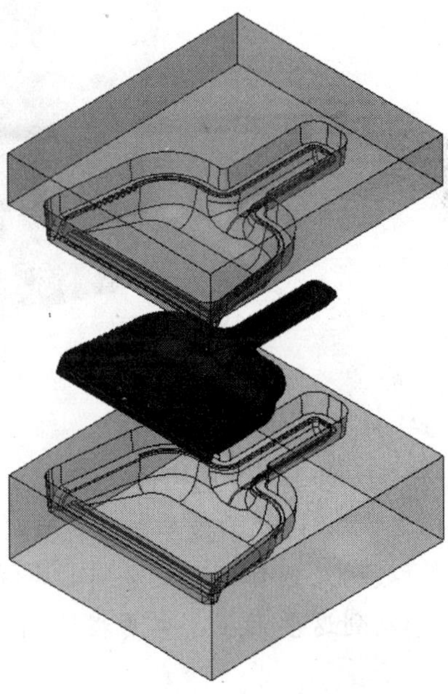

图 2-67　实体的爆炸视图

操作步骤

步骤 1　导入文件

打开 Lesson02 \ Exercises 文件夹下零件 “Dustpan _ Source. X _ T”，如图 2-68 所示。

步骤 2　分析输入的几何

在 FeatureManager 设计树中显示模型已经导入了一个曲面实体，在【输入诊断】对话框中单击【是】。

> 提示　如果忽略该对话框，可以在 CommandManager 中的【评估】中找到【输入诊断】命令，或者直接在输入特征上右键单击。

图 2-68　导入文件

步骤 3　检查结果

错误面和缝隙会妨碍模型缝合为密封实体。

右键单击错误面列表中的第一个面，这个快捷菜单有若干个对错误面进行操作的选项。

选择【放大所选范围】，如图 2-69 所示。

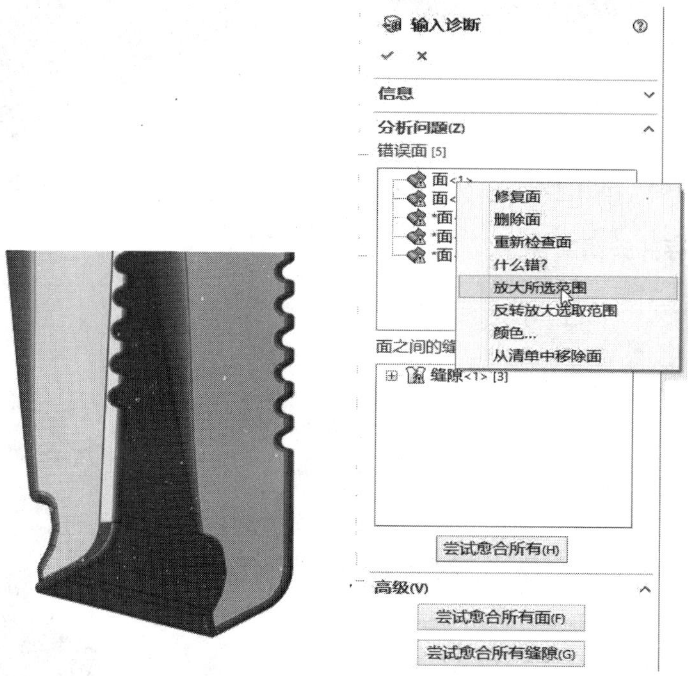

图 2-69　检查结果

步骤 4　选择什么错

再一次右键单击错误面列表中的第一个面，选择【什么错?】。将显示该面存在一个一般的几何体问题。也可以将光标移动到这些面上，查看描述问题的提示。

步骤 5　检测缝隙

在【面之间的缝隙】列表中，右键单击【缝隙<1>】，选择【放大所选范围】。观察模型上的高亮边，必要时放大靠近和靠近边界，如图 2-70 所示。注意这些边界的缝隙集中在哪里。

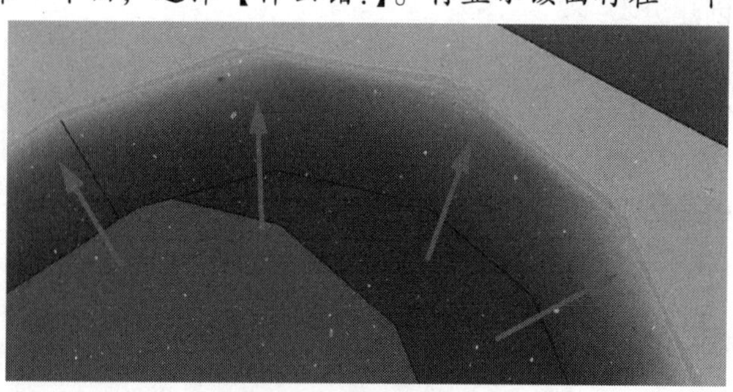

图 2-70　检测缝隙

步骤6　尝试愈合所有面

单击【尝试愈合所有面】，检查边界。注意这些面之间的边界变得更为精确并且间隙已经被封闭。注意到这个模型已经成为一个密闭的实体，如图2-71所示。单击【确定】✔。

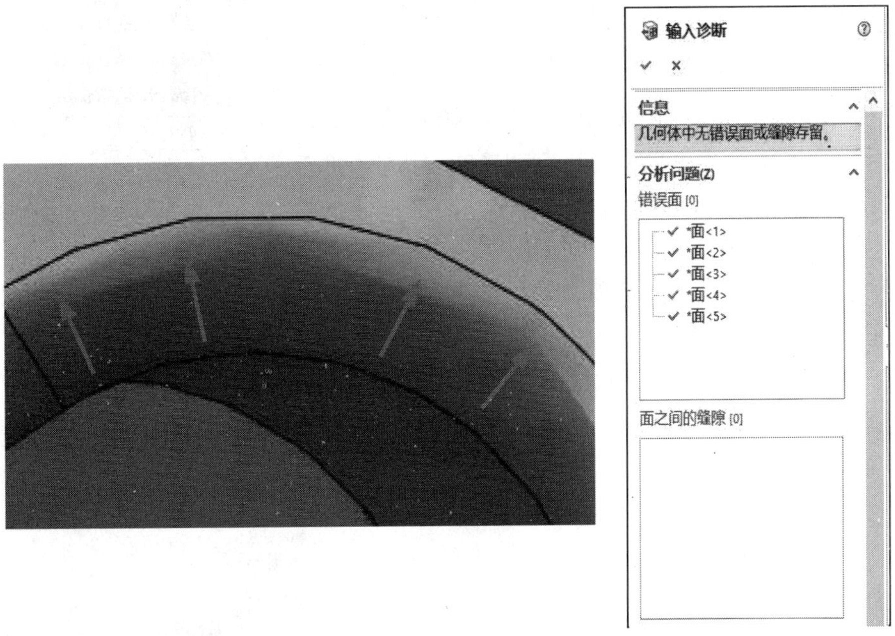

图2-71　愈合所有面

技巧

使用【尝试愈合所有】按钮自动修复一个导入模型的问题。如果对修复结果不满意，可使用【错误面】或者在【面之间的缝隙】列表中使用快捷菜单中的命令单独进行修复。

步骤7　保存

保存Dustpan _ Source. sldprt到Lesson02 \ Exercises文件夹中。

步骤8　检查零件的正确拔模

单击【拔模分析】，选择Dustpan的顶面作为【拔模方向】，如图2-72所示。单击【反转方向】，模具的型心侧显示为红色。设置【拔模角度】为1°，勾选【面分类】和【查找陡面】复选框，如图2-73所示。

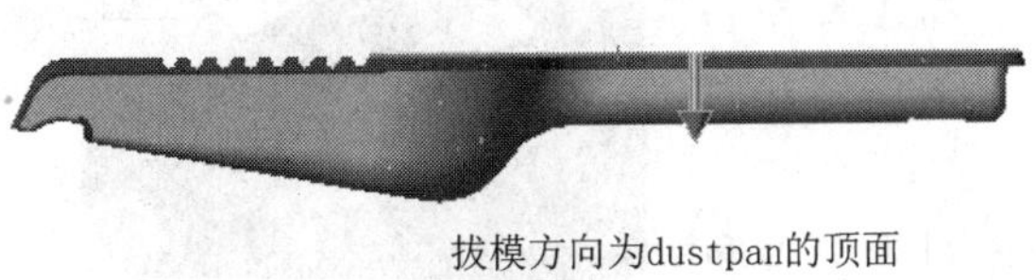

图2-72　拔模方向

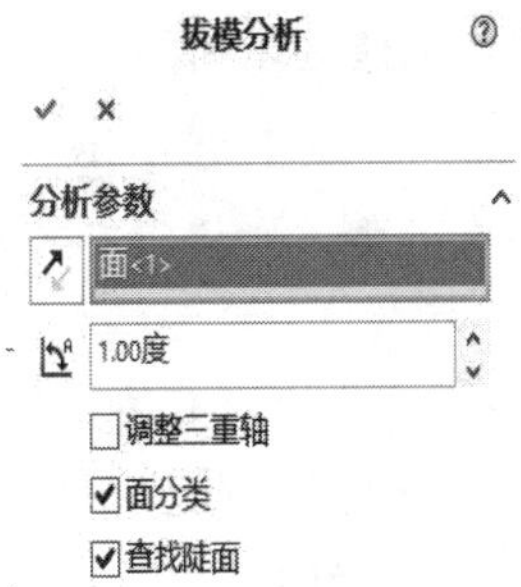

图2-73　拔模分析

步骤9　分析模型

检查模型，观察哪些面需要拔模，哪些面是陡面。如已经确定这些陡面特征是可以接受的，不会影响零件的制造，单击【取消】✕。

步骤 10　缩放塑料件

单击【比例缩放】，选择【重心】并勾选【统一比例缩放】复选框，设置【缩放因子】为1.05（放大5%），单击【确定】，如图2-74所示。

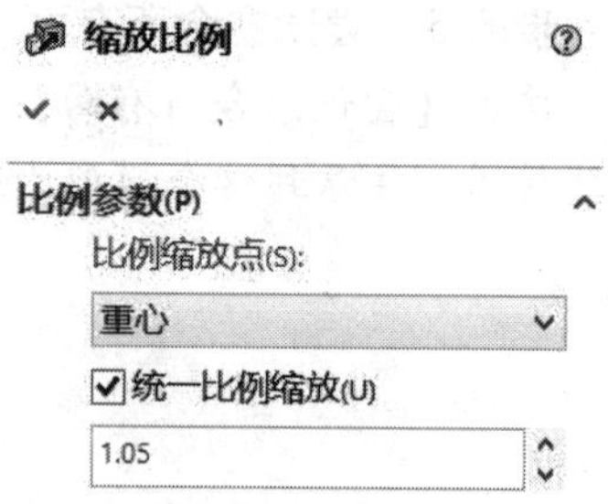

图 2-74　缩放塑料件

步骤 11　建立分型线

单击【分型线】，【拔模方向】选择顶面，单击【反转方向】。设置【拔模角度】为1°，勾选【用于型心/型腔切割】复选框，不勾选【分割面】，单击【拔模分析】。

所有绿色和红色的共用边已经自动被选中并且添加到【分型线】列表中，如图2-75所示。

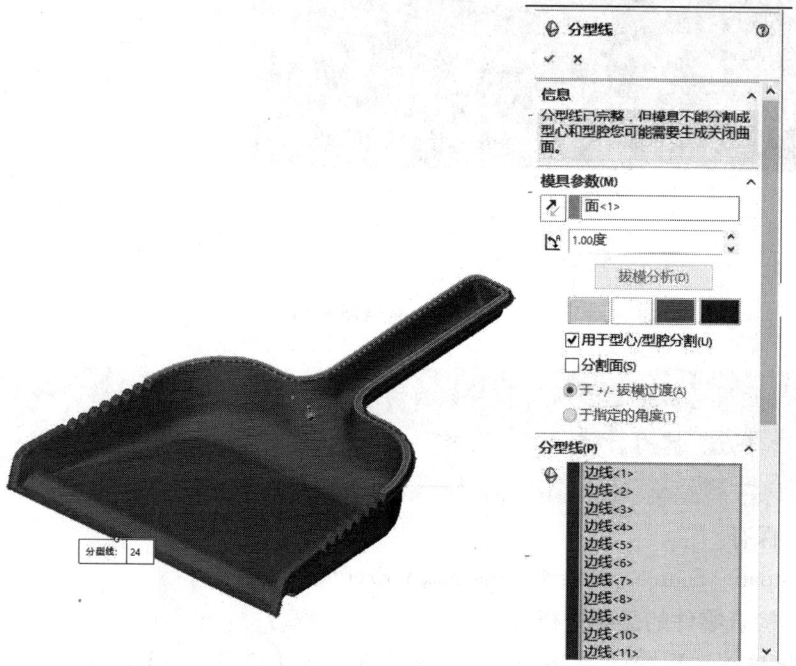

图 2-75　建立分型线

单击【确定】。

步骤 12　创建关闭曲面

单击【关闭曲面】，设置【修补类型】为【全部相切】。如有必要，切换所有的相切箭头指向外表面，如图2-76所示。

图 2-76　分型线

PropertyManager 中的信息显示“模具已经分割为型心和型腔”，单击【确定】，如图2-75所示。

步骤 13　查看结果

型心和型腔的曲面实体和分型面都自动创建并且被放置在曲面实体文件夹中，分别显示为红色和绿色，并且在模具表面相互重叠，如图2-77所示。

图 2-77　分型线

1. 分型面平滑　为了获取模具所需的曲面，分型面仍然需要定义。因为模型具有非平面分型线，所以分型面也是非平面，并且需要平滑。接下来将会使用这个例子来演示【分型面】命令下【尖锐】和【平滑】两个选项的不同用法。

步骤 14　完成分型面

对型心单击【分型面】，对于【模具参数】，选择【垂直于拔模】。设置【距离】为 11mm，设置【平滑】选项为【尖锐】，单击【确定】。

步骤 15　检查尖锐角落

放大分型面上的尖锐角落并进行查看。这些尖锐角落会对模具的加工造成问题，如图 2-78 所示。

步骤 16　编辑特征

选择分型面 1，单击【编辑特征】。

步骤 17　使用平滑选项

在【平滑】选项下，单击【平滑】，设置【距离】为 5.5mm，单击【确定】。

步骤 18　检查模型

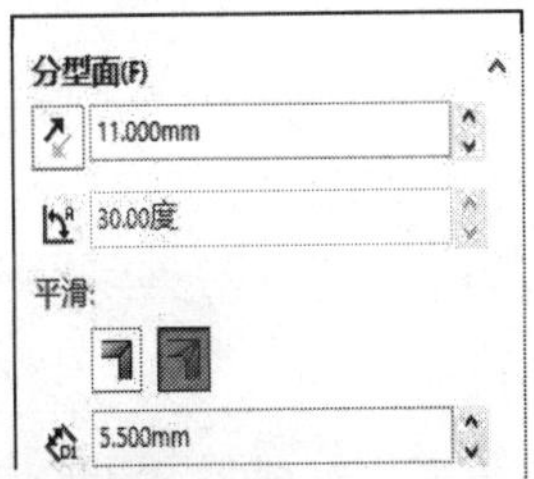

检查相同的区域，发现尖锐角落已经被圆角过渡。这个选项为加工提供了更好的条件，由此创建的分型面可以在模具生产中维持更长的寿命。单击【确定】，如图 2-79 所示。

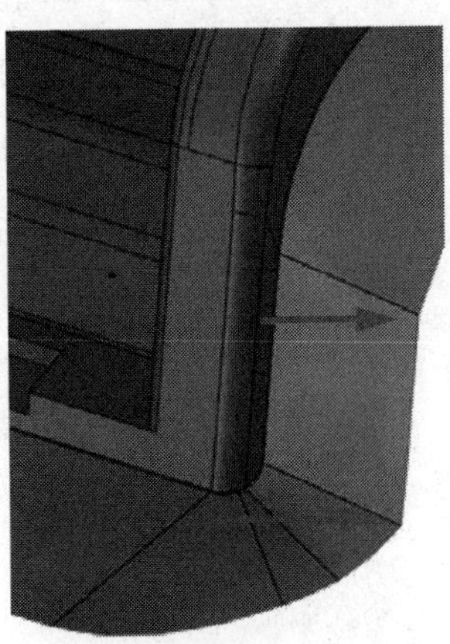

图 2-78　检查尖锐角落

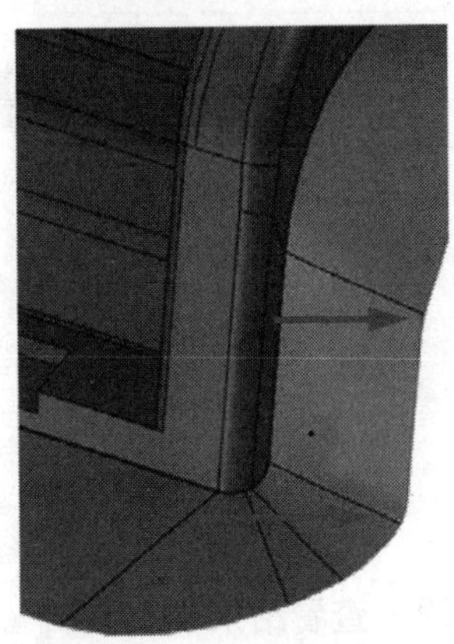

图 2-79　使用平滑选项

步骤 19　创建偏移平面

选择 Dustpan 的顶面所在平面，在该平面向上偏移 25mm 创建一个平面，如图 2-80 所示。

步骤 20　创建轮廓草图

选择平面 1 作为草图平面，创建如图 2-81 所示的模具外轮廓，退出草图。

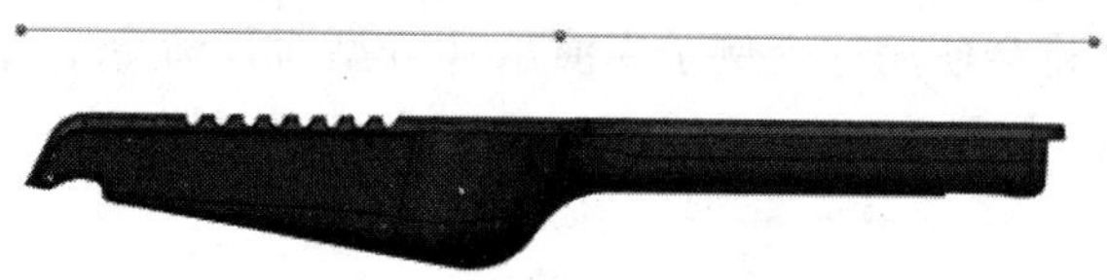

图 2-80　创建偏移平面

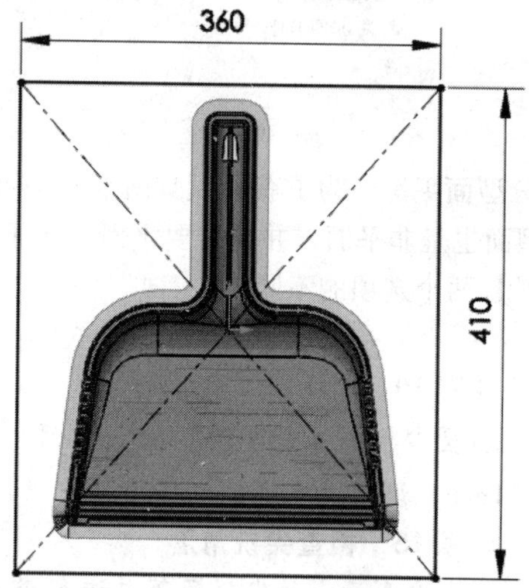

图 2-81　创建轮廓草图

步骤 21　切削分割模具

单击【切削分割】，设置【方向 1 深度】为 125mm，设置【方向 2 深度】为 75mm，勾选【连锁曲面】复选框，设置【拔模角度】为 5°。单击【确定】，如图 2-82 所示。

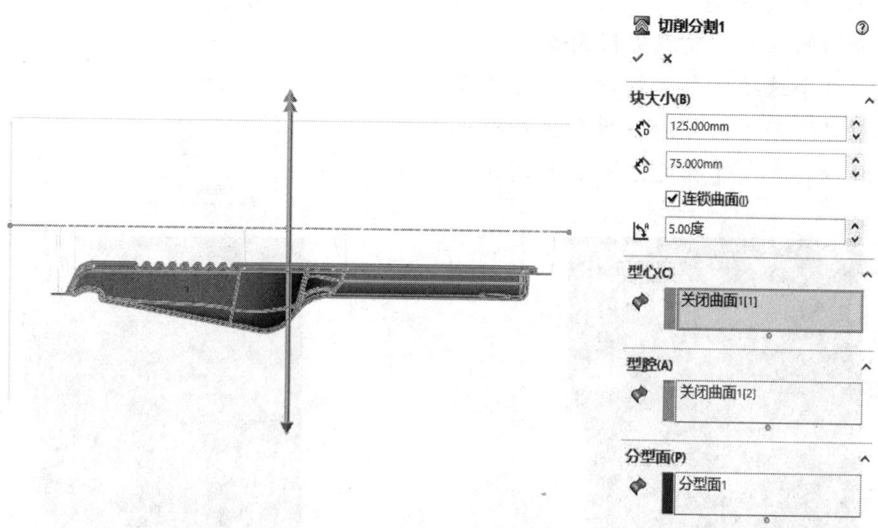

图 2-82　切削分割模具

步骤 22　查看结果

【孤立】一个实体和曲面实体，检查模具，见表 2-2。

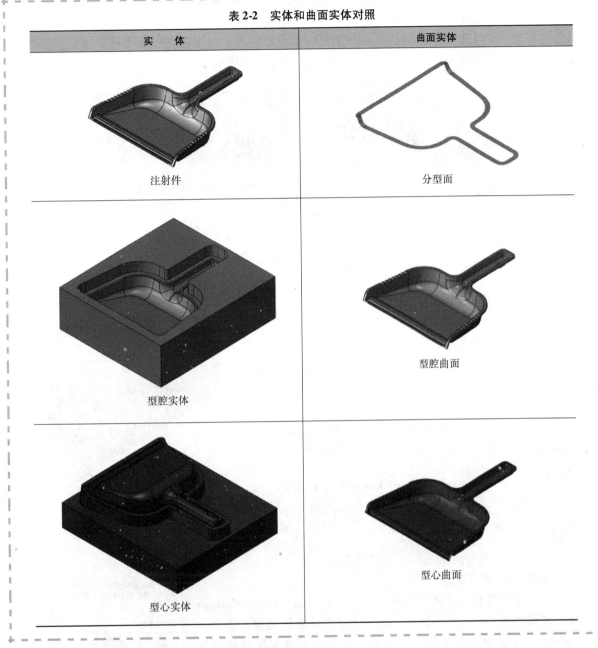

表 2-2　实体和曲面实体对照

实　体	曲面实体
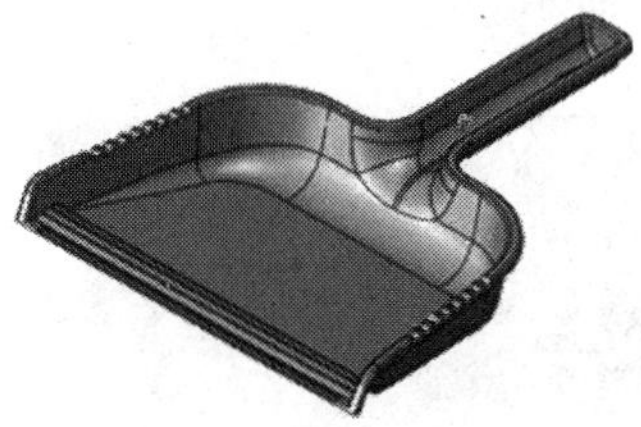 注射件	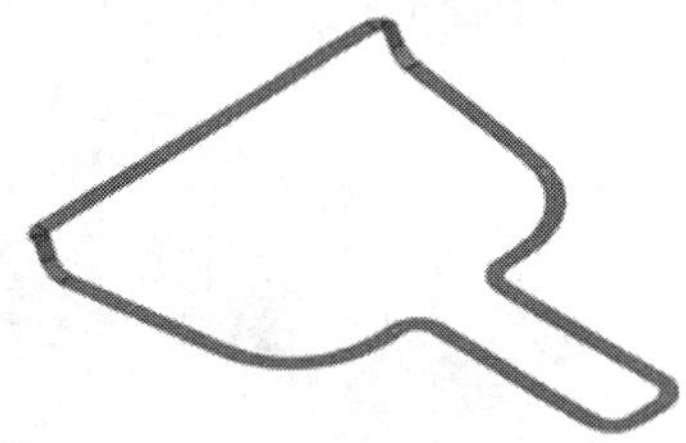 分型面
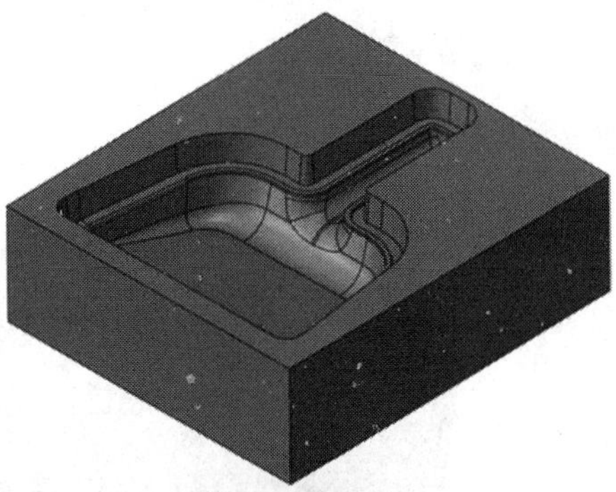 型腔实体	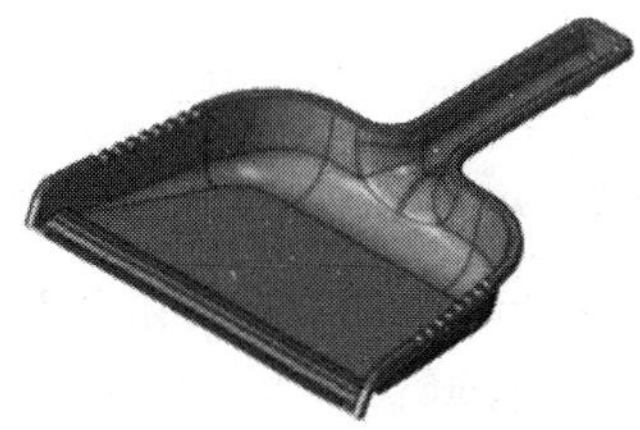 型腔曲面
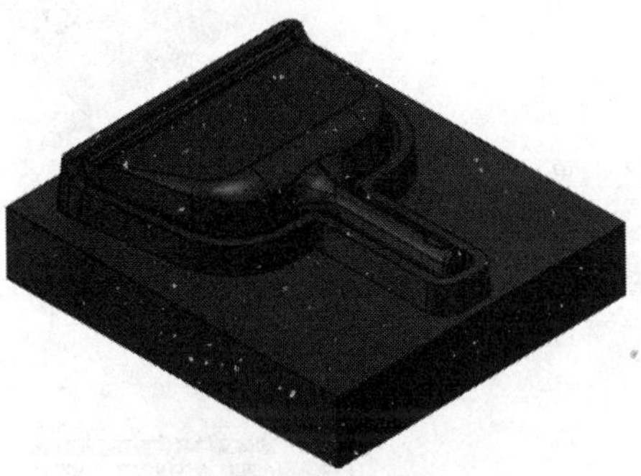 型心实体	 型心曲面

2. 模具切割结果　切削分割命令做了大量工作。首先基于草图创建块，然后以不同的组合将块分割到三个曲面实体文件夹下。

簸箕的外表面同关闭曲面和分型面缝合在一起。缝合后的曲面又和连锁曲面以及基于草图平面的分型面缝合在一起，最终形成了型腔曲面实体，如图 2-83 所示。

型心曲面实体也由上述所有曲面组成。唯一的区别在于此时利用的是簸箕的内表面而不是外表面。

理解每个文件夹应用了哪些曲面是相当重要的。这个实例中的模具相对简单，所有的操作都是自动完成的。在后续实例练习中将会练习更加复杂的模型，很可能需要我们手动创建曲面并添加到合适的文件夹下。

图 2-83　检查实体

完成模具的最后一步是使用实体创建新的零件和装配体。在【保存实体】命令前，对实体重命名，放置在零件中，自动指派生成文件名。

另外，添加一个【坐标系】特征可以帮助正确定位新零件。对于创建的新零件，坐标系要和模具块保持一致，以替代 Dustpan 设计时候的实体定位，如图 2-84 所示。

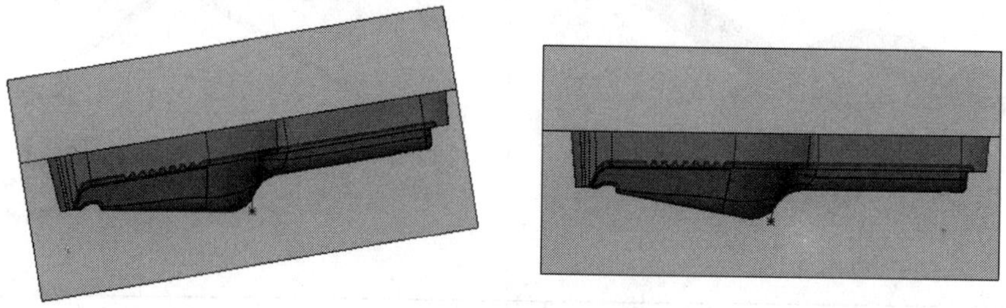

a)当前零件的右视图　　b)新零件的右视图

图 2-84　视图

步骤 23　生成零件

对实体文件夹中的三个实体分别重命名：

- Dustpan-core；
- Dustpan-cavity；
- Dustpan-part。

步骤 24　添加一个坐标系

右键单击【坐标系】，坐标系特征可以在 CommandManager 的【特征】选项卡下的【参考几何体】中找到。

图 2-85　添加一个坐标系

> **技巧** 原点选择模具块右下方的顶点，X 轴选择模具块水平边，Y 轴选择垂直边，单击【确定】✔，如图 2-85 所示。

步骤 25　保存实体

右键单击实体文件夹并选择【保存实体】。在 PropertyManager 中选择将要保存的第一个实体。激活【原点位置】选框，在 FeatureManager 树中选择坐标系 1 特征。对另两个实体执行同样操作，如图 2-86 所示。

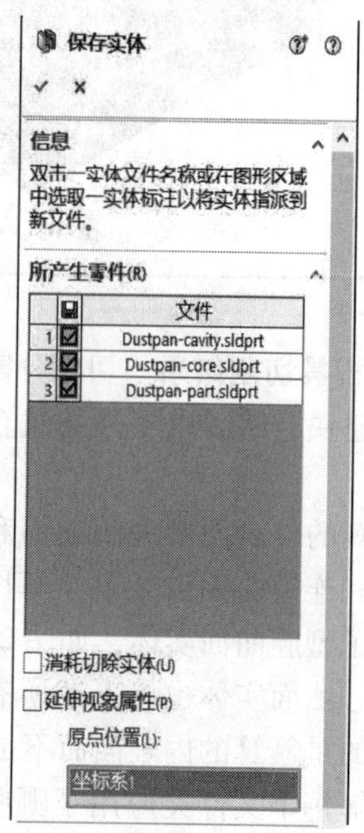

图 2-86　保存实体

> **提示** 【原点位置】必须对每一个保存的实体都要选择。单击表格中的每一个实体以确认坐标系都选择到，单击【确定】✔。

> **提示** 我们将单独创建装配体，而不是在保存实体命令中创建，这是为了在零件中使用新的坐标系。

步骤 26　可选：打开三个新的文件

右键打开新创建的零件以检查结果。

步骤 27　生成零件

单击【新建】，选择 Assembly _ MM 模板。

步骤 28　开始装配

选择 Dustpan-part，单击【确定】✔，将零件放置在装配原点。

步骤 29　插入零部件

单击【插入零部件】，右键选择 Dustpan-cavity，单击【确定】✔，将零件放置在装配原点。

对 Dustpan-core 执行相同的操作。

步骤 30　保存装配体

保存装配体为 Dust Mold，放置在 Lesson02 \ Exercises 文件夹中。

步骤 31　评估装配体

新的装配体已经创建，在单独的文件窗口中打开，如图 2-87 所示。

装配体中的每个零件通过外部参考关联到 Dust _ Source 零件中的实体。

步骤 32　创建爆炸视图

创建一个爆炸视图，按照设想修改零件外观，如图 2-88 所示。

步骤 33　保存并关闭所有文件

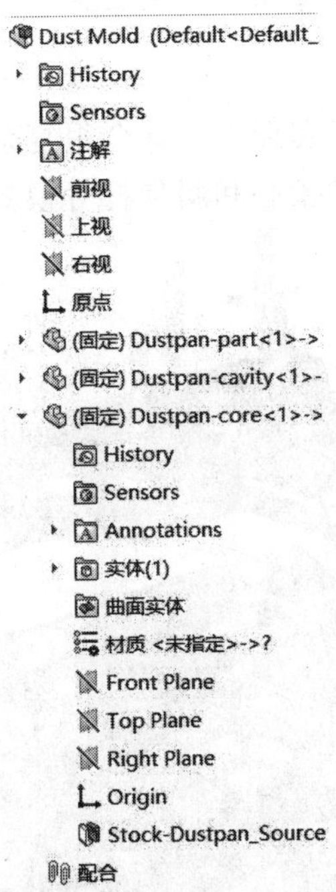

图 2-87　评估装配体

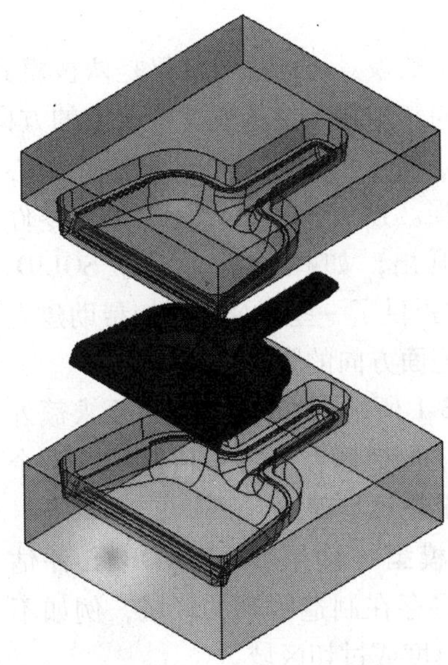

图 2-88　创建爆炸视图

第3章　侧型心和杆

学习目标

- 利用厚度分析和底切检查
- 使用型心命令创建额外模具
- 手动选择分型线和边
- 手动选择关闭曲面的边

3.1　模具工具和设计流程

第2章中的模具设计练习仅仅是两板模具：型心和型腔，但实际上模具会很复杂，有些成型区域要求取出方向和塑料零件从模具中取出的方向不同，这就需要侧型心和斜顶杆等模具工具。另外，模型中一些很小的区域设计型心销以防止型心和型腔的磨损。顶出销也在设计中协助零件从模具中顶出，如图3-1所示。SOLIDWORKS软件提供了一些命令，例如帮助建立不同于主分型面方向的脱模机构。

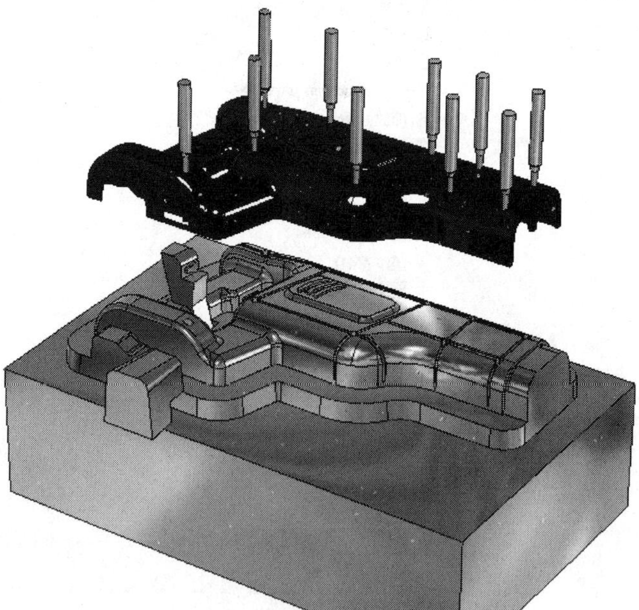

图3-1　多个分型方向

对于图3-1所示的Power Saw，要求额外的模具工具，包括侧型心、斜顶杆和若干个型心销。关键设计步骤如下。

1. 分析模型　使用SOLIDWORKS评估工具识别那些存在制造困难的区域，例如不连续的材料厚度或过切区域。

2. 侧型心和斜顶杆能够被创建　如果需要，一个可选的设计环节就是把侧型心和斜顶杆从型心和型腔体中分割出来，这样创建的模具部分移动方向与模具主分型方向不同。

3. 创建型心销　创建型心销是为了在塑料零件内生成详细区域，这些成型区域比模具的其他表面磨损得更快。用型心销创建这些成型区域，只需要替换型心销就可以简单地使模具得以修复，而不需要替换整副模具。

为了完成模具，也可能需要创建顶杆，用于协助模具从型心和型腔中顶出。额外的模具工具经常可以利用型心命令创建，会从已有的模具中提取实体，生成所要求的型心和杆。

3.2　实例练习：电锯壳

对于本例，模具切割已经完成，如图 3-2 所示。第一步将回退模型，分析零件，确定模具切割是如何完成的。利用【底切分析】找到哪些模具区域需要额外的模具。

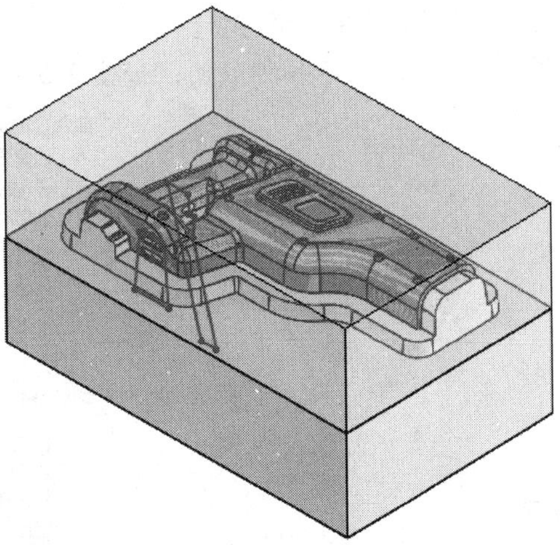

图 3-2　电锯模具

操作步骤

步骤 1　打开零件

打开 Lesson03 \ Case Study 文件夹下 "Power Saw Housing" 零件。

步骤 2　回退零件

在 FeatureManager 设计树右键单击 "Scale1"，选择【回退】↰，如图 3-3 所示。

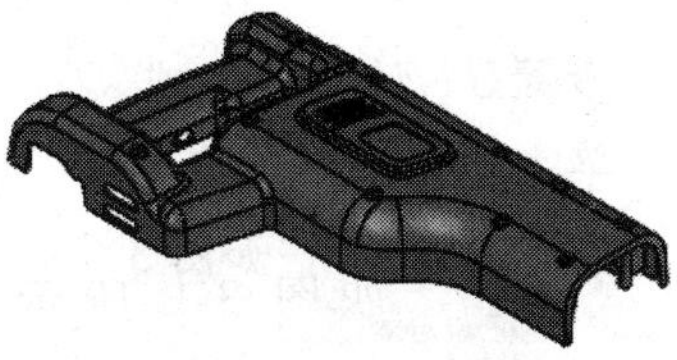

图 3-3　回退零件

3.2.1　厚度分析

【厚度分析】用于检测模具中过厚或过薄的区域。如果零件过厚，容易引起下沉或变形；如果过薄，很可能得不到较好的填充。对于 Power Saw Housing，原始的设计壁厚为 2.5mm，使用【厚度分析】，会检查确定不存在过薄或大于原始设计壁厚 1.5 倍的区域。

知识卡片

厚度分析	【厚度分析】将检查零件的几何体，并将比指定值厚或薄的地方显示出来，分析结果可以通过连续的颜色或离散的颜色在模型上标出来。 分析结果可以另存为 html 报告或 eDrawing 文件中。 【厚度分析】是 SOLIDWORKS Utilities 的插件之一。
操作方法	• CommandManager：【评估】/【厚度分析】。 • 菜单：【工具】/【厚度分析】。

步骤 3　厚度分析

创建厚度分析，设置厚度参数，输入 2.5mm。

单击【显示厚度区域】，第二个厚度框就会出现，输入 3.8mm。如图 3-4 所示。

步骤 4　设置颜色参数

在【颜色设定】下，勾选【全色范围】复选框。

单击【离散】，并且设置值为 8，以显示 8 种颜色，如图 3-5 所示。

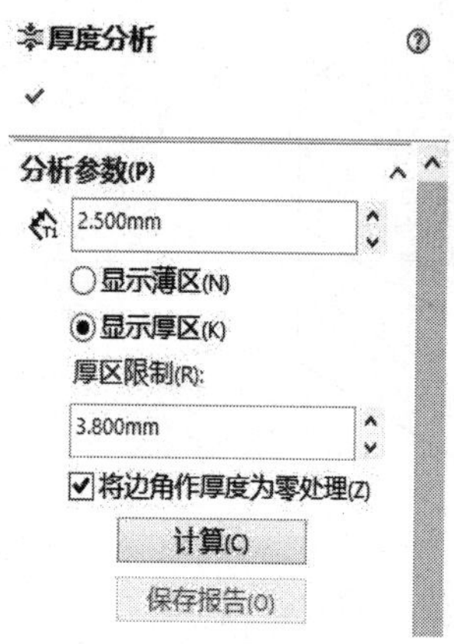

图 3-4　厚度分析

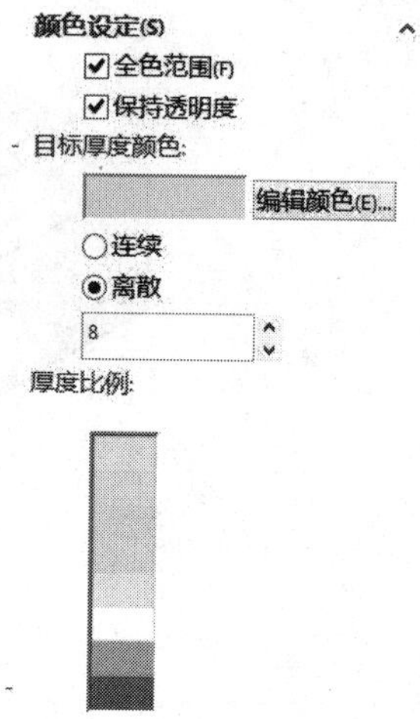

图 3-5　设定颜色

步骤 5　计算厚区域

单击【计算】并检查结果。【厚度比例】在 PropertyManager 中显示，可以看到没有区域超过 3.8mm 的极限，如图 3-6 所示。

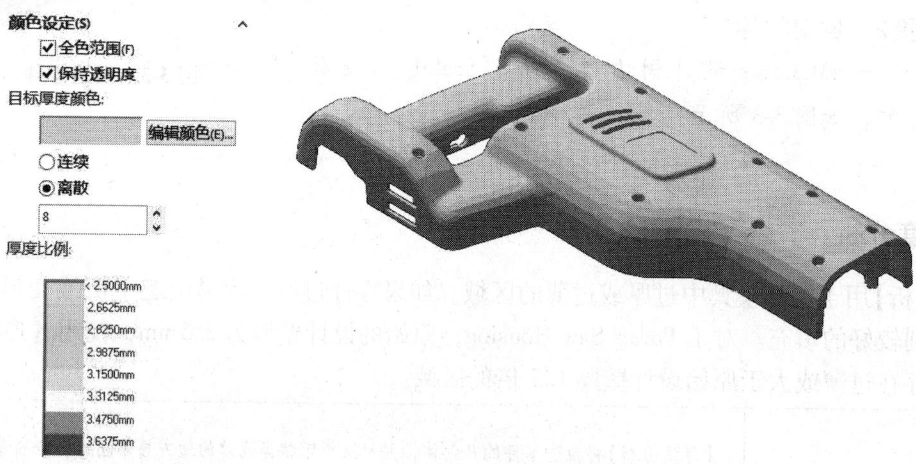

图 3-6　计算厚度

步骤 6　计算薄区域

选择【显示薄区】，然后单击【计算】。可以看到多个区域的颜色不够理想，这也意味着零件厚度不能满足最低的理想厚度，如图 3-7 所示。

【厚度分析】命令不能修复模型的这些问题，它的作用仅仅是分析并展现结果，修复工作需要由设计者完成。在这个例子中，将保留这些区域而不作任何改变，但在许多实例中，用户可能必须修改模型或者回到最原始的设计者那里以寻求解决方案。

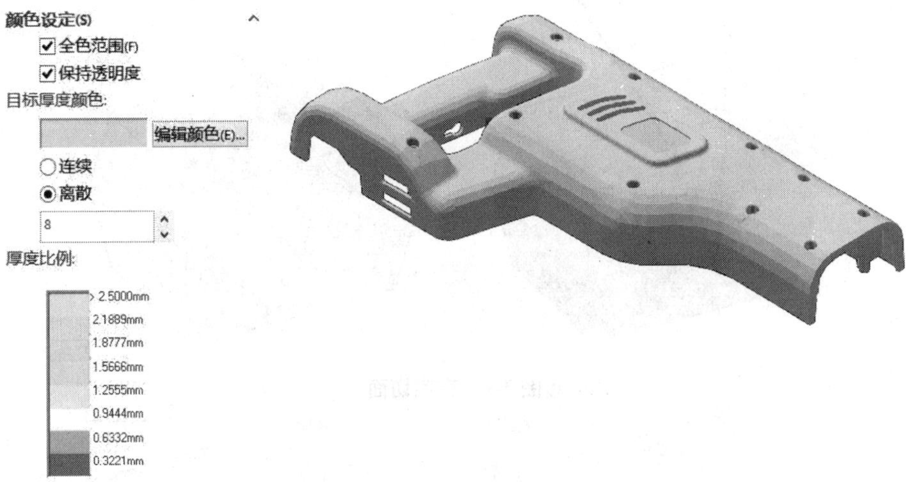

图 3-7　计算薄区域

单击【确定】✔关闭。

3.2.2　检查底切

【底切分析】用于查找零件上被包围的模具区域，被包围的模具区域不能从主分型线方向取出，这个命令也能帮助查找那些需要创建侧型心和斜顶杆的区域。

知识卡片

底切分析	【底切分析】命令通过对面分类和着色以帮助确定那些被包围的模具区域。
操作方法	• CommandManager：【模具工具】/【底切分析】。 • CommandManager：【评估】/【底切分析】。 • 菜单：【视图】/【显示】/【底切分析】。

3.2.3　底切分析

为了确定哪个是底切平面，【底切分析】命令沿拔模方向双向观察，以确定哪些面是看不见的。

与【拔模分析】命令类似，【底切分析】运算也是由 GPU 完成，颜色保持激活状态并随着用户改变而更新。

【底切分析】命令有简单和复杂两种模式。在简单模式下，面根据分型线矢量方向的可见性来分类；在复杂模式下，面的分类可以根据用户指定的分型线来修改。

如果零件包含分型线特征，它将定义拔模方向。如果没有分型线，就必须指定拔模方向。

底切分析依赖于分型线。如图 3-8 所示的简单零件：高亮显示的平面可能或没有底切，这取决于分型线是如何定义的。

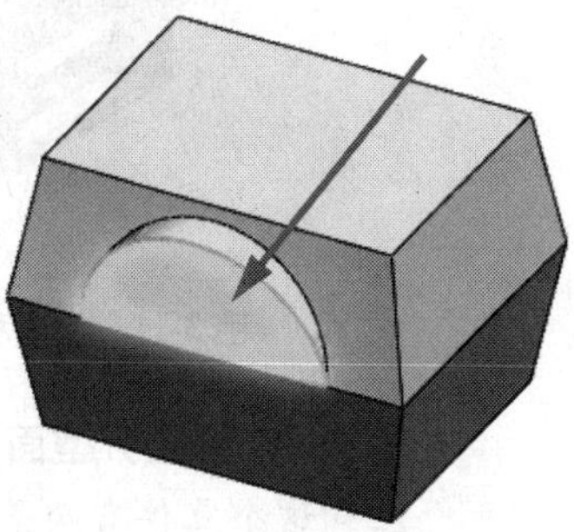

图 3-8　底切分析

如果分型线是平面的，并且穿过零件的中心，那么图 3-9 所示的面将底切。

如果分型线围绕凸出的凸台，则没有底切，如图 3-10 所示。

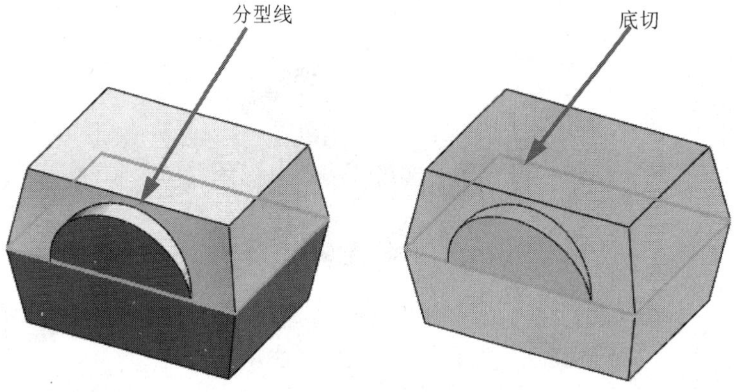

图 3-9　有底切面

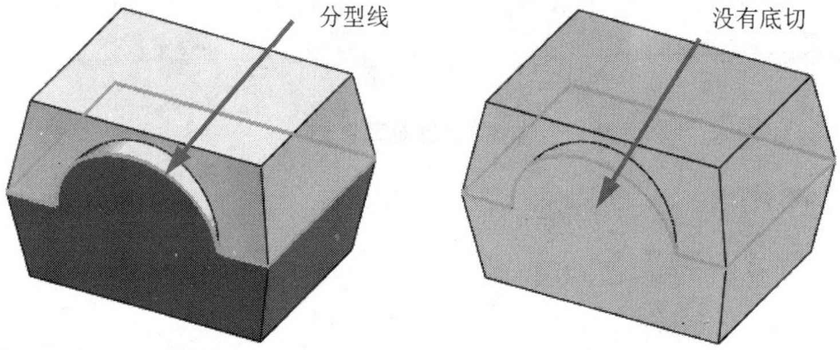

图 3-10　无底切面

步骤 7　检查模型底切

在视图工具条上单击【底切分析】，选择 Top 基准面作为“拔模方向”。

放大电池组的开关位置并观察红色的面。这些区域要求垂直于拔模的模块。在不保存面颜色的情况下关闭对话框，如图 3-11 所示。

步骤 8　检查分型线

在 FeatureManager 设计树中，将退回控制棒移到 Parting Surface2 之后，如图 3-12 所示。

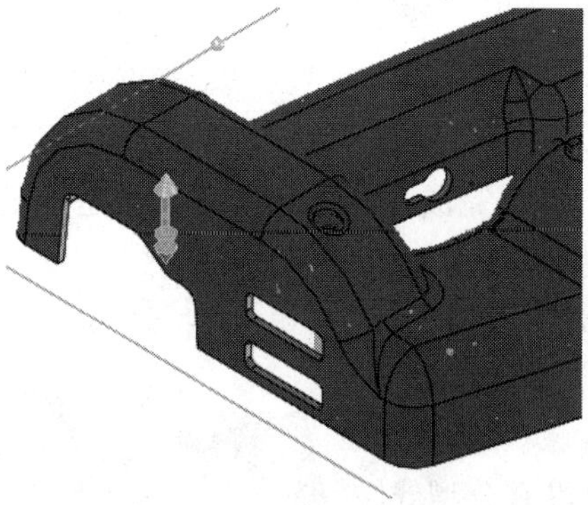

图 3-11　检查模型底切

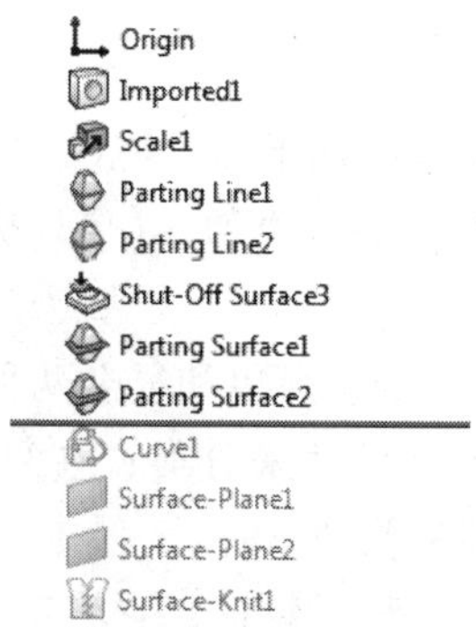

图 3-12　检查分型线

步骤 9　检查分型面

注意这个零件有两条分型线和两个分型面。

SOLIDWORKS 允许使用多条分型线，如图 3-13 所示。

步骤 10　退回到尾

在 FeatureManager 设计树上任何一个地方单击右键，从弹出菜单中选择【退回到尾】命令。

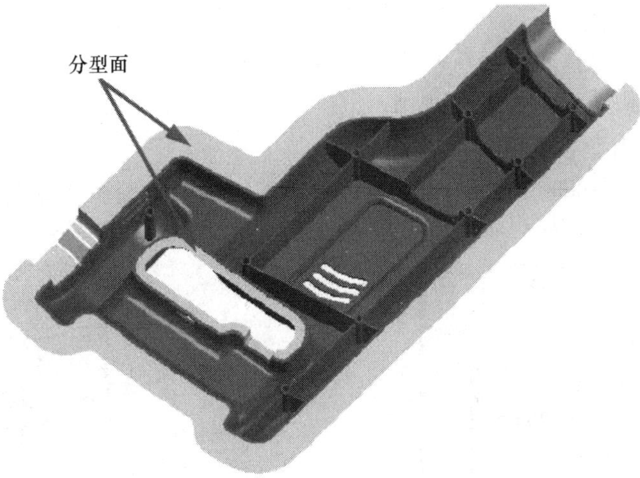

图 3-13　分型面

3.2.4　包围的模具区域

在完成【底切分析】以后，SOLIDWORKS 软件将会把模型上某些特定的面着色成红色。这些区域将把塑料零件围住使它不能取出来，理想的塑料零件不应该包括包围区域。当没有侧型心和斜顶杆时，模具设计和加工的成本将会更低，然而不可能总是避免包围模具区域。在这种情况下，就需要对包围的模具区域建立额外的装置。

3.3　侧型心

侧型心是模具的一个额外工具，它的取出方向垂直于零件从模具中取出的主方向。

知识卡片

侧型心	【型心】命令以激活的草图为基础建立侧型心。在需要新模具工具的地方创建草图，在平面或表面上创建一幅垂直或平行于工具在塑料零件上的移动方向的草图。 【型心】命令基于草图和型心或型腔的表面创建新的实体，实体一旦创建完成，将从型心或型腔中抽取出来。
操作方法	● CommandManager：【模具工具】/【型心】。 ● 菜单：【插入】/【模具】/【型心】。

3.4　特征冻结

用户可以冻结特征，在模型进行重建时，已冻结的特征将不被重建。当操作具有许多特征的复杂模型时，冻结部分特征是非常有效的，冻结特征可以有效地缩短重建时间和避免对模型造成意外改变。在模具设计过程中，在添加模具特征之前冻结特征有利于提高性能。

知识卡片

特征冻结	● FeatureManager：拖动冻结栏到想要冻结的特征下方。 ● 菜单：勾选【选项】/【系统选项】/【普通】/【启用冻结栏】选项，以启用此功能。

步骤 11　冻结特征

通过【选项】对话框启用冻结栏选项。将冻结栏拖到 Tooling Split1 特征下方，以冻结它和它上面所有的特征，如图 3-14 所示。

步骤 12　查看侧型心草图

选择并编辑草图“Side Core Sketch”。这个草图是创建在型腔实体的内部面上的，该面有一个偏移侧型心移动方向 5°的拔模，侧型心沿垂直于拔模的方向移动，如图 3-15 所示。

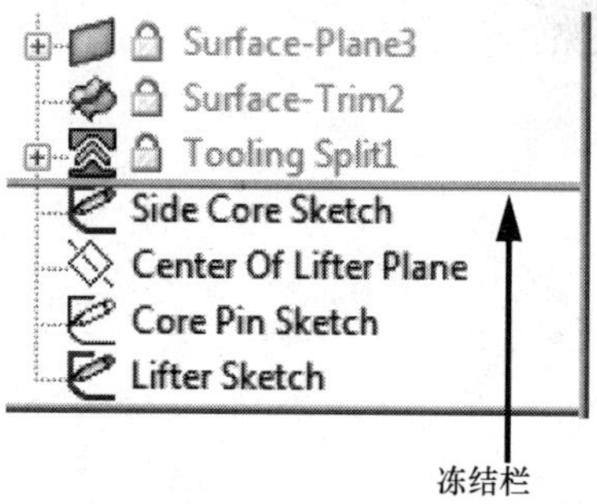

图 3-14　冻结特征

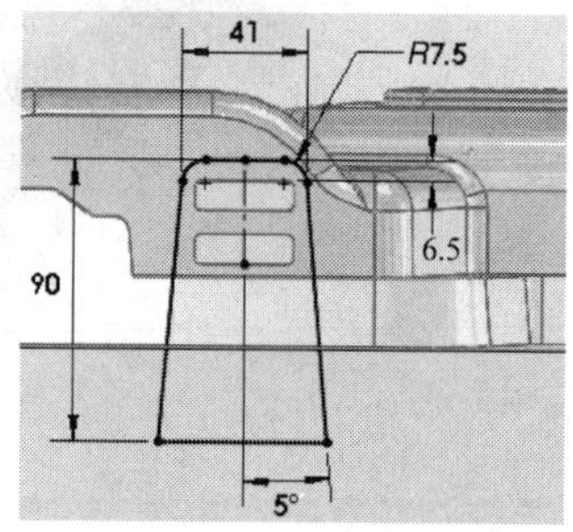

图 3-15　侧型心草图

提示　用户可以在与侧型心移动方向不完全平行的平面上创建草图。

步骤 13　退出草图

不作修改，退出草图。

步骤 14　创建侧型心

在 FeatureManager 设计树上选择草图“Side Core Sketch”，在“模具工具”工具栏上单击【型心】，Side Core Sketch 面被自动选中作为【抽取方向】，型腔也自动被选中作为【型心/型腔实体】。

设置【拔模角度】为 5°，并选择【向外拔模】选项。

设置第一个【终止条件】为【完全贯穿】，设置第二个【终止条件】为【给定深度】，设置【距离】为 7.5mm。

单击【确定】，如图 3-16 所示。

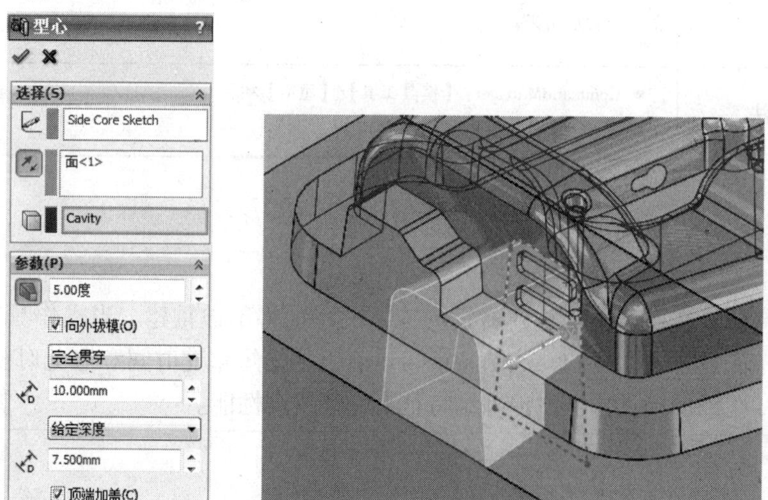

图 3-16　创建侧型心

步骤 15　查看实体文件夹

注意现在出现了一个新的叫"型心实体(1)"的文件夹。

【型心】命令创建了一个新的实体作为侧型心。

这个命令先建立实体，然后在型腔实体中对它进行删减操作。

任何用型心命令建立的实体都会存放在FeatureManager设计树中的一个新文件夹中，如图3-17所示。

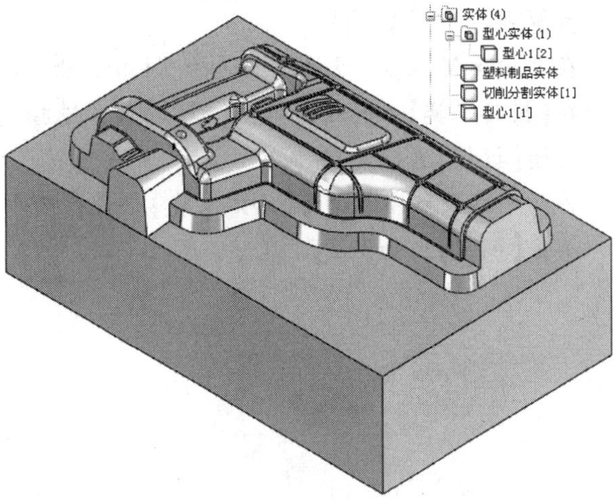

图 3-17　隐藏型腔以显示应用侧型心命令后的结果

3.5　斜顶杆

如果存在一个即使使用侧型心也不能建立的被包围的模具区域，就要查看一下无线电钻的扳机区域，有个钥匙孔形的开口用来放保险锁。由于在扳机区域的空间有限，在上面加一个侧型心会有问题。在这种情况下，模具设计者就需要设计一个斜顶杆，如图3-18所示。

这种模具工具会被顶杆箱推动。当顶杆箱向前推动时，它以一定角度上下推动斜顶杆，倾斜着离开模具区域。当斜顶杆从模具区域顶部滑出时，它还能帮助塑料零件从型心顶出，如图3-19所示。

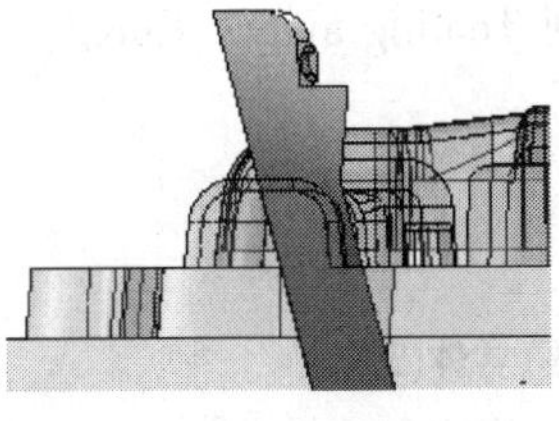

图 3-18　斜顶杆

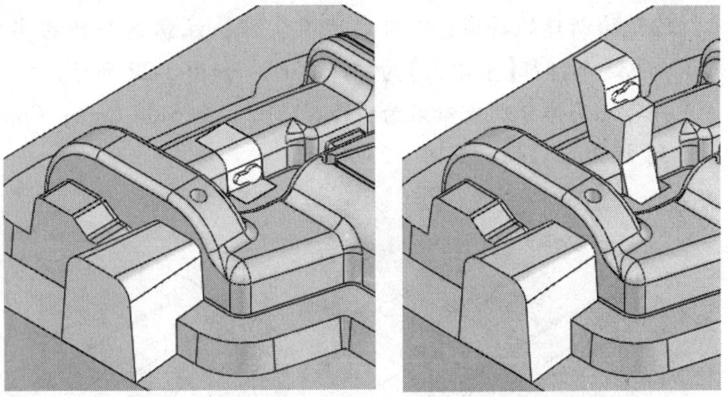

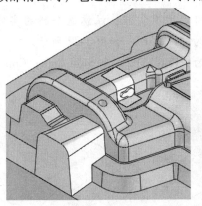

图 3-19　斜顶杆向上滑出模型区域

步骤 16　编辑斜顶杆草图

斜顶杆的主顶杆沿拔模方向向后倾斜15°，同时也要注意轮廓前面的5°。

这相当于一个连锁，保持零件沿着型心的整个底部滑动。

步骤 17　不作改变地退出草图

步骤 18　隐藏型腔实体和塑料零件实体

步骤 19　显示型心实体

如图3-20所示。

步骤 20 创建斜顶杆

在 FeatureManager 设计树上选择“Lifter Sketch”。

在【模具工具】工具栏上单击【型心】，选择这个型心作为【型心/型腔实体】。

关闭【拔模】选项。

将两个终止条件都设为【给定深度】，设置两个【沿抽取方向的深度】都为 12.5mm。

单击【确定】，如图 3-21 所示。

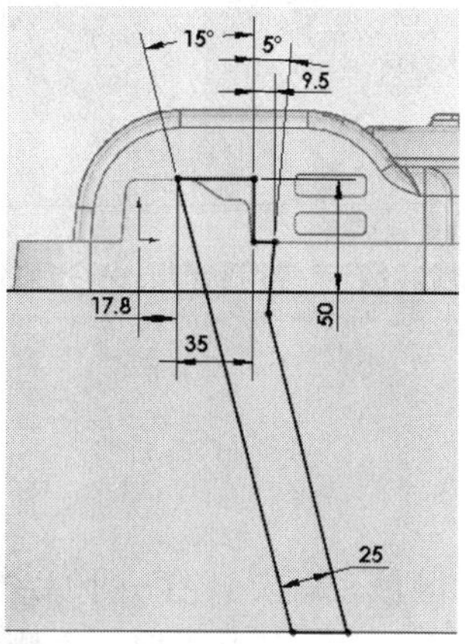

图 3-20 斜顶杆草图

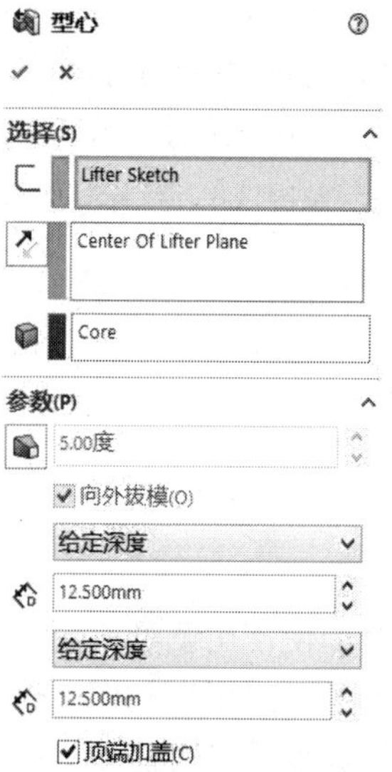

图 3-21 创建斜顶杆

步骤 21 查看结果

隐藏除新建的斜顶杆以外的所有实体，注意这个新的实体也在型心实体文件夹里列出来了，把这个特征【重命名】为“ Lifter”，如图 3-22 所示。

将其他实体分别重命名为：Core1［2］到 Side Core；Core1［1］到 Tooling avity；Core2［1］到 Tooling Core；如图 3-23 所示。

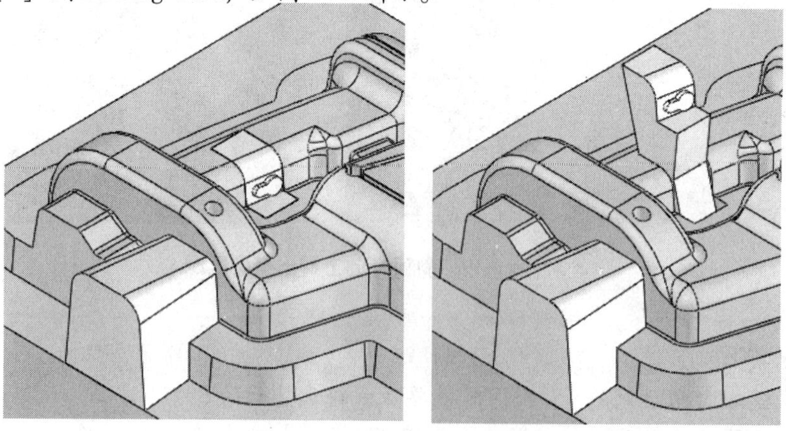

出于演示的目的，斜顶杆被移动过

图 3-22 斜顶杆效果图

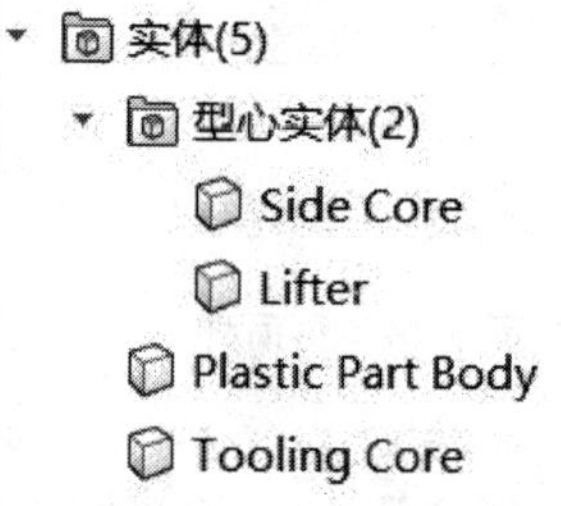

图 3-23 重命名

提示

一般来说，一旦一个实体被重命名，它就不会再继承最后一个特征所应用的名字。但是当新的实体作为特征的结果创建出来时，实体就会继承特征的名字，所以重命名有助于管理模型。

3.6　型心销

用户也可以用型心命令来把【型心销】模具区域从模体中分开，型心销用于形成塑料零件的细节区域。这些模具区域可能比模具的其他区域磨损得更快，创建了含有型心销的模具区域，可以通过更换型心销很容易地被修复，而不必为了某些区域的损坏而更换整副模具，如图 3-24 所示。

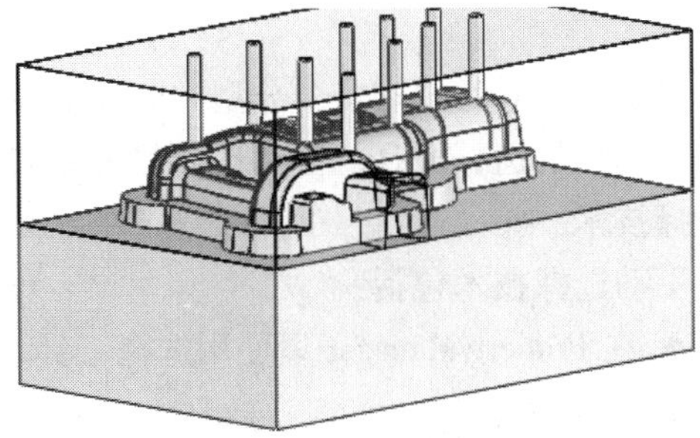

图 3-24　型心销

步骤 22　型心销

显示型腔实体并将它设为透明。选择草图“Core Pin Sketch”，在【模具工具】工具栏上单击【型心】。

绘制型心销草图的面被自动选为【抽取方向】，选择型腔使它作为【型心/型腔实体】。

关闭【拔模】选项。

设置第一个【终止条件】为【给定深度】，并设置它的【沿抽取方向的深度】为 0mm。设置第二个【终止条件】为【完全贯穿】。

勾选【顶端加盖】复选框，如图 3-25 所示。

图 3-25　创建型心销

> **提示**　有可能需要对【抽取方向】进行【反转】。

步骤 23　查看结果

所有的型心销（10 个实体）都加到了模型中以及型心实体文件夹中。

【重命名】最后一个特征为“CorePins”并隐藏除塑料零件和型心销以外的所有实体，如图 3-26 所示。

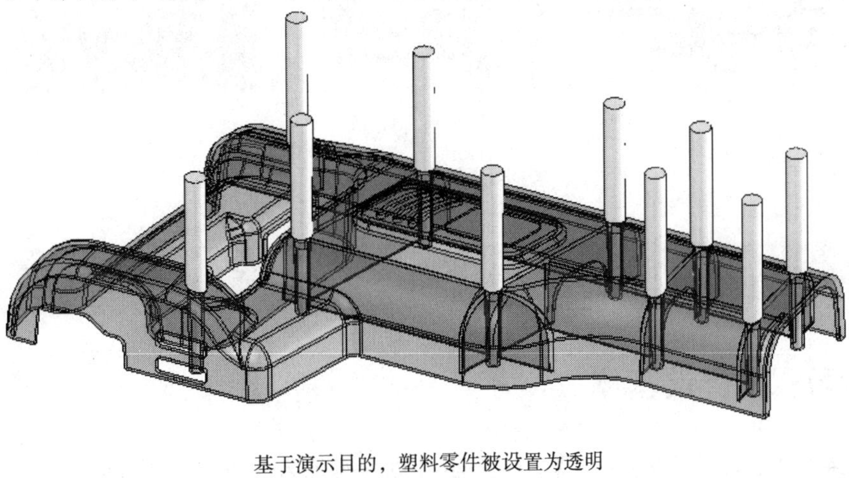

基于演示目的，塑料零件被设置为透明

图 3-26　结果

步骤 24　保存和关闭所有文件

3.7　手动选择技术

对于复杂并且要求多个分型方向和模具的注射件，分型线和关闭曲面这样的特征可能无法自动识别所有选择的边，而且，自动选择的可能需要手动修改以得到想要的结果。对于这些情况，要使用手动选择技术。

手动选择技术包括：

- 在 PropertyManager 里使用选择工具。
- 使用系统选择命令，使用【选择相切】和【选择环】(鼠标右键)，或者【延展】。
- 直接在屏幕上选择。

当要求手动选择时，选择工具在 PropertyManager 中可见。

3.7.1　选择工具

选择工具包括：

- ：把所选边线添加到选择列表（快捷键“Y”）。
- ：切换到下一条可选边线（快捷键“N”）。
- ：放大所选边线。

如果要改变主意或者要修改错误的选择，在 PropertyManager 中单击【返回】。

3.7.2　信息窗

对于【分型线】或者【关闭曲面】，只要完成合适的选择，那么系统就会创建型心和型腔面的集合，将它们放入模具文件夹。PropertyManager 中这些工具的信息窗会提示模具曲面何时完成。

信息窗以不同的颜色标记分型线的状态，如图 3-27 所示：

- 绿色：分型线创建完成。
- 黄色：须要额外的操作，如关闭曲面。
- 橙色：存在问题，如多个环路。

图 3-27　信息窗

提示　在 PropertyManager 中有一个选择是禁止缝合曲面，用于手动曲面建模。

3.8　实例练习：搅拌器基体

在这个实例练习中，将为手持搅拌器的一个组件创建型心和型腔模型嵌件。这个零件有一些可以被自动创建的简单关闭曲面，其他的需要做一些额外的工作，如图 3-28 所示。

图 3-28 手持搅拌器基体

操作步骤

步骤1 打开零件

打开 Lesson03 \ Case Study 文件夹下的“Mixer Base”零件。这个零件是从其他 CAD 系统导入的，并且利用【输入诊断】功能修复了输入过程中产生的错误。

步骤2 拔模分析

单击【拔模分析】，拔模方向选择 standoff 的一个平面。

单击【反转方向】，这样红色面就表示模具的型心侧。

设置【拔模角度】为1°，选择支座的一个平面来定义拔模方向，如有必要则反转方向，如图 3-29 所示。

步骤3 仅显示要求拔模的平面

单击【负拔模】、【正拔模】和【跨立面】前面的【隐藏/显示】。

此时，看到的是拔模角度小于1°的面，它们中的许多面是底切面，需要进一步分析。零件中其他的面是可以接受的。单击【取消】✕，如图 3-30 所示。

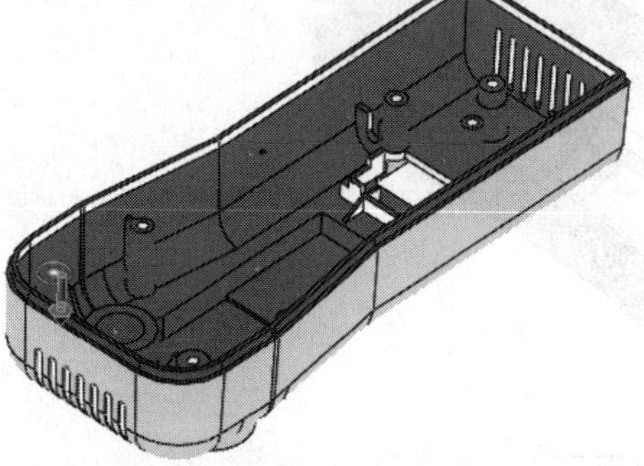

图 3-29 拔模分析

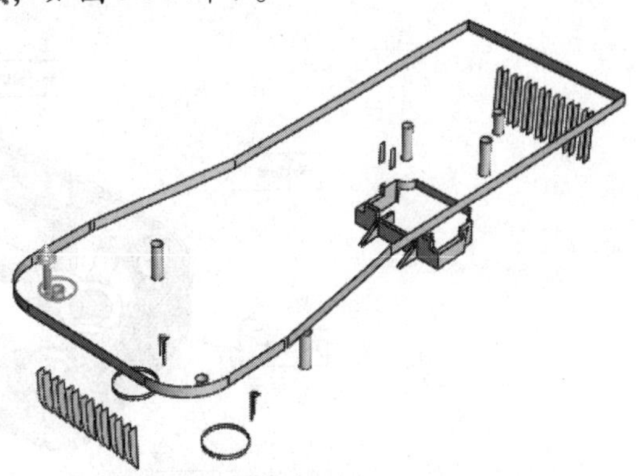

图 3-30 需要拔模的面

步骤 4　缩放零件

单击【比例缩放】，选择重心，设置【缩放因子】为 1.06（增大 6%）。

步骤 5　分型线

单击【分型线】，选择 standoff 的一个平面来定义拔模方向。单击【反转方向】。设置【拔模角度】为 1°，单击【拔模分析】。

对于这个零件，分型线相对简单，自动选择的分型线令人满意。单击【确定】，如图 3-31 所示。

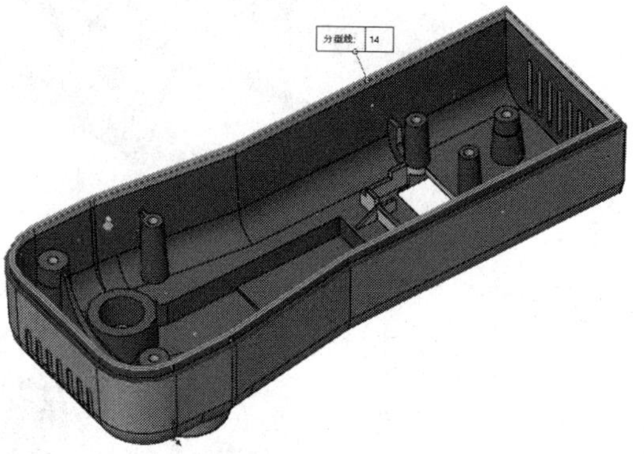

图 3-31　分型线

步骤 6　创建关闭曲面

单击【关闭曲面】，检查 PropertyManager 中的预览图和信息。这个零件中的关闭曲面存在多个侧向开口需要修改。单击环旁边的标志，将修补类型改为【相切】，确保方向正确，如图 3-32 所示。

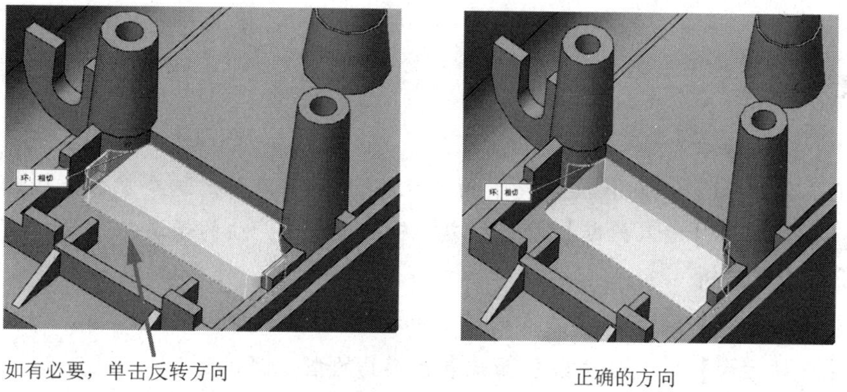

图 3-32　关闭曲面

步骤 7　评估关闭孔

在支座中的三个贯穿孔特征需要选择不同的边。为了做出改变，现有的环必须消除选择，如图 3-33 所示。

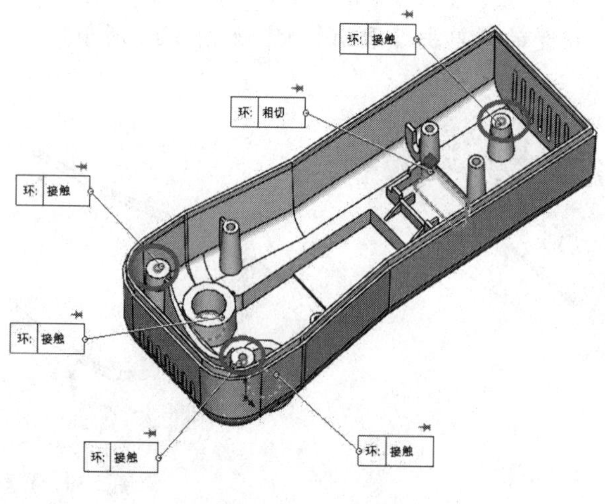

图 3-33　关闭曲面

3.9　修改关闭曲面

根据之前创建的分型线特征，拔模角过渡和系统识别的开放环（孔），关闭曲面命令会尝试自动创建曲面以填补型心和型腔的孔洞。移除自动选择的选项如下：

- 右键单击选择列表，选择【清除选择】以移除所有的选择。
- 左键单击一个已经选择的边，将会去除选择。
- 右键单击一个单独的环，选择【删除】。
- 右键单击一个单独的环的边，选择【取消选择环】。

一旦去除选择，使用手动选择技术来选择新的边或者使用曲面特征手动创建曲面。

3.9.1　手动关闭曲面

如果系统创建的关闭曲面形状不正确或者无法创建，仍然可以使用 SOLIDWORKS 其他的曲面功能来创建。

步骤 8　取消选择环

使用如上介绍的技术消除三个贯穿孔的选择。

步骤 9　选择新的边

在孔周围选择如图 3-34 所示的边。

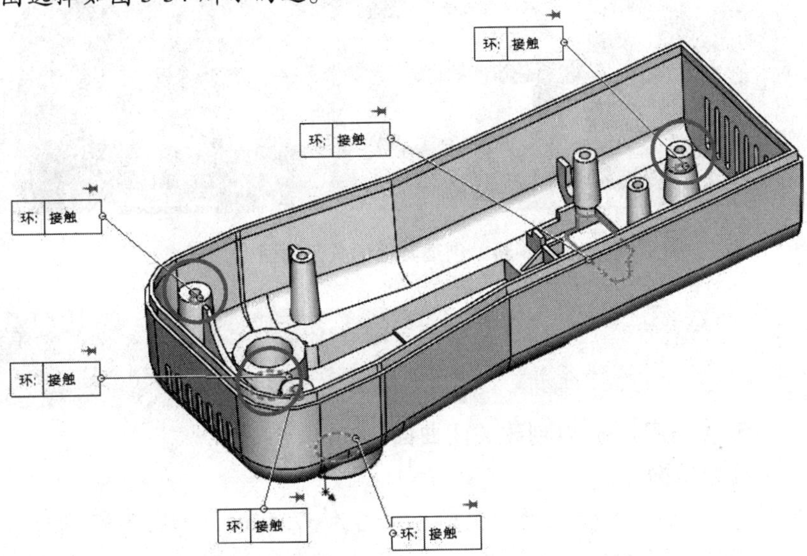

图 3-34　选择新的边

3.9.2　手动选择环

模型的底切区域没有为关闭曲面而自动选择，这些环需要手动选中。为了演示不同的类型，将使用不同的方法为这些开口创建曲面。在实际的应用中，用户可能只习惯使用这些方法中的一种。

步骤 10　手动选择环

放大区域，如图 3-35 所示，使用不同的方法来创建关闭曲面。

- 右键单击边线 1，并选择【选择相切】。

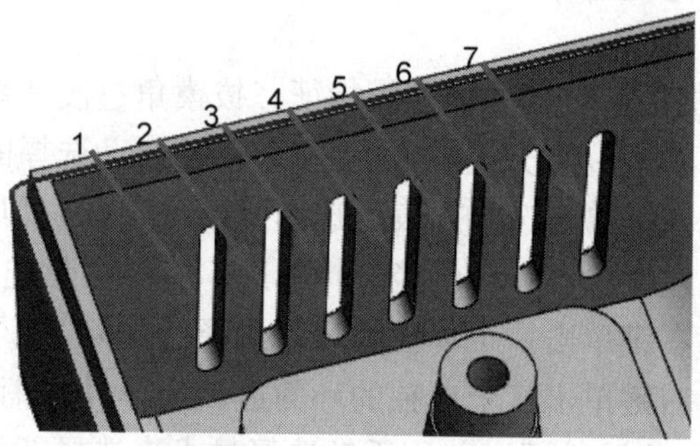

图 3-35　创建关闭曲面

- 右键单击边线 2，并选择【选择环】。
- 选择边线 3，再单击【延伸】。除了最后一条边线外，所有的边线都被选择。单击 PropertyManager 面板中的【添加所选边线】，以完成整个环。
- 选择边线 4。三次单击 PropertyManager 面板中的【添加所选边线】，边线将延伸直到整个环被选择。
- 选择边线 5。在图形区域选择开口的另三条边线。
- 选择边线 6。使用快捷键“Y”选择接下来的三条边线。
- 选择边线 7。单击 PropertyManager 面板中的【放大所选边线】来放大所选择的边线。单击三次【添加所选边线】，缩放点会跟着延伸方向变动。

步骤 11　添加其他的关闭曲面

放大模型的另一端，使用上一步描述的任意一种方法创建其他的 7 个关闭曲面。如图 3-36 所示。

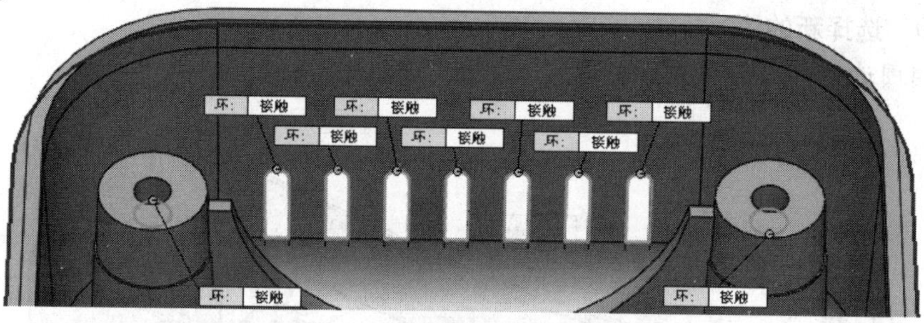

图 3-36　创建其他的关闭曲面

> 提示　此时，信息窗变成绿色，表明模具可分割成型心和型腔。如果没有变成绿色，则说明漏掉了一个或多个孔。

步骤 12　单击【确定】✔以创建关闭曲面

步骤 13　创建分型面

创建一个【垂直于拔模】类型的分型面，距离为 37.5mm，如图 3-37 所示。

步骤 14　创建外轮廓草图

选择分型面作为草图平面，创建模具外轮廓，如图 3-38 所示。

退出草图。

步骤 15　创建切削分割

单击【切削分割】，分别为模具型心和型腔制定深度为 25mm 和 50mm。

如有必要，不勾选【连锁曲面】复选框。单击【确定】✔，如图 3-39 所示。

步骤 16　查看结果

现在零件中存在三个实体：零件本身、型心和型腔实体。

步骤 17　隐藏曲面

选择曲面实体文件夹，单击【隐藏】。

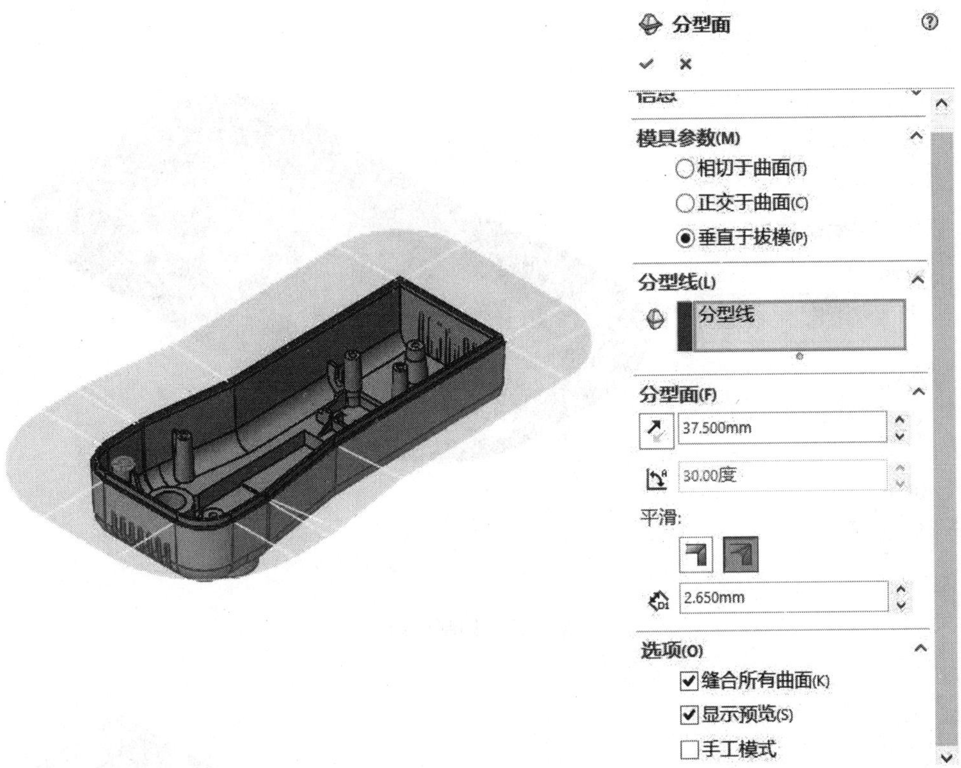

图 3-37　分型面

步骤 18　隐藏分型线

选择分型线 1，单击【隐藏】。

步骤 19　应用外观

单击任务窗格的【外观】，找到玻璃、光泽文件夹下的蓝玻璃。将这个外观从任务窗格拽到型腔实体上。单击工具条上的【实体】，重复上面的步骤，将绿玻璃赋给型心实体，将黄色高光泽塑料赋给零件。

现在可以看透型心和型腔实体，如图 3-40 所示。

步骤 20　创建爆炸视图

创建爆炸视图分开各个实体，以查看各个特征。在 ConfigurationManager 面板右键单击默认配置，选择【新建爆炸视图】。

也可以在【插入】菜单中找到【新建爆炸视图】命令。

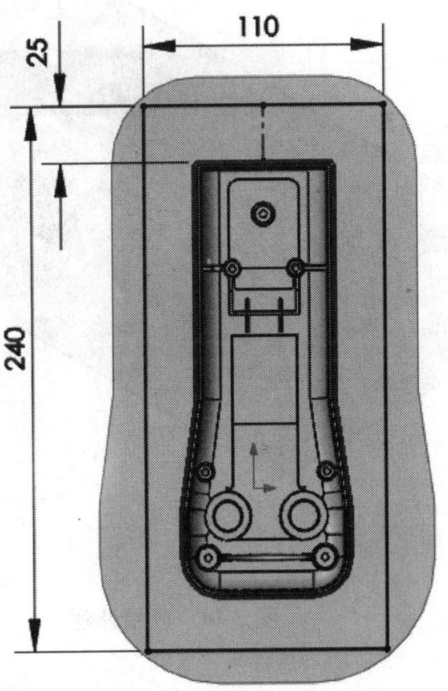

图 3-38　创建外轮廓草图

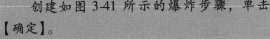

提示　创建如图 3-41 所示的爆炸步骤，单击【确定】。

步骤 21　解除爆炸

双击爆炸视图 1 或者右键单击选择【解除】，如图 3-42 所示。

步骤 22　保存并关闭文件

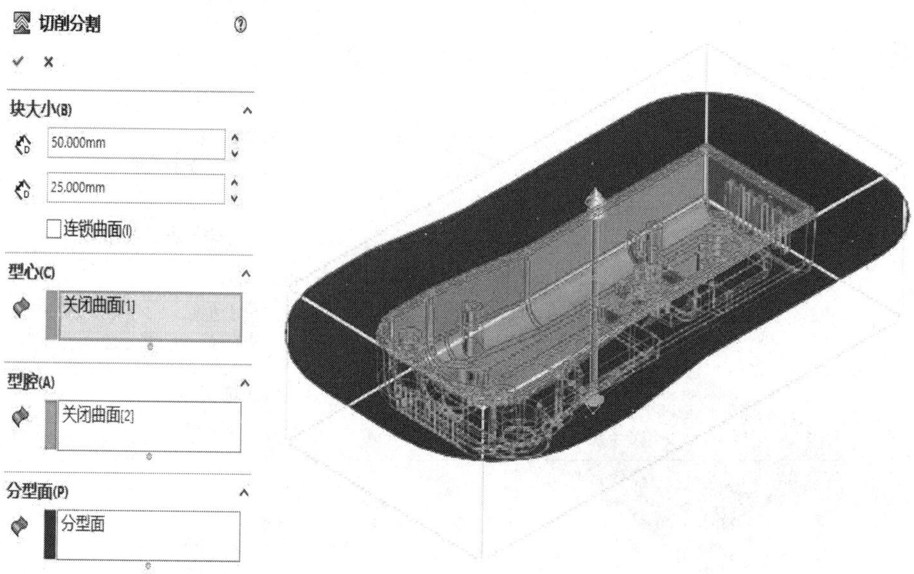

图 3-39　切削分割

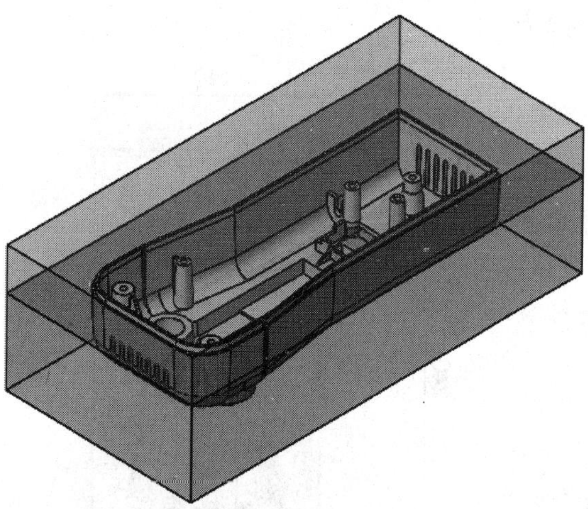

图 3-40　应用外观

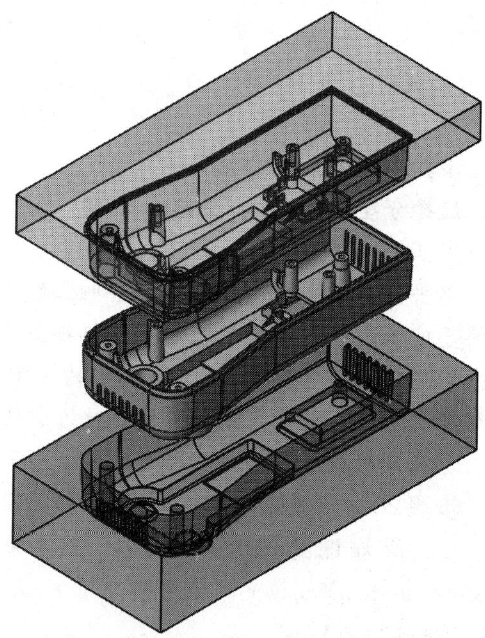

图 3-41　创建爆炸视图

图 3-42　解除爆炸

3.10　完成模具

为了正确制造一些特征，这个零件要求额外的模具例如侧型心和杆，如图 3-43 所示。详见练习 3-2。

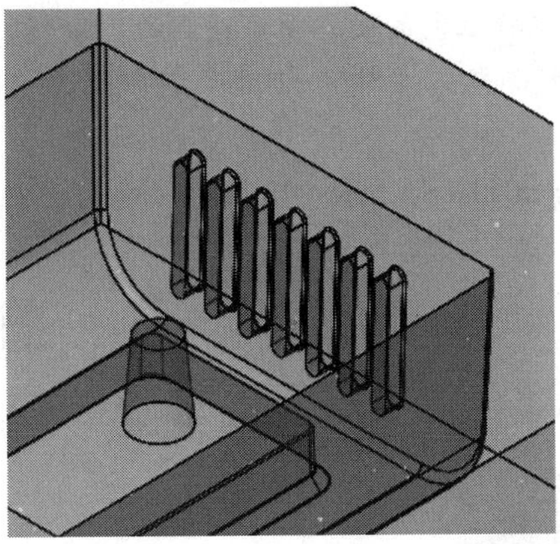

图 3-43　额外模具

练习 3-1　拖车镜

本模型要求创建额外的模具以创建型心和型腔上的开口。创建切削分割，然后使用【型心】特征生成相应的模具，如图 3-44 所示。

本练习将应用以下技术：

- 检测底切。
- 手动选择技术。
- 侧型心。

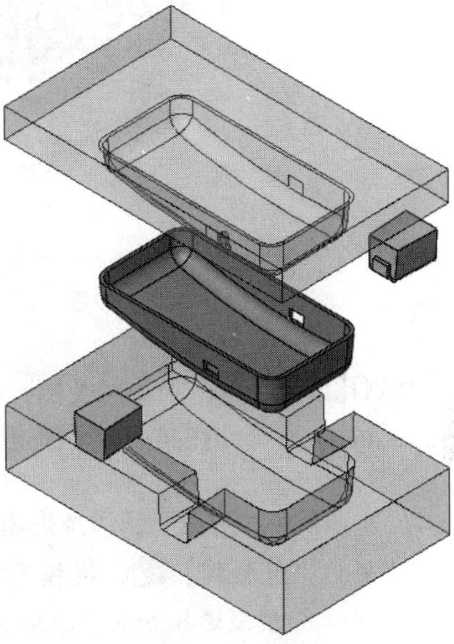

图 3-44　拖车镜

操作步骤

步骤 1　打开已有的零件

打开 Lesson03 \ Exercises 文件夹下 Towing _ Mirror 文件。

步骤 2　底切检查

在模型上执行一个【底切分析】。选择壁厚面作为【拔模方向】。

有四个面位于【封闭底切】栏中（红色）。这些都是“Side _ Hole”特征的面，这个特征需要一个侧型心，如图 3-45 所示。

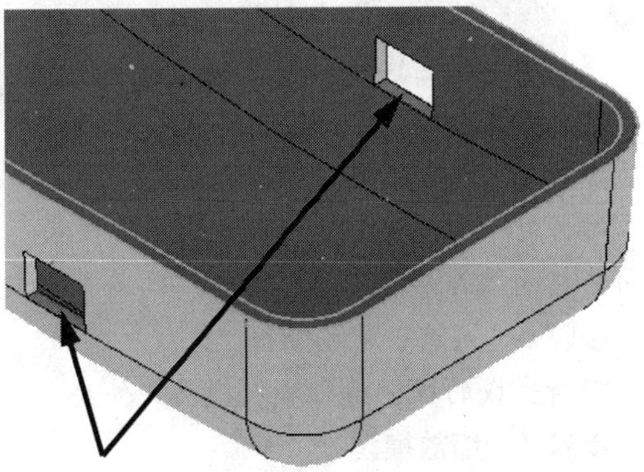

图 3-45　底切检查

取消底切分析以放弃颜色显示。

步骤 3　拔模分析

选择壁厚面作为【拔模方向】，【拔模角度】为 2°，检查拔模。

单击【反转方向】，这样红色的面就表示模具的型心侧。

型心和型腔的面可以拔模。忽略“Side _ Hole”特征的面，因为它们需要使用不同的方向来分析，如图 3-46 所示。

改变【拔模方向】为 Front Plane，Side _ Hole 特征的面需要在这个方向拔模。单击【取消】✕，如图 3-47 所示。

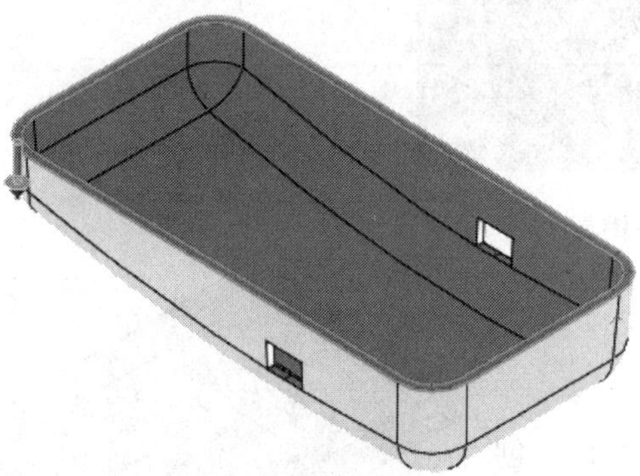

图 3-46　拔模分析

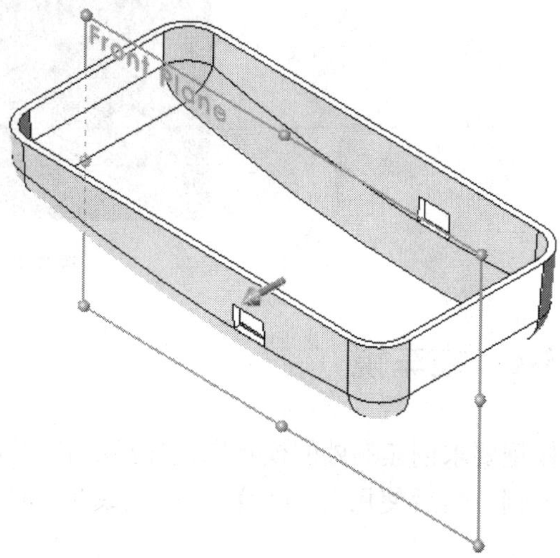

图 3-47　改变拔模方向

对侧孔添加拔模　因为两个侧孔的拔模方向相反，所以要求有两个独立的拔模特征。另外，因为侧孔的所有边不都处在同一个平面上，所以需要使用一个分型线草图，而不是一个中性面拔模类型。

步骤 4　对第一侧添加拔模

单击【拔模】，拔模类型选择分型线，拔模角度设置为 2°。拔模方向选择 Front Plane，分型线选择 Side _ Hole 特征的内部边，如图 3-48 所示。

> 提示　一共要选择 6 条边，使用快捷键“g”激活放大选择命令，定位细小边。

单击确定✔。

步骤 5　对第二侧添加拔模

对另外一侧重复步骤 4，确认反转拔模方向，指向零件后方。

步骤 6　可选：移动特征

将新生成的拔模特征移入模具文件夹。

步骤 7　缩放模型

单击【比例缩放】，选择【重心】和【统一均匀比例缩放】，设置【缩放因子】为 1.03（放大 3%），单击【确定】✔。

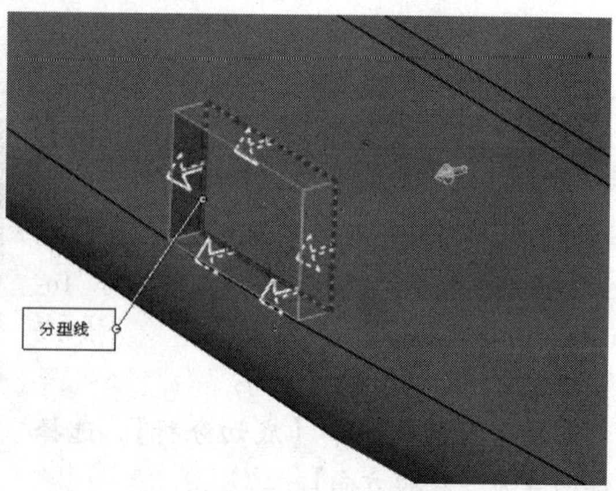

图 3-48　对第一侧添加拔模

步骤8　创建分型线

使用壁厚面作为拔模方向，添加一个【分型线】，单击【反转方向】，如图3-49所示。

步骤9　关闭曲面

单击【关闭曲面】，因为侧孔的拔模方向在改变，边无法自动选择。使用手动选择技术选取孔的内部边。有些边非常细小，需要放大或者使用选择工具正确选择完整的环，如图3-50所示。

图3-49　创建分型线

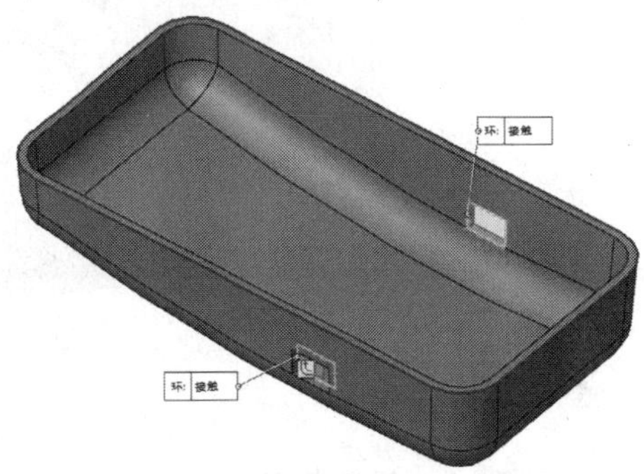

图3-50　关闭曲面

步骤10　创建分型面

单击【分型面】。使用【垂直于拔模】创建曲面，距离设置为75mm，如图3-51所示。

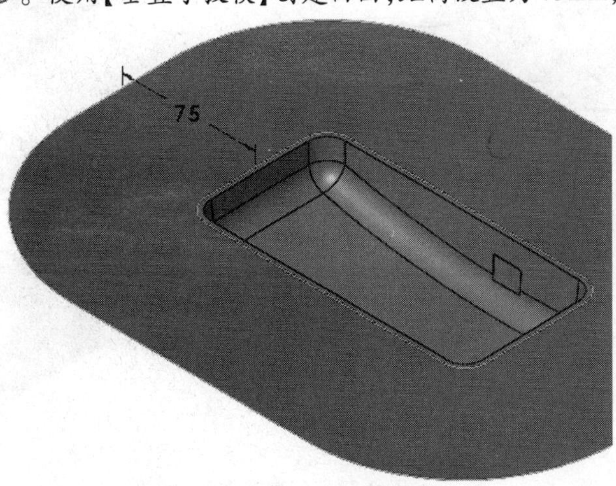

图3-51　创建分型面

步骤11　切削分割

为【切削分割】创建如图3-52所示的草图。

对于模具尺寸，设置【方向1深度】为50mm，【方向2深度】为25mm。如有必要，不勾选【连锁曲面】复选框。

步骤12　重命名实体

将实体重命名为Engineered Part、Core和Cavity。

步骤13　孤立型腔

右键单击型腔实体，单击【孤立】。将要从这个实体中抽取侧型心。

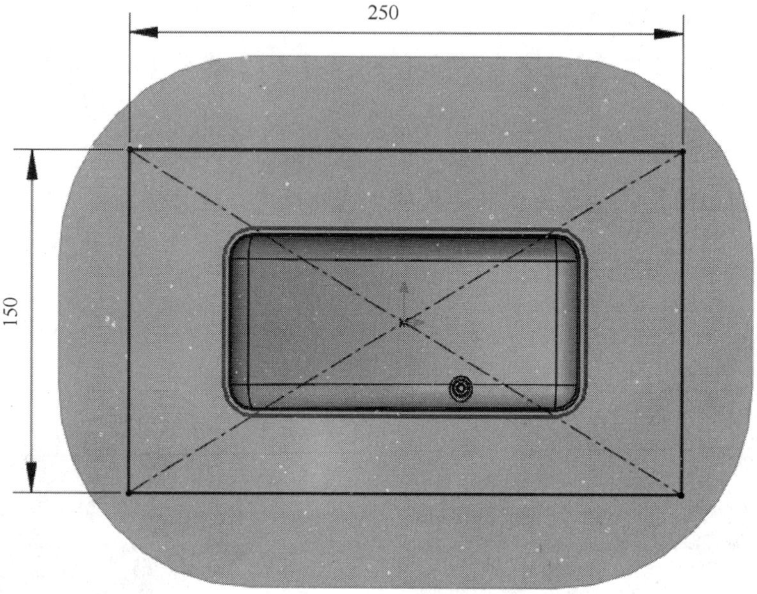

图 3-52 轮廓草图

步骤 14 创建草图

在 Cavity 的前面创建一个草图，如图 3-53 所示。

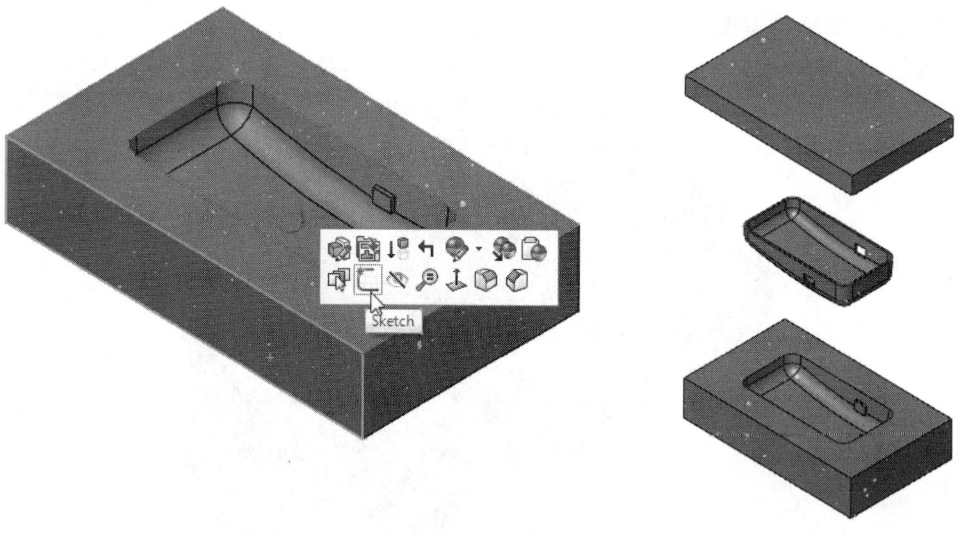

图 3-53 创建草图

步骤 15 改变显示样式

将零件的显示方式改为【隐藏线可见】，这样侧孔的边就很容易选择。

步骤 16 侧型心轮廓草图

在型腔实体上创建如图 3-54 所示的草图。

中心线端点和“Side Hole”边线之间有一个【中点】约束关系角度值在中心线上是对称的。

提示 在这个草图上创建的轮廓，允许拔模应用在型心特征，并且仍然包含在 Cavity 实体的顶面上。

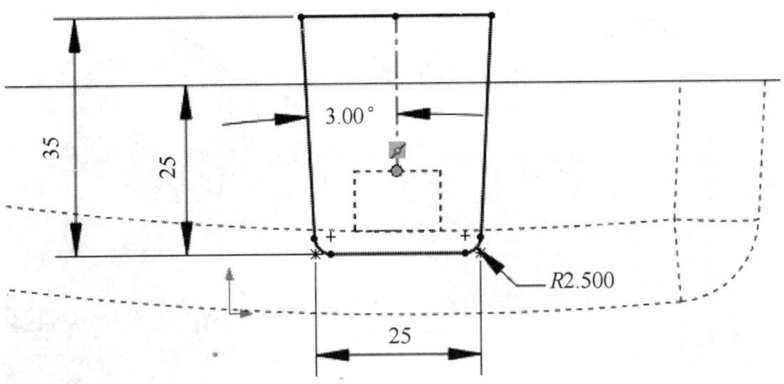

图 3-54 创建侧型心轮廓草图

退出草图。

步骤 17 改变显示状态

将模型的显示状态改回【带边线上色】。

步骤 18 退出孤立

单击【退出孤立】，显示零件中其他实体。

步骤 19 创建侧型心

单击【型心】，选择侧型心草图。草图平面被自动选择为抽取方向。型腔实体被自动选择为抽取实体。

单击【拔模】，指定拔模角度为2°。清除【向外拔模】。对于第一个【终止条件】，选择沿抽取方向，输入50mm，如图3-55所示。

提示 我们仅需要拉伸侧型心到足够长，就可以捕捉型腔实体上所有的面。

保持第二方向的深度为0，单击【确定】，如图3-56所示。

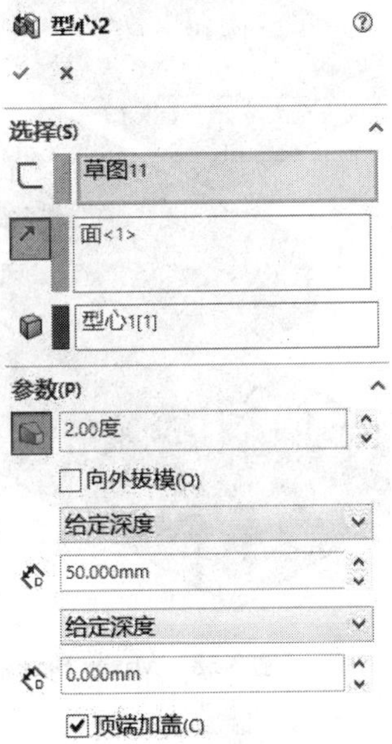

图 3-55 创建侧型心

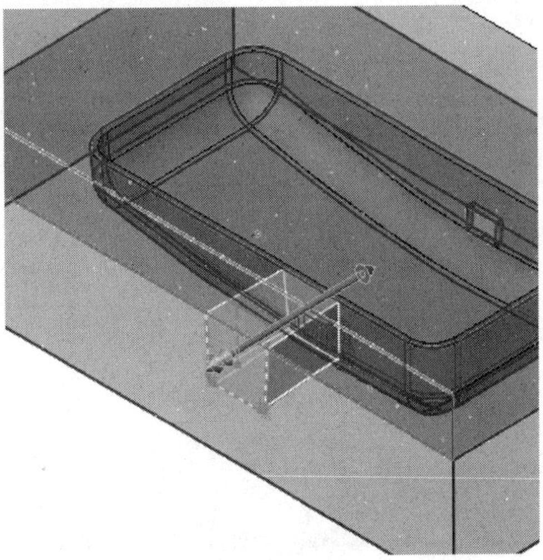

图 3-56 方向深度

步骤 20 查看结果

草图用来从型腔中分割一个新的实体，它会保存在型心实体文件夹中。

步骤 21　为另一侧重复步骤

对另一侧使用相同的草图几何体，重复整个过程。

> 技巧 在远离型腔实体的一侧打开一个草图。选择步骤 16 中创建的草图，单击【转换实体】。

步骤 22　创建爆炸视图

创建一个爆炸视图，修改实体外观以查看模具的所有零件，如图 3-57 所示。

步骤 23　保存并关闭文件

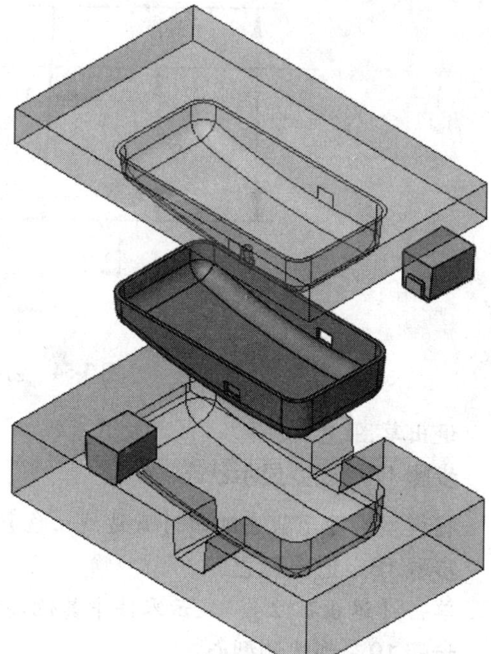

图 3-57　创建爆炸视图

练习 3-2　搅拌器基体模具

为 Mixer Base 创建额外的模具，如图 3-58 所示。

本次将应用以下技术：

- 检测底切。
- 侧型心。
- 型心销。

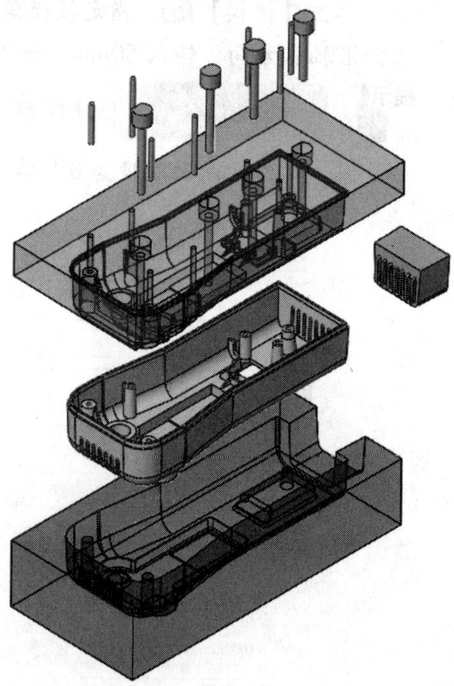

图 3-58　Mixer Base 模具

操作步骤

步骤 1　打开零件

打开 Lesson03 \ Exercises 文件夹下的 Mixer Base_Exercise，如图 3-59 所示。

步骤2　隐藏实体

单击隐藏型心和型腔实体，仅显示 Engineered part，如图 3-60 所示。

步骤3　执行底切检查

单击【底切分析】，因为有一个分型线特征，所以拔模方向已确定。在 7 个出风口处存在封闭底切现象，需要创建侧型心。

单击【取消】以结束【底切分析】，如图 3-61 所示。

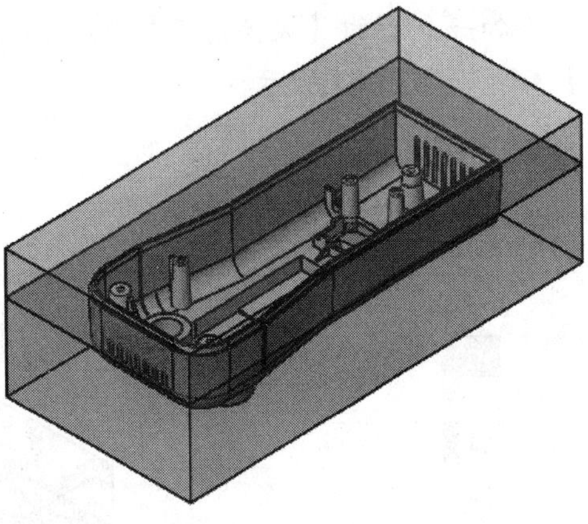

图 3-59　打开零件

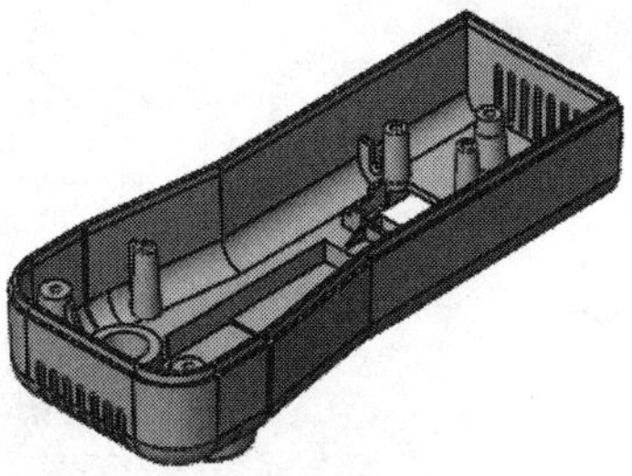

图 3-60　隐藏实体

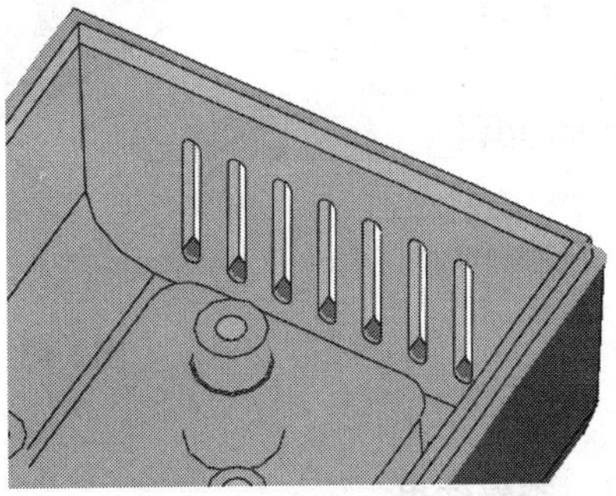

图 3-61　执行底切检查

1. 型心　在前面的课程中已经提到，型心是从型心实体和型腔实体中抽取的几何体。本例中的型心将包含：

- 侧型心。
- 型心杆。
- 顶出杆。

为了创建每个型心特征，将会：创建一个草图以定义型心的轮廓；基于草图，使用【型心】特征来定义和从已有的模具中抽取一个实体。

步骤4　创建侧型心草图

单击显示型心和型腔实体。在型腔一侧创建草图，如图 3-62 所示。轮廓关于中心线对称。

注意，草图跨越到模具型心一侧。当创建型心特征时，它只切割模具的型腔部分。

步骤5　退出草图

步骤6　创建侧型心

单击【型心】，抽取方向和实体已经基于草图被自动选中。

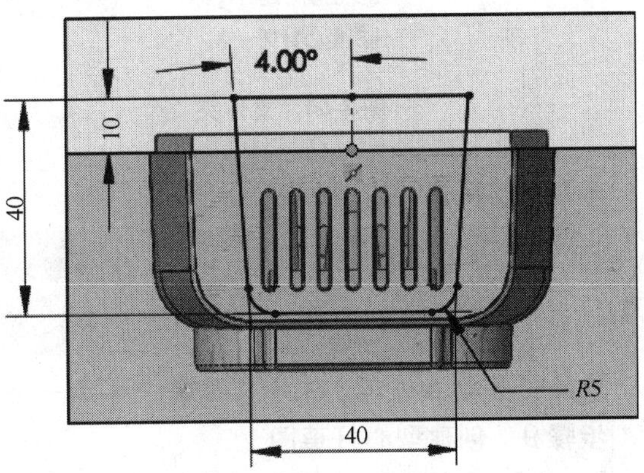

图 3-62　创建侧型心草图

添加一个2°的【拔模角度】。终止条件为【给定深度】，深度为30mm。单击【确定】，如图3-63所示。

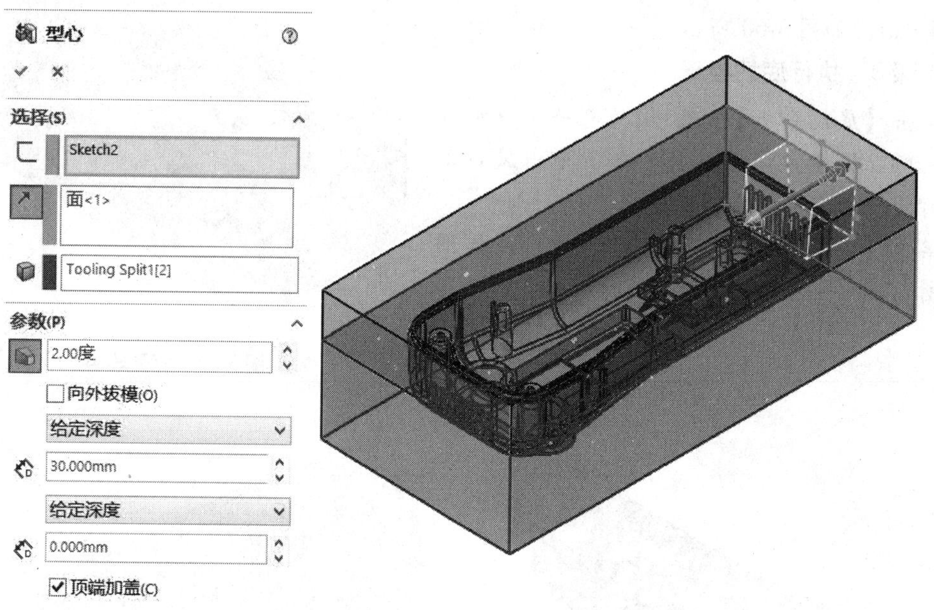

图 3-63　创建侧型心

步骤 7　查看结果

在 FeatureManager 树可以看到，一个新的实体被创建并保存在实体【型心实体】文件夹中，如图3-64所示。

技巧　【型心】命令的功能类似【分割】命令，将一个实体分成两个或者多个实体。

【孤立】型心实体，【退出孤立】，如图3-65所示。

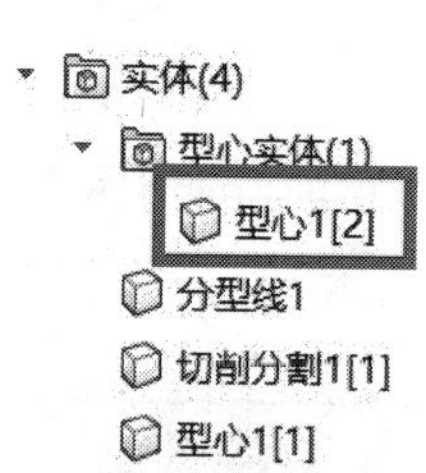

图 3-64　文件夹

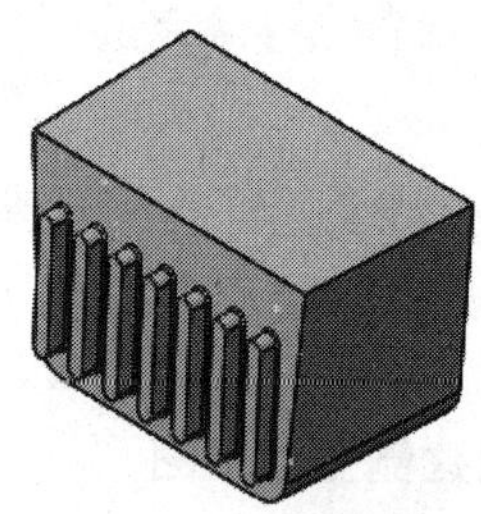

图 3-65　孤立型心实体

步骤 8　可选：修改外观

注意　当新的实体作为一个特征的结果创建出来时，已有实体的身份就会改变。这不仅会造成已经指定的实体名称丢失，也会改变几何体已经应用的外观。

使用任务栏在玻璃、光泽文件夹中添加一个蓝玻璃外观，如图3-66所示。

步骤 9　创建型心杆草图

【孤立】绿色的型心实体，这里需要7个型芯杆。在型心的顶面创建一个草图，将这七个面的边显示为红色，如图3-67所示。

图 3-66　修改外观

步骤 10 退出草图

步骤 11 创建型心杆

单击【型心】，关闭【拔模】。使用【完全贯穿】的终止条件创建型芯杆，如图 3-68 所示。

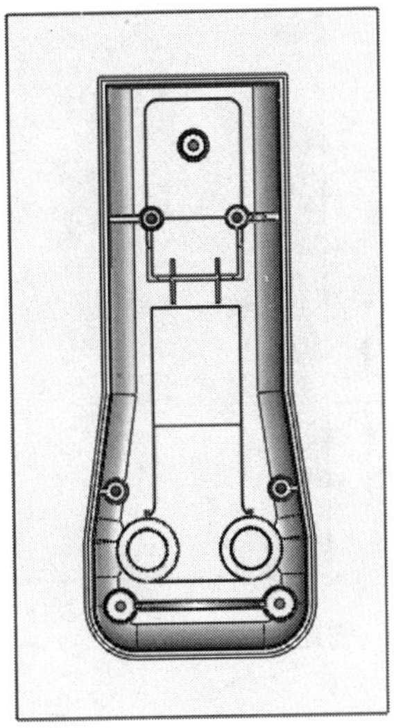

图 3-67 创建型心杆草图

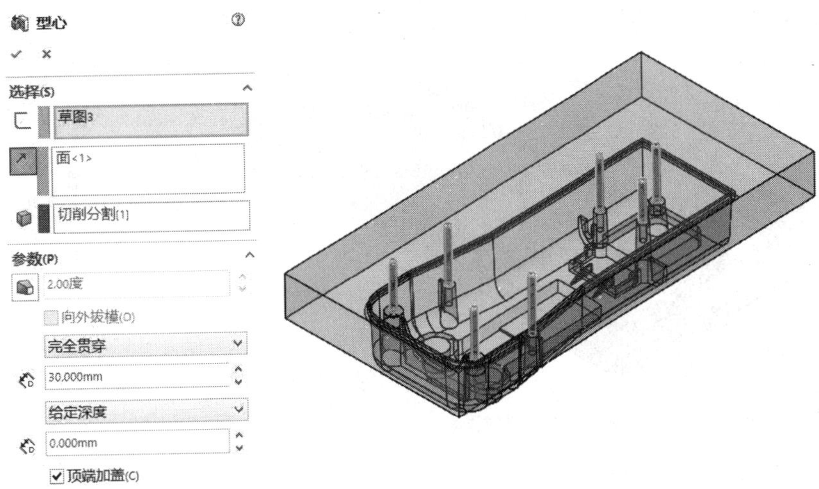

图 3-68 创建型心杆

2. 顶杆 顶杆也是通过【型心】命令创建的。但是，由于顶杆不是轴对称的，而且顶杆的顶端必须与模具轮廓匹配，所以创建顶杆需要一些额外的步骤。除此之外，顶杆必须保持导向正确，并且能完美地嵌入型心实体中。

步骤 12 创建顶杆草图

要创建4个顶杆，除了定位凸缘外，顶杆的创建与型心杆完全一样。基于型心底面创建一个草图平面并绘制草图，如图 3-69 所示。

步骤 13 创建顶杆

基于草图使用【型心】命令创建四个顶杆，终止条件为【完全贯穿】，如图 3-70 所示。

步骤 14 创建顶杆凸缘草图

为了确保顶杆排列正确，要使用标准多实体设计技术给顶杆添加定位凸缘。在型心实体的顶面创建如图 3-71 所示的草图。

注意 为了观察清楚，已经移除透明度。

步骤 15 拉伸切除

在型心实体上拉伸切除，深度为 10mm。使用【特征范围】将切除目标设置为型心实体而不会涉及顶杆，如图 3-72 所示。

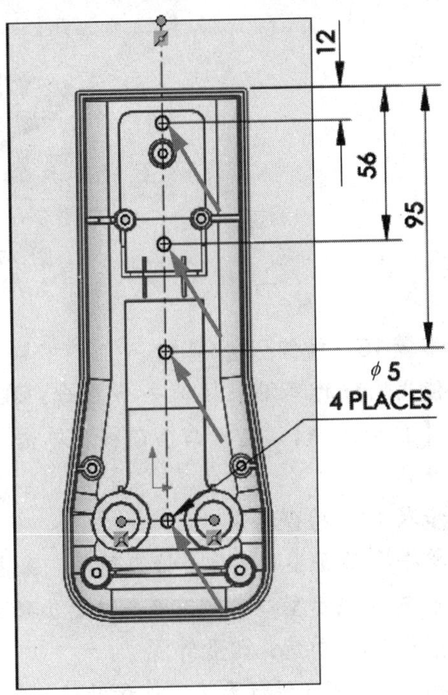

图 3-69 创建顶杆草图

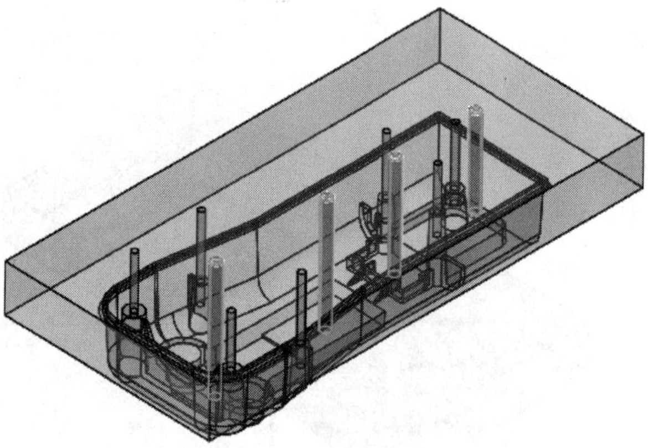

图 3-70　创建顶杆

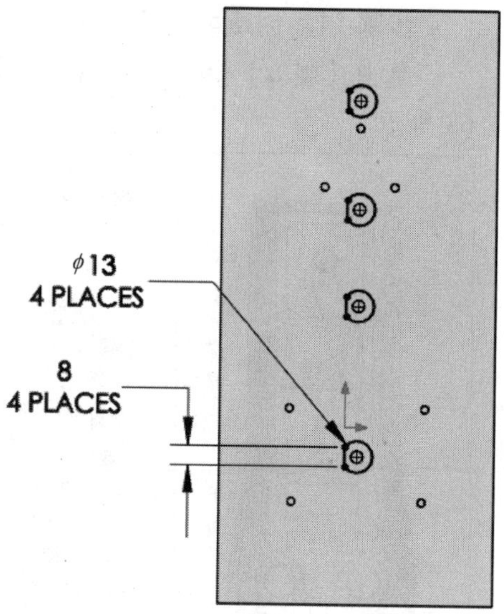

图 3-71　创建顶杆凸缘草图

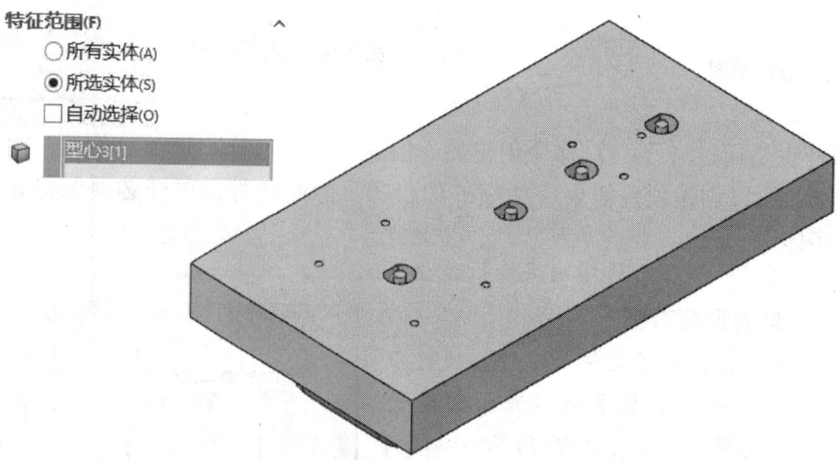

图 3-72　拉伸切除

步骤 16　拉伸凸台/基体

使用同样的草图来拉伸一个凸台，在【特征范围】中，关闭【自动选择】，选择四个顶杆。单击【确定】✔，如图 3-73 所示。

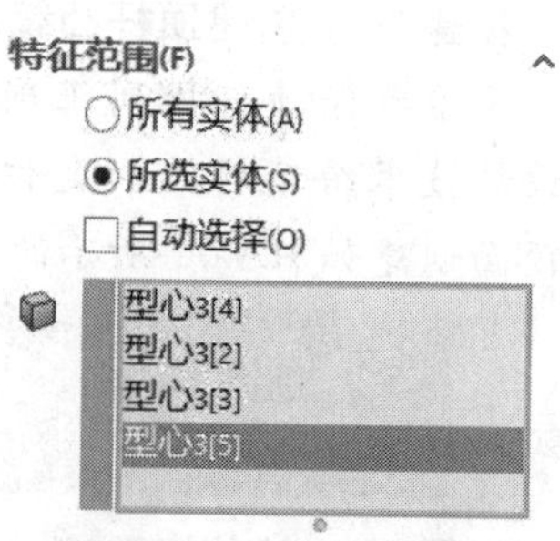

图 3-73　拉伸凸台/基体

步骤 17　检查结果

单击隐藏型心实体，检查结果，如图 3-74 所示。

单击显示型心实体，单击【退出孤立】。

步骤 18　可选：改变外观

按下 Ctrl + Q 强行重建零件和外观，修改这些杆的外观以区分型心实体，如图 3-75 所示。

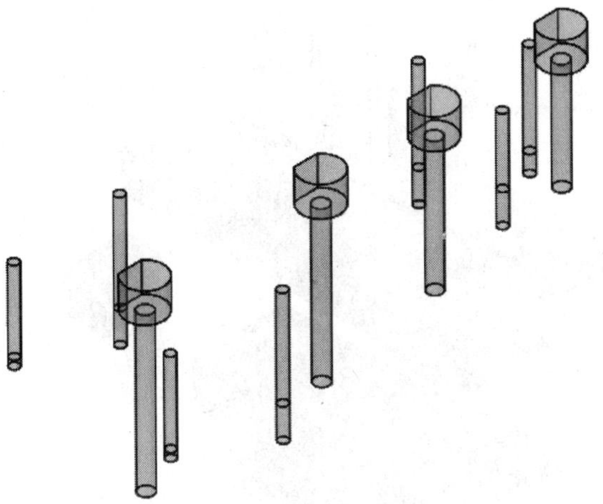

图 3-74　检查结果

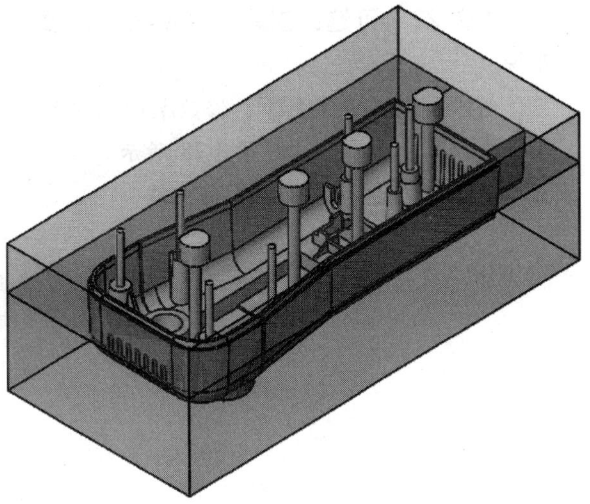

图 3-75　改变外观

3. 创建模具装配体　下一步是从模具实体中创建单个零件和模具装配体。为了准备模型，首先会对零件的实体重命名，然后实体的名称将会作为新创建的零件名。

步骤 19　重命名实体

对实体重命名，如图 3-76 所示，保存零件。

步骤 20　创建装配体

右键单击实体文件夹，选择【保存实体】。

单击【保存】，以选择零件中的所有实体。

如有必要，不勾选【消耗切割实体】复选框。

在【创建装配体】下面，单击【浏览】，找到 Lesson03 \ Exercises 文件夹。将装配体命名为 Mixer Base Mold，单击【确定】✔。

步骤 21　打开装配体

新创建的装配体将会在一个单独的文件窗口中打开，如图 3-77 所示。

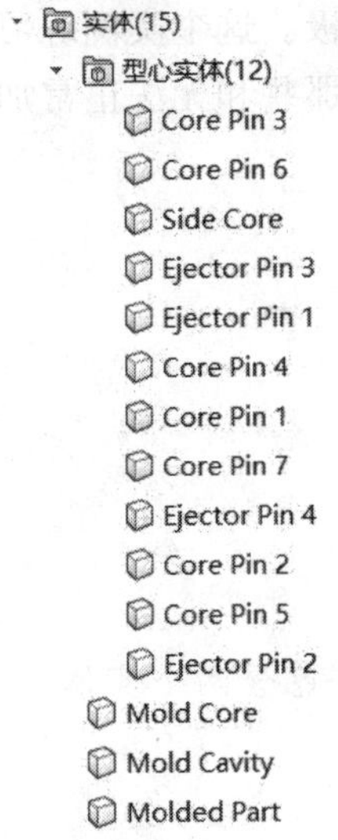

图 3-76　重命名实体

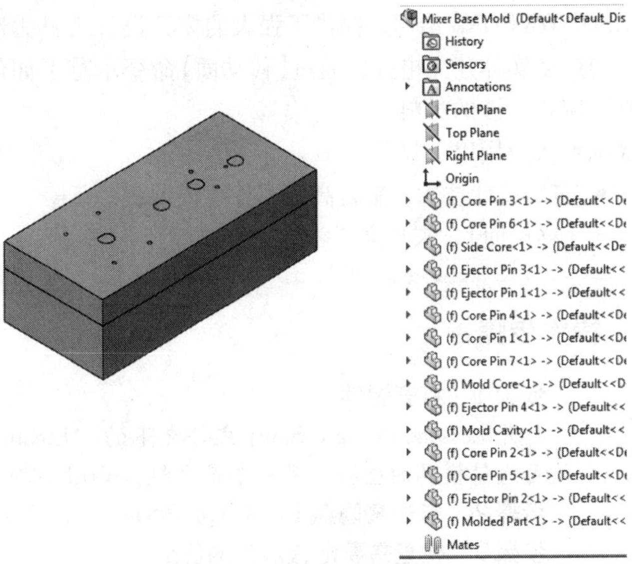

图 3-77　打开装配体

步骤 22　可选：创建爆炸视图并修改外观

创建一个爆炸视图，修改装配体中的外观以观察单个零件，如图 3-78 所示。

步骤 23　保存并关闭所有文件

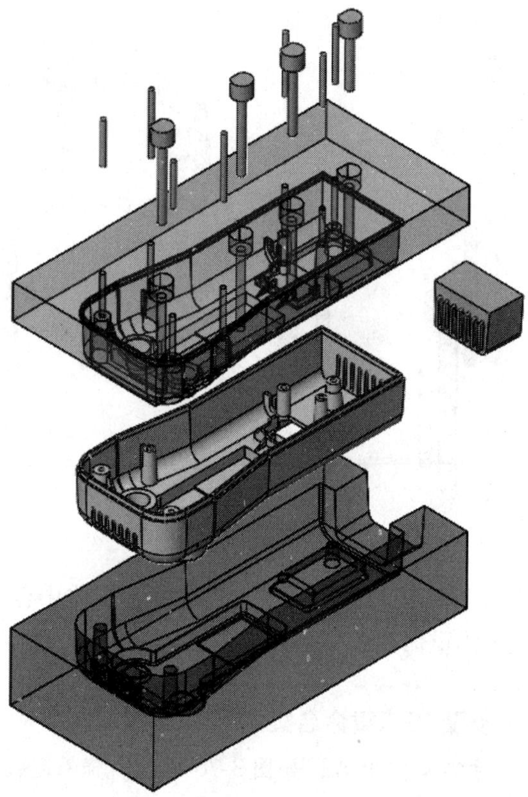

图 3-78　创建爆炸视图并修改外观

练习 3-3　电极设计

除了侧型心和杆，型心和型腔的制造也会要求考虑例如电极这样的外部模具。电极设计是模具设计和模具加工中另一个极具挑战的部分，电极用于去除模具加工过程中无法用类似于面铣刀和球头铣刀等刀具接触和加工到的地方。

SOLIDWROKS 给用户提供了强大的模具设计工具去制造精确和复杂的电极。这个实例练习示范了如何使用多实体建立电极，通过【移动面】命令示范了如何快速地移除电极上那些和无法正常加工到的模具区域相干涉的材料。

本次练习将应用以下技术：

- 多体设计技术，来自高级零件建模课程。
- 【移动面】，来自高级零件建模课程。

操作步骤

步骤 1　打开零件

打开 Lesson03 \ Case Study 文件夹下的"Electrode"文件。这个零件包含两个实体，一个是无线钻模具的型腔，另一个是电极，如图 3-79 所示。

步骤 2　单击隐藏 Electrode Body

步骤 3　检查需要电极加工的区域

面铣刀不能用于加工如图3-80所示的高亮边线，刀具是圆形的，而这些角落是尖锐的，电极加工是唯一能精确加工型腔中这些部分的方法。

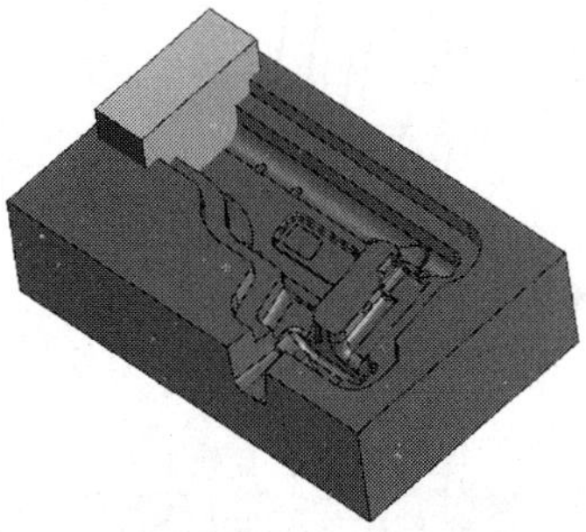

图3-79　零件“Electrode”

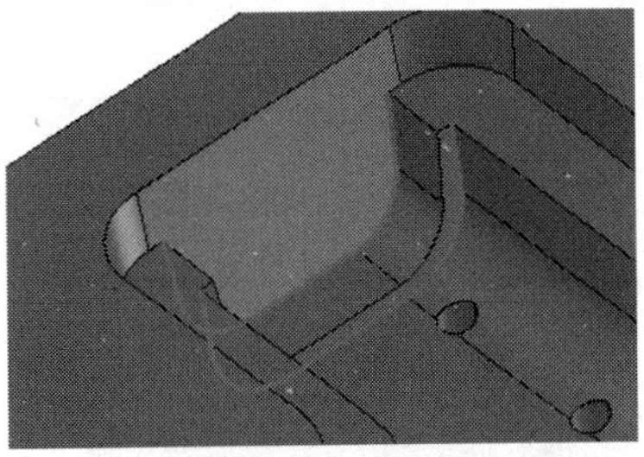

图3-80　电极加工的区域

步骤4　单击显示 Electrode Body

步骤5　复制一个型腔实体

为了匹配电极几何体和模具，将使用【移动/复制】命令复制一个型腔实体。

【组合】命令中的【删减】选项用于从电极块上减去复制的型腔几何体。这步操作会把复制的型腔实体从实体文件夹中移除，原始的型腔体将被用于呈现型腔和电极之间的放电间隙。

步骤6　从电极实体上删减复制的型腔实体

选择【插入】/【特征】/【组合】，【操作类型】选择【删减】。

选择“Electrode Body”作为主要实体，复制的型腔实体是要减除的实体。

单击【确定】✔，组合结果如图3-81所示。完成电极的设计还需要更多的操作，电极还需要对放电间隙进行建模。

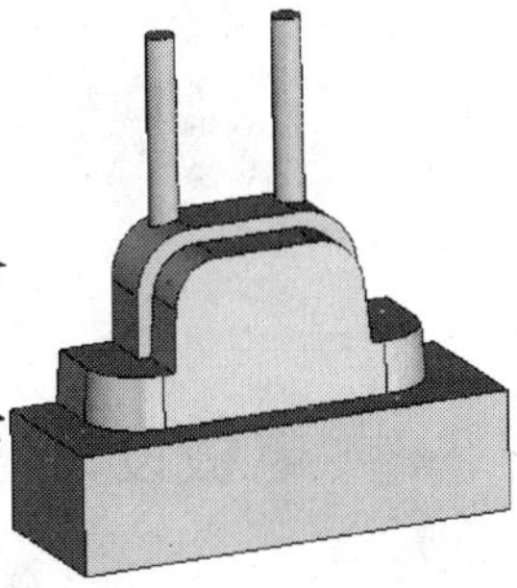

图3-81　组合结果

1.　电极放电间隙　现在电极形状已经从型腔中提取出来，电极上的一些区域需要被移除，其他的位于模具和电极之间的区域需要放电间隙。

图3-82所示的高亮面可以从电极上清除，换句话说，就是从电火花加工中移除这些区域的加工。这些面之所以可以清除，是因为不用电火花机也可以容易地加工型腔上相对应的区域。

2. 过烧　即使电极几何体是型腔的反面，从模具上析出电极面也需要进行偏置，偏置的原因是过烧。必须要考虑到过烧公差，因为电极和模具之间需要间隙来允许局部的高热。当电极进入金属材料进行电火花加工时，电火花切削液可以将燃烧后产生的金属冲走。电极和模具之间的间隙既能满足高热电极进入型腔，又能给清除金属切屑残渍留下空间。

3. 摇动　为了补偿偏置几何体，电极在需要加工的区域中摇动。摇动电极不仅可以帮助操作工人完成对钢铁的高度精密加工，而且摇动的范围越宽，钢铁上多余的部分就能越快地从模具中去除。

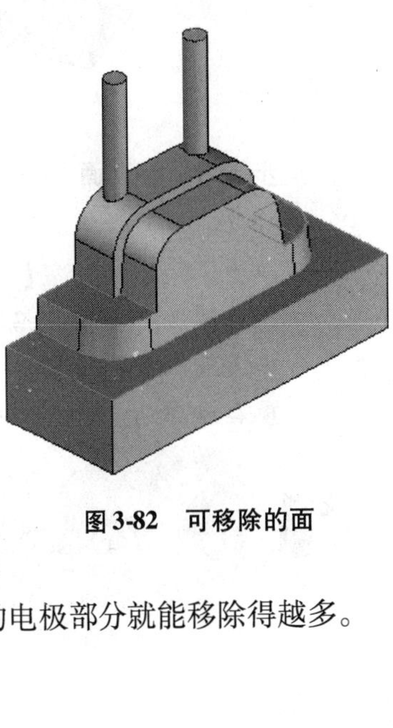

图3-82　可移除的面

图3-83所示为电极摇动的不同方法。当摇动得越大，与钢铁接触的电极部分就能移除得越多。

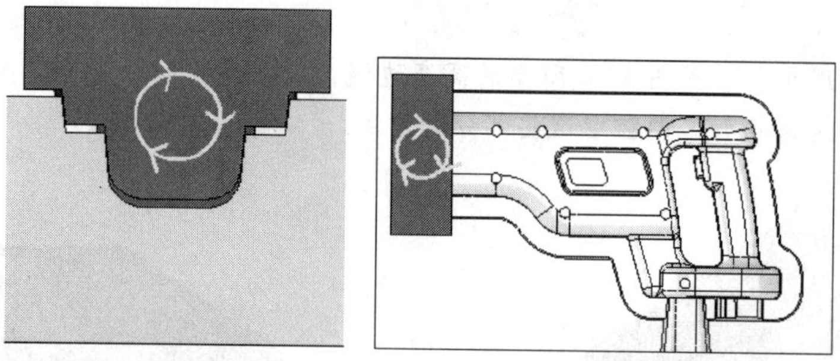

a) 在右视基准面上摇动　　b) 在上视基准面上摇动

图 3-83　电极摇动

技巧　偏置电极几何体既能在 CAD 模型上完成，也能在 CAM 系统中的刀具路径上通过偏置相同的数值完成。

【移动面】命令的作用是移动或者旋转模型面，它将用于将型腔中不需要电火花加工的面清除掉，临近的面将会自动延伸剪裁到移动之后面所在的新位置。

步骤 7　移除销

使用【删除面】命令移除构成销和销周围倒角的面。

使用【删除和修补】选项修复模型成为实体。

注意　总共有 6 个面被删除，包括两个小的长条面，如图 3-84 所示。

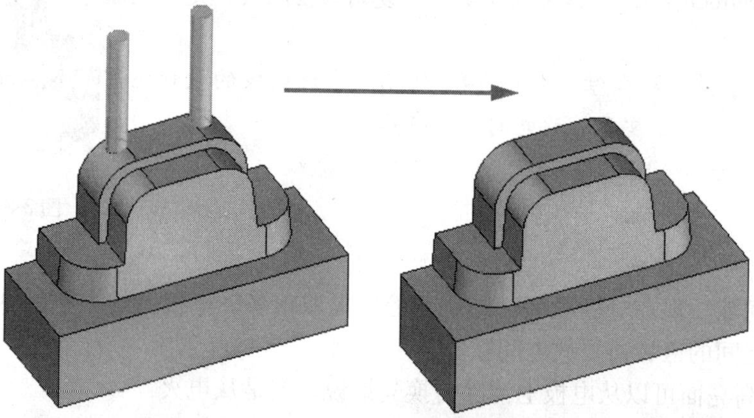

图 3-84　使用删除面命令移除面

步骤 8　移动面

选择下拉菜单中的【插入】/【面】/【移动面】命令。

单击【等距】，设置【距离】为 22mm。

选择图 3-85 所示的 3 个面，必要时反转方向。

步骤 9　检查相邻面

现在相邻面已经延伸和剪裁到了新的移动面位置，如图 3-86 所示。

提示　如果通过径直向下的拉伸切除命令，而不是通过延长有斜度的面清除电极上的面，在型腔的这些原始面的端线处会出现证示线，在电火花加工完成后这些证示线会在型腔上出现。

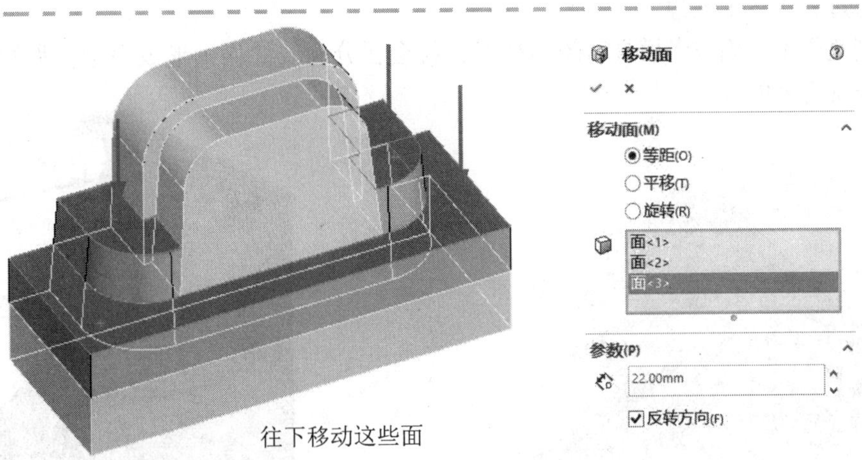

图 3-85　移动面

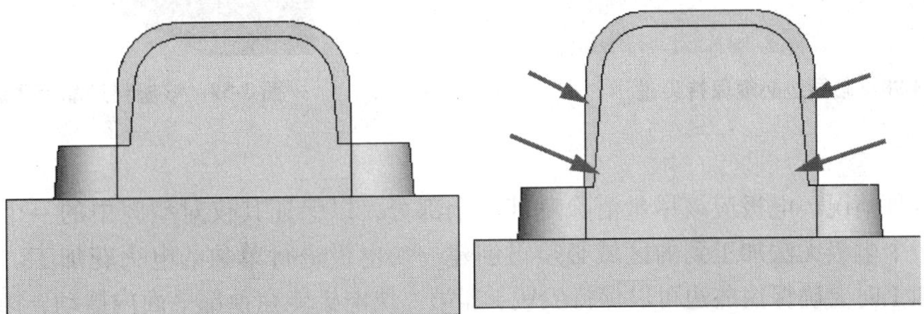

a) 移动前　　b) 移动后

图 3-86　移动面前后的比较

步骤 10　再移动两个面

单击【移动面】，单击【平移】，选择蓝色的两个面。设置【终止条件】为【到点】。对于参数，选择顶点和边，如图 3-87 所示。电极现在可以在连锁面平台外燃烧并且摇动。

再次显示型腔并检查电极间隙。

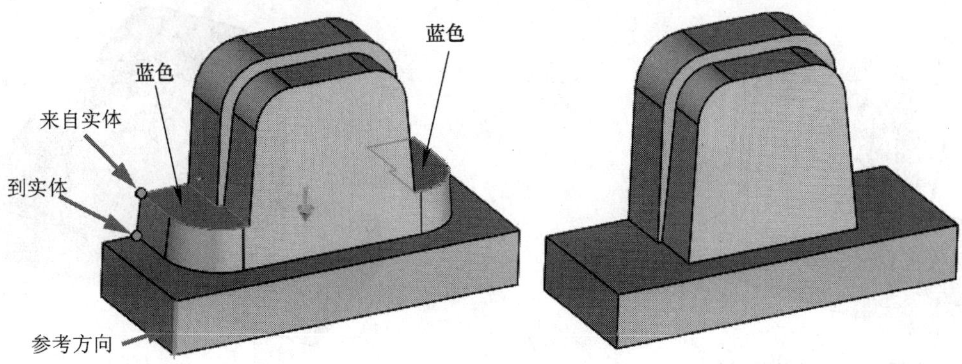

图 3-87　移动面

4. 保持尖锐边　另外，需要谨记的是模具上尖锐临界边位置的电极一定要保持尖锐，如图 3-88 所示。当前电极在型腔上燃烧得太多，这将会令一些尖锐临界边变钝甚至卷曲。如果电极在上视基准面中摇动，这些临界边将变成圆角或者钝边。

毛边　图 3-88 所示的高亮边是模具临界边，这些边需要保持尖锐的形状并且塑料制品中的这些边界可能会在注射过程中产生毛边。

当尖锐边创建得不正确或者模具密闭不严时，就会在分型线的周围形成毛边，如图 3-89 所示，这对塑料制品是非常有害的。

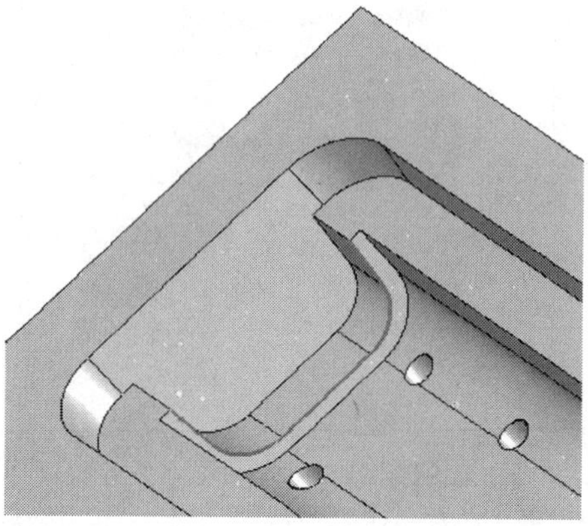

图 3-88　临界边必须保持尖锐

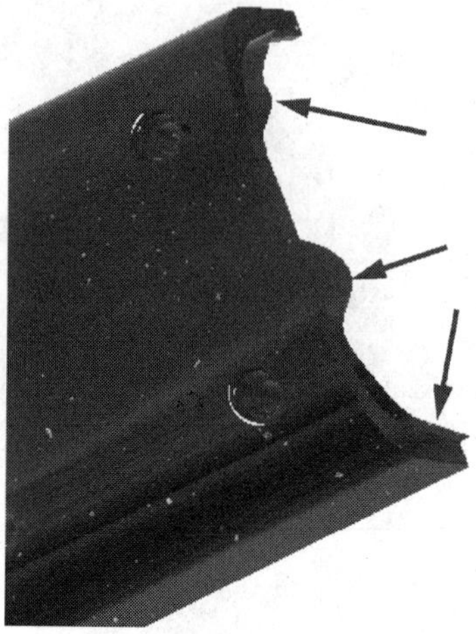

图 3-89　该塑料产品有飞边

为了避免这种情况，电极应该尽量清除背部多余部分，以保证其仅对型腔中的一个区域进行电火花加工。通过一个电极无法加工到的区域必须再创建一块电极进行单独的电火花加工。单独对这些区域进行电火花加工时要确保这些边可以保持尖锐，即第一块电极能在顶部平面内摇动，第二块电极能在侧面平面内摇动。

步骤 11　清除电极背部多余部分

在背部面上创建一个新草图，并将轮廓边转换为实体引用。拉伸一个切除实体，终止条件为【成型到一面】，注意拉伸方向，如图 3-90 所示。

步骤 12　检查完成的电极

现在电极可以用于加工型腔中的相应区域了，临界边位置将保持尖锐，如图 3-91 所示。

步骤 13　保存和关闭所有文件

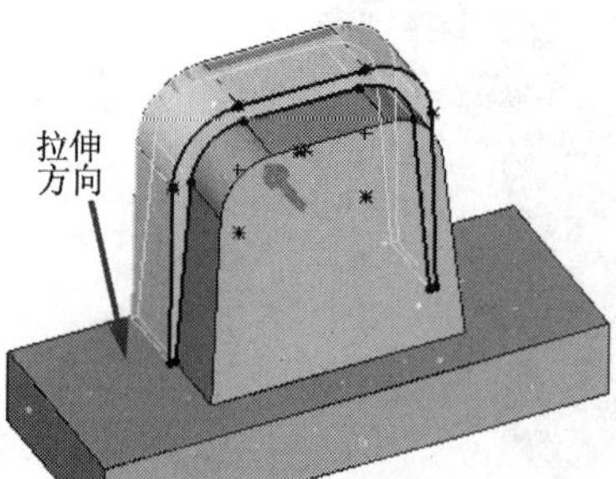

图 3-90　拉伸切除

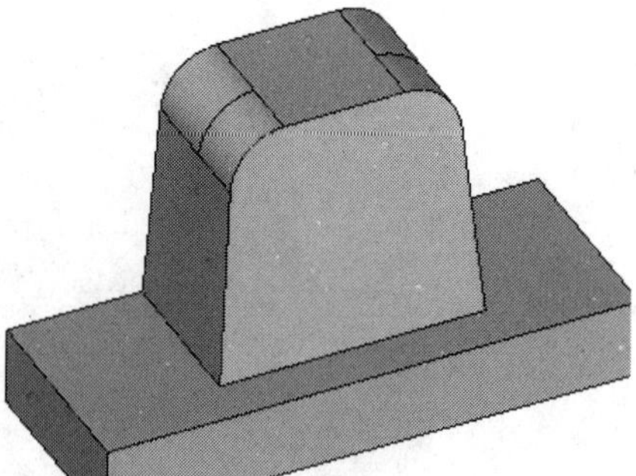

图 3-91　完成的电极

第 4 章　高级分型线选项

学习目标

- 理解可用的分型线特征选项
- 使用分型线命令切割跨立面
- 在分型线命令中使用切割实体选项
- 使用分型线命令切割一个实体

4.1　实例练习：手动分型线

如图 4-1 和图 4-2 所示，这个简化的模具零件有几个具有挑战的问题，分型线命令无法自动做出合适的选择，因为在想要的分型线位置不存在边。因此，将会使用一些高级分型线选项创建合适的边并且手动选择。

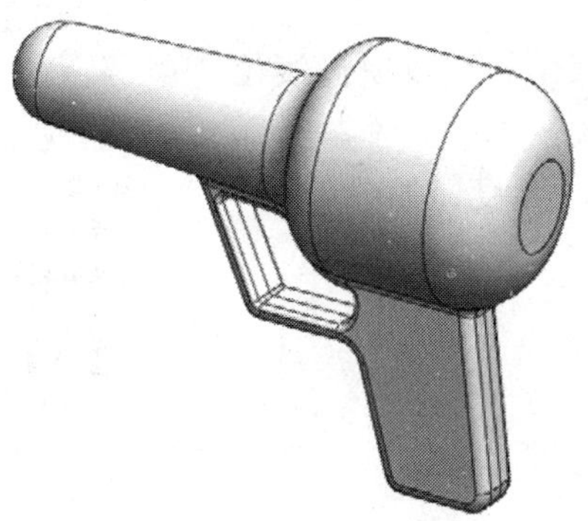

图 4-1　现有的零件

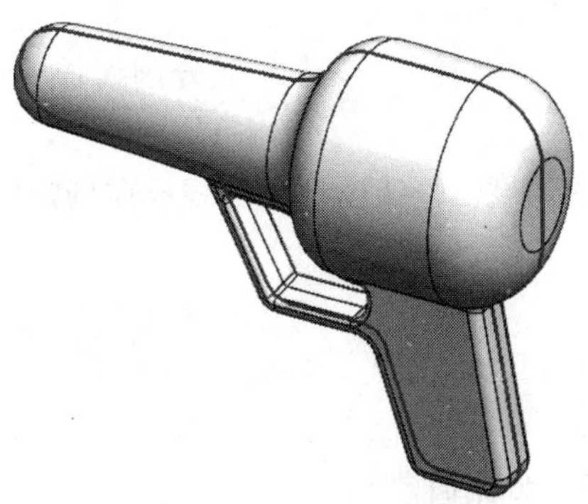

图 4-2　想要的分型线

操作步骤

步骤 1　打开零件

在 Lesson04 \ Case Study 文件夹中打开“Manual Parting Line”。

步骤 2　关于坐标原点缩放

单击【比例缩放】，比例缩放点选择原点，缩放因子为 1.05。

提示：使用关于原点而不是重心缩放，是为了保持原点和模型右面之间的联系。也可以手动预定义一个位置以代替模型中的坐标系，让模型关于这个位置进行缩放。

步骤 3　默认分型线

单击【分型线】，尝试使用前视基准面创建分型线，拔模角度为 1°。

原始状态下生成的分型线会在扳机位置，如图 4-3 所示。同时可以发现模型上有许多跨立面。

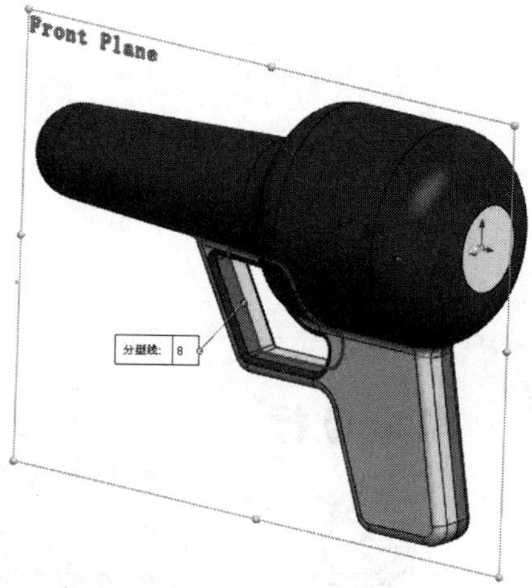

图 4-3　默认分型线

4.1.1　使用分割面

分型线中的【分割面】选项用来自动切割跨立面。跨立面是那些“跨过”了想要的分型线区域的面。分割这些面会产生新的边，这些边就能被选中以创建分型线。

提示　【分割面】产生的结果与【分割线】特征类似。

跨立面的分割方式有两种：

1）于 +/-/拔模过渡。该选项把分割线放在正拔模和负拔模过渡位置。

2）于指定的角度。该选项把分割线放在指定的拔模角度，如图 4-4 所示。

图 4-4　分割选项

步骤 4　分割面

选【分割面】、【于 +/-/拔模过渡】。

跨立面现在已经分割并且有了可以选中的边。但是模型两端的平面并没有切割。这些区域需要使用【要分割的实体】选项进行切割，如图 4-5 所示。

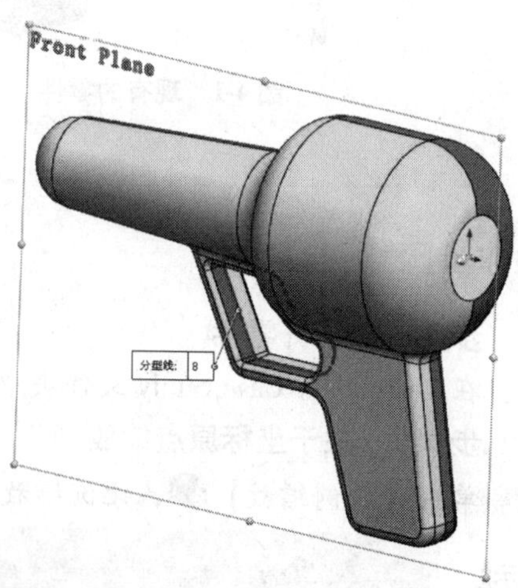

图 4-5　分割面

4.1.2　要分割的实体

分型线命令中的【要分割的实体】区域用来手动定义一个跨立面的切割线。这个选项可以用来切割跨越分型线的平面。因为这些面没有角度，从正拔模到负拔模没有过渡，【分割面】选项无法自动定义这种切割线。为了定义用于【分割面】的分割线，可以选择顶点或者已有的部分草图。

步骤 5　分割面

单击【要分割的实体】区域，使之激活。选择如图 4-6 所示的两个顶点，一条分割线就创建好了。

步骤 6　重复操作

通过选择小端面的两个顶点，对零件另一端重复相同的步骤，如图 4-7 所示。

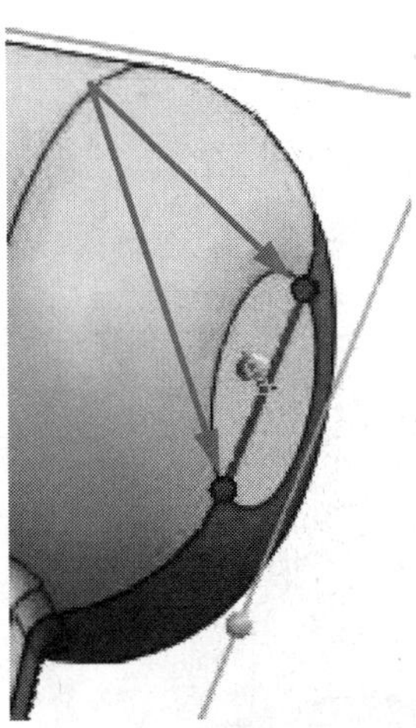

图 4-6　分割面

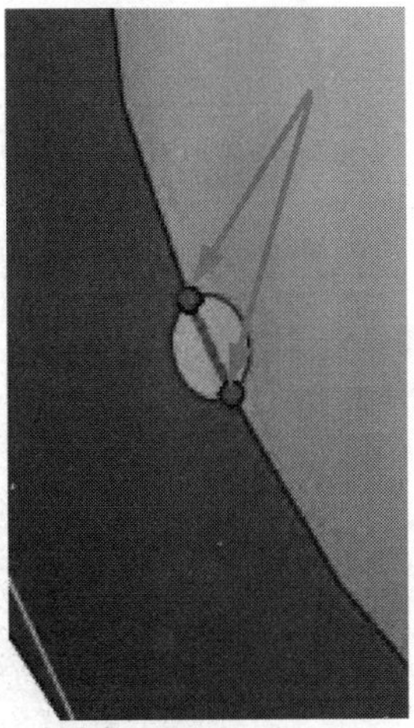

图 4-7　分割线

现在有了所有用来定义分型线的边。

步骤 7　清除选择

右键单击分型线的选择框，单击【消除选择】。

步骤 8　选择边

选择分型线的一条边，然后单击【扩展】。

分型线不会一直环绕扩展到整个零件，而是会在我们手动分割面的位置停下来。使用手动选择技术来选择环绕整个零件的边，如图 4-8 所示。单击【确定】✔。

步骤 9　创建一个关闭曲面

在扳机开口处定义一个【关闭曲面】。在分型线上手动选择环形边，如图 4-9 所示。信息栏会显示“模具可分割为型心和型腔。”

步骤 10　创建一个分型面

创建一个扩展 150mm 的【分型面】。

步骤 11　切削分割草图

在分型面上创建模具切削分割草图。模具块的轮廓为 300mm × 230mm，如图 4-10 所示。

步骤 12　切削分割

使用【切削分割】创建一个 75mm × 75mm 的模具块，如图 4-11 所示。

步骤 13　保存并关闭文件

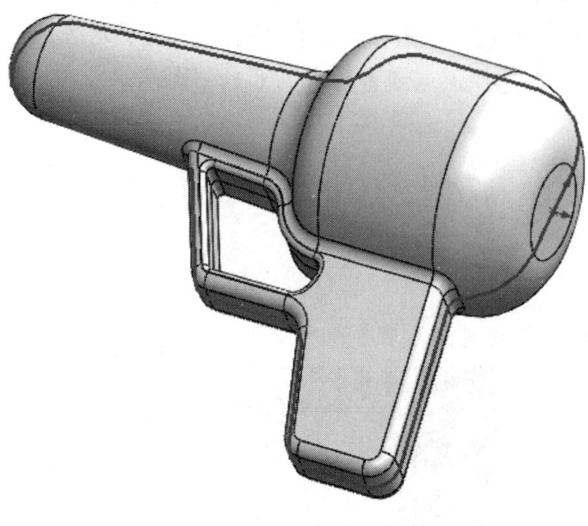

图 4-8　选择边

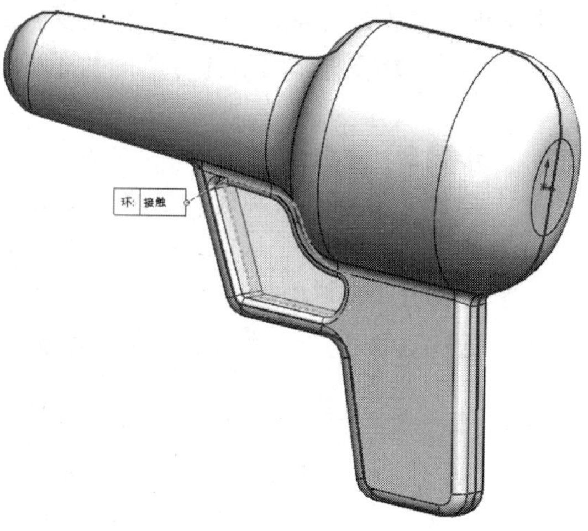

图 4-9　创建一个关闭曲面

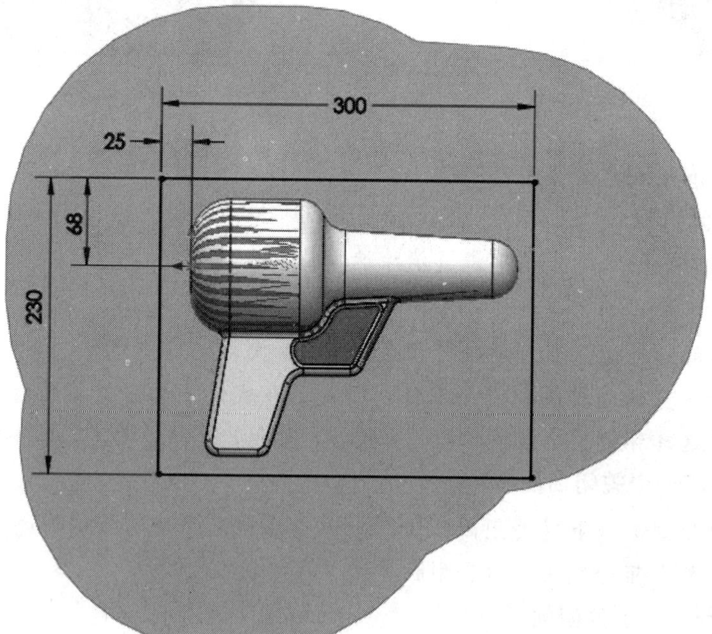

图 4-10　切削分割草图

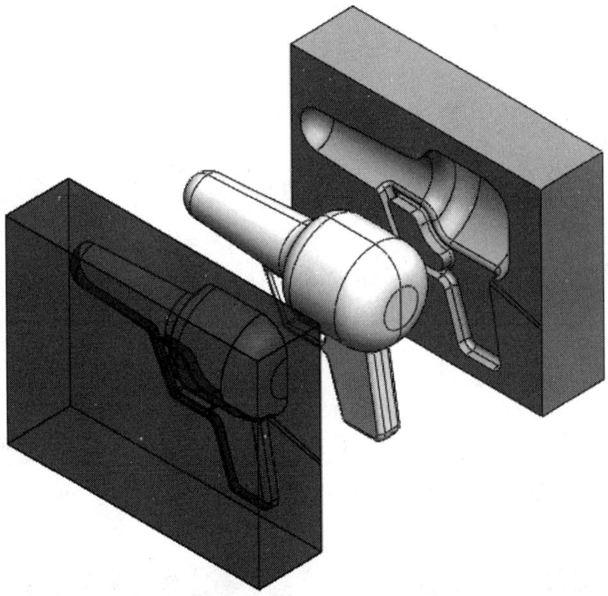

图 4-11　切削分割

4.2　实例练习：分割零件

【分型线】命令可用于创建分型线以外的操作。它是一个很有价值的工具，可以用来查找合适的位置，从而将一个零件切割成多个实体。

在这个实例中，将使用主零件技术创建一个手机支架，整个装配体创建在一个单一零件中，它没有能将零件分割为两个实体的边线。所以，将使用【分型线】命令来确定分割模型的最佳位置，如图 4-12 所示。

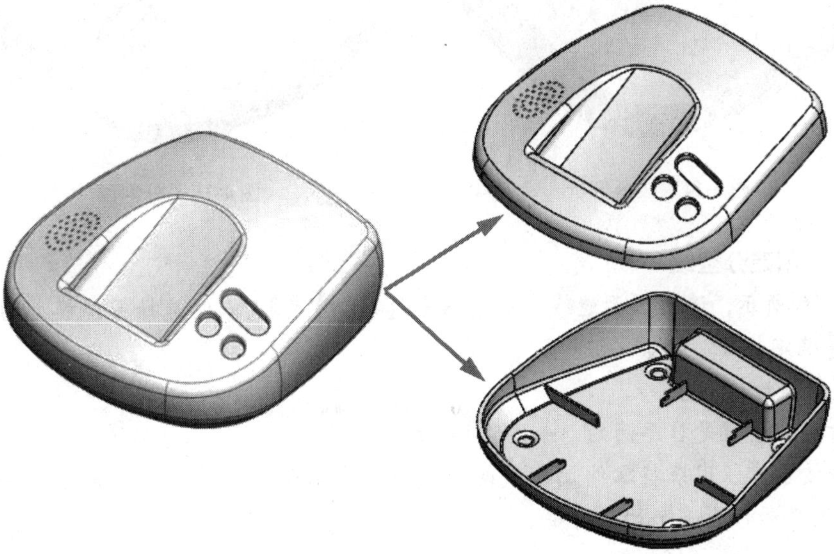

图 4-12　分割零件

操作步骤

步骤 1　打开零件

打开 Lesson04 \ Case Study 文件夹下的“Phone Cradle”零件。

这是个简单的实体。需要把这个实体分割为上下两部分，才能将这个设计制造出来。分割线将会落在高亮面的某个位置，如图 4-13 所示。

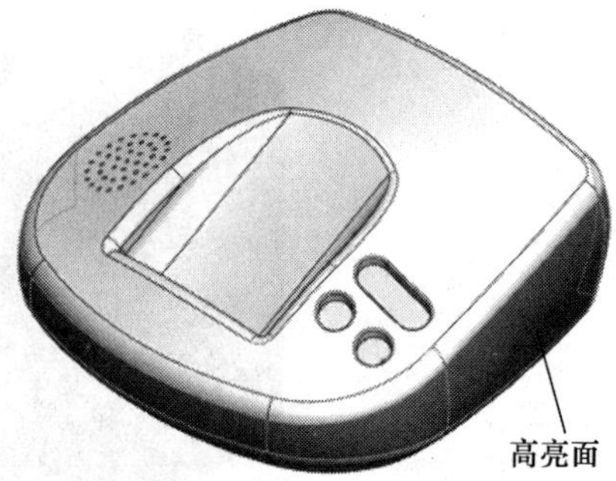

图 4-13　高亮面

步骤 2　分型线

单击【分型线】，【拔模方向】选择 Top Plane，【拔模角度】为 1.00°。不勾选【用于型心/型腔分割】复选框。

提示　这个分型线不是用于模具分割，而是单独用于分割零件，因此不需要勾选【用于型心/型腔分割】复选框。

单击【拔模分析】。

可以看到，整个侧面都是跨立面，因为这里没有边线且所有面都包含正拔模和负拔模，如图 4-14 所示。

步骤 3　分割面

选择【分割面】和【于 +/－拔模过渡】选项，此时，跨立面被分为正拔模和负拔模两块，如图 4-15 所示。

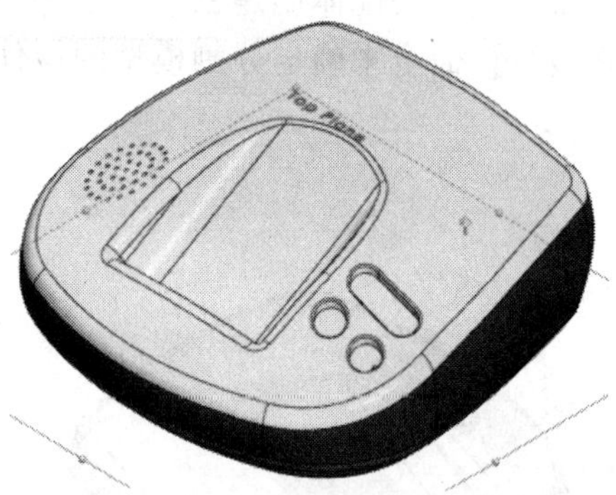

图 4-14　拔模分析

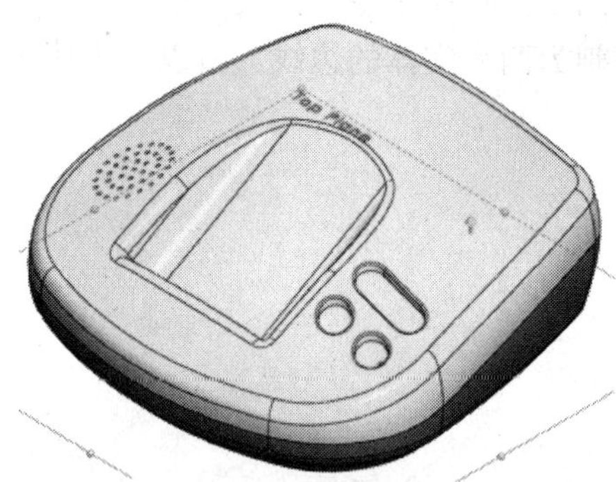

图 4-15　分割面

步骤 4　创建分型线

如图 4-16 所示，选择图示边线，然后单击【延伸】，以便选择围绕模型的边线。

单击【确定】✔。

步骤 5　检查分型线

可以看见分型线是非平面的，如图 4-17 所示。

有几种技术可以用来将零件切割成两个实体。在本例中，将从分型线创建一个【直纹面】，利用这个面作为一个切割特征。

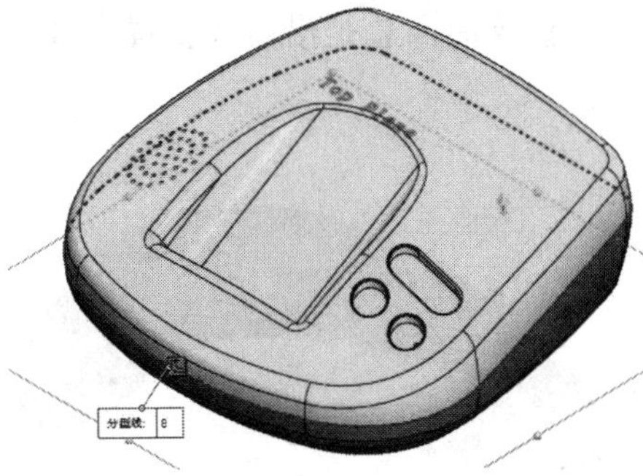

图 4-16　分型线

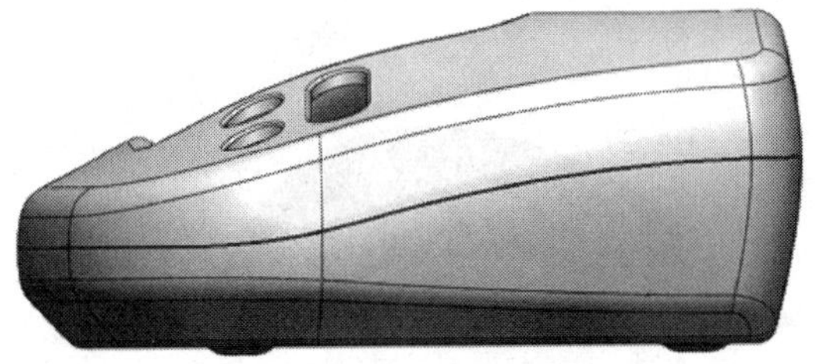

图 4-17　检查分型线

创建直纹曲面　直纹曲面在模具制造中应用广泛，可用于模型修复、关闭曲面和分型面。

【直纹曲面】命令用于在所选边上创建一个曲面。使用该命令的几个选项，直纹曲面会和现有的几何体相关联。

通常情况下，直纹曲面可看作无数个曲面上相对的点。对 SOLIDWORKS 而言，一条边线由现有曲面或实体定义，另一条边线由系统基于用户选择而得到，如图 4-18 所示。

可以认为一个直纹曲面是沿一条边线或一系列连续或不连续的边线滑动一个尺子或一条直边而形成的。尺子的方向由下面的一种方法定义：

1. 相切于曲面　直纹曲面相切于选择的边所在的曲面。【交替面】选项可以用来选择决定哪个面和曲面相切，如图 4-19 所示。

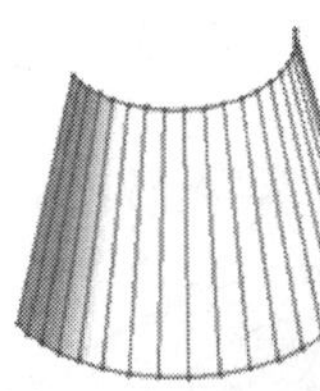

图 4-18　直纹曲面

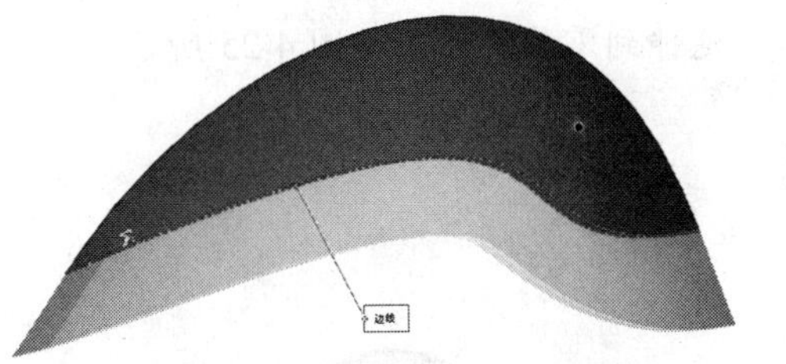

图 4-19　相切于曲面

2. 正交于曲面　直纹曲面在选择的边所在曲面的法向方向。【下一个面】选项用来选择确定哪个面是曲面的法向方向，如图 4-20 所示。

3. 锥削到向量　直纹曲面和一个向量之间有一个指定的角度。【交替面】选项用来选择锥削应用在哪个方向，如图 4-21 所示。

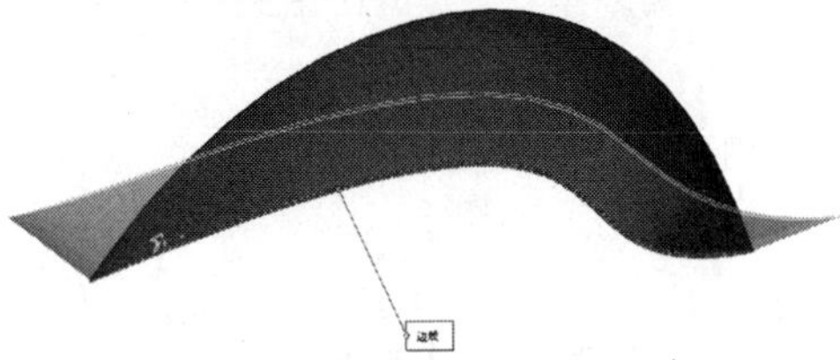

图 4-20　正交于曲面

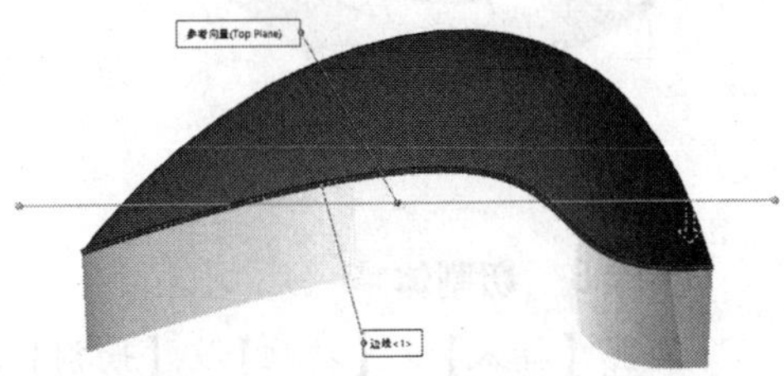

图 4-21　锥削到向量

4. 垂直于向量　直纹曲面垂直于一个指定的向量。【交替面】选项用来选择确定曲面创建的方向，如图 4-22 所示。

5. 扫描　使用选择的边沿着一条路径形成扫描曲面。这个直纹曲面总是沿着边扫描，如图 4-23 所示。

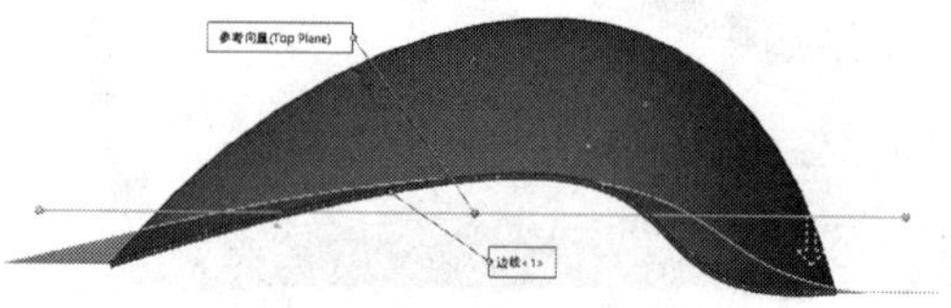

图 4-22　垂直于向量

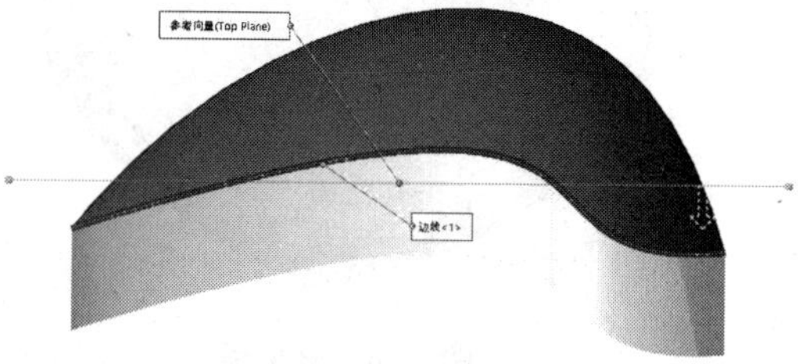

图 4-23　扫描

知识卡片	直纹曲面	CommandManager：【模具工具】/【直纹曲面】。菜单：【插入】/【模具】/【直纹曲面】。

步骤 6　隐藏分型线

隐藏 Parting Line1，就可以看到切割生成的边，如图 4-24 所示。

步骤 7　创建直纹曲面

单击【直纹曲面】。类型选择【垂直于向量】，距离设置为 10mm。【参考向量】选择 Top Plane。右键单击一条切割线，选择【相切】。单击【反转方向】，这样曲面就会延伸到零件内部，如图 4-25 所示。

单击【确定】✔。

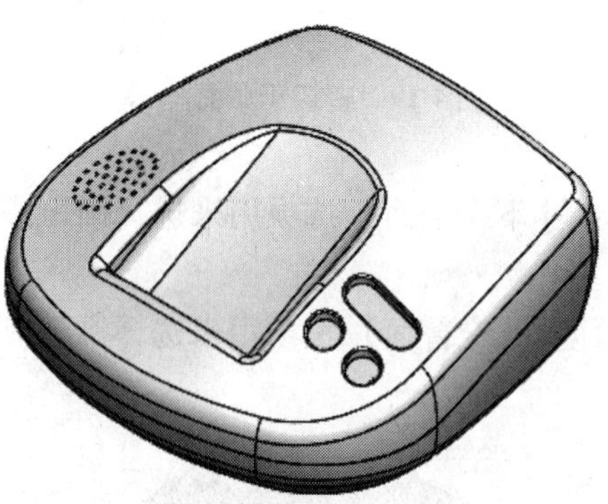

图 4-24　隐藏分型线

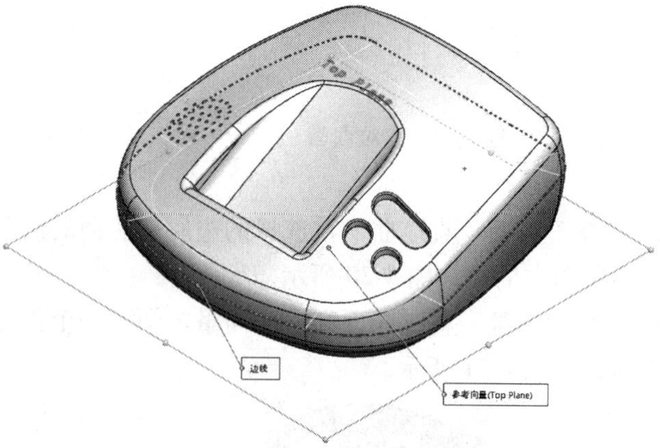

图 4-25　创建直纹曲面

步骤 8　切割体

单击【插入】/【特征】/【切割】。使用直纹曲面 1 将实体切割成两部分。

步骤 9　检查结果

现在有了两个可以保存为单独零件的实体，如图 4-26 和图 4-27 所示。

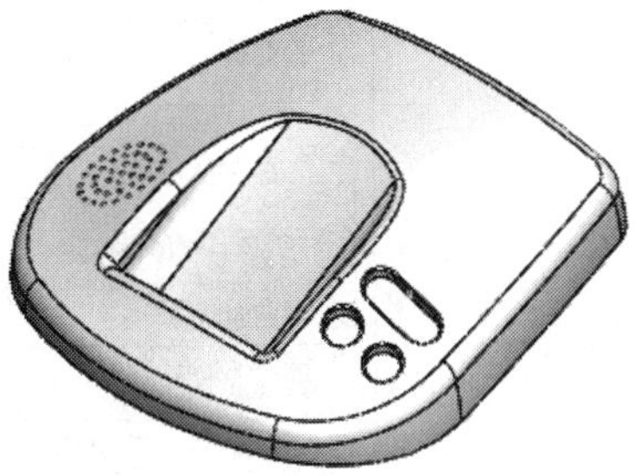

图 4-26 上半部

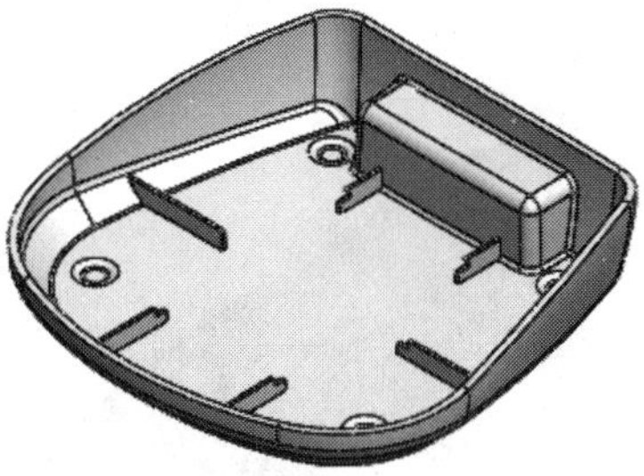

图 4-27 下半部

步骤 10 保存并关闭文件

练习 削皮器

使用【分型线】命令创建削皮器（图 4-28）分型线的边。

本练习将应用以下技术：

- 使用分割面。
- 使用实体分割。
- 手动选择技术。

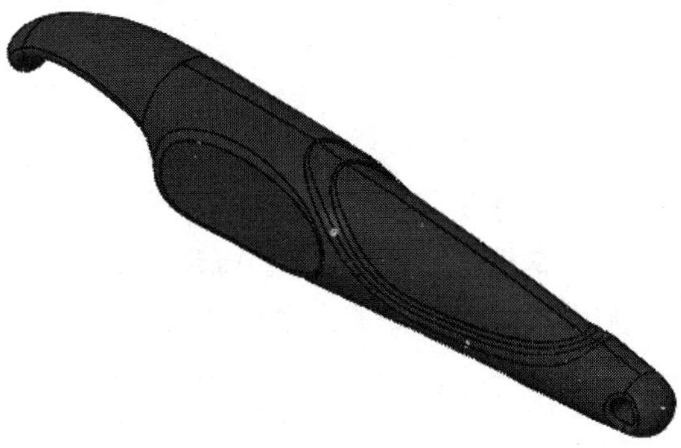

图 4-28 削皮器

操作步骤

步骤 1 打开零件

打开 Lesson04 \ Exercises 文件夹下“Peeler”文件。

步骤 2 关于原点缩放

单击【比例缩放】，关于原点缩放，缩放因子设为 1.02。

步骤 3 创建分型线

单击【分型线】，尝试基于 Front Plane 创建一条分型线，拔模角度为 1°。

自动选择工具无法找到分型线的边。跨立面需要分割以产生所需要的边，如图 4-29 所示。

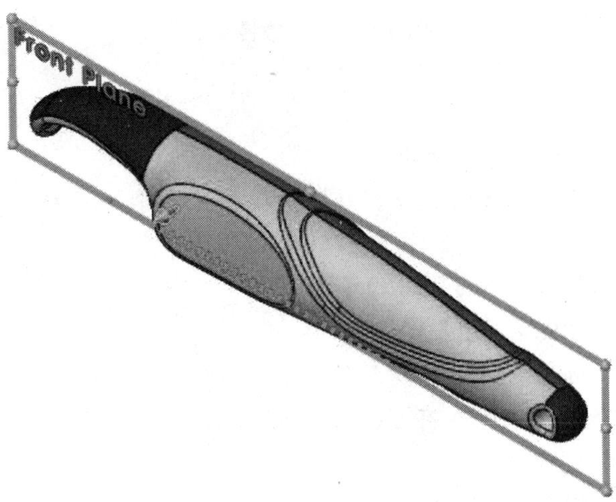

图 4-29 创建分型线

步骤 4 分割面

勾选【分割面】、【于 +/- 拔模过渡】复选框。现在跨立面已分割，有了可以选择的边，如图 4-30 所示。

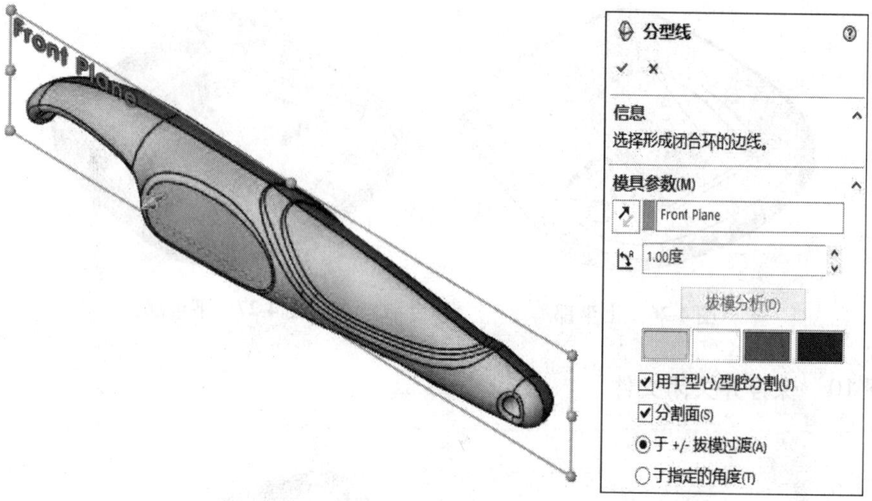

图 4-30 分割面

步骤 5 评估分型线

在模型的下侧，有些面被归类为需要拔模。因为在正拔模和负拔模之间没有过渡，它们无法被自动分割。对于这些面，需要使用【分割实体】功能，如图 4-31 和图 4-32 所示。

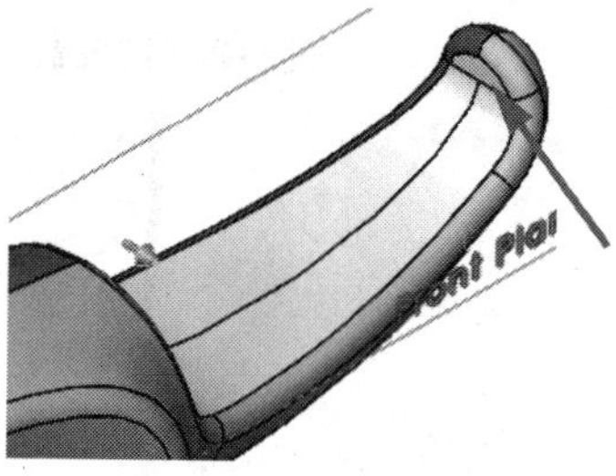

图 4-31 需要拔模

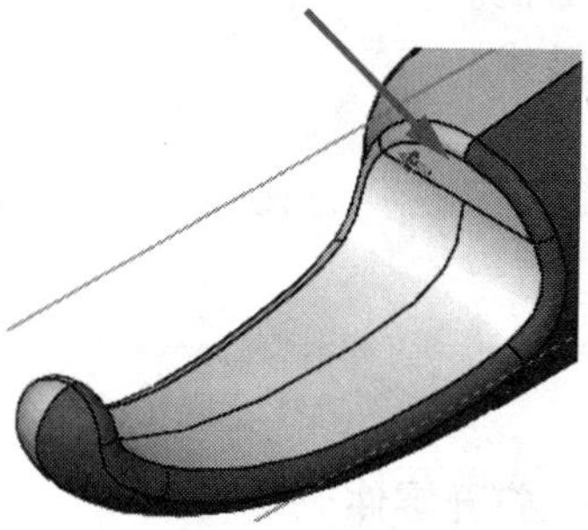

图 4-32 需要拔模

步骤 6 分割面

单击【分割实体】框激活选项。选择如图 4-33 所示两个顶点。一条分割线就会创建出来，并且生成的线会加入分型线的边。

步骤 7 重复操作

选择如图 4-34 所示的两个点，对另一个面重复这个步骤。现在有了定义分型线的所需要的所有边。

步骤 8 选择边

勾选【分型边】复选框，使用手动选择技术选择分型线的边，如图 4-35 所示。PropertyManager 信息显示已经选择了一个环，单击【确定】✔。

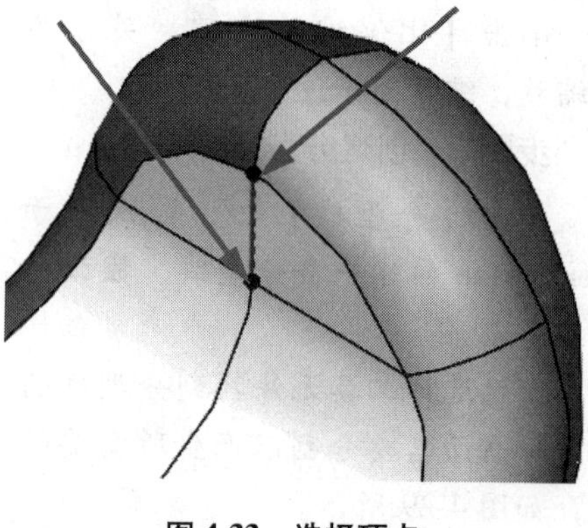

图 4-33 选择顶点

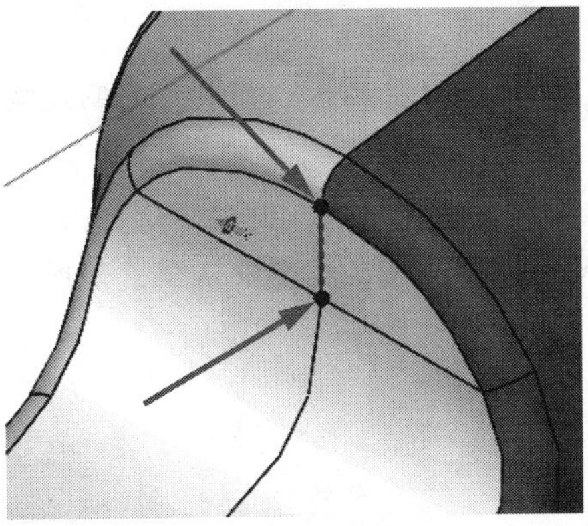

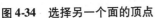

图 4-34　选择另一个面的顶点

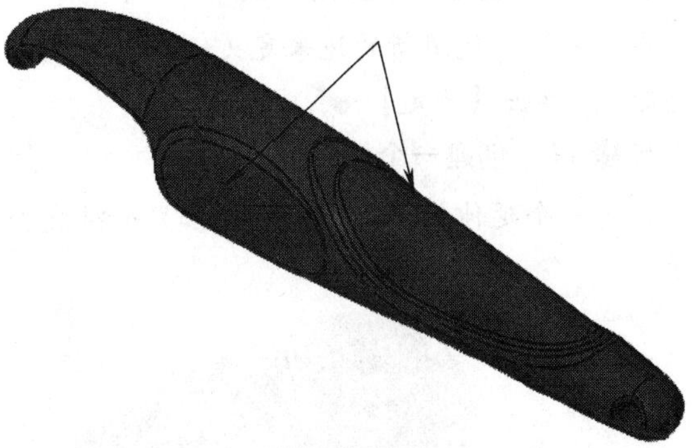

图 4-35　选择边

1. 分型线功能的条件　在特定的条件下，分型线功能可以很好地分割面。特别地，只要分割的面符合以下任意准则，就可以使用分型线功能。

- 面跨越分型线，并且已经检测拔模。
- 为了合理地切割面，有可用的顶点以供选择。
- 为了合理地切割面，有可用的草图实体以供选择。

有时候以上条件都不符合，或者分型线切割出不理想的结果。当这种情况发生时，在使用分型线命令前，可以使用【切割线】特征来创建所需的边。

2. 使用分割线　除了为分割分型线功能提供备选，【切割线】特征能为任何要求创建额外的边。在 Peeler 模型中，零件背后的孔要求一个关闭曲面，但是两半模具之间没有边能够选择以形成合适的边界。为了生成需要的边，需创建一条分割线。

步骤 9　创建分割线

单击【分割线】，分割类型选择【交叉点】。【分割实体/面/基准面】，选择 Front Plane，如图 4-36 所示。【要分割的面/实体】，选择如图 4-37 所示的孔面。单击【确定】✔。

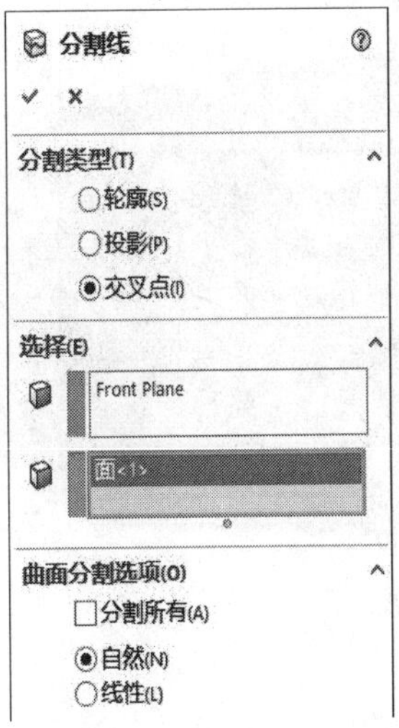

图 4-36　创建分割线

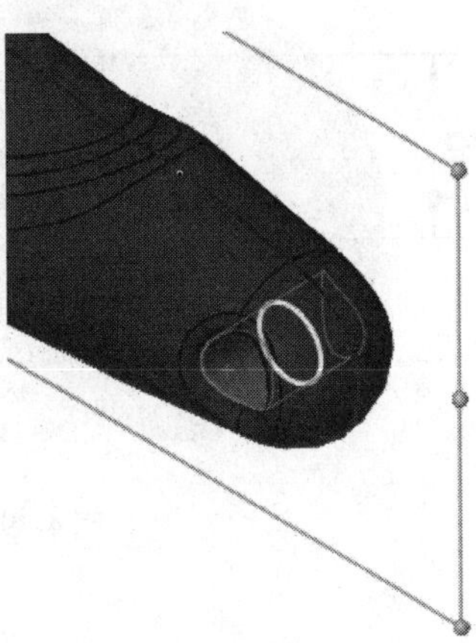

图 4-37　选择孔面

步骤 10　创建一个关闭曲面

在开孔中，使用新的边来定义一个【关闭曲面】。信心栏显示“模具可分割成型心和型腔”，单击【确定】。

步骤 11　创建一个分型面

创建一个延伸 50mm 的分型面，平滑类型选择【平滑】，接受默认值，如图 4-38 所示。

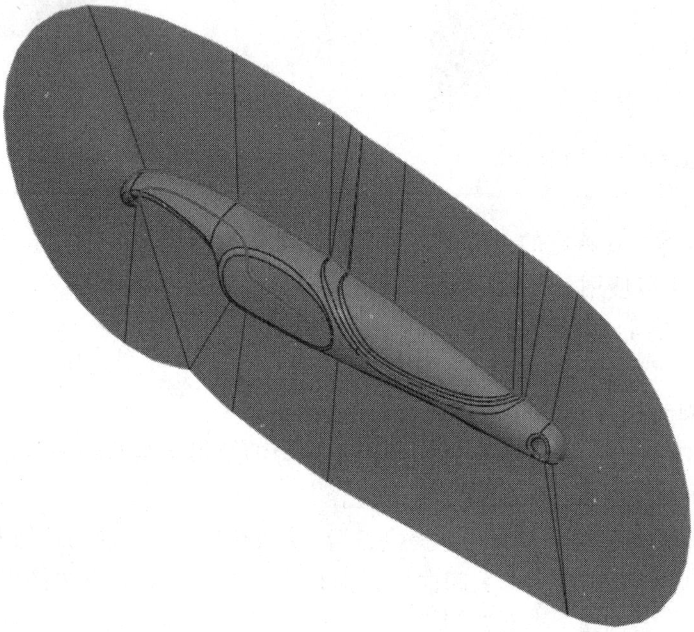

图 4-38　创建一个分型面

步骤 12　切削分割草图

在 Front Plane 面上创建如图 4-39 所示的切削分割草图。

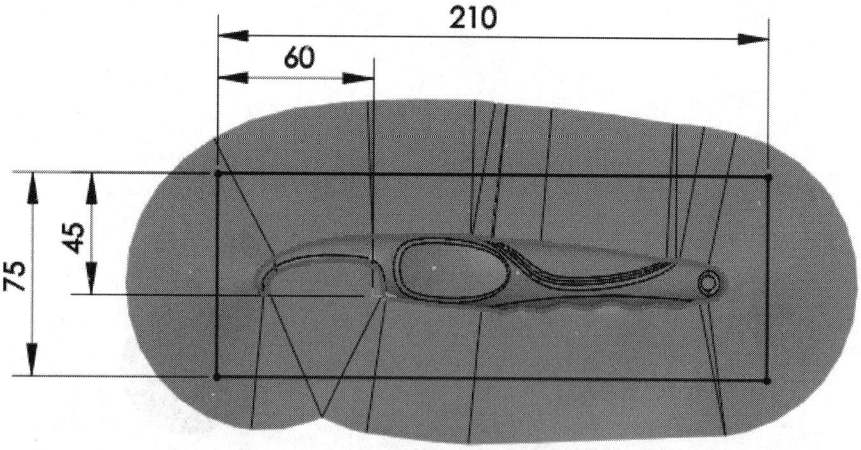

图 4-39　切削分割草图

步骤 13　切削分割

使用【切削分割】创建一个 40mm ×40mm 的块体，如图 4-40 所示。

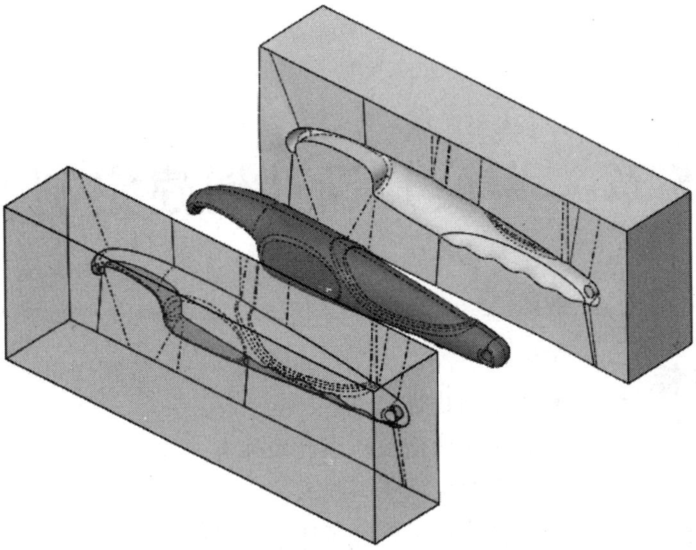

图 4-40　切削分割

步骤 14　保存并关闭文件

第 5 章　为模具设计创建定制曲面

学习目标

- 手动创建连锁曲面
- 将定制曲面放入模具文件夹
- 使用分型面手工模式
- 使用曲面建模特征修改分型面
- 创建和管理定制曲面

5.1　模具设计中的曲面建模

与零件设计者和工程师相比，模具设计者对曲面有着不同的理解。零件设计者可能利用曲面来创建实体建模无法完成的美学形体或复杂曲面。模具制造过程中，曲面有两种用途：修复输入的几何体和创建模具型腔曲面与分型面。

SOLIDWORKS 模具工具会尽可能地创建多种曲面。然而有时候，自动工具也需要手动创建曲面来协助获得一个满意的结果。

图 5-1　多型腔模具

模具设计中有些需要用到曲面建模的例子：

- 输入的零件有丢失的或瑕疵的面。
- 带有圆角的零件需要拔模。
- 一条复杂的分型线无法产生让人满意的分型面。
- 一个复杂的分型面无法产生连锁曲面。
- 关闭曲面太复杂。
- 多型腔模具，如图 5-1 所示。

当要求定制曲面时，它们需要正确地放置到模具文件夹中，这样才能被切削分割识别。

在本章中，有些例子需要手动创建连锁曲面、分型面和关闭曲面，接下来将会介绍如何安排定制曲面，以便在切削分割特征中使用它们。

5.2　实例练习：无线电钻塑料外壳

在本例中，将会创建一个无线电钻的塑料框的模具。因为零件的分型线和曲面很复杂，所以无法自动创建理想的连锁曲面，需要手动创建。另外，也要创建切割模具块的分型面，如图 5-2 所示。

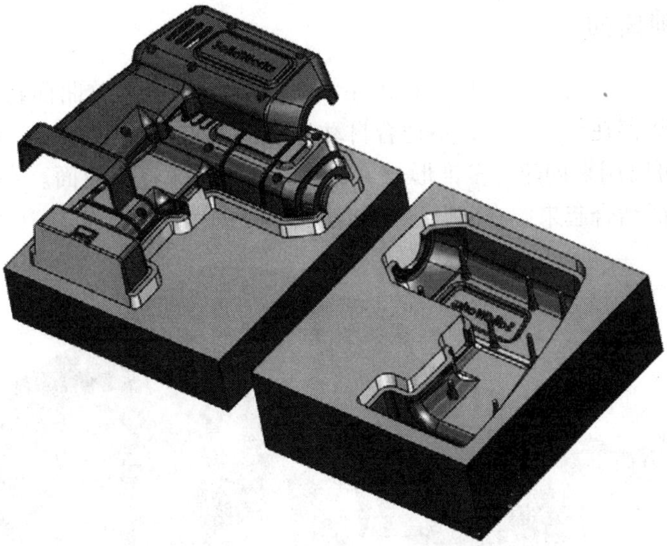

图5-2 无线电钻的塑料框模具

操作步骤

步骤1 打开零件

在 Lesson05 \ Case Study 文件夹中打开“Drill Bezel”零件，它已经包含切削分割所需要的所有特征，如图5-3所示。

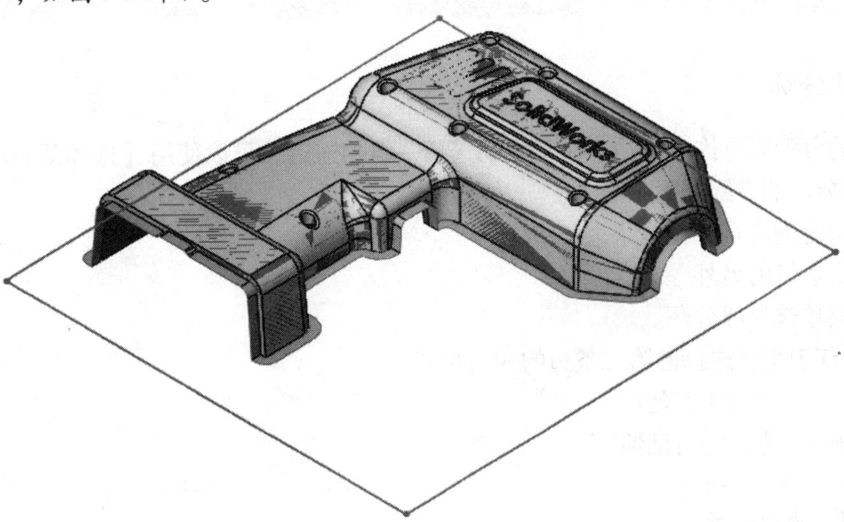

图5-3 打开 Drill Bezel 零件

步骤2 切削分割

单击【切削分割】，选择 Tooling Spit Sketch，设置模具块尺寸为 75mm×50mm。勾选【连锁曲面】复选框，设置【角度】为5°。单击【确定】✔。

步骤3 重建模型错误

一条错误信息提示“生成连锁曲面失败”，单击【取消】✕。

5.2.1 手动创建连锁曲面

自动生成的连锁曲面是从已有的分型面延展生成的，类似一个直纹曲面特征。当分型面的方向突然改变时，这些曲面之间存在相互干涉，不适合自动生成连锁曲面。

【直纹曲面】命令可以用来创建许多锥形、带状的曲面以形成连锁曲面。在本例中，将直纹曲面和其他的例如放样曲面特征结合起来，在问题区域创建曲面，如图 5-4 所示。

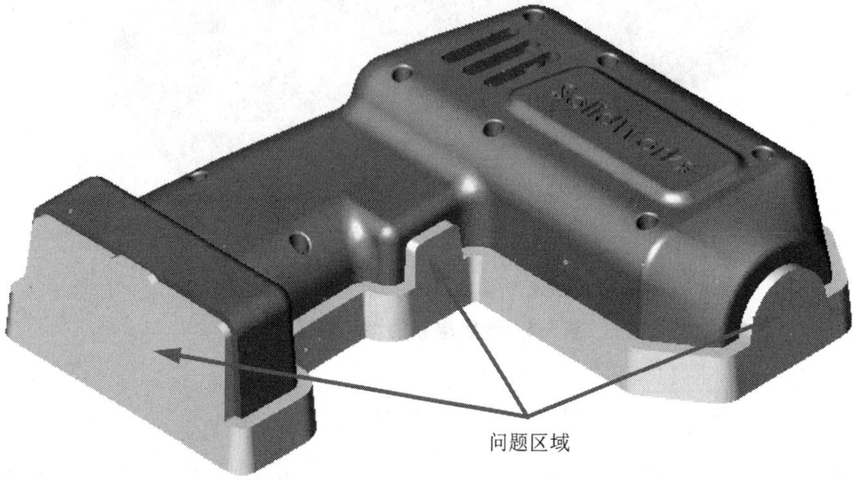

图 5-4 问题区域

技巧 为了在 CommandManager 中获取全部的曲面建模工具，右键单击一个可用的选项卡，在列表中打开【曲面】选项卡。

5.2.2 选择部分环

Drill Bezel 的分型面有许多条边。为了协助选择一组相连边，可以使用【选择部分环】工具。

选择一个部分环的步骤如下：

1）在一个边链的尾端选择一条边。

2）右键单击边链的另外一端。

3）在快捷菜单选择部分环。

链的方向是基于用户选择的第二条边的相对位置。

- 中点左侧——边链向左延伸。
- 中点右侧——边链向右延伸。

步骤 4 直纹曲面

单击【直纹曲面】，选择【锥削到向量】，设置【距离】为 16mm，【参考向量】选择 Top Plane，设置【角度】为 5°。

步骤 5 选择一些边线作为部分环

激活【边线选择】框。选择分型面的第一条边，如图 5-5 所示。在第二条边上单击右键，单击位置在距离第一条选中边最近的端点附近。

技巧 为了便于选择小边，可以激活【放大选择】工具，这个工具可以通过快捷键“g”切换。

在快捷菜单中单击【选择部分环】，如图 5-6 所示。

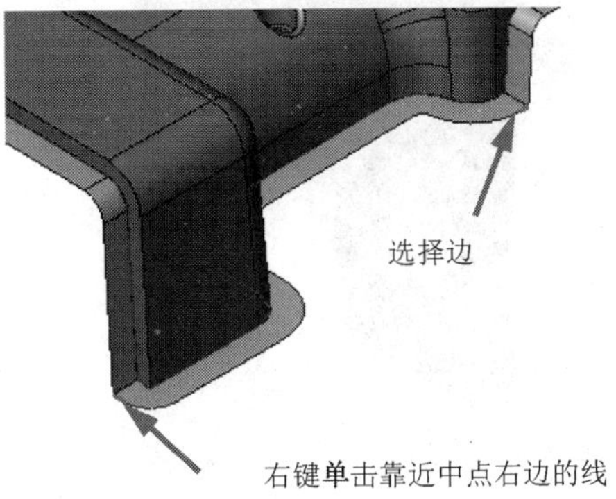

图 5-5　选择边

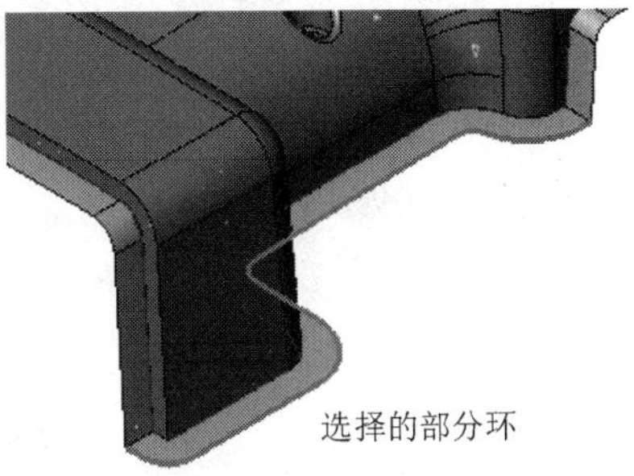

图 5-6　选择的部分环

5.2.3　直纹曲面的方向

一个直纹曲面的方向和锥度由参考向量的方向以及从“边”测量得到的角度所决定。这些选项可以在 PropertyManager 中的直纹曲面中设置。

1. 参考向量的方向　使用【反转方向】来控制直纹曲面从选择边扩展的方向，如图 5-7 所示。

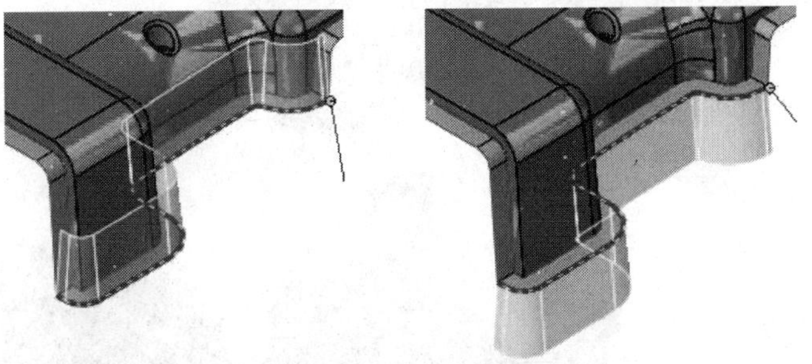

图 5-7　参考向量的方向

2. 交替边　根据直纹曲面的类型，交替边选项可以控制锥度方向，或者直纹曲面与哪个面相切或正交。交替边可以单独对每个边进行设置。如果要对多条边修改设置，可使用“Ctrl”或者“Shift”键在选框中选中多条边，如图 5-8 所示。

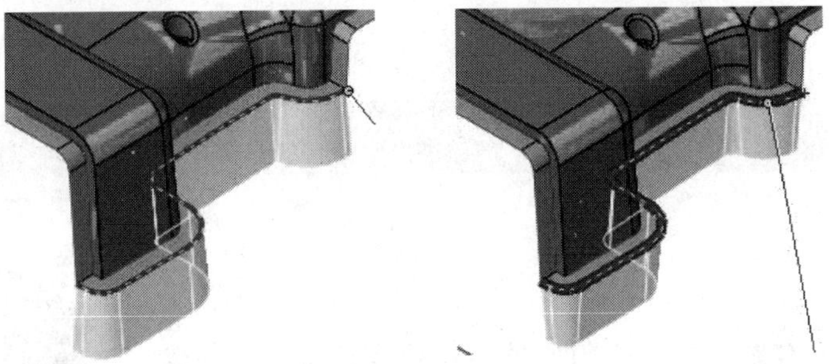

图 5-8　交替边

步骤 6　调整直纹曲面

调整直纹曲面的设置，选择合适的方向和拔模。选择【剪裁和缝合】、【连接曲面】。单击【确定】，如图 5-9 所示。

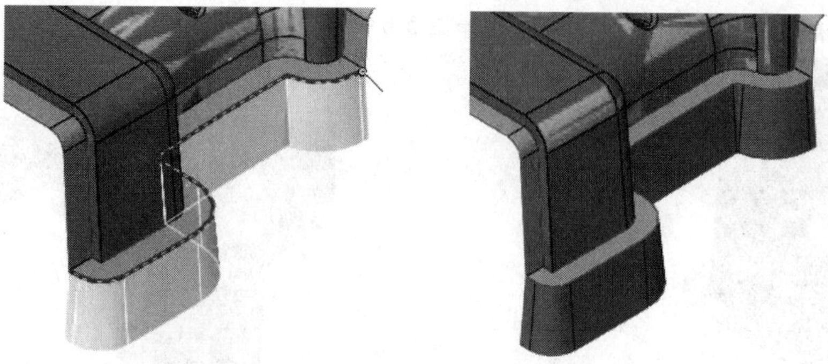

图 5-9 调整直纹曲面

步骤 7 创建另外两个直纹曲面

使用同样的技术创建跨越另外两个开环的连锁曲面，如图 5-10 所示。

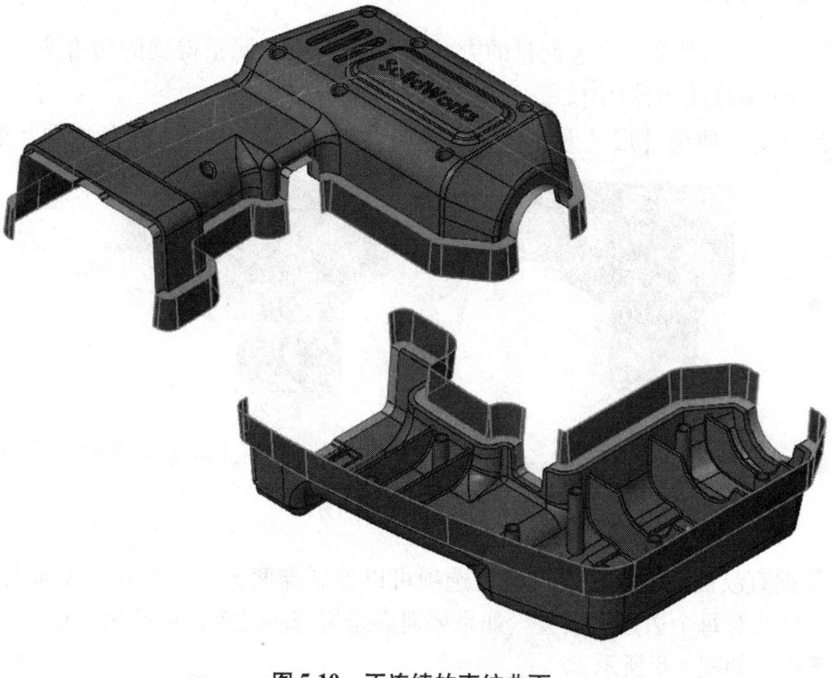

图 5-10 不连续的直纹曲面

技巧 可以在一个单独的特征里面创建不连续的直纹曲面。

5.2.4 放样曲面

连锁曲面中仍然存在缝隙，这要应用另外一种建模技术。该技术用来解决单个设计中特有的问题区域，它是使用【放样曲面】填补直纹曲面中的缺口，然后延展曲面的边以封闭开口区域，如图 5-11 所示。将会在本例中使用这种技术。

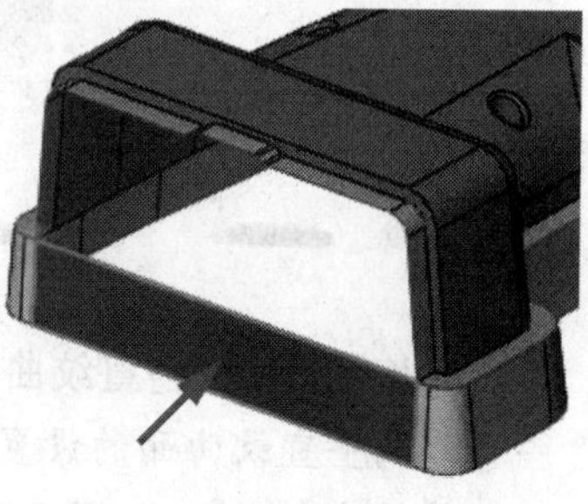

图 5-11 放样曲面

步骤8　创建一个放样曲面

单击【放样曲面】，选择如图5-12所示的两条边。

技巧 选择的边要靠近对应的终点，防止曲面扭曲。

单击【确定】✔。

图5-12　选择边

步骤9　重复操作

创建另外两个放样曲面，如图5-13所示。

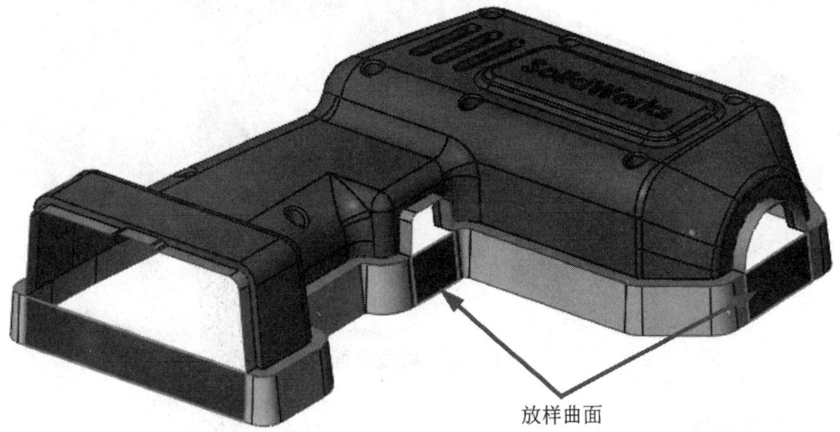

图5-13　另外两个放样曲面

步骤10　延伸曲面

单击【延伸曲面】，选择如图5-14所示的边，拖动手柄，曲面就会延伸超过分型面的最高点。单击【确定】✔。

步骤11　重复操作

延伸另两条放样曲面的边，如图5-15所示。

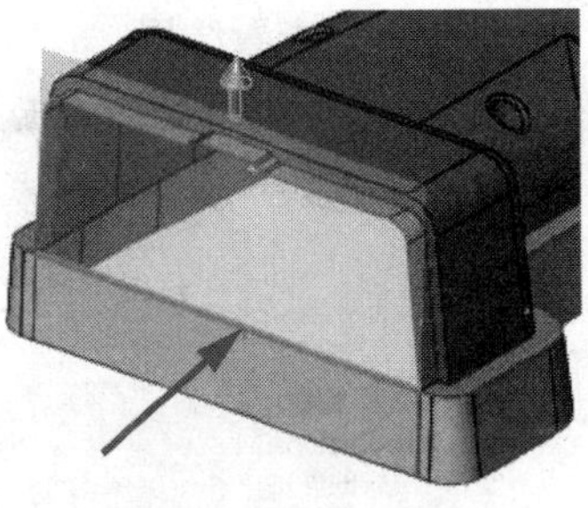

图5-14　延伸曲面

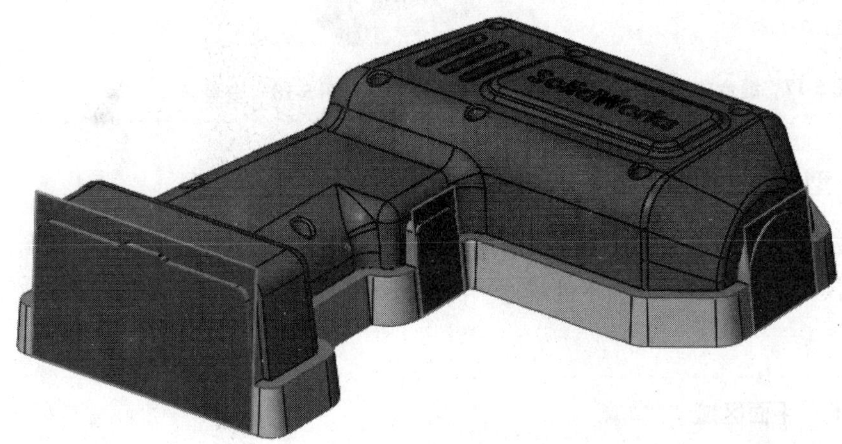

图5-15　延伸边

步骤12　剪裁曲面

单击【剪裁曲面】，【剪裁类型】选择【相互】。【剪裁曲面】选择每个延伸曲面和Parting Surface1。勾选【保留选择】选项，单击进入【保留的部分】列表，选择曲面在剪裁后仍然保留在模型中的部分。

技巧　如有必要，按下Shift键选择预览透明面。

单击【确定】，如图5-16所示。

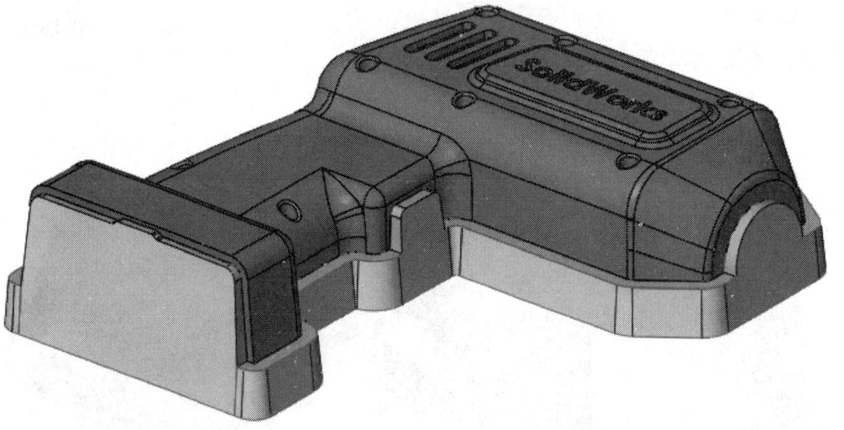

图5-16　剪裁曲面

步骤13　缝合曲面

单击【缝合曲面】，缝合剪裁曲面和直纹曲面，如图5-17所示。

步骤14　查看结果

现在有了一个单独的曲面实体表示连锁曲面，如图5-18所示。

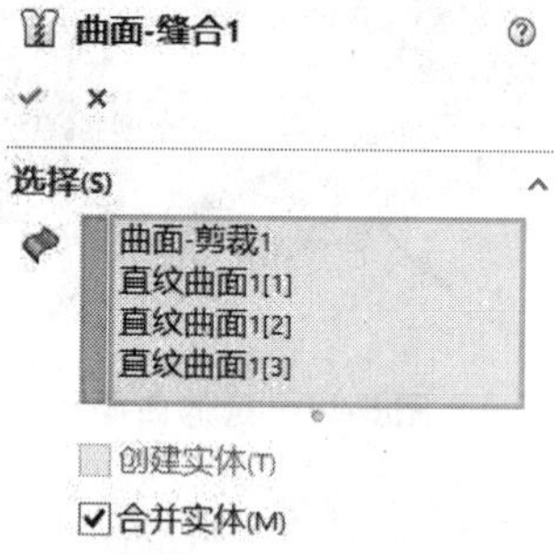

图5-17　缝合曲面

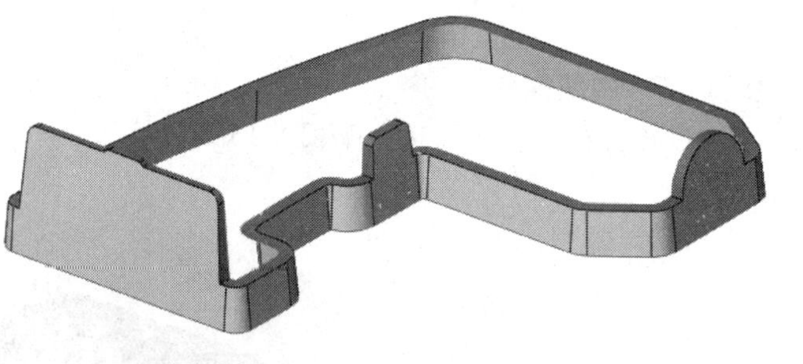

图5-18　查看结果

5.2.5　创建分型面

现在已经手动定义了连锁曲面，接下来还要创建处于下部的分型面。这个分型面的边界将在连锁曲面下边的两个模具块之间定义。为了创建这个曲面，首先生成一个【平面区域】，然后剪裁和缝合到连锁曲面上。

步骤15　平面区域

选择模具切割草图，单击【平面区域】，单击【确定】，如图5-19所示。

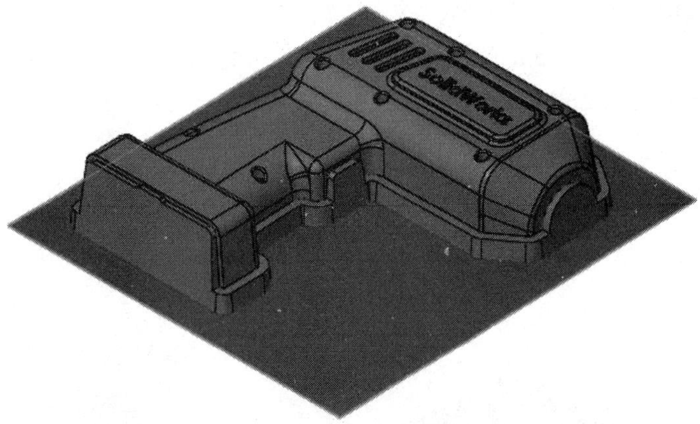

图 5-19　平面区域

步骤 16　裁剪曲面

使用【相互】选项把新平面裁剪到连锁曲面。现在有了一个完整的分型面，如图 5-20 所示。

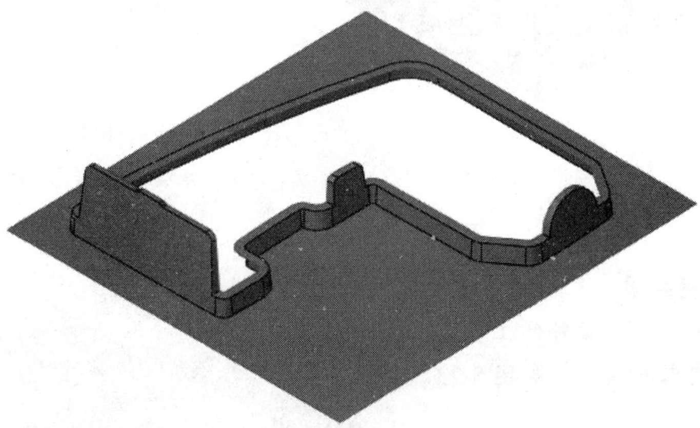

图 5-20　剪裁曲面

提示

相互剪裁类型会自动地缝合曲面。

5.2.6　管理曲面

为了在【切削分割】命令中使用手动创建的曲面，必须进行以下操作：

- 在合适的模具文件夹中手动添加曲面。
- 在创建切削分割时，在合适的选择列表中将它们添加进去。

在 FeatureManager 设计树中，可以直接将曲面实体拖曳到已有的模具文件夹中。

步骤 17　分型面文件夹

将剪裁曲面拖曳到【分型面实体】文件夹中，如图 5-21 所示。

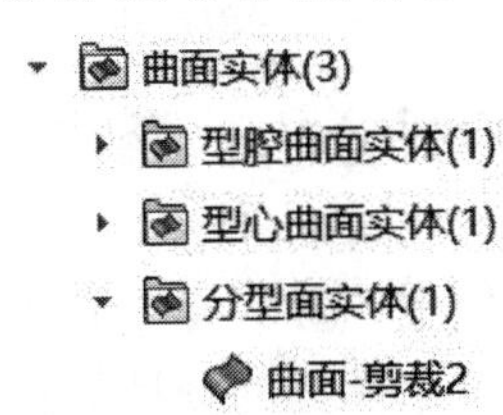

图 5-21　分型面文件夹

步骤 18　创建切削分割

预先选择 Tooling Split Sketch。这个草图已经被【曲面-基准面 1】所包含。

单击【切削分割】。

步骤 19　调整模具块尺寸

设置【方向 1 深度】为 75mm，【方向 2 深度】为 50mm。

型心、型腔和分型面已经自动选中了曲面实体文件夹中的相应曲面。单击【确定】✔，如图 5-22 所示。

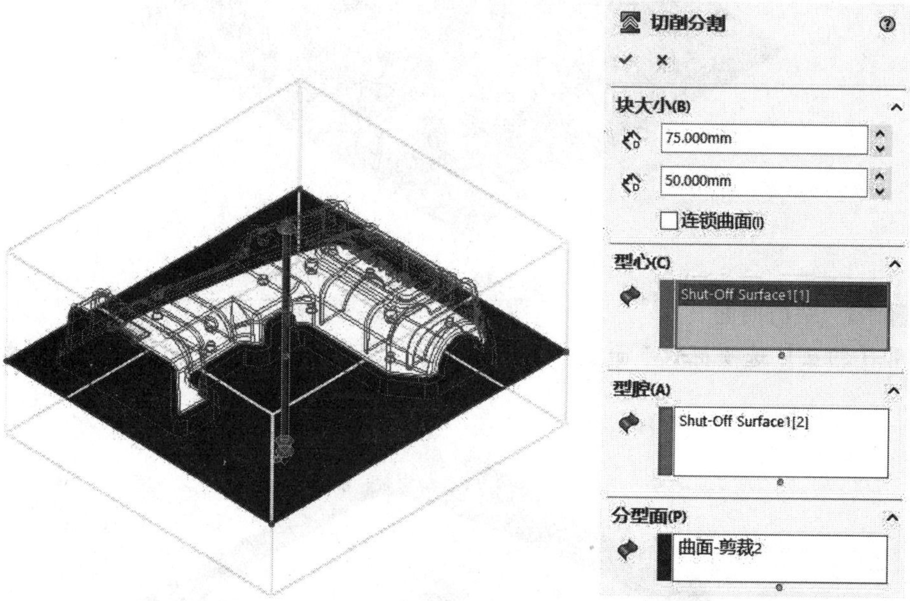

图 5-22　调整模具块尺寸

步骤 20　查看结果

切削分割已经完成，额外的工具现在可以用来完成要求的模具，如图 5-23 所示。

步骤 21　保存并关闭所有文件

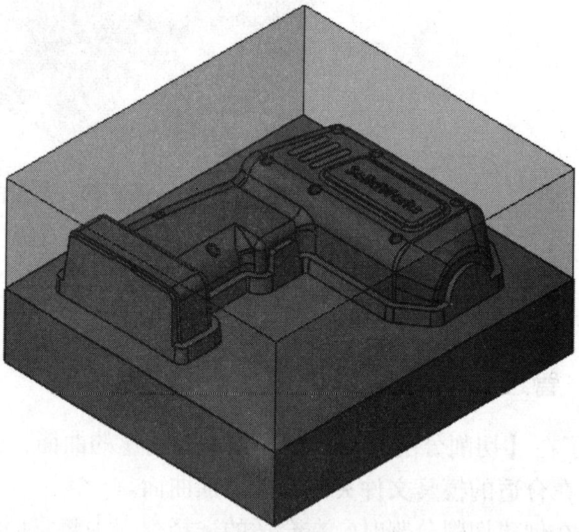

图 5-23　查看结果

5.3　实例分析：路由器底部

在本例中，将要为一个路由器（图 5-24）的下半部创建模具，这个模型的分型面具有一些挑战性。用这个例子可以检查使用分型面命令的手工模式，并且使用一些曲面特征来创建分型面所需要的面，以及一个手动的封闭曲面。

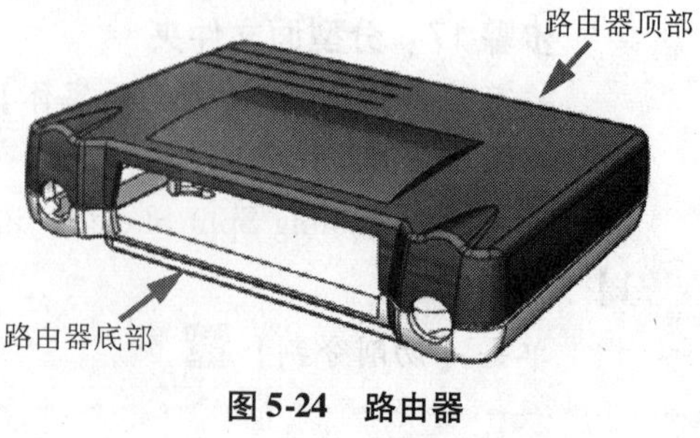

图 5-24　路由器

提示　路由器顶部的模具将会在下一个练习中使用相似的技术创建出来。

操作步骤

步骤 1　打开文件

打开 Lesson05 \ Case Study 文件夹下的"Router Bottom. x_ b"文件，如图 5-25 所示。

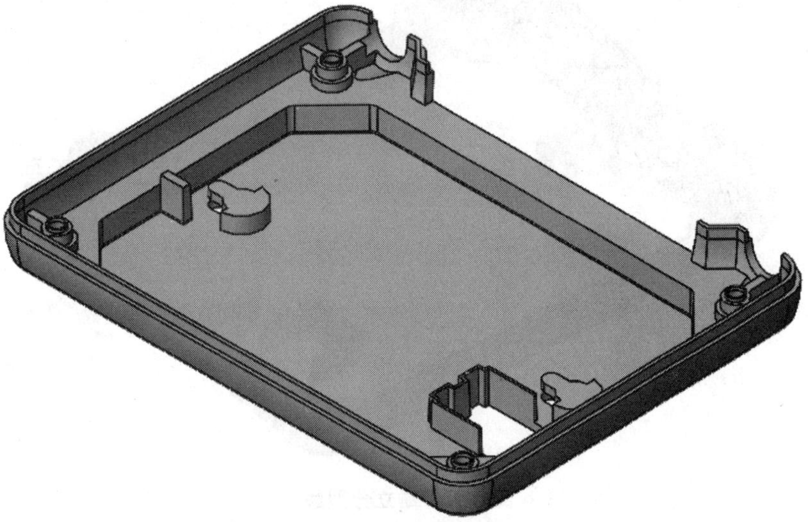

图 5-25　打开文件

步骤 2　输入诊断

运行【输入诊断】并且修正所有错误。

步骤 3　以重心为缩放点缩放零件

设置比例缩放点为重心，设置【比例因子】为 1.02（放大 2%）。

步骤 4　运行拔模分析

使用【拔模分析】，设定 1°的拔模角度检查底部的内部面。这些标记对需要拔模的小面是可以接受的，如图 5-26 所示。单击【取消】✕。

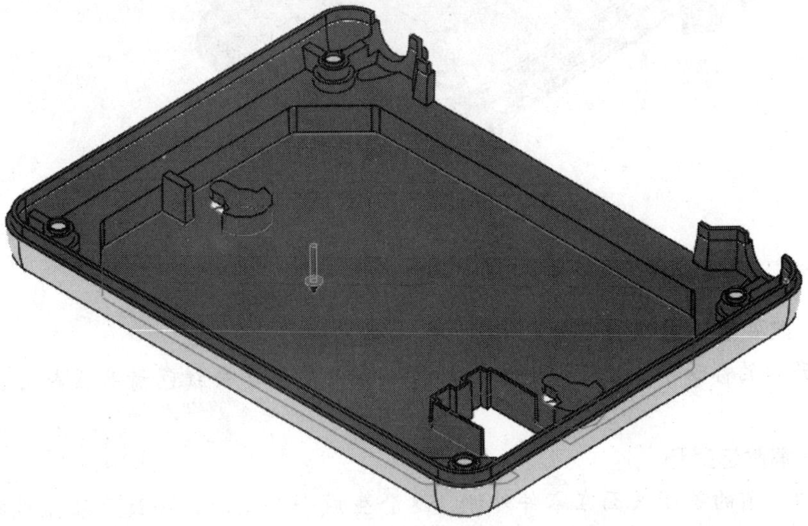

图 5-26　运行拔模分析

步骤5　建立分型线

单击【分型线】，选择底部的内部面，拔模角度设为1°。分型线的边已经自动选中，单击【确定】，如图5-27所示。

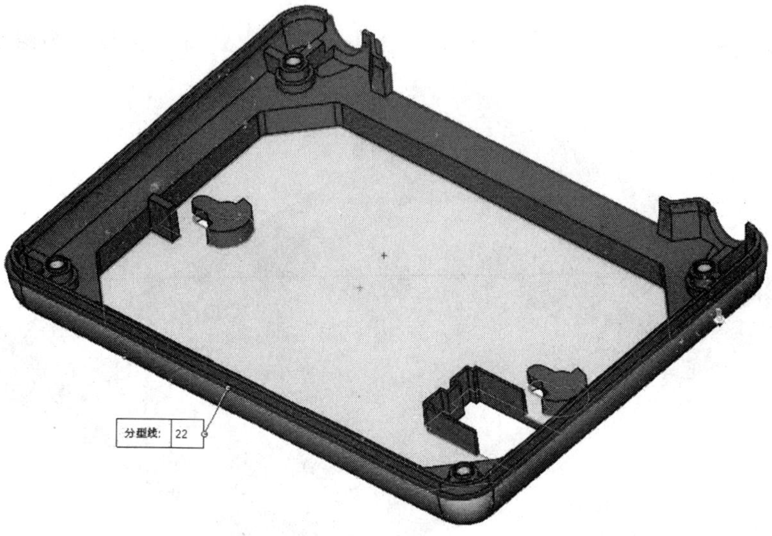

图5-27　建立分型线

步骤6　关闭曲面

单击【关闭曲面】，检查预览。大多数曲面满足要求，除了3个曲面。这个大的开口以及两个锁眼开口需要修改，如图5-28所示。

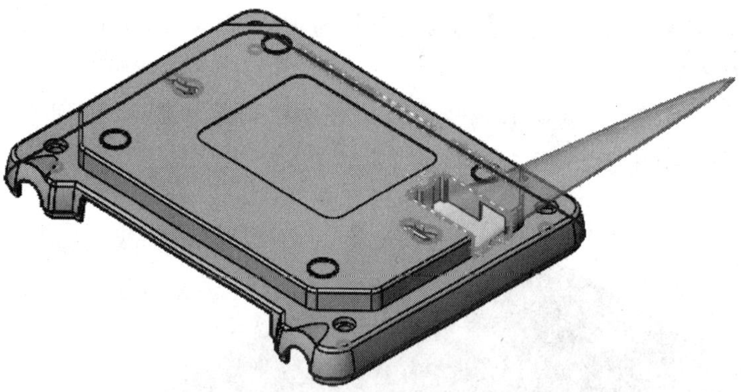

图5-28　关闭曲面

步骤7　改变修补类型

单击大开口的标示框，改变类型为相切。如有必要，单击红色箭头反转方向，如图5-29所示。

步骤8　消除选择环

锁眼开口当前的关闭曲面在零件外侧，这会生成一个空隙，导致无法生成模具，如图5-30所示。

为了消除当前选择的环，右键单击每个开口处的一条边，单击【消除选择环】。

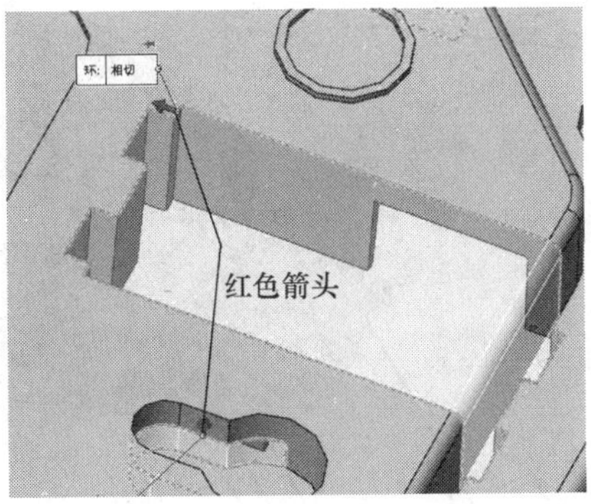

图 5-29　改变修补类型

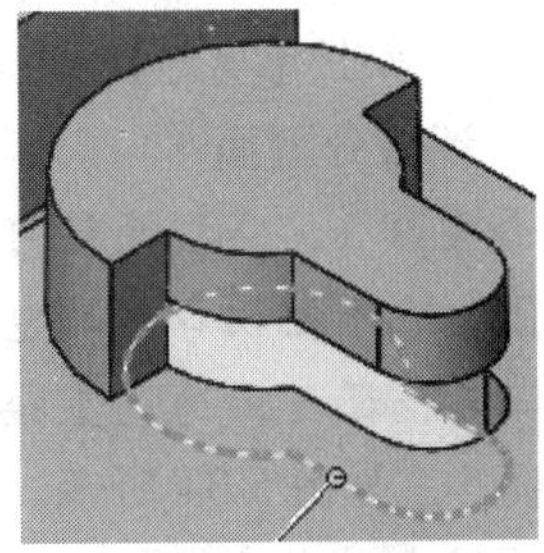

图 5-30　锁眼开口

步骤 9　改变修补类型

对两个锁眼开口，选择如图 5-31 所示的边，改变修补类型为相切。

步骤 10　创建分型面

创建一个延伸 15mm 的分型面。检查预览，可以看到默认分型面有重叠区域，如图 5-32 所示。

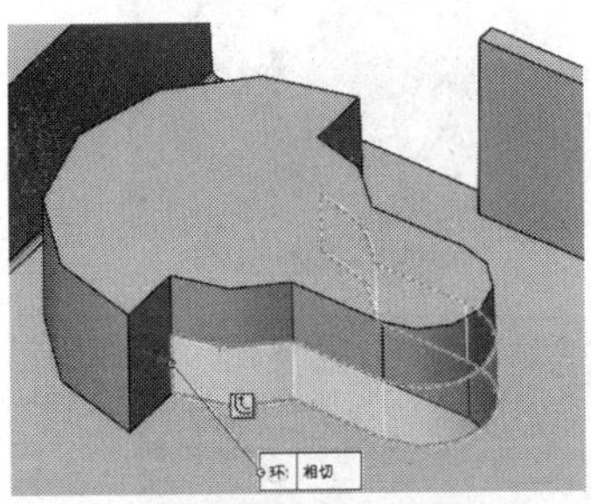

图 5-31　改变修补类型

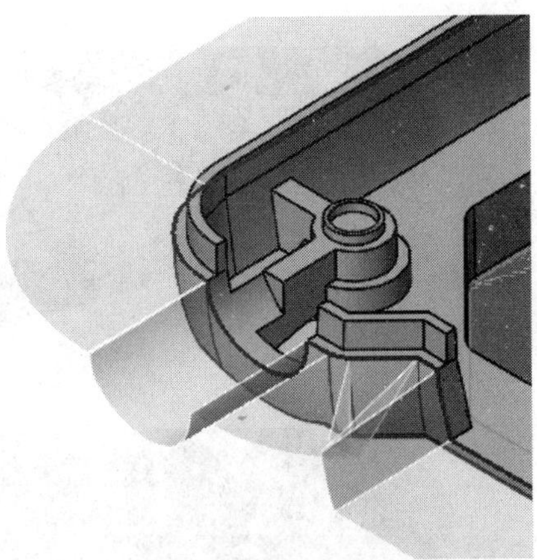

图 5-32　创建分型面

5.3.1　手工分型面

当自动工具创建的分型面不够理想时，可以使用以下几种手工技术进行调整：

1. 手工模式　分型面命令中的【手工模式】选项提供顶点，通过控制这些顶点对齐分型面。

2. 删除面和删除体　允许先创建分型面，然后使用【删除面】和【删除体】命令移除问题区域。在清理完分型面后，使用曲面工具，如【放样】、【边界】和【填充曲面】来重建一个更为理想的曲面。

3. 新的部分分型线　一个模型可以包含多个分型线特征。如果默认的分型线无法形成可接受的分型面，则考虑创建另一个分型线特征，不包含自动生成的问题区域。这个缺失的区域可以用手工曲面特征填补。

接下来将结合使用前两种技术调整路由器底部的分型面。

步骤 11　手工分型面

单击【手工模式】，默认的顶点位置改正了分型面的重叠区域，如图 5-33 所示。单击【确定】✔。

步骤 12　评估分型面

隐藏分型线 1，分型面还可以进一步优化。除了把切口区域包括在分型面以外，还可以通过直接延伸来简化模具，如图 5-34 所示。

然后手动创建一个关闭曲面来封闭切口区域。

步骤 13　删除面

单击【删除面】，选择切口区域的 3 个分型面，单击【删除】去除。

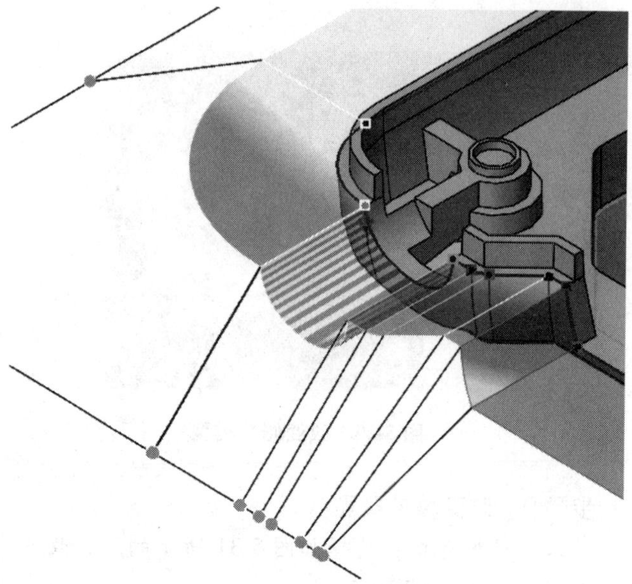

图 5-33　手工分型面

步骤 14　创建放样曲面

沿着分型面的轮廓选择开放边，创建一个【放样曲面】，如图 5-35 所示。

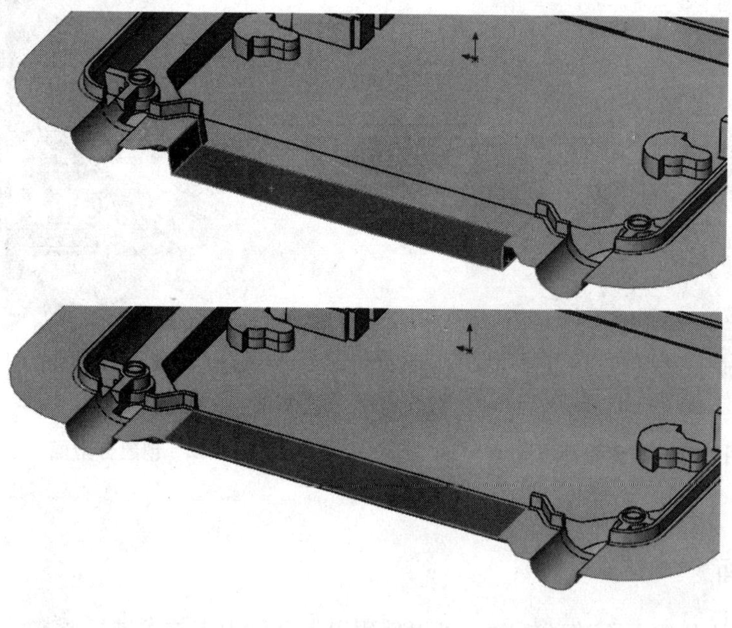

图 5-34　评估分型面

步骤 15　隐藏曲面

现在必须为型心和型腔模具创建曲面，关闭开口区域。这将是一个手工的关闭曲面。为了方便选择，单击曲面实体文件夹，再单击隐藏零件所有的曲面实体。

步骤 16　创建另一个放样曲面

使用如图 5-36 所示的轮廓边创建另一个放样曲面。

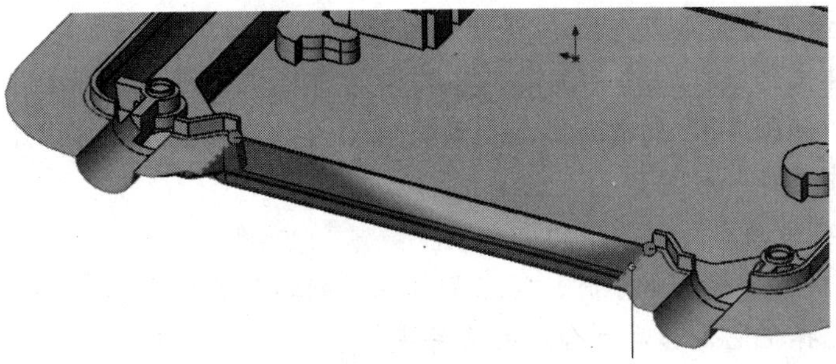

图 5-35　创建放样曲面

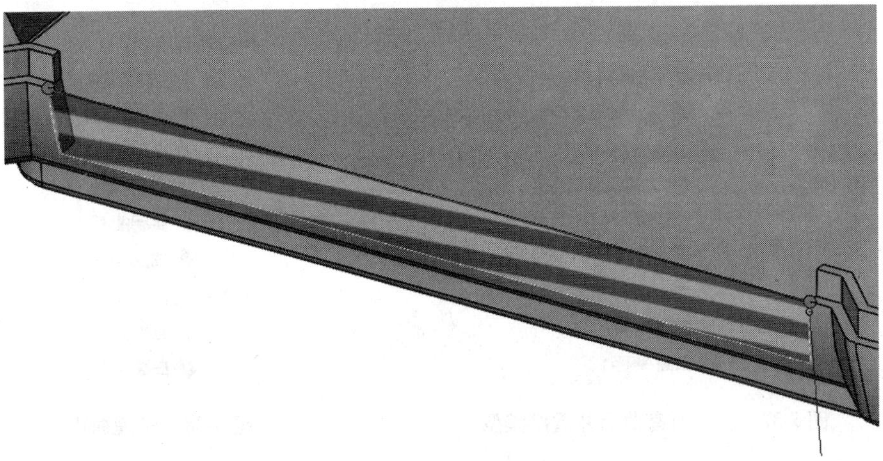

图 5-36　创建另一个放样曲面

5.3.2　管理手工关闭曲面

刚才创建的曲面是一个手工关闭曲面。关闭曲面在型心和型腔都有定义面，所以为了在切削分割中使用它们，必须为每个模具都创建一个副本。只要型心和型腔都存在关闭曲面的副本，它们就能够组织正确的模具文件夹，或者能在切削分割的 PropertyManager 相应列表中选择到。

技巧　如果切削分割命令失败了，通常是因为型心或者型腔的曲面集无法一起缝合形成模具块的密封曲面。这表明有些曲面需要修改，或者要创建和复制曲面，例如关闭曲面。

5.3.3　复制曲面

将【等距曲面】命令中的等距距离设置为0，即可用来创建曲面副本。若【等距距离】设置为0，则 PropertyManager 标题由【等距曲面】改为【复制曲面】。

步骤 17　复制放样曲面

使用【等距曲面】创建放样曲面的副本，设置偏置距离为0，单击【确定】。

步骤 18　显示所有曲面并重建模型

选择【曲面实体】文件夹，单击显示。按下 Ctrl + Q 键强制重建模型。

步骤 19　检查曲面实体文件夹

检查曲面实体文件夹。由模具工具创建的曲面都已被自动地放入相应的型心、型腔和分型面文件夹中，如图 5-37 所示。但是手动创建的曲面没有放入这些文件夹中，因此必须在以下两种方法中选择一种操作：

- 手动将这些曲面添加到适当的文件夹中。
- 在执行【切削分割】命令时，将它们选入正确的列表中。

在本例中，选择把它们移动到合适的文件夹中。

步骤 20　管理曲面

将曲面实体拖到相应的文件夹中，如图 5-38 所示。

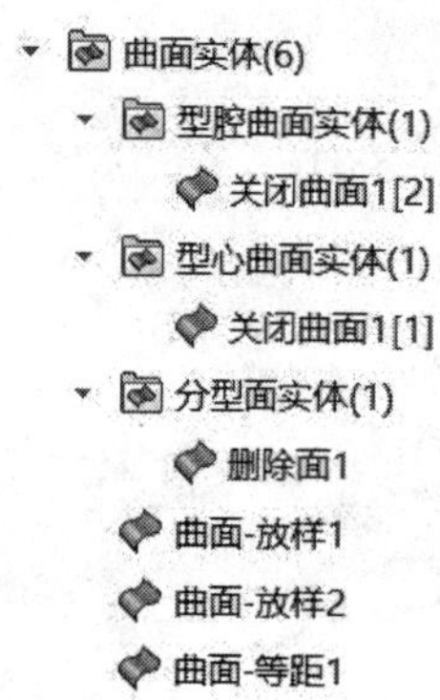

图 5-37　显示所有曲面并重建模型

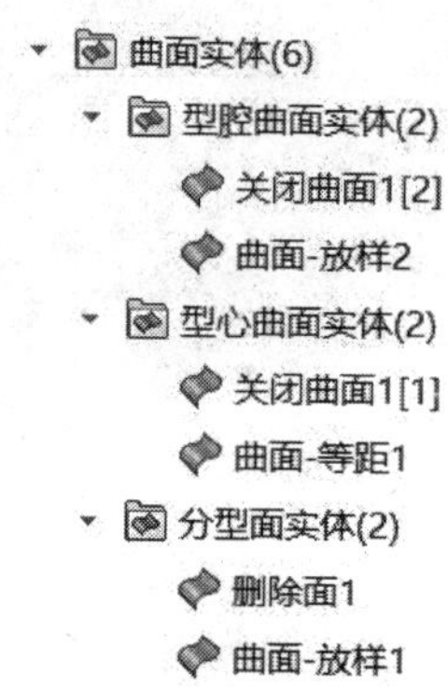

图 5-38　管理曲面

步骤 21　切削分割草图

单击【切削分割】，选择分型面的一个平面部分作为草图平面。草绘一个比零件大 7mm 的矩形，如图 5-39 所示。

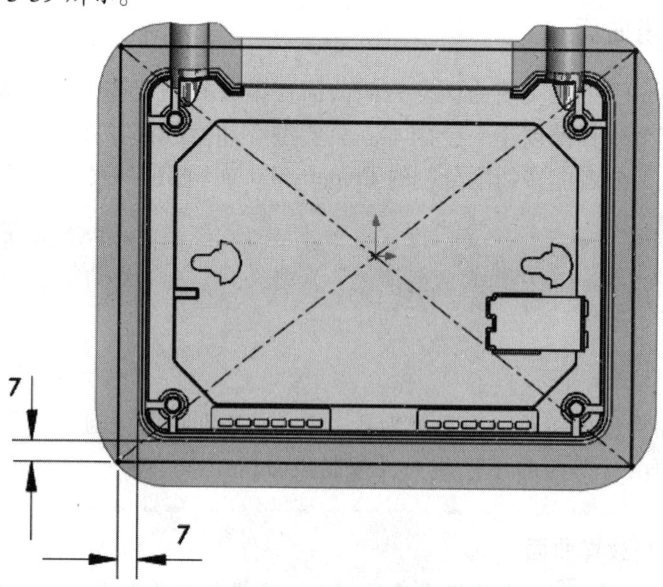

图 5-39　切削分割草图

在两个方向上的拉伸距离均设为 50mm，如图 5-40 所示。

提示　所有的曲面实体均放置在正确的选择框中，这是通过模具文件夹自动实现的，单击【确定】✓。

步骤 22　查看结果

使用【移动/复制实体】打开模具，查看结果，如图 5-41 所示。

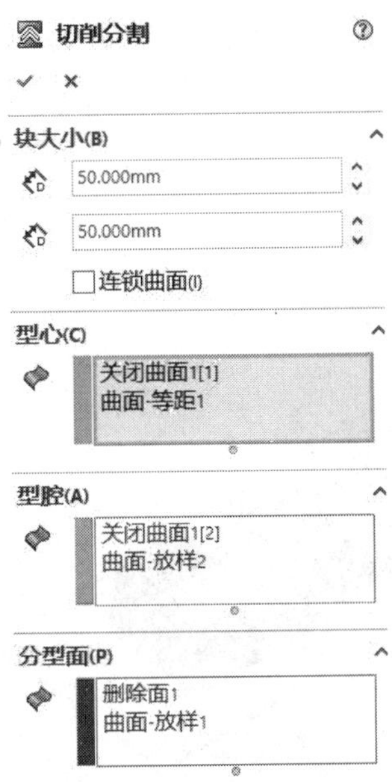

图 5-40　设置切削分割选项

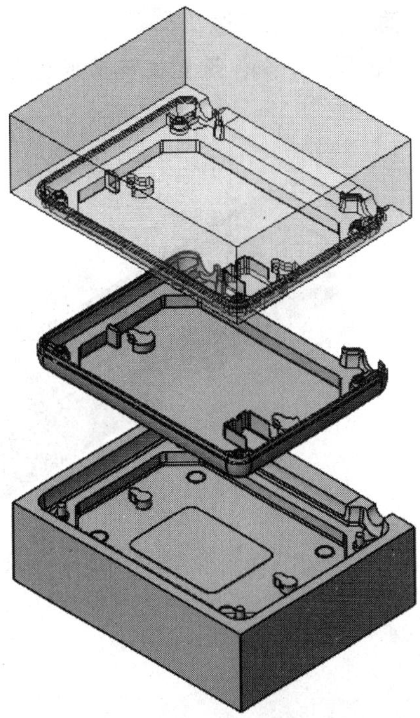

图 5-41　查看结果

步骤 23　保存并关闭所有文件

练习 5-1　塑料电源板模具

本次练习的目的是为塑料电源板的连锁模具创建定制曲面。对这个相对简单的零件而言，SOLIDWORKS 的确能够在切削分割命令中自动生成连锁曲面，但本练习的目的是使用提到过的曲面命令创建所需曲面特征，如图 5-42 所示为塑料电源板模具。

本练习将应用以下技术：

- 手工连锁曲面。
- 直纹曲面的方向。
- 问题区域。
- 创建分型面。
- 管理曲面。

图 5-42　塑料电源板模具

操作步骤

步骤 1 打开零件

在 Lesson05 \ Case Study 文件夹中打开“Power Strip”文件。

步骤 2 比例缩放

设置缩放点为原点，将零件放大 1.05 倍。

步骤 3 确定分型线的边

使用【分型线】命令，设置拔模角度为 2°，在零件的边界周围建立分型线，如图 5-43 所示。

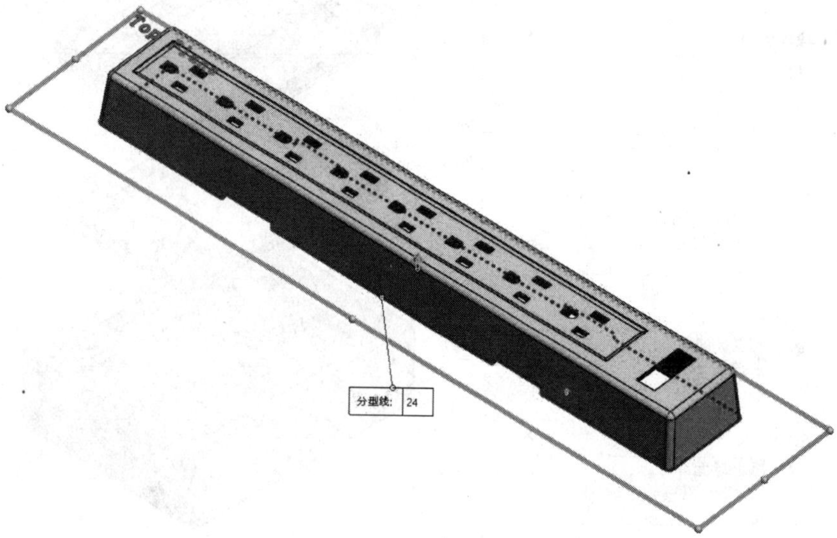

图 5-43 确定分型线的边

步骤 4 关闭曲面

单击【关闭曲面】，设置所有修补类型为【接触】，如图 5-44 所示。

步骤 5 创建分型面几何

创建【分型面】，使用【垂直于拔模】，设置【距离】为 12.5mm，平滑选择【尖锐】，如图 5-45 所示。

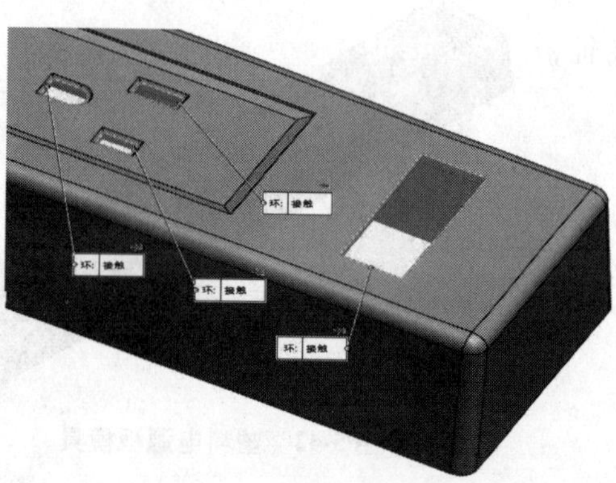

图 5-44 关闭曲面

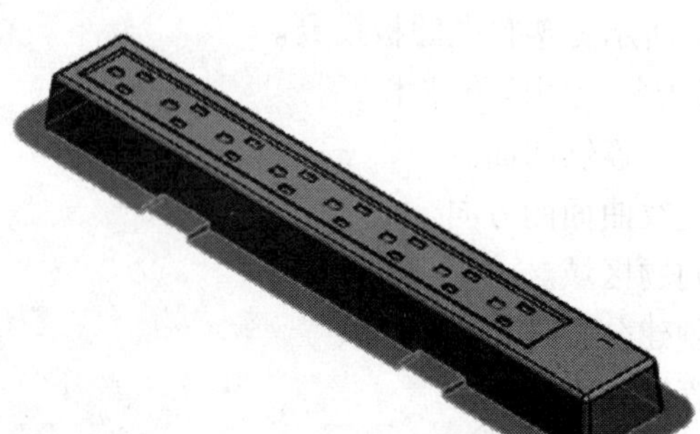

图 5-45 创建分型面几何

步骤6 创建拔模连锁

沿分型线边界建立【直纹曲面】，设置【距离】为15mm。【参考向量】为Top Plane，角度设置为6°，如图5-46所示。

提示 用户可以只用一步建立所有的直纹曲面。

步骤7 放样曲面

使用【放样曲面】命令填充直纹曲面中的开口，如图5-47所示。

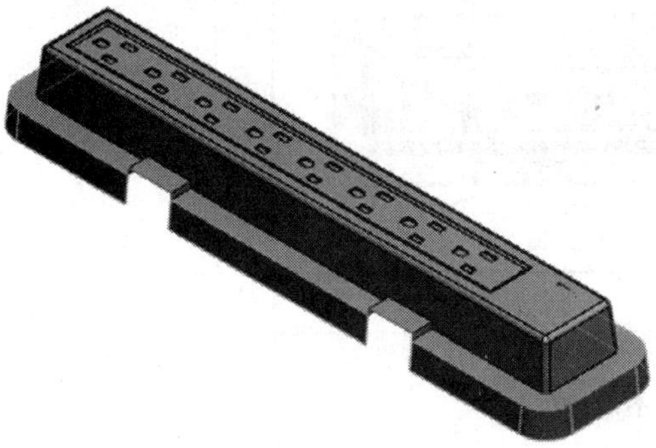

图5-46 创建拔模连锁

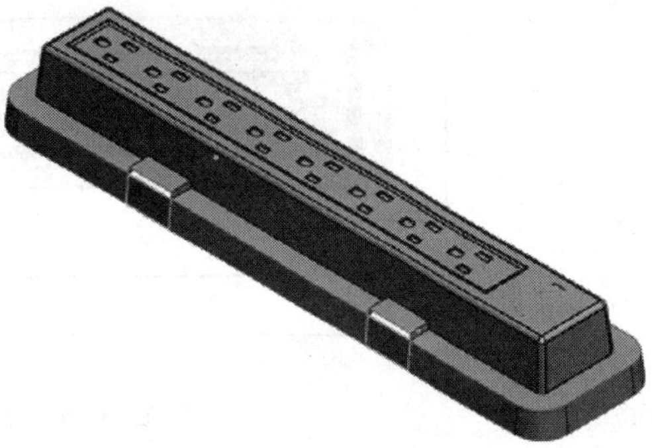

图5-47 放样曲面

技巧 当多次重复使用相同的命令时，可以在键盘上按下Enter键展开最近使用的命令，或者在快捷菜单中使用【最近的命令】列表。注意，在重复打开命令前清空所有选项。

步骤8 填充剩下的缺口

使用【延伸曲面】延伸放样曲面，填充剩下的开口，如图5-48所示。

技巧 每次只能延伸一个曲面实体的边。

步骤9 相互剪裁曲面

使用【剪裁曲面】命令中的【相互】和【保留选择】选项剪裁曲面，如图5-49所示。

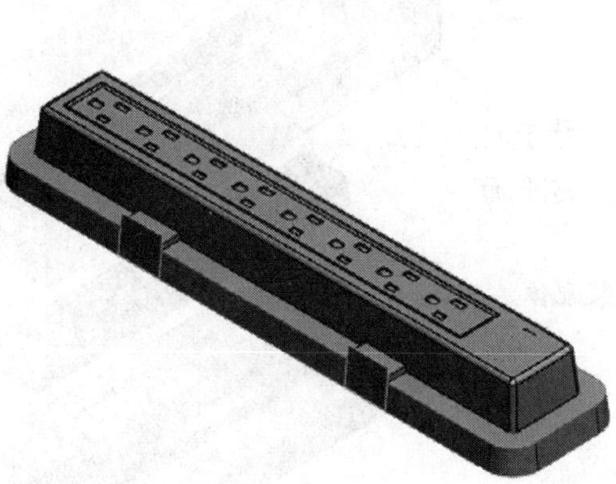

图5-48 填充剩下的开口

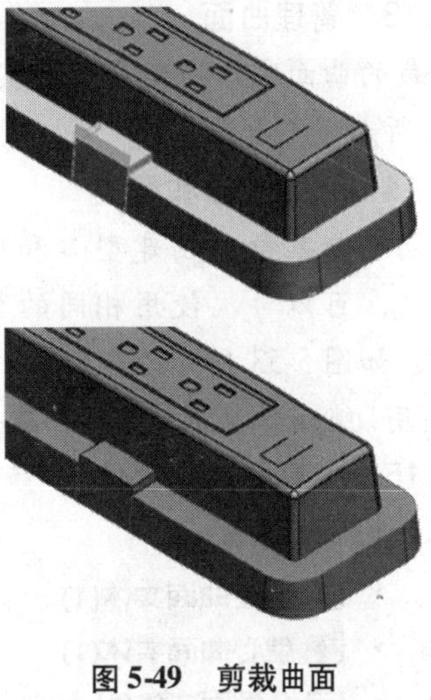

图5-49 剪裁曲面

技巧 使用Shift键选择的面会显示透明预览。

步骤 10　缝合曲面

将所有的直纹曲面和剪切曲面缝合在一起。

步骤 11　创建一个平面区域

在 Top Plane 下面创建一个 12.5mm 的基准平面，使用新的平面和草图，创建一个平面区域，如图 5-50 所示。

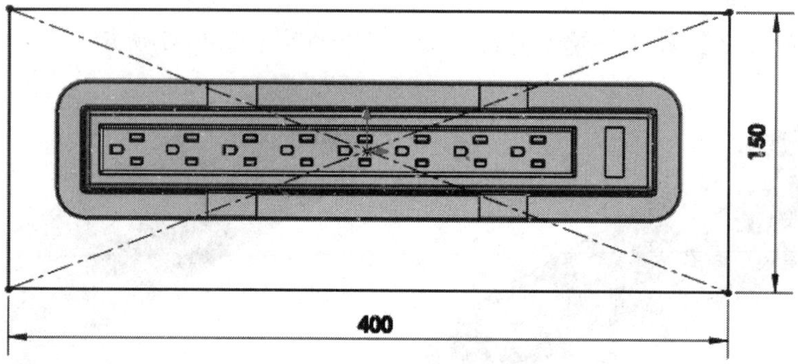

图 5-50　创建一个平面区域

步骤 12　相互剪裁曲面

平面区域和连锁曲面相互剪裁。现在有了一个完全定制的分型面，如图 5-51 所示。

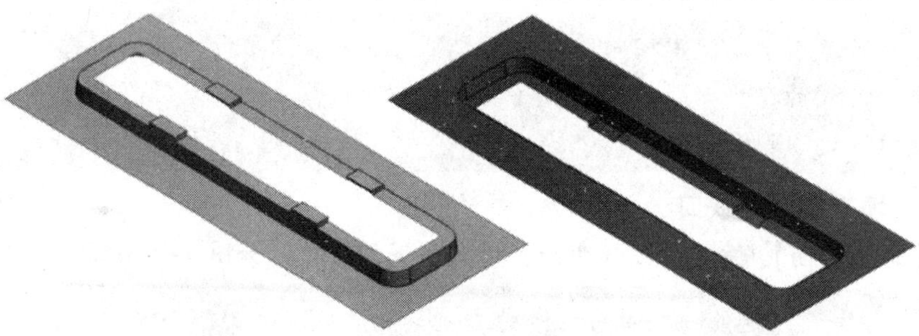

图 5-51　分型面

步骤 13　管理曲面

将剪裁的曲面实体拖到分型面实体文件夹中，如图 5-52 所示。

步骤 14　创建型心和型腔

使用切削分割命令创建型心和型腔。对于模具块的尺寸，可以再次使用相同的草图创建平面的分型面，如图 5-53 所示。

可选：用切削分割生成的实体创建一个装配体。

步骤 15　保存并关闭文件

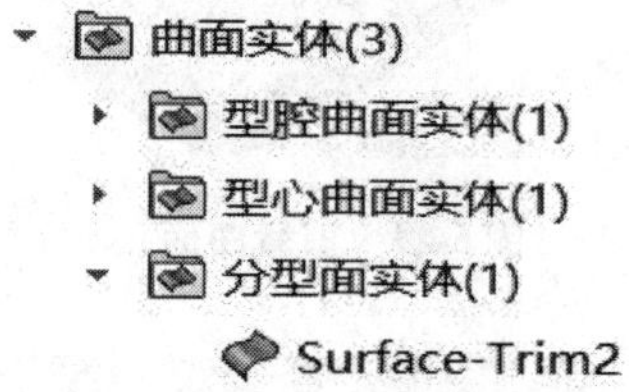

图 5-52　管理曲面

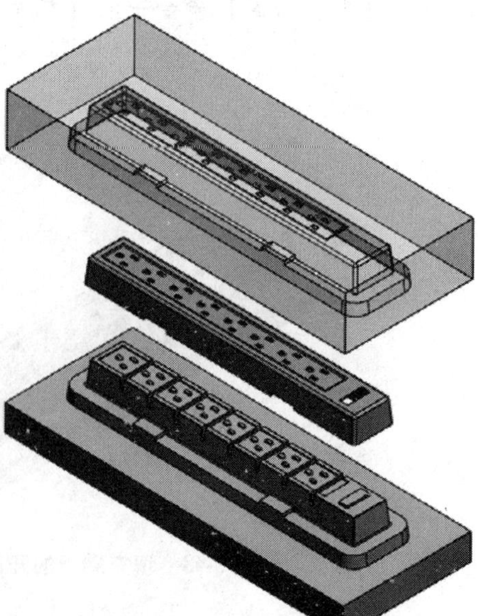

图 5-53　创建型心和型腔

练习 5-2　路由器上端盖

创建路由器顶部模具的过程和底部的流程非常相似。自动生成的分型面需要修改，创建一个定制的关闭曲面，如图 5-24 所示为路由器。

本练习将应用以下技术：

- 手工分型面。
- 管理手工关闭曲面。
- 复制曲面。
- 管理曲面。

操作步骤

步骤 1　打开文件

打开 Lesson05 \ Exercise 文件夹下的“Router Top. x_ b” 文件，如图 5-54 所示。

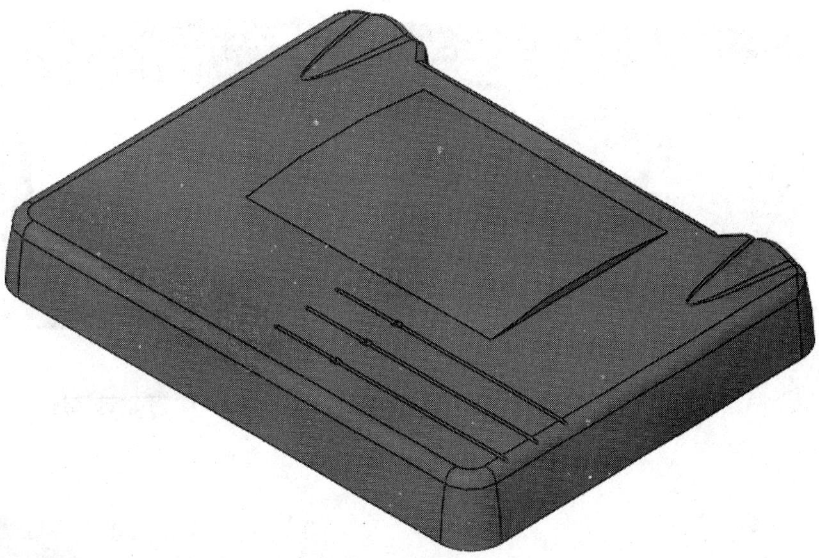

图 5-54　打开文件

步骤 2　输入诊断

运行【输入诊断】并且修复错误。

步骤 3　比例缩放

将比例缩放点设置为原点，缩放因子设为 1.02（增大 2%）。

步骤 4　建立分型线

单击【分型线】，使用顶部平面，设置拔模角度为 2°。分型线的边已经自动选中，单击【确定】，如图 5-55 所示。

步骤 5　关闭曲面

单击【关闭曲面】，需要修改自动选择的边以创建合适的关闭曲面。支座有一个圆柱孔，但是在外壳的孔是方形的。因此关闭曲面要放在两个横截面的过渡位置，如图 5-56 所示。

步骤 6　清除选择

在列表中清除当前的选择。

步骤 7　手动选择边

使用手动选择技术选择矩形孔和圆孔的相交边，如图 5-57 所示。设置所有修补类型为接触，单击【确定】。

步骤 8　创建分型面

创建一个延伸 15mm 的分型面，检查预览。默认分型面有重叠区域，如图 5-58 所示。

步骤 9　手工模式

单击【手工模式】，默认的顶点位置纠正了分型面的重叠区域，如图 5-59 所示。单击【确定】。

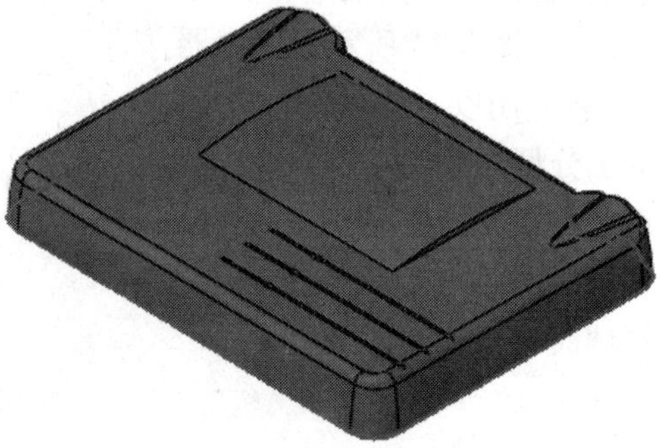

图 5-55　建立分型线

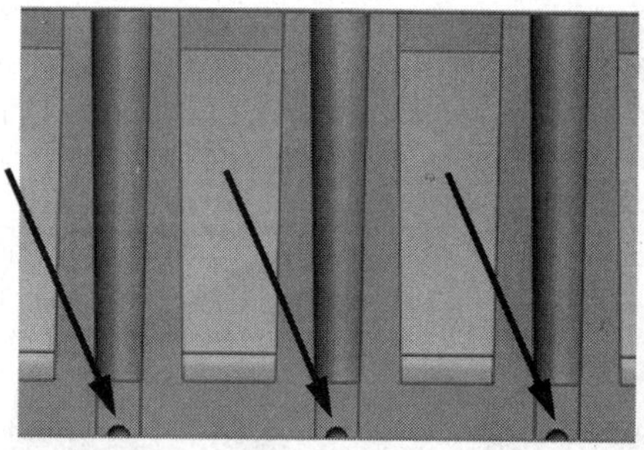

图 5-56　过渡位置

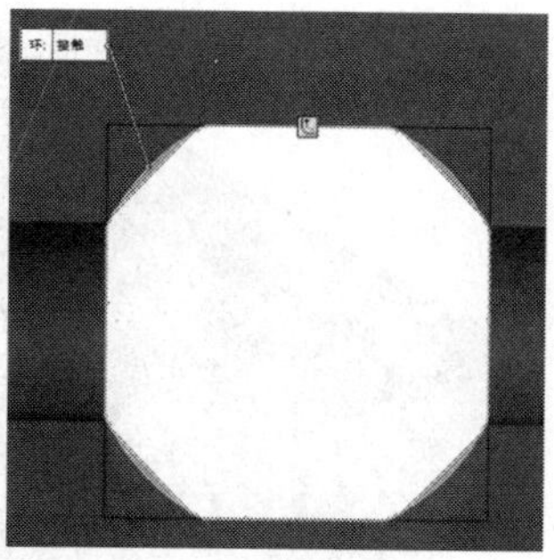

图 5-57　手动选择边

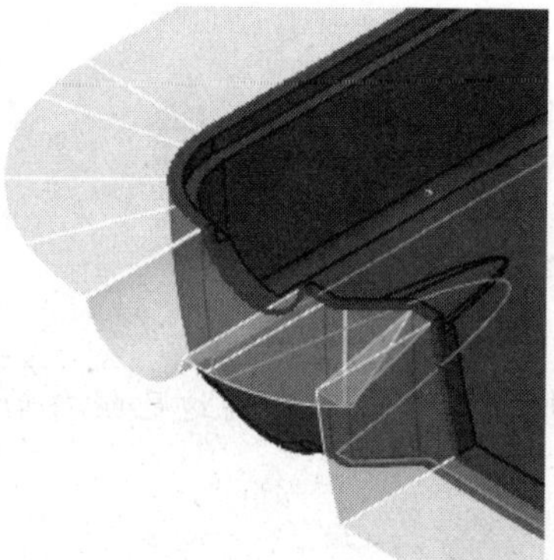

图 5-58　创建分型面

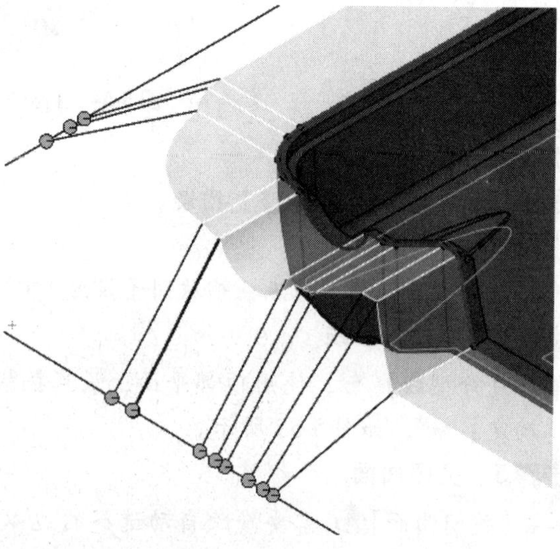

图 5-59　手工模式

步骤 10　评估分型面

隐藏👁分型线 1，分型面可以进一步地优化。除了把切口区域包括在分型面以外，还可以通过直接延伸来简化模具。然后手工创建一个关闭曲面以封闭切口区域，如图 5-60 所示。

步骤 11　删除面

单击【删除面】，选择分型面中 3 个位于切口区域的面，如图 5-61 所示。使用【删除】选项去除。

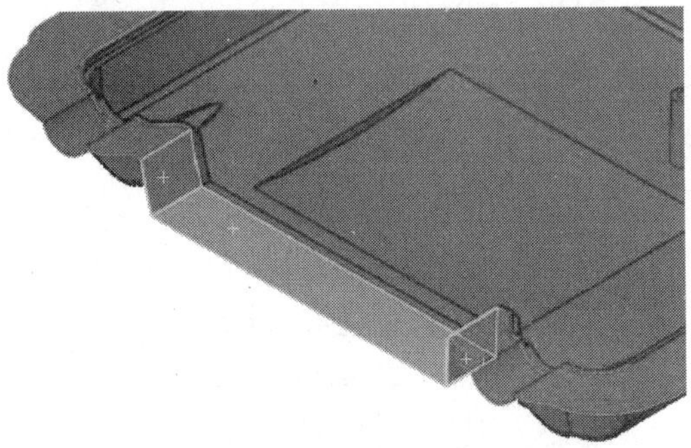

图 5-60　评估分型面

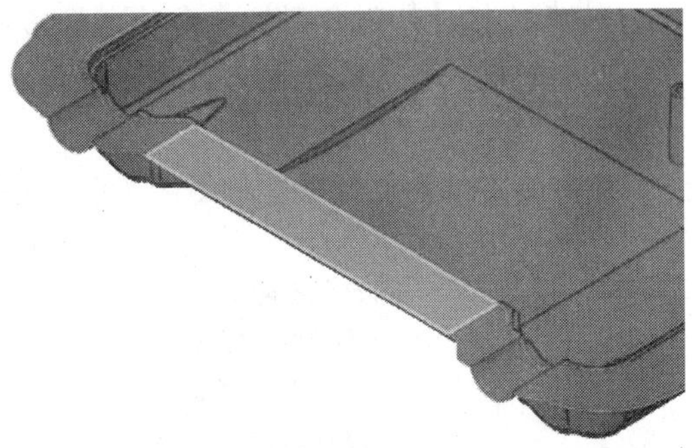

图 5-61　删除面

步骤 12　放样曲面

沿着分型面轮廓的开口边创建一个【放样曲面】，如图 5-62 所示。

步骤 13　隐藏曲面

现在必须要创建型心和型腔的曲面，这样可以关闭切口的开放区域，这就要有一个手工的关闭曲面。为了让选择更容易，选择【曲面实体】文件夹，单击👁，隐藏所有的曲面实体。

步骤 14　放样曲面

使用如图 5-63 所示的轮廓边创建另一个放样曲面。

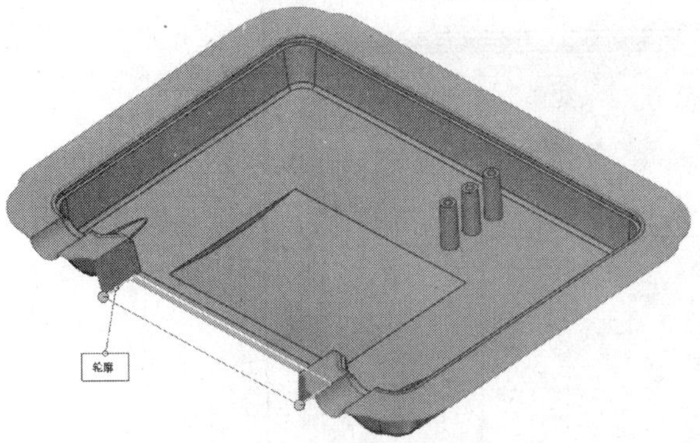

图 5-62　创建放样曲面

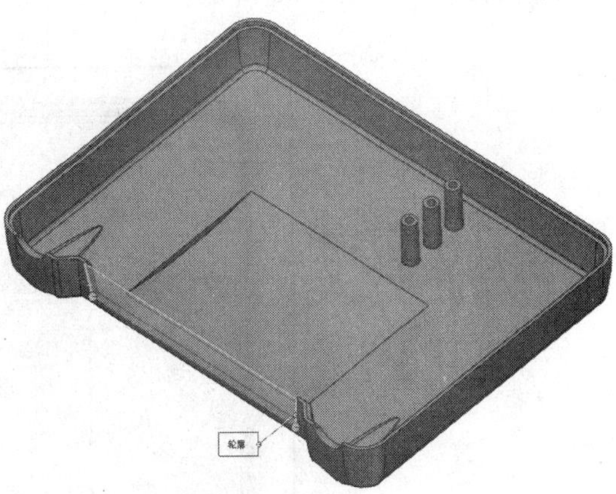

图 5-63　创建放样曲面

步骤 15　复制放样曲面

使用【等距曲面】命令创建放样曲面的副本。设置等距距离为 0，单击【确定】✔。

提示　手工关闭曲面必须用一个可用的副本缝合到模具的型腔侧，对型心侧同样如此。

步骤16　显示所有实体和重建模型

选择【曲面实体】文件夹，单击显示。按下Ctrl+Q键强制重建模型。

步骤17　检查曲面实体文件夹

模具工具创建的曲面已经自动放入合适的型心、型腔或分型面文件中，如图5-64所示。手工创建的曲面不在这些文件夹中，可以在以下两种方法中选择其一操作：

- 手动将曲面添加到适当的文件夹内。
- 在执行【切削分割】命令时，将它们选入适当的列表中。

在本例中，我们选择把它们移动到合适的文件夹中。

步骤18　管理曲面

将曲面实体拖曳到合适的文件夹中，如图5-65所示。

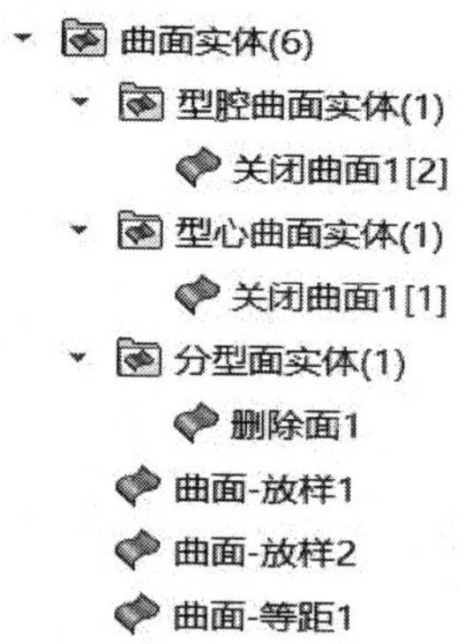

图5-64　检查曲面实体文件夹

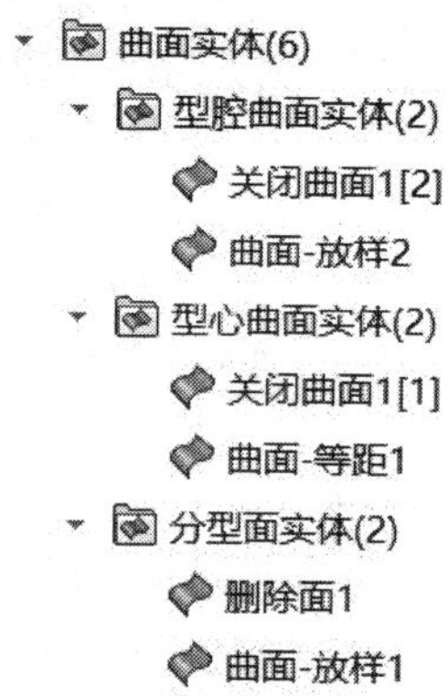

图5-65　管理曲面

步骤19　切削分割草图

单击【切削分割】，选择分型面的一个平面区域作为草图平面。绘制一个比零件大7mm的矩形，如图5-66所示。

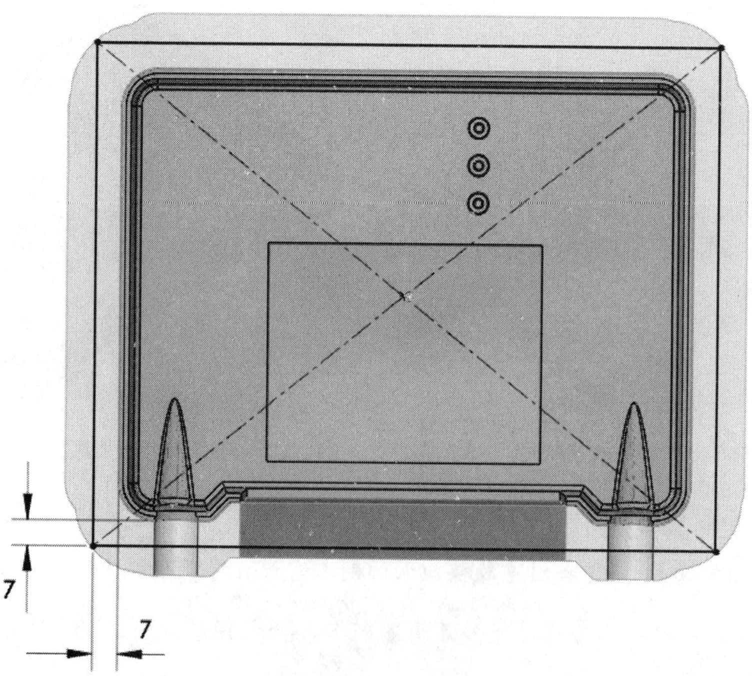

图5-66　切削分割草图

在每个方向拉伸 50mm 创建一个块体，如图 5-67 所示。

> **提示** 所有的单独曲面实体已经放入正确的选择框中了，这个是由模具文件夹自动决定的，单击【确定】✔。

步骤 20　查看结果

使用【移动/复制实体】打开模具，查看结果，如图 5-68 所示。

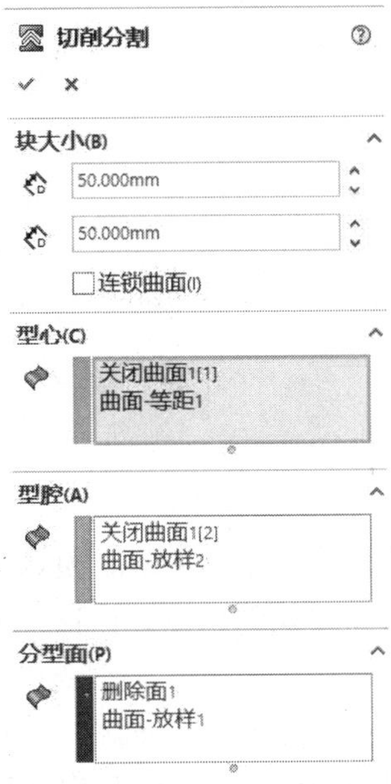

图 5-67　切削分割

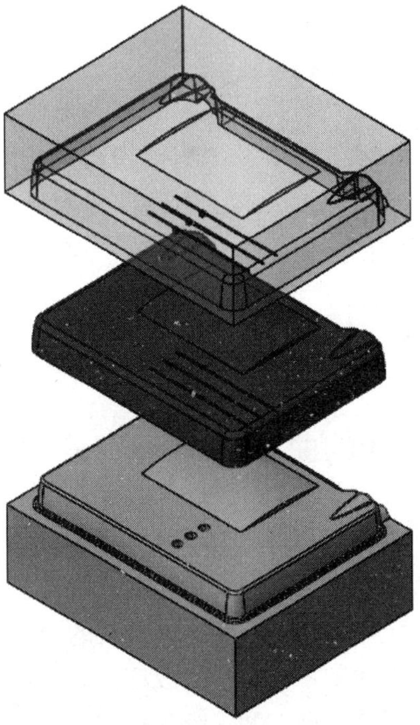

图 5-68　查看结果

步骤 21　保存并关闭文件

第 6 章　模具设计的高级曲面建模

学习目标

- 使用曲面特征创建一个定制分型面
- 手动把模具文件夹添加到一个模型
- 使用曲面建模技术创建关闭曲面
- 使用曲面特征和切削命令手动创建侧型心

6.1　模具设计的曲面建模

在前面的课程中，有一些例子需要创建曲面来补充和修改由 SOLIDOWORKS 模具工具生成的几何体。在本次课程中，将会研究一些实例，需要用曲面建模技术完整地创建模具设计特征，包括结构复杂的关闭曲面、定制侧型心以及错综复杂的分型面。

搅拌器有四个关键零件是注射成型，如图 6-1 所示。每个零件都代表一个挑战。之前已经在第四章中使用过搅拌器底部。剩下的三个零件将会在实例分析和练习中用到，目的是研究曲面用法以及学习许多模具元素的手动创建方法。

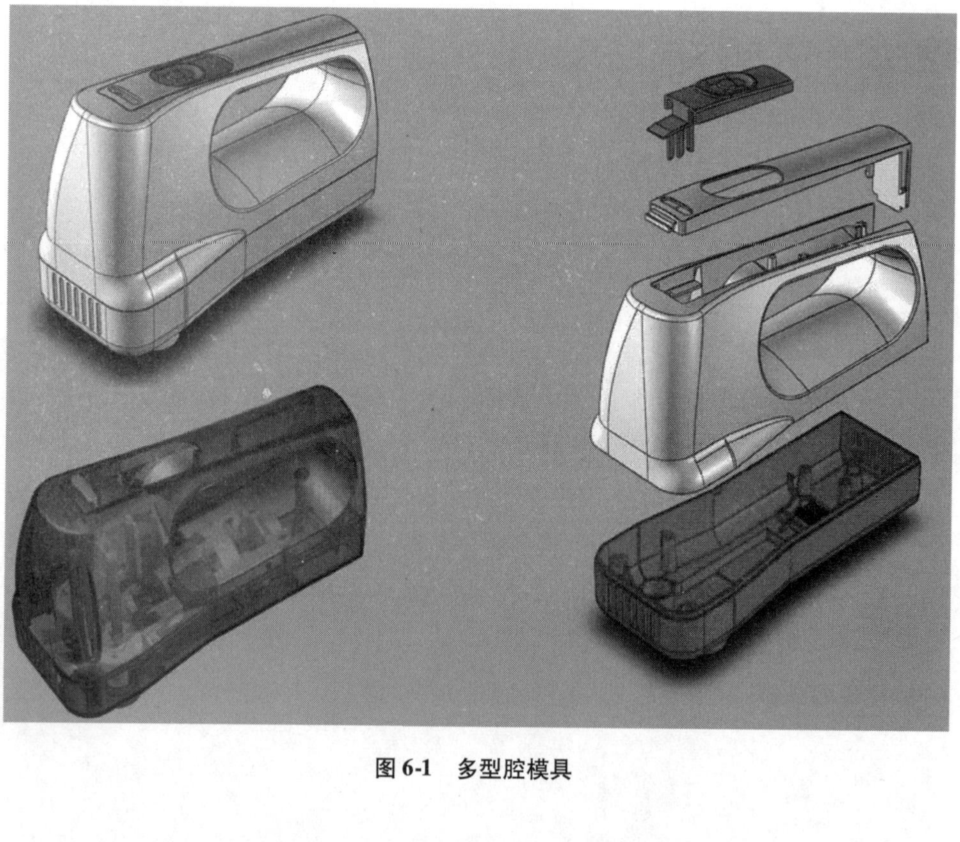

图 6-1　多型腔模具

6.2　实例练习：搅拌器后壳体

如图 6-2 所示的搅拌器后壳体因为它呈 L 形，在模具设计上具有挑战性。尤其是它的分型线和分型面，自动工具很难自动定义。由于零件比较复杂，需要使用手动选择技术来选择分型线，利用曲面特征来创建分型面。

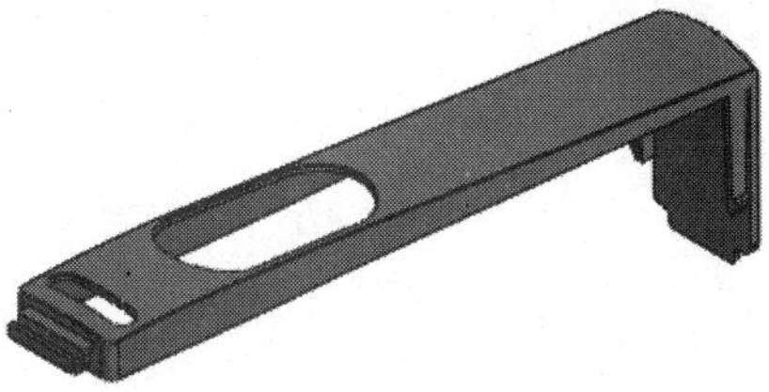

图 6-2　搅拌器后壳体

操作步骤

步骤 1　打开零件

打开 Lesson 06 \ Case Study 文件夹中的"Mixer Rear Housing"零件。

步骤 2　以重心为缩放点放大零件

设置【比例因子】为 1.02　（放大 2%）。

步骤 3　分型线

利用【分型线】命令创建分型线，以图 6-3 所示平面为拔模方向，拔模角度设为 1°。

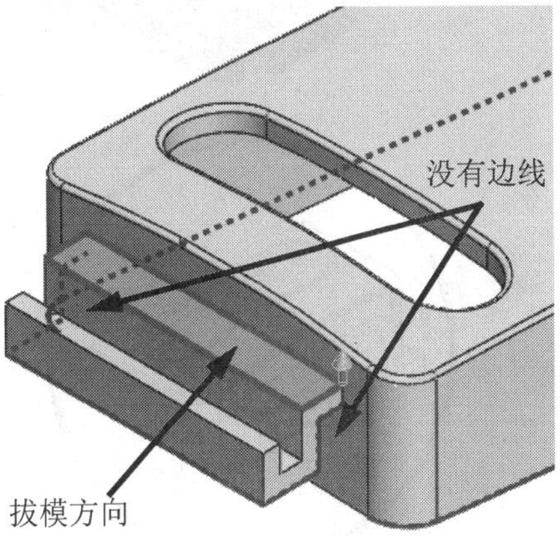

图 6-3　创建分型线部位

由于侧面没有拔模，所以【分型线】命令无法自动创建分型线，用户必须自己选择。如图 6-3 所示，单击【取消】✕。

如创建如图 6-4 所示的分型线，分型线将穿过一个平面，为了得到一个可选的边线，必须先分割这个平面。

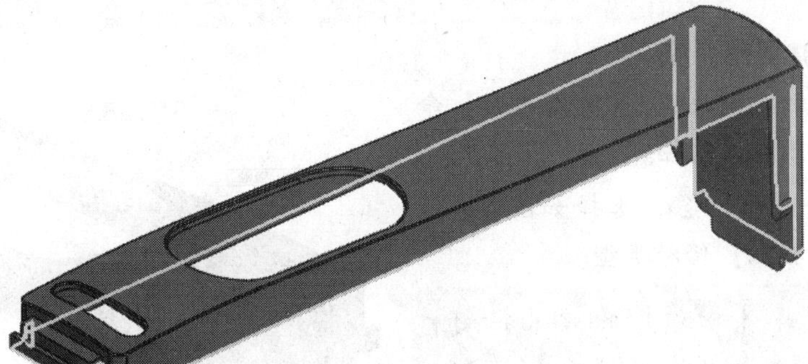

图 6-4　分型线穿越平面位置

步骤 4　分割平面

如图 6-5 所示，创建草图并使用【分割线】命令分割平面。

提示：另一种分割方法：在【分型线】命令中使用【要切割的实体】选项。

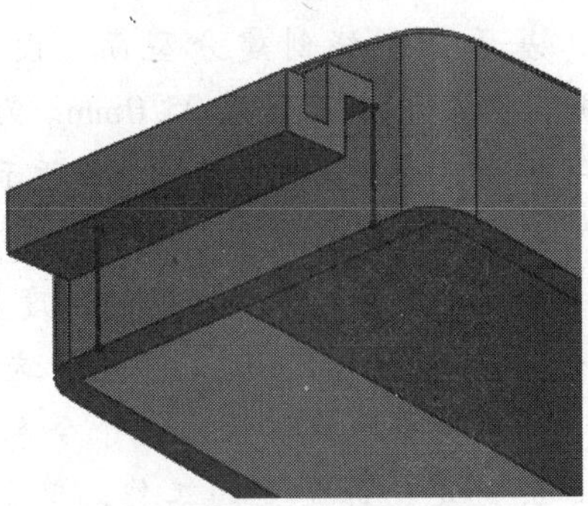

图 6-5　分割面

步骤 5　创建分型线

单击【分型线】，使用手工选择工具创建如图 6-6 所示的分型线。

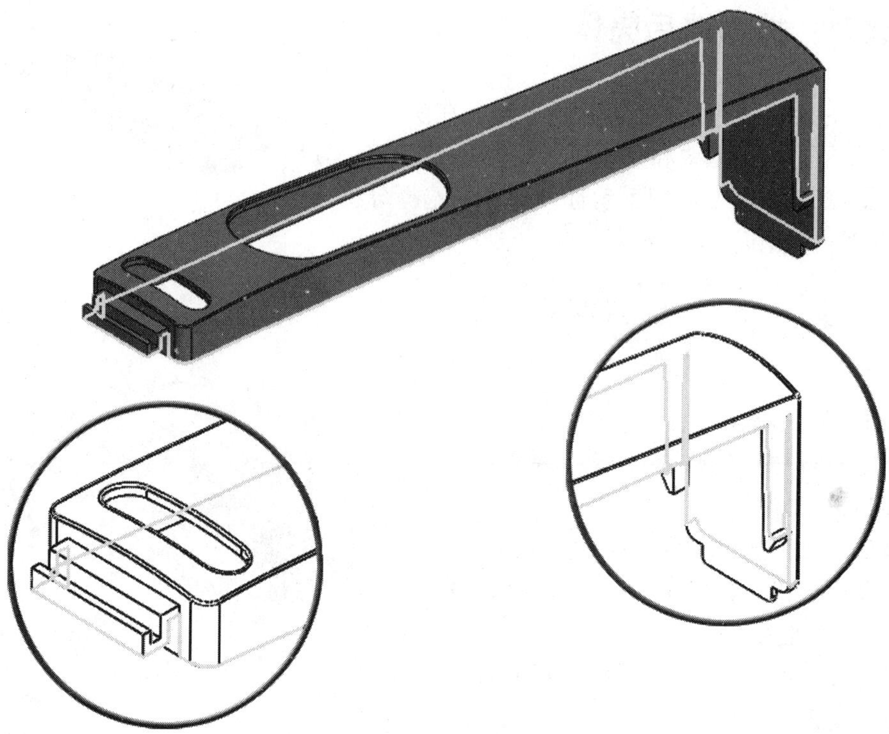

图6-6　分型线

提示　为了加以区分，选中的分型线会用不同的颜色显示。

步骤6　创建关闭曲面

由于分型线的方向改变，【关闭曲面】命令无法正确地封闭孔的路径。

单击【关闭曲面】，选择如图6-7所示的边，使用【接触】修补类型。

技巧　选择【相切】的效果很好。如有必要，单击【缝合】选项，单击【确定】。

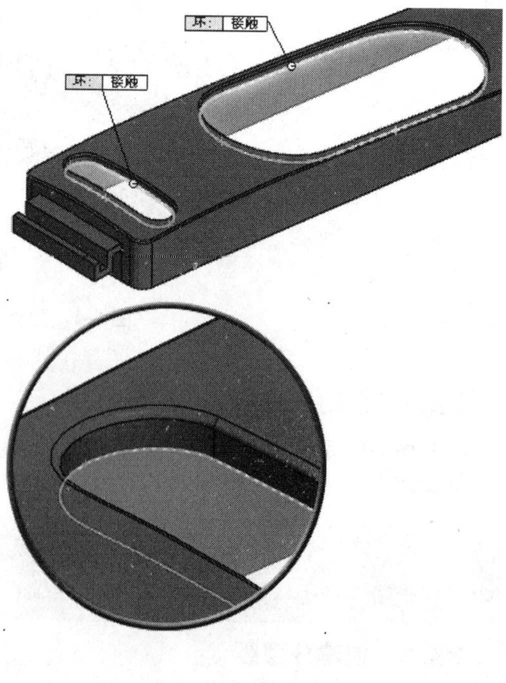

图6-7　创建关闭曲面

步骤7　创建分型面

基于分型线创建分型面，设置类型为【垂直于拔模】，距离为25.0mm。为了便于演示，对背景进行着色，如图6-8所示。

从预览图可以看出，有几个区域的分型面出现折叠或者与零件之间的角度是错误的。单击【手工模式】。但是，对于这个零件来说，手动调整节点以生成一个令人满意的分型面会将是一件繁重的工作，单击【取消】✕。

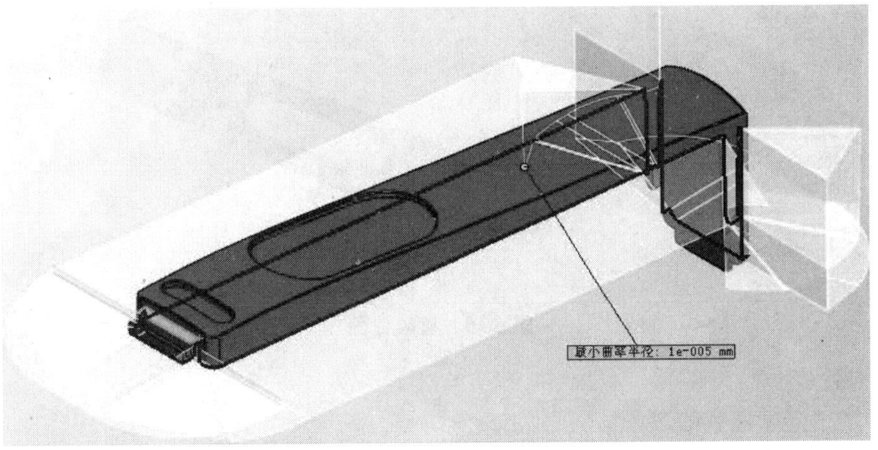

图 6-8　创建分型面

6.2.1　手工分型面

在前面的例子中经常利用自动工具创建一部分分型面，或者当一个零件太过复杂，无法生成许多可用的曲面时，能够用曲面工具手动创建。【直纹曲面】特别适合构建分型面，它是本例中主要用到的曲面特征。

步骤 8　隐藏分型线

分型线特征对于生成关闭曲面和识别拔模变化仍然很重要。但是为了让选择边更容易，将会在视图中隐藏它。

步骤 9　孤立实体

步骤 10　创建直纹曲面

单击【直纹曲面】，类型选择为【垂直于向量】，在零件上选择与拔模方向的面，距离改变为 25mm，选择如图 6-9 所示的 7 条边。

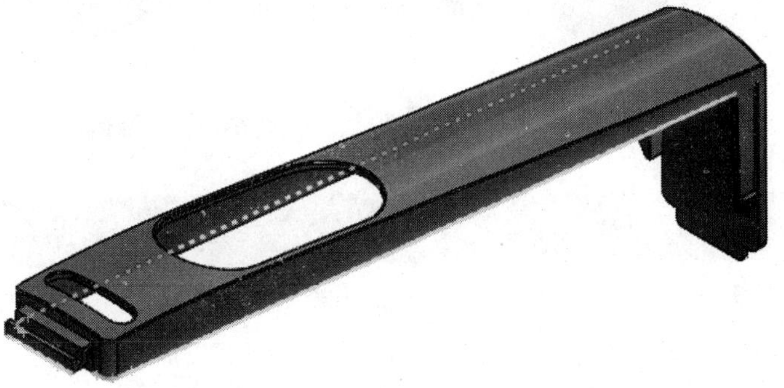

图 6-9　创建直纹曲面

使用 Shift 键高亮显示选择列表中的所有边，然后单击【交替方向】。先不要单击【确定】，如图 6-10 所示。

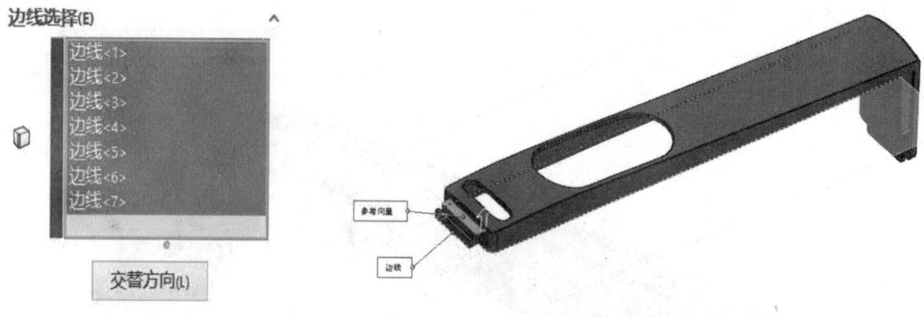

图 6-10　直纹曲面

步骤 11　选择其余的边

选择如图 6-11 所示的 3 条边，它们包围了 snap hook 特征。在 PropertyManager 中单击【交替方向】。

技巧 必须先选择列表中的边才能指定【交替方向】。

在零件的另一侧重复选择相同的边。

在零件的后面，选择如图 6-12 所示的边，使用【交替方向】。

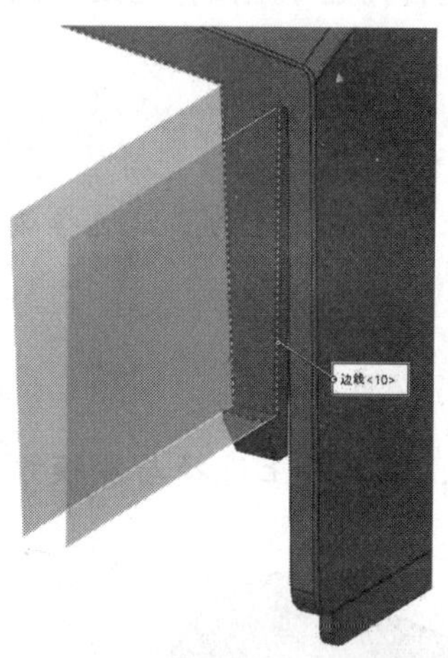

图 6-11　选择其余的边

图 6-12　选择边

注意 为了区分，其他选中的边已经隐藏。

总共有 24 条选择边，如图 6-13 所示，单击【确定】✔。

步骤 12　创建额外的曲面

为了完成分型面，将会创建额外的直纹曲面封闭零件前面的缺口。

单击【直纹曲面】，类型选择【正交于曲面】。设置距离为 5mm，选择如图 6-14 所示的 6 条边作为【交替面】的要求。

步骤 13　剪裁曲面

单击【剪裁曲面】，剪裁类型选择【相互】，将新曲面的下部分剪裁掉，如图 6-15 所示。

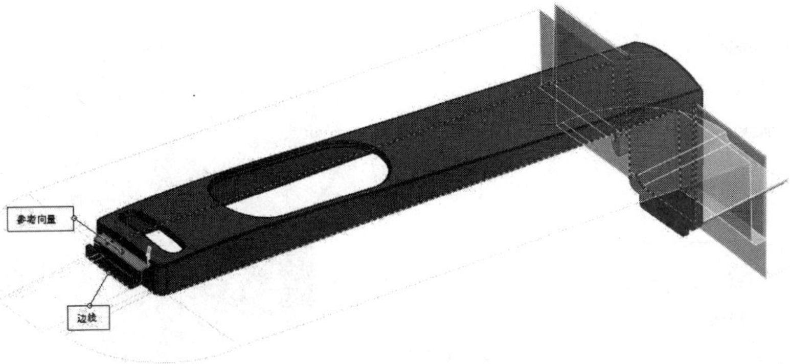

图 6-13　直纹曲面

步骤 14　缝合曲面

单击【缝合曲面】，选择分型面，把它们缝合成一个单独的曲面实体。

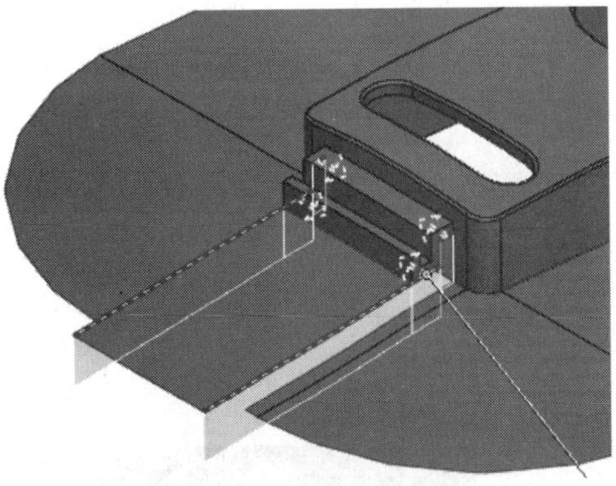

图 6-14　创建分型面

步骤 15　检查分型面

隐藏实体，检查分型面以确保所有的线都缝合在一起并且没有缺口。

发现有两个薄壁区域可能导致模具出现问题，如图 6-16 所示。使用【移动面】命令来修改这些区域。

单击【退出孤立】。

步骤 16　移动面

单击【移动面】，选择【平移】。选择如图 6-17 所示的面，终止条件选择【成形到一顶点】。使用图示的顶点和边作为补充的【参数】，单击【确定】✔。

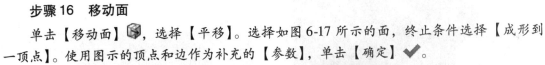

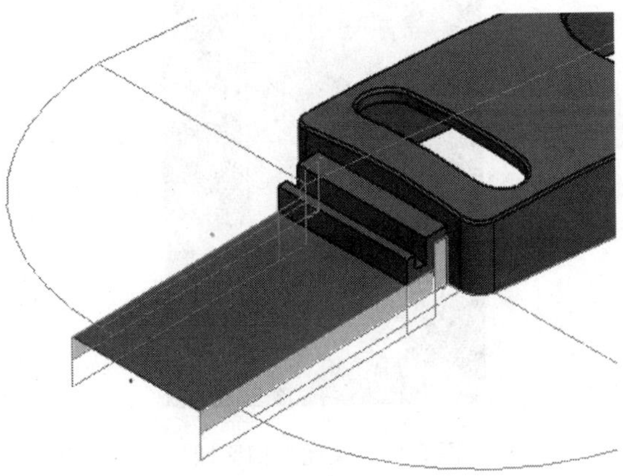

图 6-15　剪裁曲面

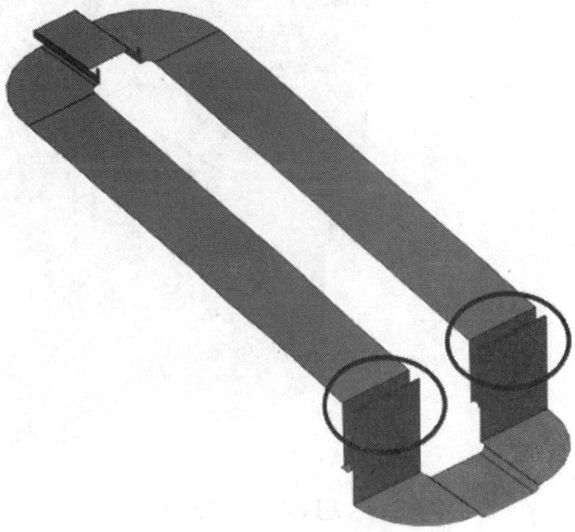

图 6-16　检查分型面

步骤 17　重复操作

在零件的另外一侧重复步骤 16，如图 6-18 所示。

步骤 18　关闭开口区域

分型面的修改留下一个开口区域，它需要关闭以形成型心和型腔面，如图 6-19 所示。

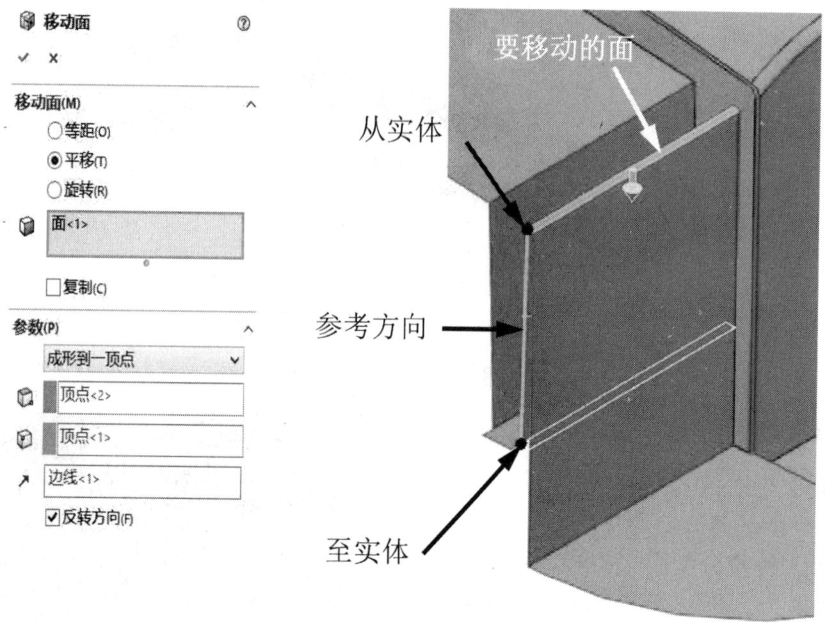

图 6-17　移动面（1）

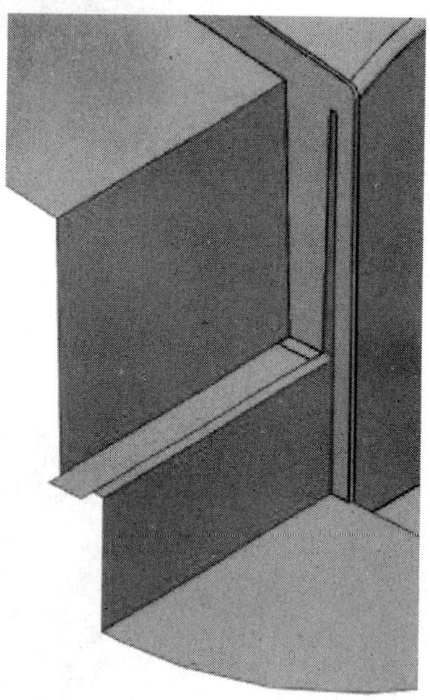

图 6-18　移动面（2）

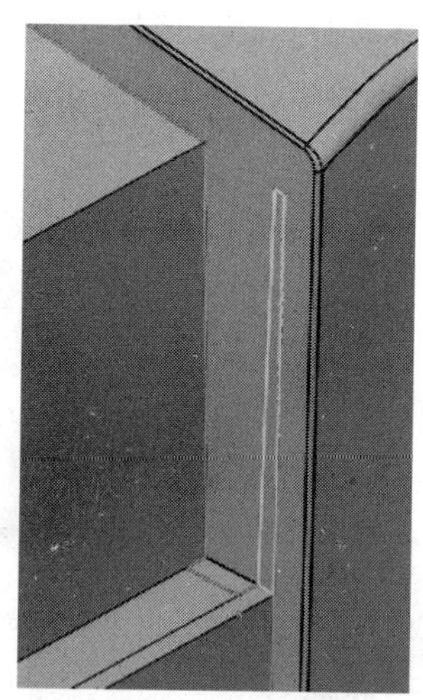

图 6-19　关闭开口区域

步骤 19　填充曲面

使用【填充曲面】命令为零件的所有侧手动创建关闭曲面，这些面会形成型腔体的面。

步骤 20　复制曲面

使用【等距曲面】命令创建曲面的副本，它们会作为型心体的面使用。

6.2.2　模具分割文件夹

使用模具工具自动工作时，三个模具文件夹会随着相应步骤的完成而添加。如果是手动创建曲面，文件夹必须单独添加。【插入模具文件夹】会添加三个模具文件夹，已有的文件夹则不会再度创建。在切削分割过程中，使用模具文件夹会自动选中曲面。

知识卡片	插入模具文件夹	• CommandManager：【模具工具】/【插入模具文件夹】。 • 菜单：【插入】/【模具】/【插入模具文件夹】。

步骤 21　曲面实体文件夹

为了将新的曲面识别为分型面，应把它添加到合适的【曲面实体】文件夹中。

在 FeatureManager 设计树中展开【曲面实体】文件夹。由于还没有创建一个分型面特征，所以当前不存在【分型面实体】文件夹，如图 6-20 所示。

单击【插入模具文件夹】，添加【分型面实体】文件夹。把【移动面 2】实体拖到这个文件夹中，如图 6-21 所示。

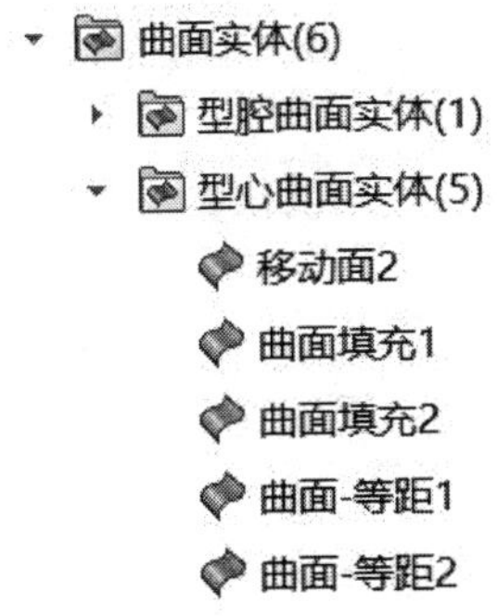

图 6-20　【曲面实体】文件夹

步骤 22　移动关闭曲面

把手工创建的关闭曲面拖到合适的文件夹，如图 6-22 所示。

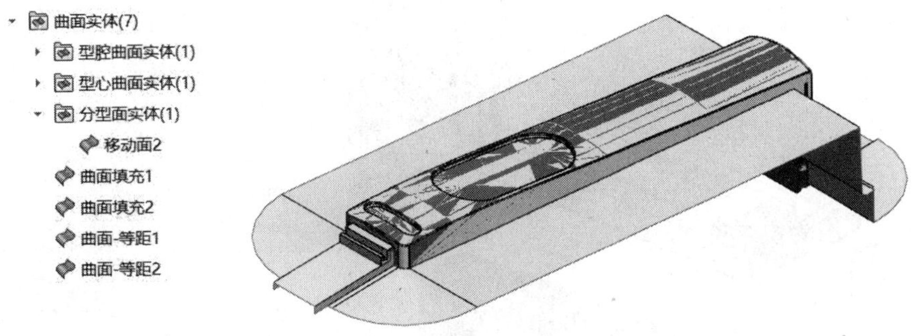

图 6-21　添加文件夹

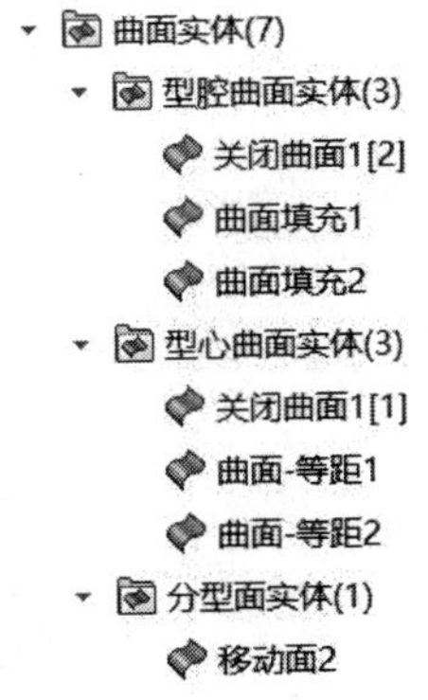

图 6-22　移动关闭曲面

- 【曲面填充 1】和【曲面填充 2】放入【型腔曲面实体】文件夹。
- 【曲面-等距 1】和【曲面-等距 2】放入【型心曲面实体】文件夹。

步骤 23　创建切削分割草图

对于切削分割草图，使用绿色的高亮面作为草图平面，创建如图 6-23 所示的矩形。往型腔侧拉伸 76mm，型心侧拉伸 21mm。

步骤 24　打开模具

使用【移动/复制实体】或者【爆炸视图】打开模具，查看结果，如图 6-24 所示。

步骤 25　保存并关闭所有文件

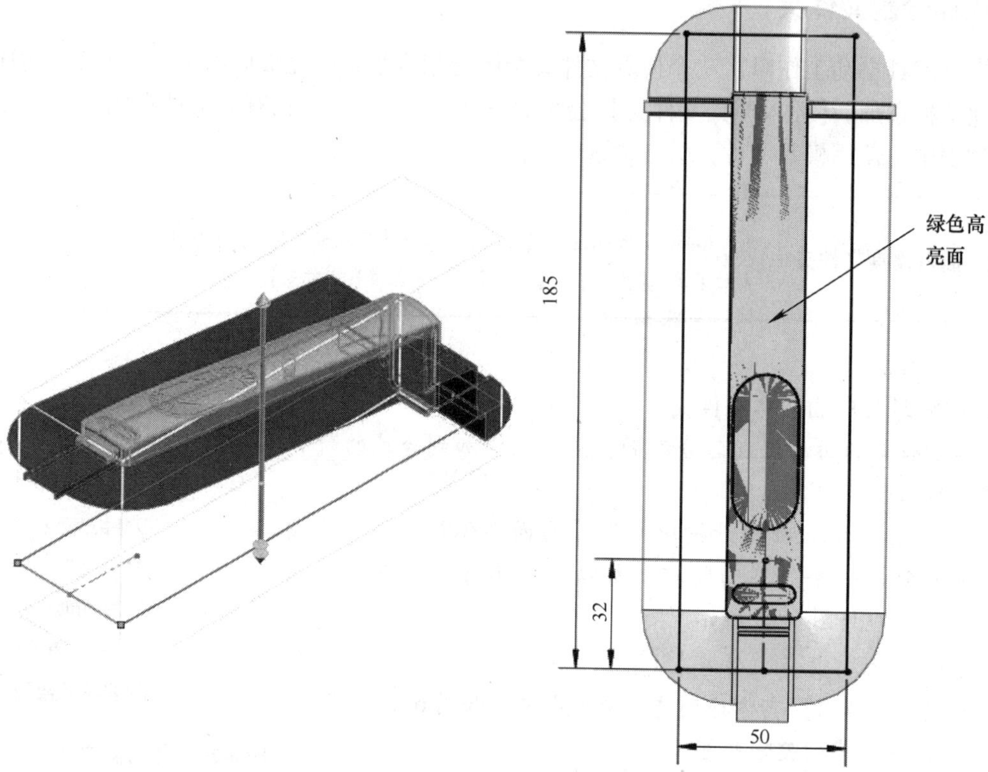

图 6-23　创建切削分割草图

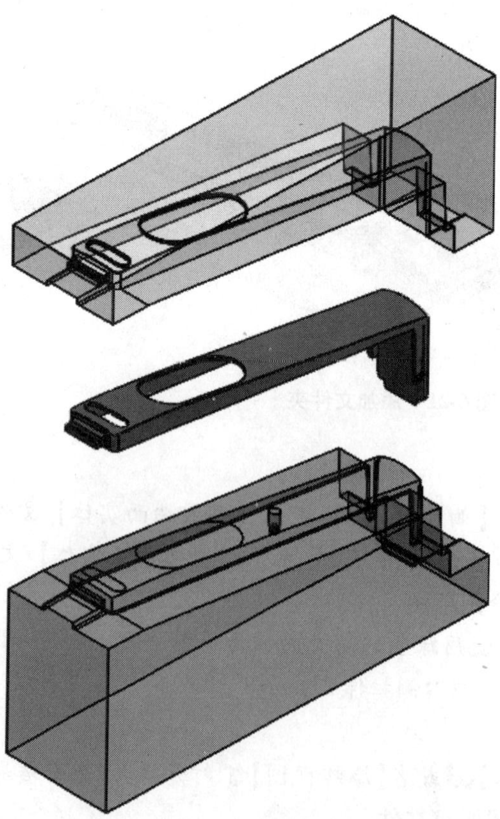

图 6-24　查看结果

6.2.3　总结

在本实例中，由于零件上缺少拔模由正到负变化的位置，使用【分型线】命令无法创建分型线，手动选择所有边线以确定分型线的位置。同时，必须在没有边线的模型截面上创建跨越截面的边线，以便分型线经过它。

由于方向的急剧改变，【分型面】命令无法创建合适的分型面，需要创建部分分型线来辅助创建部分分型面。然后，创建大量形成分型面的曲面，它们必须被剪裁和缝合，最终形成一个单一的曲面。也要使用【移动面】调整分型面，然后添加手工关闭曲面来修补这个调整所遗留下的开口。

然后使用【插入模具文件夹】命令添加【分型面实体】文件夹。所有创建的手工曲面要添加到正确的文件夹中，这样在切削分割的过程中，它们就会被正确地识别。

6.3　实例练习：搅拌器把手

在这个实例练习中，将为食品搅拌器把手创建模具，如图 6-25 所示。这个零件的分型线和分型面都是很直观的。然而，关闭曲面和侧型心要求和手动地创建曲面。

6.3.1　手动关闭曲面

通常来说，关闭曲面命令应该用于自动创建尽可能多的要求曲面。用该命令自动创建关闭曲面能够减少手动创建的工作量。对于正交于拔模方向的平面开口，使用关闭曲面命令是很有效的，而对于平行于拔模方向或者在多个角度有多条边的开口，则不太有效。

如果系统构建的关闭曲面形状不正确或者无法创建，可以使用以下流程手动创建：

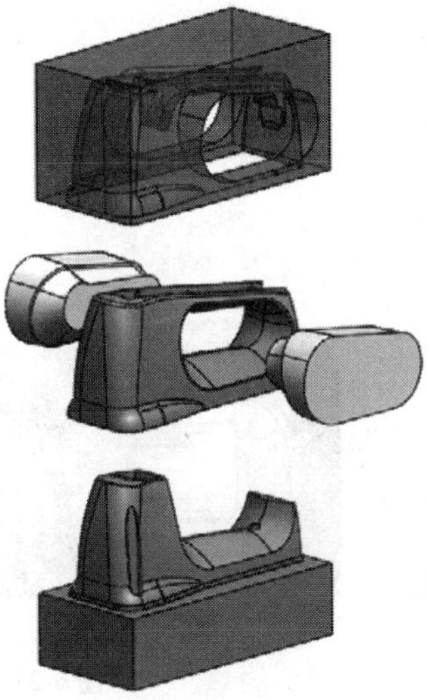

图 6-25　搅拌器后把手模具

1）在【关闭曲面】命令中选择一个环。

2）通过单击屏幕上的标志框，设置填充类型为【不填充】。

3）完成关闭特征。

4）建立用户要求的曲面。

5）复制用户创建的曲面。

6）把一个曲面的副本放入【型心曲面实体】文件夹，另外一个放入【型腔曲面实体】文件夹。待切削分割操作时，系统会使用它们。

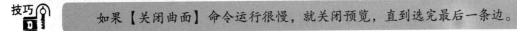

技巧：如果【关闭曲面】命令运行很慢，就关闭预览，直到选完最后一条边。

如果想要对型心、型腔和关闭曲面做大量的额外曲面建模，可以就关闭【缝合】命令，这样就只会为每个单独的关闭面生成一个曲面实体。

清除【过滤环】将会给关闭曲面添加所有潜在的开放环。如有必要，修改选择的边。

操作步骤

步骤 1　打开零件

打开 Lesson 06 \ Case Study 文件夹下的“Mixer Handle”零件。

步骤 2　以重心为缩放点放大零件

设置【比例因子】为 1.02（放大 2%）。

步骤3　创建分型线

创建一条分型线，使用Top Plane作为拔模方向，拔模角度为1°。使用手动选择技术选择如图6-26所示的边。

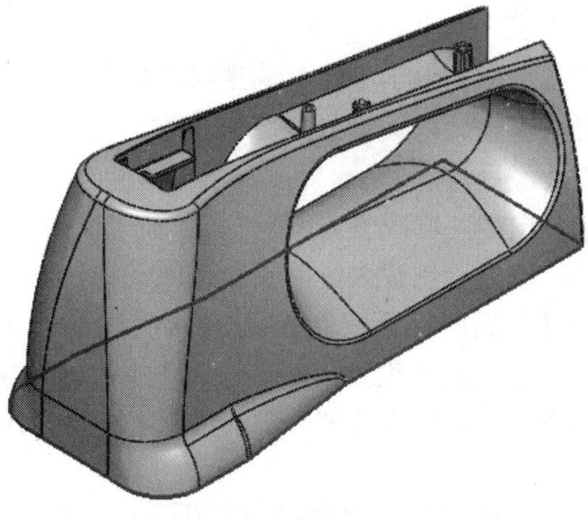

图6-26　创建分型线

步骤4　检查零件

需要两个关闭曲面，如图6-27所示。

步骤5　关闭曲面

单击【关闭曲面】，由于两个开口比较复杂，需要进行手动选择。清除列表中的所有边，选择边形成如图6-28所示的环。自动工具在这个区域无法创建一个令人满意的修补。

设置修补类型为【不填充】，先不单击【确定】。

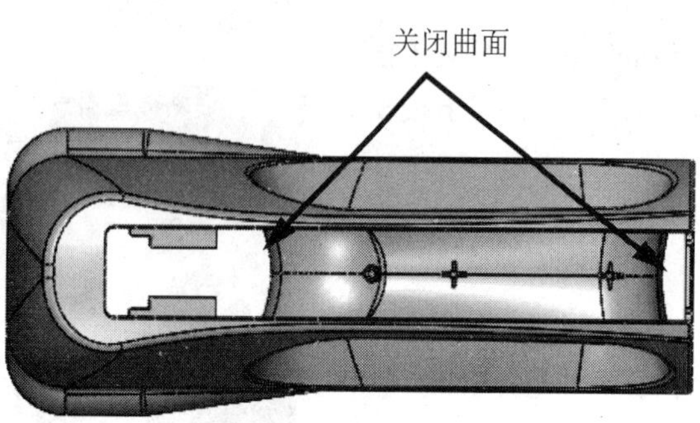

图6-27　关闭曲面

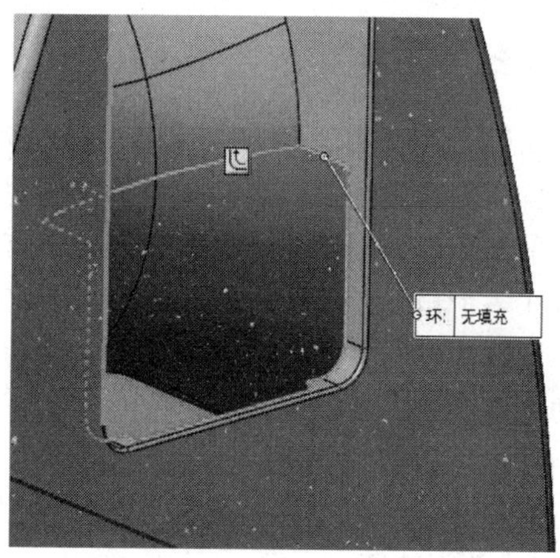

图6-28　修补类型

6.3.2　不填充的关闭曲面

当关闭曲面命令无法自动构建一个合适的曲面时，这些边仍然需要定义。这是因为关闭曲面命令不仅定义型心和型腔的开口面，而且它定义了两片模具之间的边界。

通过定义一个关闭曲面的边，设置修补类型为【不填充】，型心和型腔曲面实体仍然可以创建。但是，它们会是开放曲面，只有在“不填充”的关闭区域手动创建要求的曲面特征后，它们才能成功地在切削分割中使用。

步骤6　修补第二个开口

选择第二个开口的边，如图6-29所示。改变修补类型为【不填充】，不勾选【缝合】复选框，因为还没有创建所有的关闭曲面。

提示　当用户已经正确选择了所有的边后，PropertyManager中的信息会变成绿色，提示模具可以分割成型心和型腔。单击【确定】。

步骤 7　查看结果

型心和型腔曲面实体已经创建，但是仍然有开口区域需要修补，这样才能形成用于切割实体的曲面。

步骤 8　孤立型腔曲面

为了更容易选择，【孤立】型腔曲面实体，如图 6-30 所示。

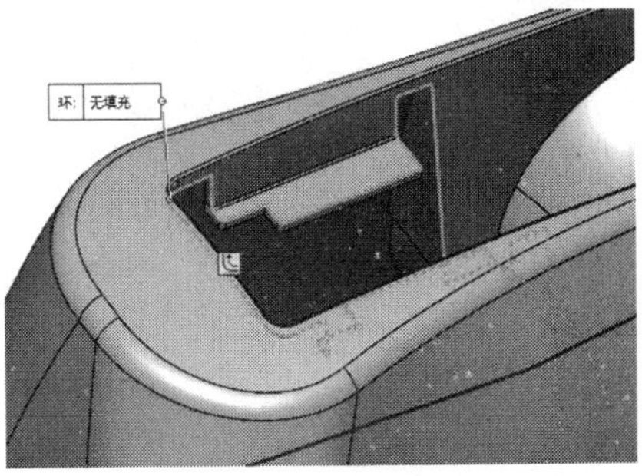

图 6-29　修补类型

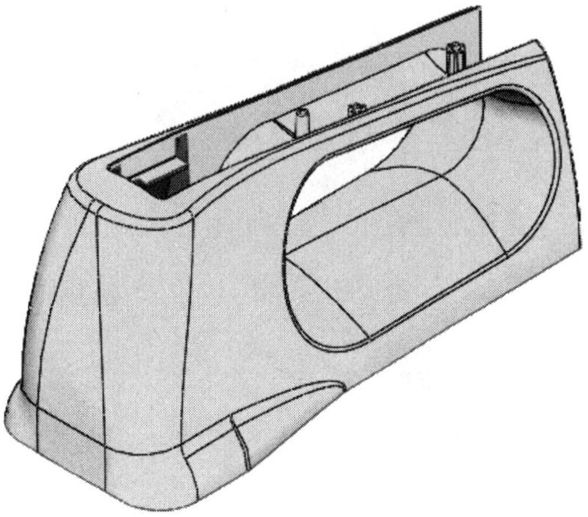

图 6-30　孤立型腔曲面

接下来将参考这个实体的开口边手动创建关闭曲面。

步骤 9　通过参考点的曲线

对于后面的开口，创建一条【通过参考点的曲线】，这条曲线作为要创建曲面的边界，如图 6-31 所示。

步骤 10　创建填充曲面

使用这条曲线和型腔的开口边，创建如图 6-32 所示的【填充曲面】。

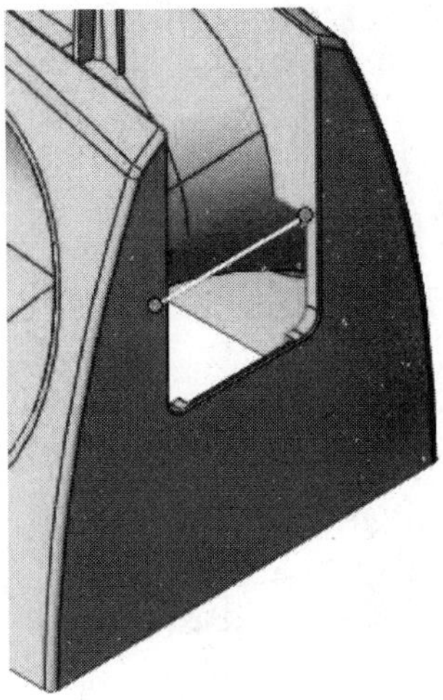

图 6-31　参考点

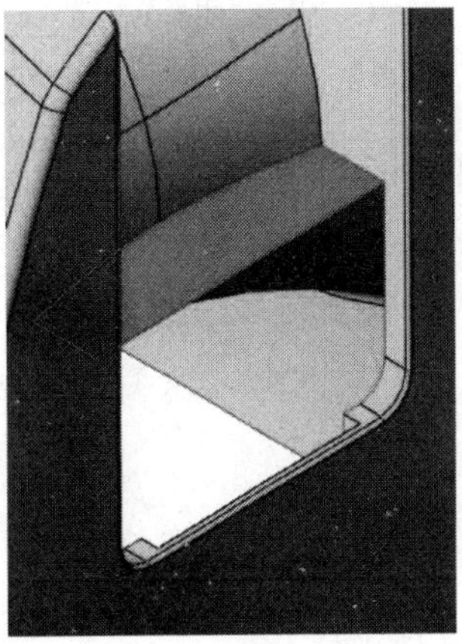

图 6-32　填充曲面

步骤 11　创建另一个填充曲面

从剩下的开口边创建另一个填充曲面。

步骤 12　缝合曲面

使用【缝合曲面】为后面的关闭曲面创建一个单独的曲面实体，如图 6-33 所示。

步骤 13　创建平面区域

在如图 6-34 所示的两条边之间创建一个【平面区域】。

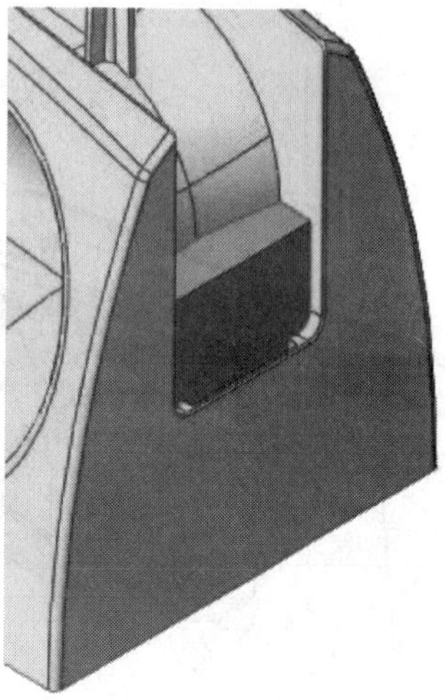

图 6-33　缝合曲面

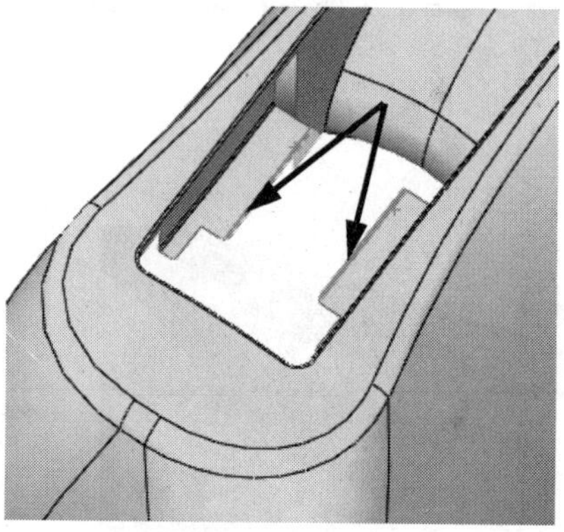

图 6-34　创建平面区域

步骤 14　填充曲面

使用【3D 草图】绘制一条边，两个顶点如图 6-35a 所示。这个草图加上已经存在的边用来定义填充曲面。

提示　当选择顶点的时候，确定已经包括了圆角的边。

创建一个【填充曲面】，使用的边包括：3D 草图的边、平面区域的边以及如图 6-35b 所示的其他 9 条边。

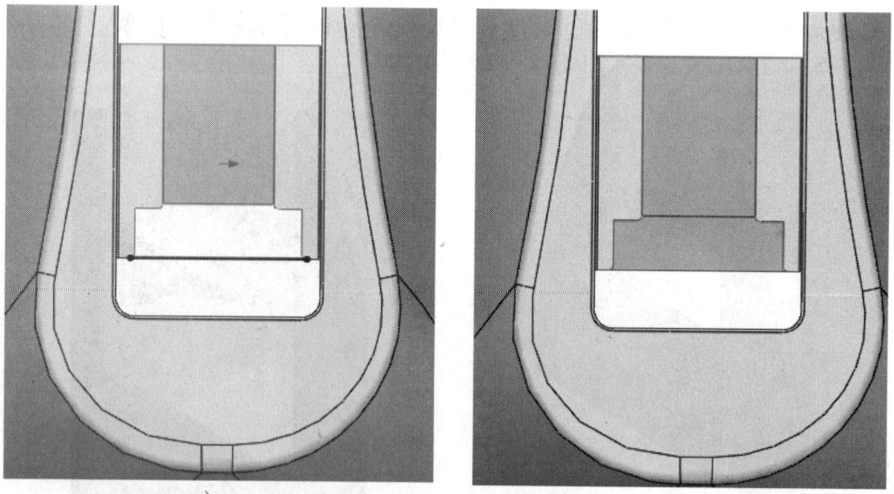

a)　b)

图 6-35　填充曲面的边

提示　除了使用一条 3D 草图的边，也可以使用【通过参考点的曲线】。两种方法得到的结果是一样的。

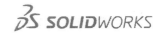

步骤 15　额外填充曲面

使用 3D 草图的边或者【通过参考点的曲线】创建必要的边界实体，利用它们生成如图 6-36 所示的填充曲面。

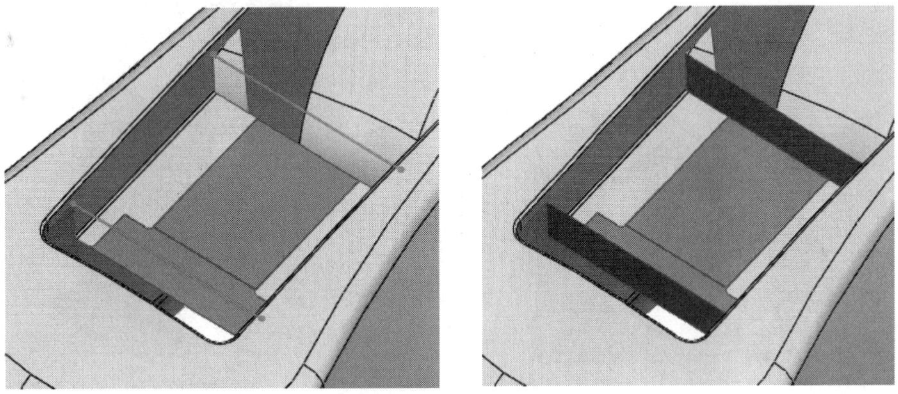

图 6-36　填充曲面

步骤 16　放样曲面

如图 6-37 所示，在三条边之间创建一个【放样曲面】。使用【SelectionManager】选择合适的边。对于第一条【引导线】，使用【SelectionManager】选择下端的边。第二条引导线是填充曲面的边，【引导线感应类型】改为【到下一尖角】。

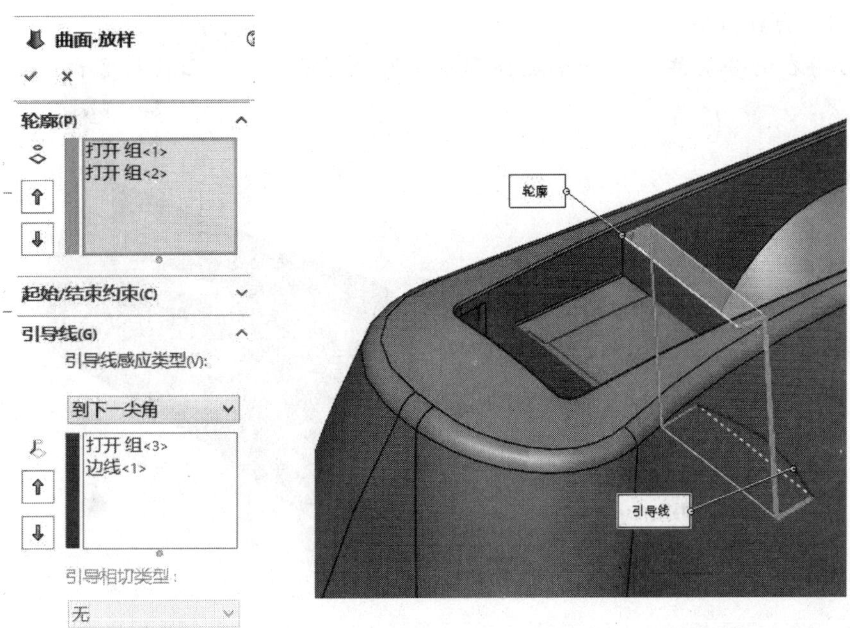

图 6-37　放样曲面

步骤 17　填充曲面

创建另一个【填充曲面】关闭前面的开口区域，如图 6-38 所示。

步骤 18　缝合曲面

使用【缝合曲面】为前面的关闭曲面创建一个单独的曲面实体，如图 6-39 所示。

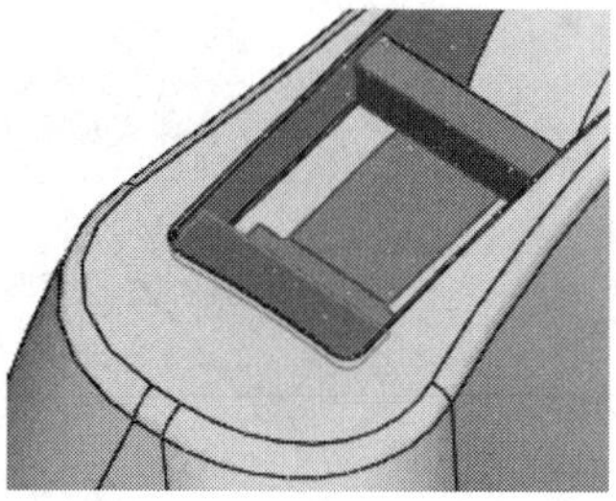
图 6-38　填充曲面

图 6-39　缝合曲面

步骤 19　复制曲面

使用【等距曲面】为每个手工关闭曲面创建一个副本。

步骤 20　整理曲面

把缝合的曲面移到【型腔曲面实体】文件夹，将曲面的副本移到【型心曲面实体】文件夹。隐藏曲面实体，如图 6-40 所示。

步骤 21　创建分型面

用已经存在的分型线创建一个延伸 30mm 的分型面，垂直于拔模方向，如图 6-41 所示。

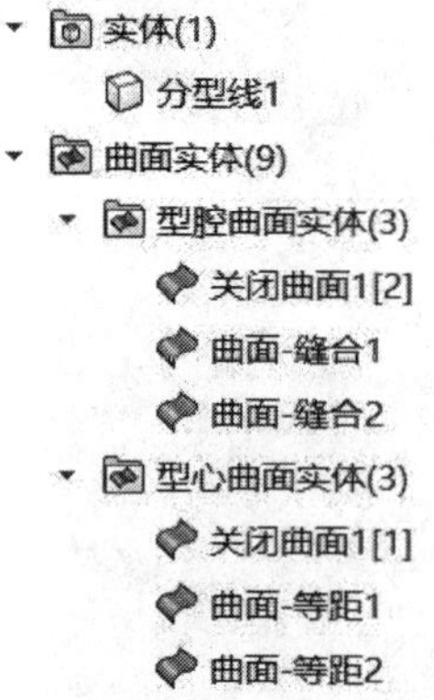

图 6-40　整理曲面

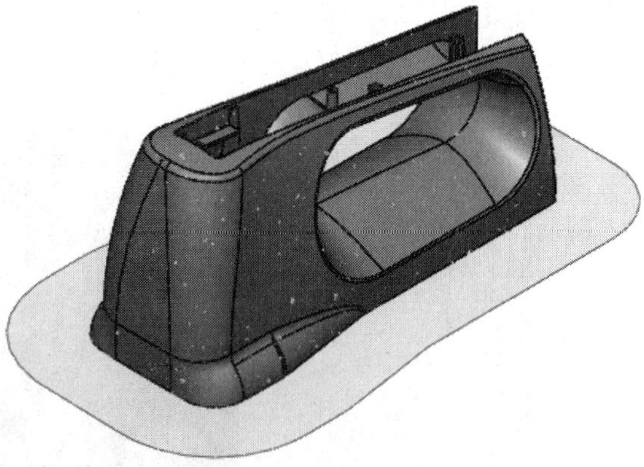
图 6-41　创建分型面

步骤 22　切削分割草图

在分型面上绘制草图，创建如图 6-42 所示的一个矩形。

步骤 23　创建切削分割

创建切削分割，型腔侧拉伸 95mm，型心侧拉伸 50mm，如图 6-43 所示。

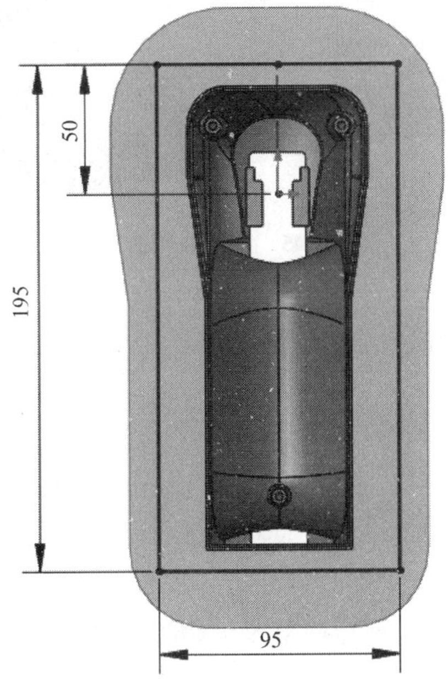

图 6-42　切削分割草图

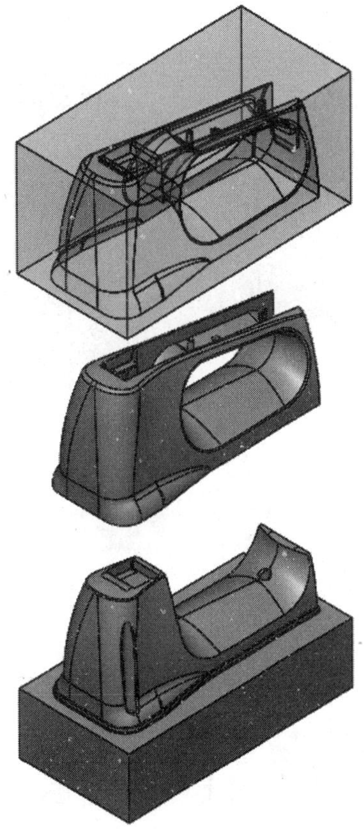

图 6-43　创建切削分割

6.3.3　手动创建侧型心

为了创建搅拌器的孔，需要两个侧型心。但使用【型心】命令无法创建，这是因为对于这个侧型心，还没有一个终止面。

为了手动创建这个侧型心，不仅要创建需要的曲面，也要复制这个孔的面。一旦侧型心的面都完成了，将会使用切割命令创建新的实体。

步骤 24　创建填充曲面

隐藏两个切削分割的实体以及零件中曲面，如图 6-44 所示。创建一个【填充曲面】，分割两个侧型心。

步骤 25　缝合面和曲面

缝合手柄开口周围的 16 个面和上一步创建的填充曲面，如图 6-45 所示。

> **注意**　在圆角处有一个很小的面，请确认选择面的时候将其包括。考虑孤立新的曲面实体以确保它是完整的。

步骤 26　创建直纹曲面

下面需要曲面切割剩下的型腔体，这些曲面必须有拔模角度，这样才能让型心从型腔中脱离。

在缝合曲面周围的 7 条边创建一个【直纹曲面】，如图 6-46 所示。曲面的锥度为 3°，距离为 40mm。【锥销到向量】的参考面为步骤 24 创建的填充曲面。

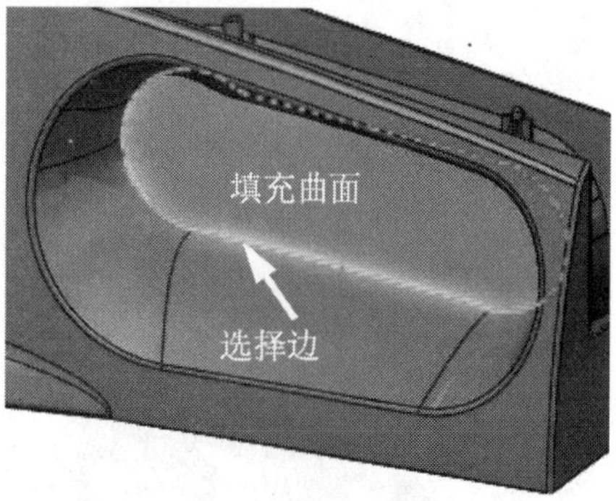

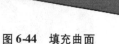

图 6-44　填充曲面

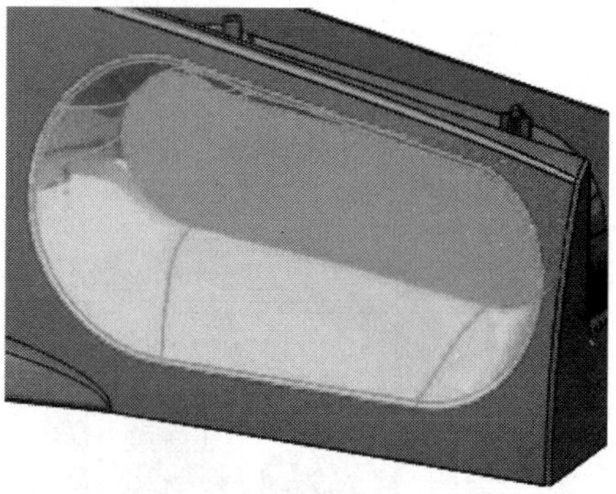

图 6-45　缝合曲和曲面

提示　为了查看清楚，已经将搅拌器的实体隐藏。

步骤 27　缝合曲面

把前两步创建的所有曲面缝合。

提示　为了缝合成功，可能需要放大【缝合公差】。

步骤 28　镜像

沿着平面【镜像】曲面实体，以创建另一侧的对称侧型心，如图 6-47 所示。

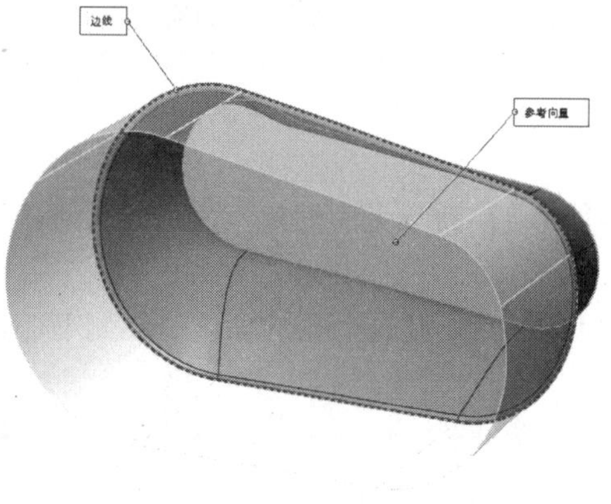

图 6-46　创建直纹曲面

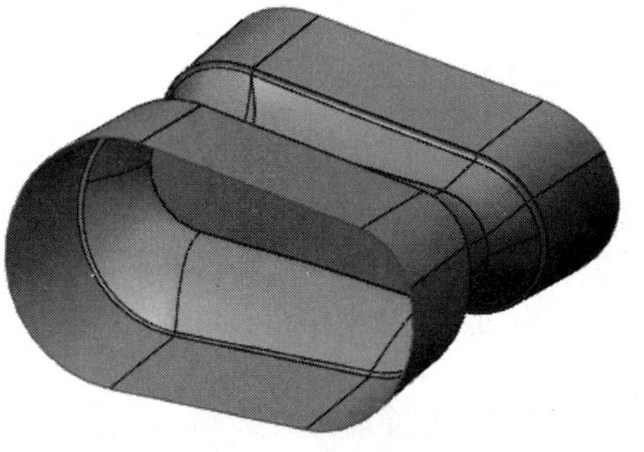

图 6-47　镜像实体

步骤 29　分割型腔实体

仅显示型腔实体，单击【插入】/【特征】/【分割】，【剪裁工具】使用【曲面-缝合】和【镜像 1】曲面实体。

【目标实体】选择代表型腔的【切削分割】实体。

单击【切割实体】，选择 3 个生成的实体，单击【确定】。如图 6-48 所示。

步骤 30　隐藏曲面

隐藏两个曲面实体。

步骤 31　显示实体

显示零件中的实体。

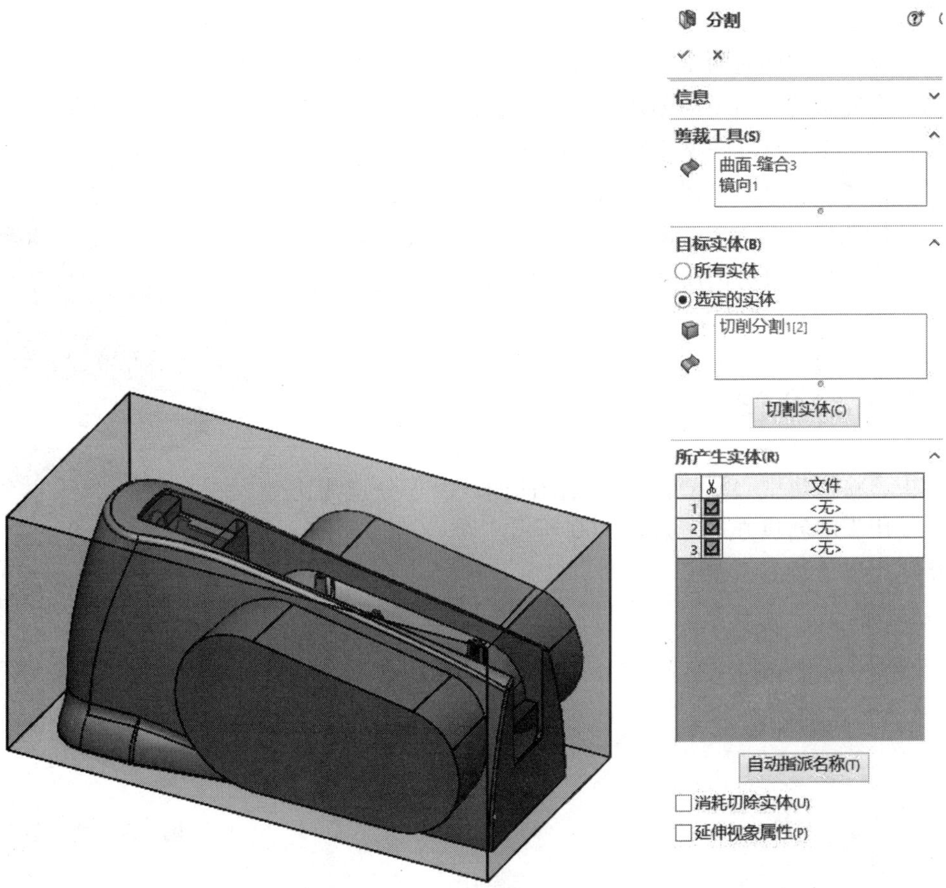

图 6-48　分割型腔实体

步骤 32　移动实体

使用【移动/复制实体】或爆炸视图打开模具，查看结果。

也可添加外观以提升显示效果，型腔体是蓝玻璃，透明度为 0.40。型心体是绿色高光泽塑料。两个侧型心是黄色高光泽塑料，如图 6-49 所示。

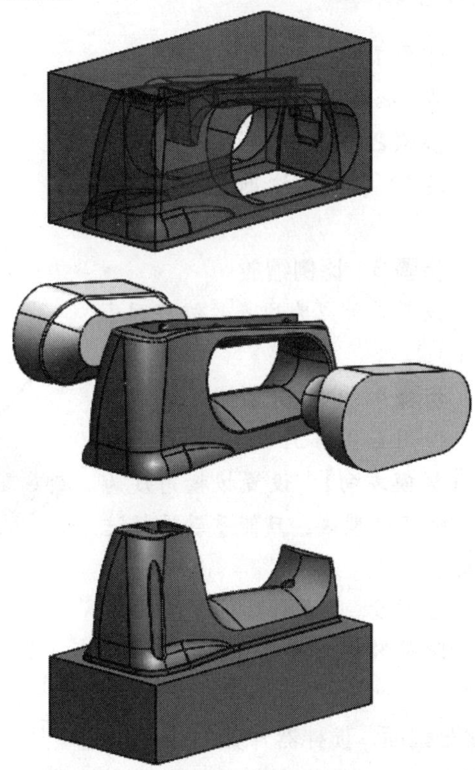

图 6-49　查看结果

6.3.4 总结

本例采用手动创建曲面有两个目的：

首先，为一个复杂的开口手动创建关闭曲面，而自动工具无法做到。一旦完成曲面，把它们缝合到一起，并且创建副本。这样在型心和型腔曲面实体文件夹中就会有相同的曲面了。

其次，在型腔体中，通过创建一个填充曲面和直纹曲面，手动创建侧型心，并且把它们和模型的曲面副本缝合。一旦完成，把它们缝合在一起，然后利用缝合的曲面把侧型心体从型腔体中分割出来。

练习 6-1　搅拌器开关

在本练习中，将创建型心和型腔所需要的曲面，由于分型线比较复杂，要求使用手动创建方式，如图 6-50 所示。

本练习将应用以下技术：

- 手工分型面。
- 模具分割文件夹。

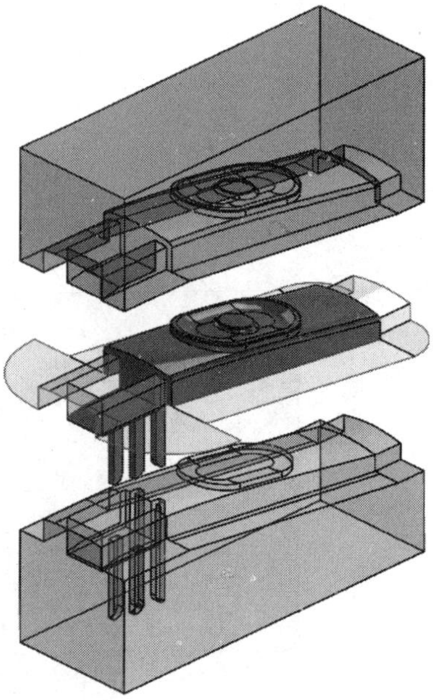

图 6-50　搅拌器开关

操作步骤

步骤 1　打开零件

在 Lesson06 \ Exercises 文件夹中打开“Mixer Switch. x_b”文件。

步骤 2　输入诊断

运行【输入诊断】，修复错误。

步骤 3　比例缩放

设置缩放点为原点，缩放因子为 1.02。

步骤 4　创建分型线

使用如图 6-51 所示的曲面作为【拔模方向】，设置拔模角度为 1°，创建分型线，只能手动选择这些边。

步骤 5　隐藏分型线

隐藏分型线 1，孤立实体。

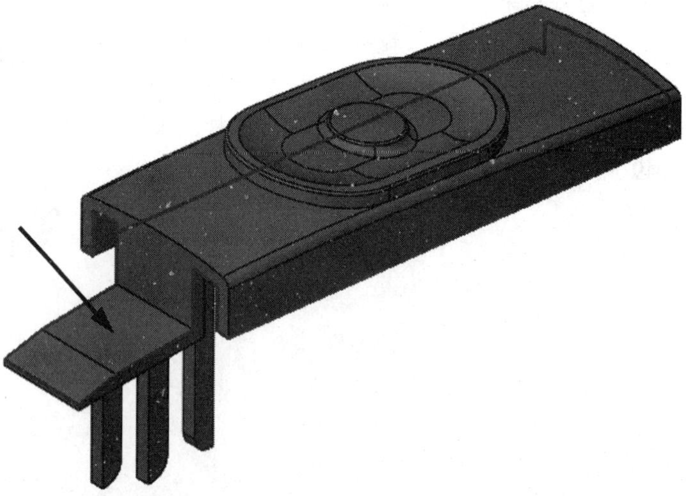

图 6-51　创建分型线

创建分型面　搅拌器开关的分型面应该从分型线延伸出来，如图 6-52 所示。分型面必须足够大，用来分割 30mm × 85mm 的模具块。因为分型线复杂，分型面特征不能自动创建所有的曲面，所以一些或者所有的面需要用曲面特征建模。

作为一个挑战，尝试创建如图 6-52 所示的分型面。

更多详细的指导详见接下来步骤,有多种不同的方法创建需要的面。本文只是介绍了一种可能的方法。

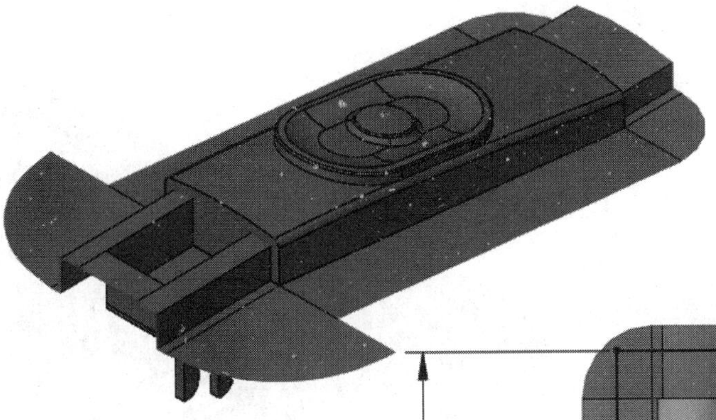

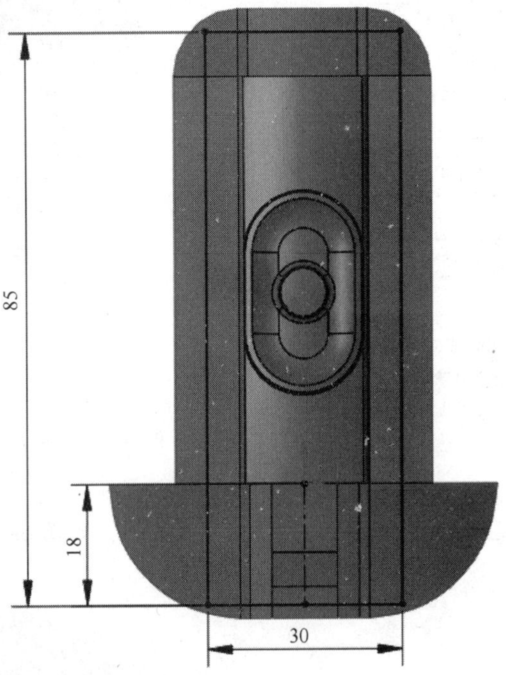

图 6-52　创建分型面

步骤 6　使用曲面特征创建分型面

1）直纹曲面，类型为【垂直于向量】，距离为 10mm，如图 6-53 所示。

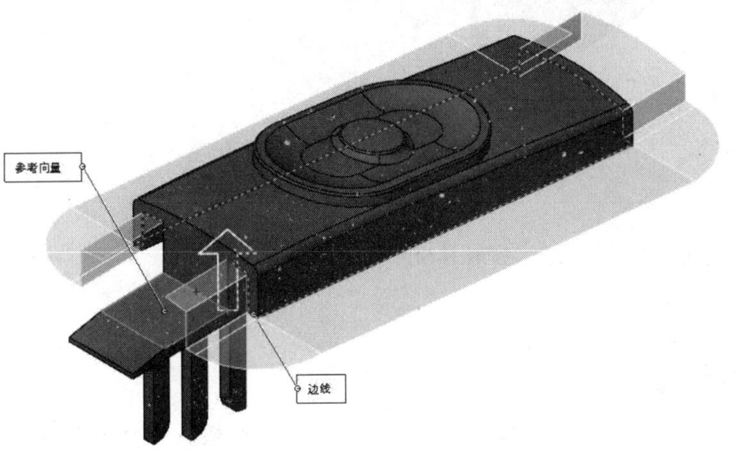

图 6-53　创建直纹曲面（1）

2）直纹曲面，类型为【扫描】，距离为10mm，如图6-54所示。

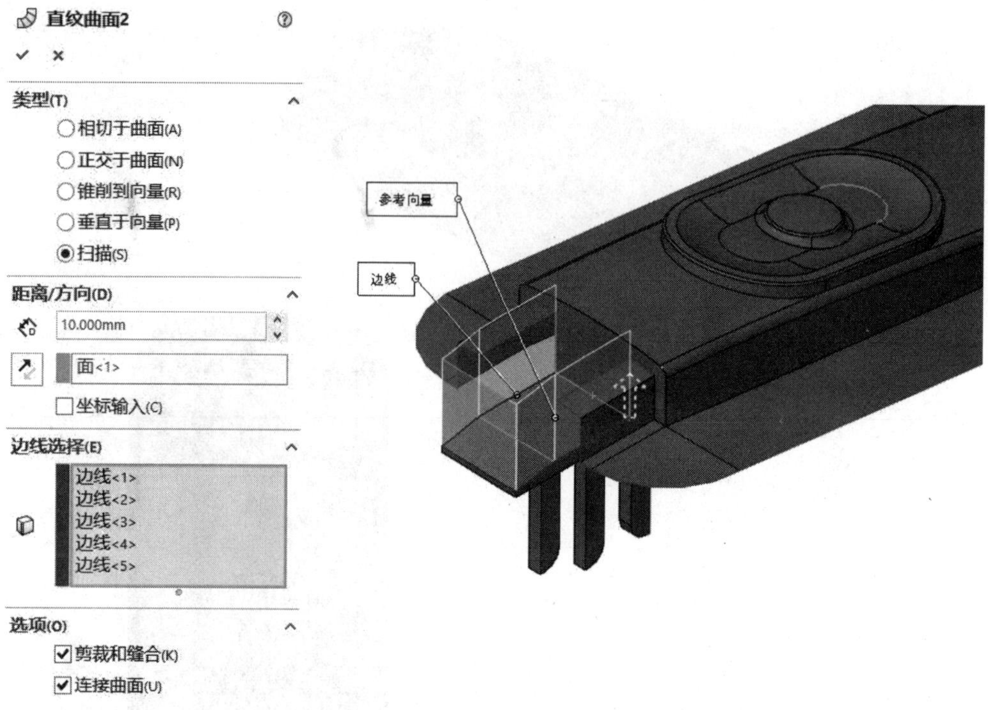

图6-54　直纹曲面（2）

3）延伸8个曲面的边，长度为10mm，如图6-55所示。

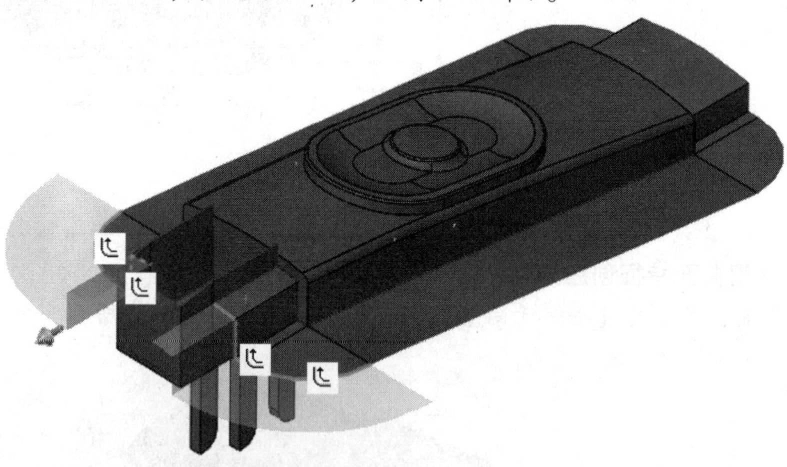

图6-55　延伸曲面的边

4）创建边之间的平面曲面，如图6-56所示。

5）相互剪裁，如图6-57所示。

6）缝合曲面，如图6-58所示。

步骤7　整理曲面

如果一个分型面特征在模型中没有用到，单击【插入模具文件夹】添加【分型面实体】文件夹。把【曲面-缝合1】拖到这个文件夹中，如图6-59所示。

图 6-56　创建平面曲面

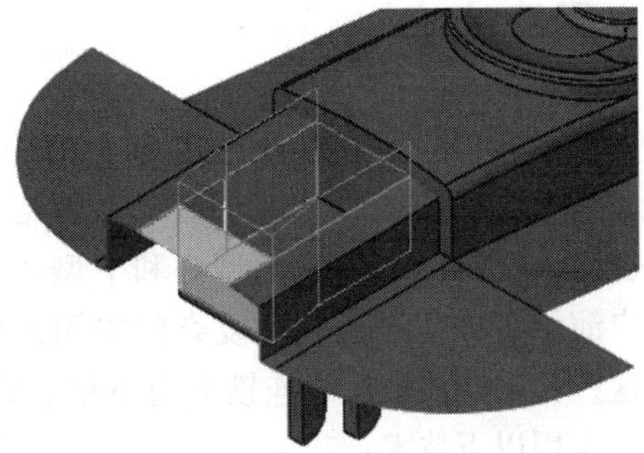

图 6-57　相互剪裁

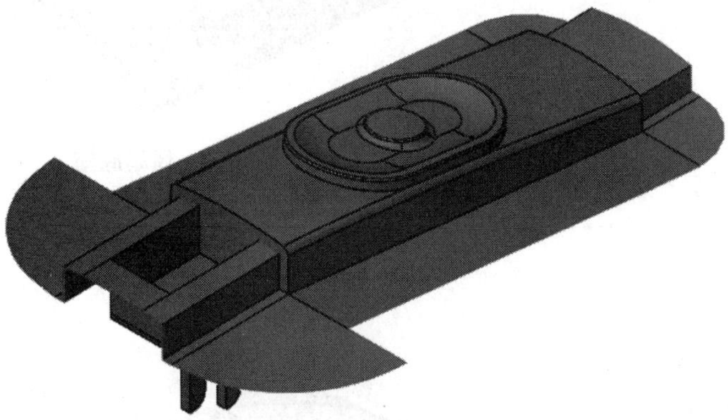

图 6-58　缝合曲面

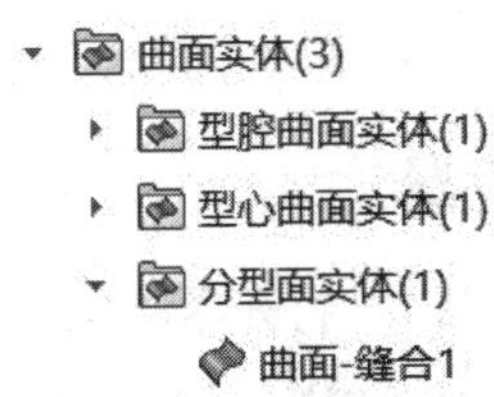

图 6-59　整理曲面

步骤 8　切削分割

使用 Top Plane 作为草图平面，绘制模具块的轮廓，如图 6-60 所示，在两个方向均拉伸 25mm，如图 6-61 所示。

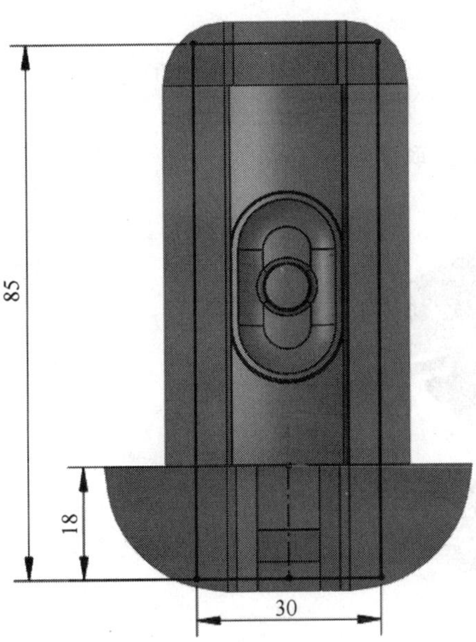

图 6-60　创建草图

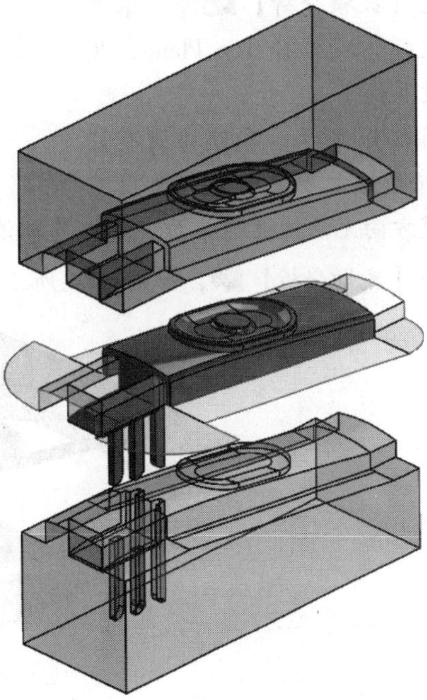

图 6-61　拉伸结果

步骤 9　保存并关闭文件

练习 6-2 风扇底座

本练习是一个典型的多分型方向模具，如图 6-62 所示。该模具已经通过【切削分割】命令分割，由一个型心和一个型腔组成。该例子由于上下结构基本相同，所以也可以把它们理解为上型心和下型心。这个例子也为用户演示了如何通过创建复杂的关闭曲面来关闭主模具。这些关闭曲面被用来连锁上型心和下型心。

本练习将应用以下技术：

- 手动关闭曲面。
- 不填充的关闭曲面。
- 手动创建侧型心。

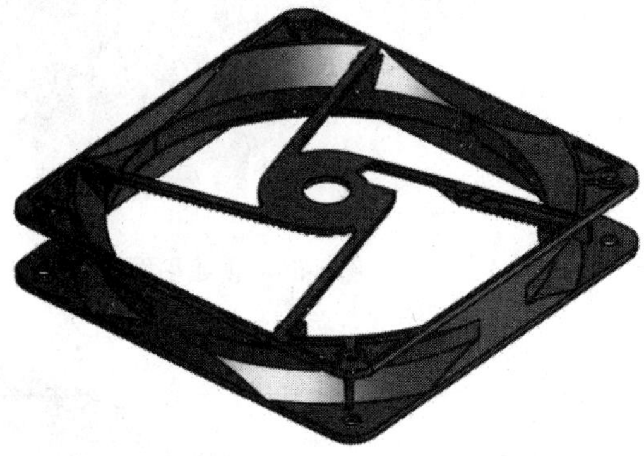

图 6-62 风扇底座

操作步骤

步骤 1 打开零件

在 Lesson06 \ Exercises folder 文件夹中打开“Fan Bezel. x_t”文件。

步骤 2 输入诊断

运行【输入诊断】，修复错误。

步骤 3 分析模型

使用【拔模分析】评估零件的面。拔模方向选择 Top Plane，拔模角度设置为 1°。

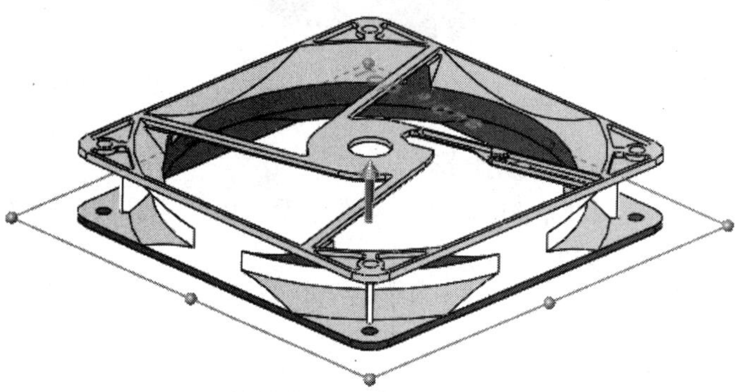

图 6-63 拔模分析

如图 6-63 所示，零件周围有许多面被归类为需要拔模，但使用默认的拔模方向无法捕捉这些面。单击【取消】✕，取消拔模分析。

单击【底切分析】，如图 6-64 所示。

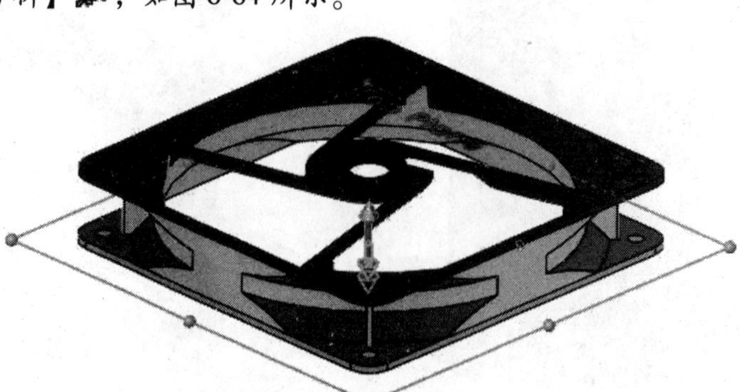

图 6-64 底切分析

为了获取这些底切区域，要有侧型心。单击【取消】✕，取消底切分析。

对于这个风扇底座，计划生成如图 6-65 所示的模具。想要产生预期的结果有几个挑战，包括手动创建复杂的关闭曲面和创建侧型心。

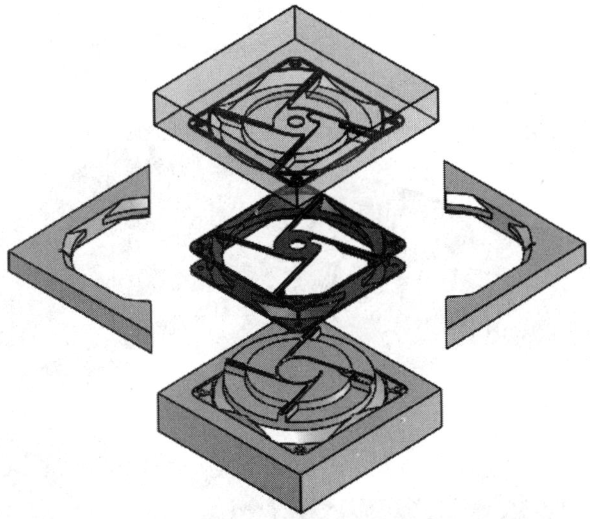

图 6-65　计划生成的模具

步骤 4　缩放零件

关于原点缩放零件，缩放因子设为 1.02。

步骤 5　建立分型线

使用 Top Plane 和 1°拔模角度创建分型线，如图 6-66 所示。

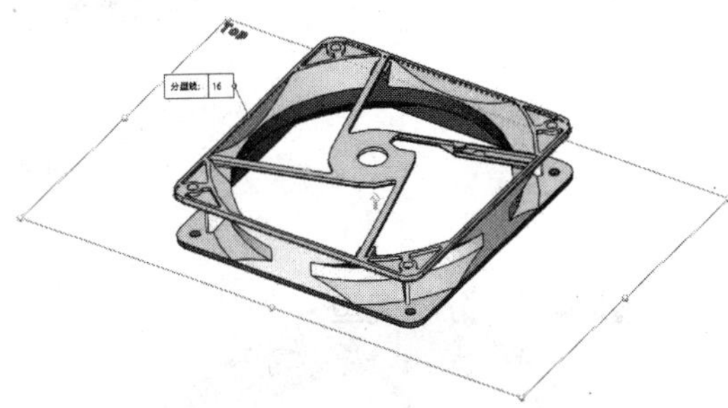

图 6-66　建立分型线

步骤 6　关闭曲面

使用关闭曲面命令创建简单的关闭曲面。

对于风扇底座中间的大开口，改变修补类型为【不填充】。

这些曲面要手动创建。将绿色曲面的修补类型改为【相切】，按照要求改变相切方向，如图 6-67 所示。不勾选【缝合】复选框。

PropertyManager 中的信息显示：模具可分割成型心和型腔。

步骤 7　隐藏实体和曲面

为了手动建立关闭曲面，需要参考型心的开放边。

隐藏实体，隐藏型腔曲面，如图 6-68 所示。

技巧　可以在 FeatureManager 中右键单击【型腔曲面实体】文件夹，选择隐藏所有的型腔曲面。

步骤 8　创建参考基准面

创建一个基准面，它平行于 Top Plane，如图 6-69 所示，这个基准面与开放边上的一个顶点相重合。

步骤 9　创建平面区域

在新的基准面上绘制草图，创建一个如图 6-70 所示的【平面区域】，确保开口边是大直径的参考。

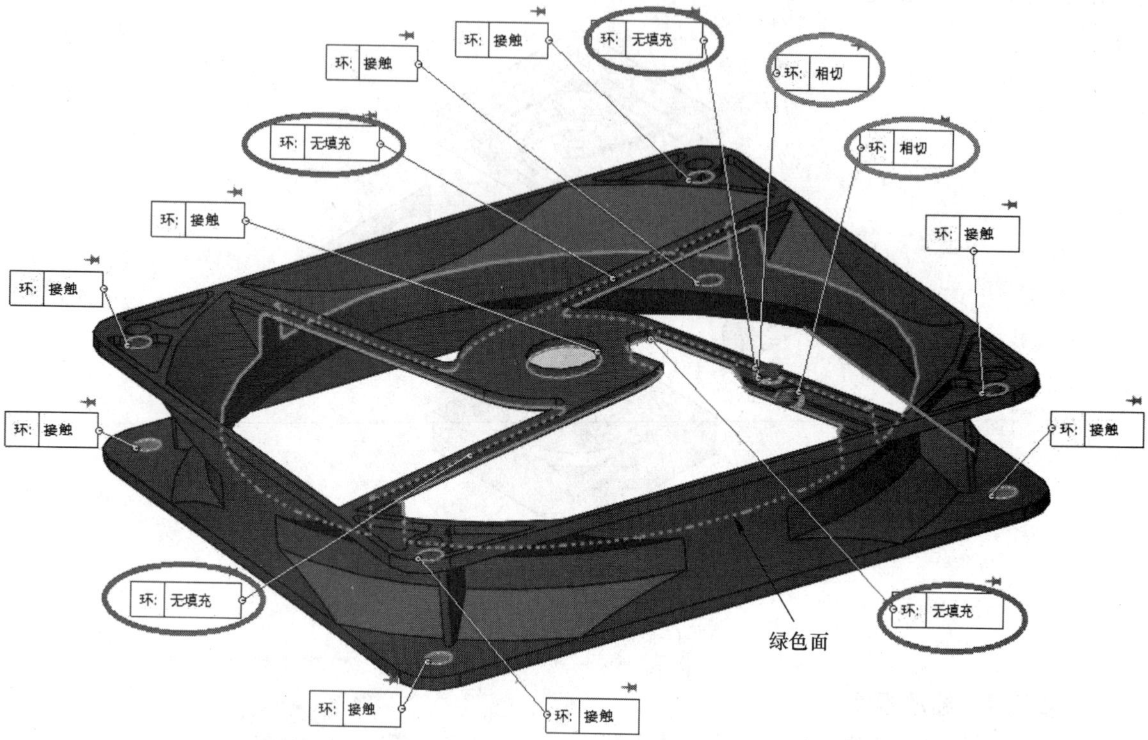

图 6-67　关闭曲面

图 6-68　隐藏实体和曲面

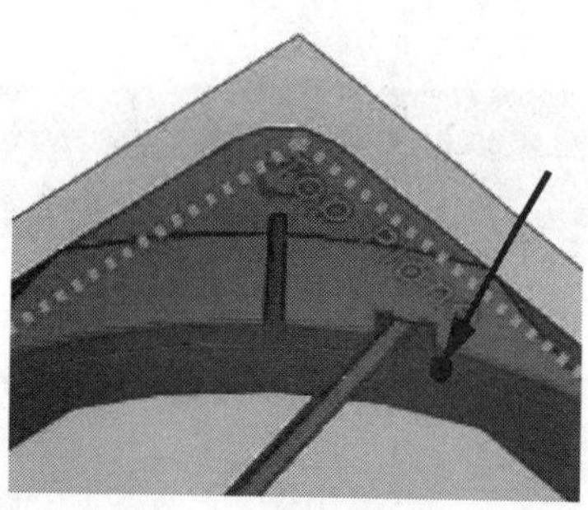

图 6-69　创建参考基准面

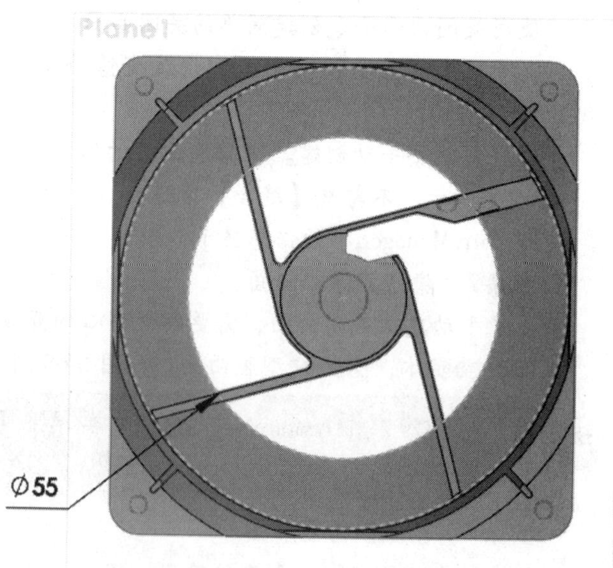

图 6-70　创建平面区域

技巧

一个开放边仅包围一个平面，SOLIDWORKS 中开放边的默认颜色是蓝色。开放边意味着一个曲面体，一个实体中所有的边都是两个面的边界。对于实体几何体来说，就要形成密封的体积。

步骤 10　拉伸曲面

将平面区域中的内部边转换为一个新的草图，如图 6-71 所示。在【拉伸曲面】中使用这个草图。拉伸到一个顶点，位于上面的开口边，拔模角度为 10°。

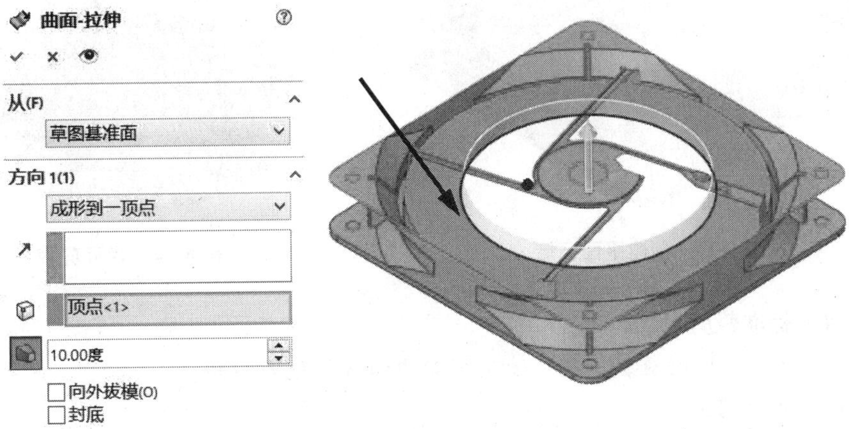

图 6-71　拉伸曲面

步骤 11　创建直纹曲面

用图 6-72 所示的两条开放边创建一个【直纹曲面】特征，在零件周围四个类似位置重复此操作。因为扫描方向不同，要有四个独立的特征。

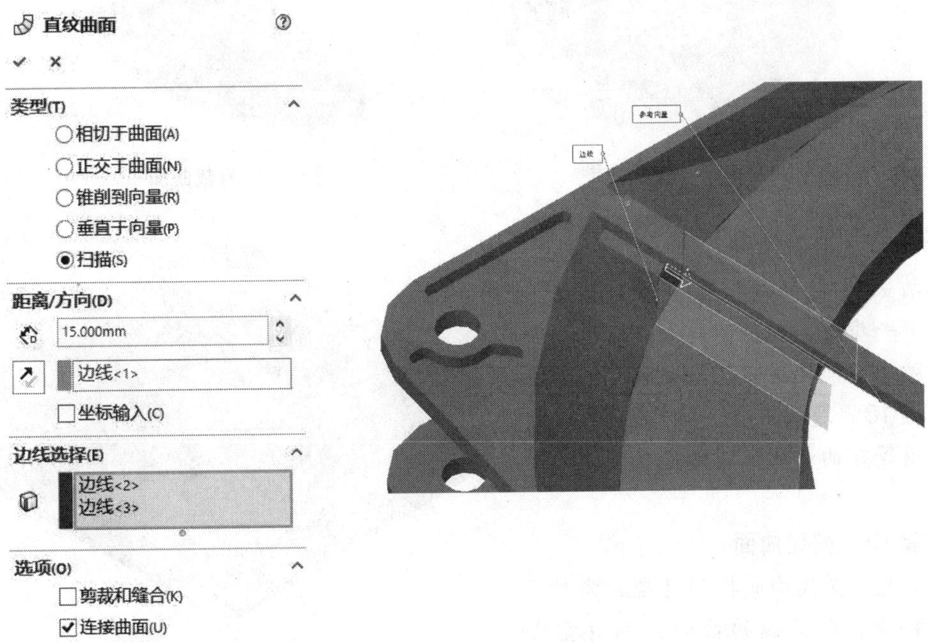

图 6-72　创建直纹曲面

步骤12　创建平面区域

如图6-73所示，在型心的顶面中心绘制一个圆。使用这个草图创建平面区域。

步骤13　相互剪裁

使用一个【相互】的剪裁类型，剪裁定制曲面和其他结果曲面，如图6-74所示。

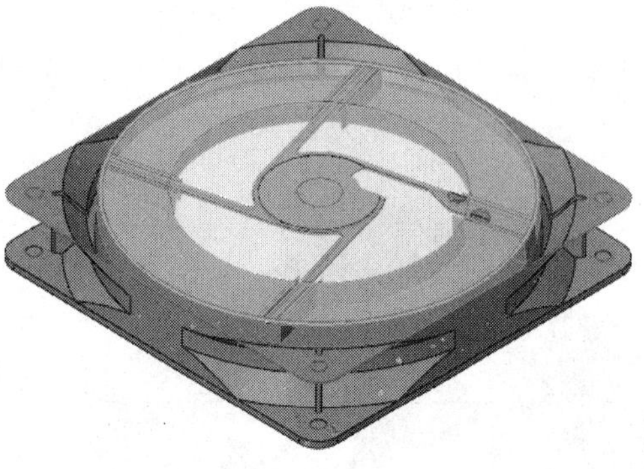

图6-73　创建平面区域

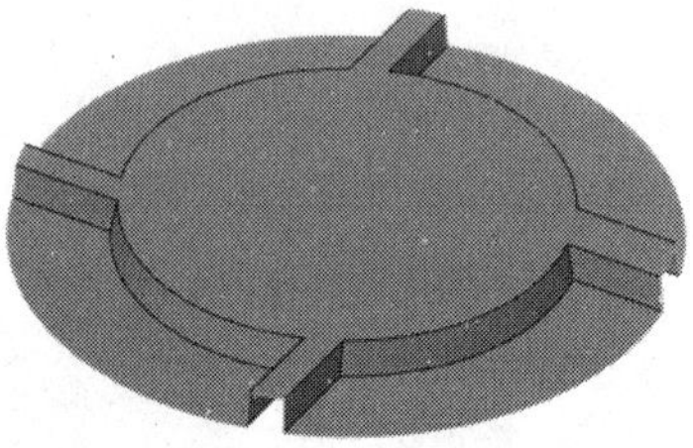

图6-74　相互剪裁

步骤14　标准裁剪

使用一个【标准】的剪裁类型，使用型心曲面剪裁关闭曲面。

步骤15　查看结果

隐藏型心曲面实体评估结果。有一个曲面实体需要额外的剪裁，如图6-75所示。

步骤16　草绘和剪裁曲面

在平面上创建一个新草图。从型心曲面转换边，然后使用它们剪裁关闭曲面，如图6-76所示。

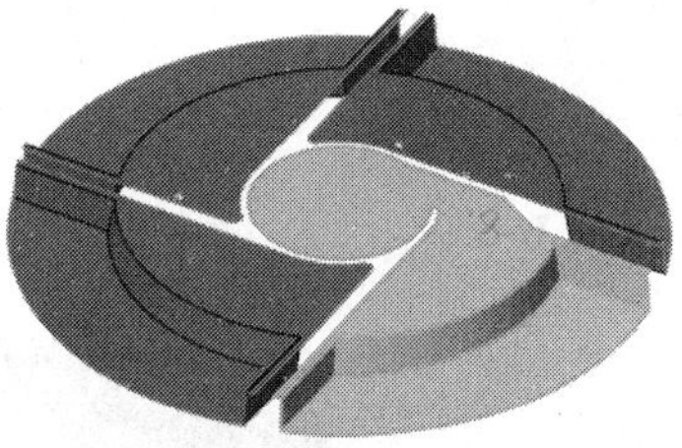

图6-75　查看结果

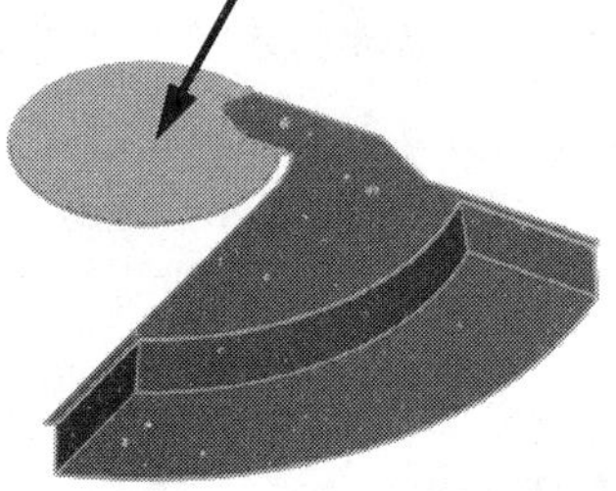

图6-76　剪裁曲面

步骤17　查看结果

手动关闭曲面已经完成，如图6-77所示。下一步是复制定制曲面，这样在型心和型腔中都能使用它们。

步骤18　复制曲面

使用等距曲面特征创建定制关闭曲面的副本。

步骤19　整理曲面

把剪裁的关闭曲面拖到【型腔曲面实体】文件夹，把复制的曲面拖到【型心曲面实体】文件夹。

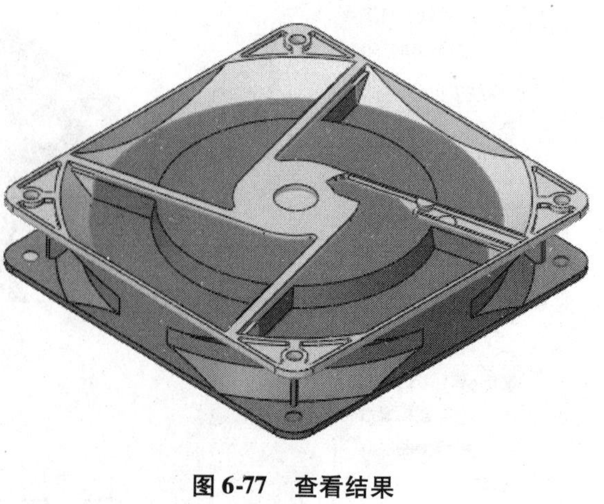

图6-77　查看结果

步骤 20　创建分型面

创建一个延伸 20mm 的分型面。

步骤 21　切削分割

使用分型面草绘模具块的轮廓。【方向 1】拉伸 20mm，【方向 2】拉伸 35mm，如图 6-78 所示。

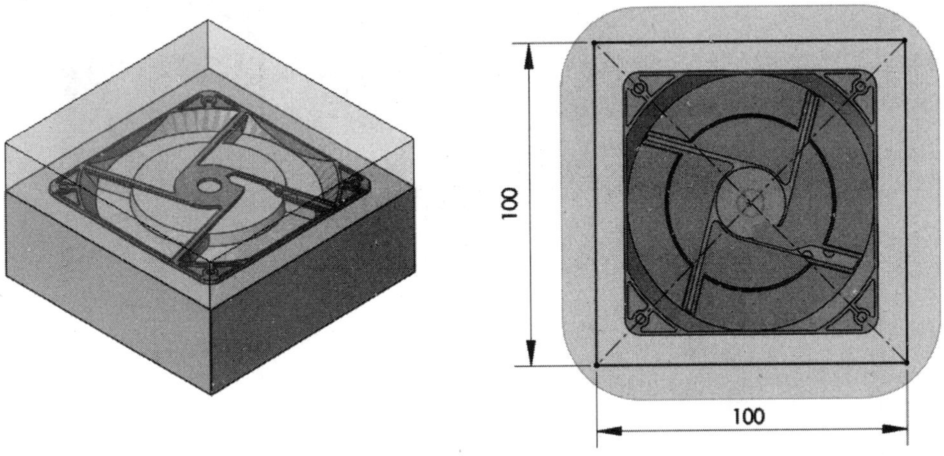

图 6-78　切削分割

步骤 22　孤立零件

孤立这个设计零件。

步骤 23　创建新的基准面

创建一个新的基准面，它和图 6-79 所示的面重合。这个基准面代表了侧型心的底面位置。

步骤 24　显示或隐藏零件

隐藏加工的零件，显示下半部的模具，如图 6-80 所示。

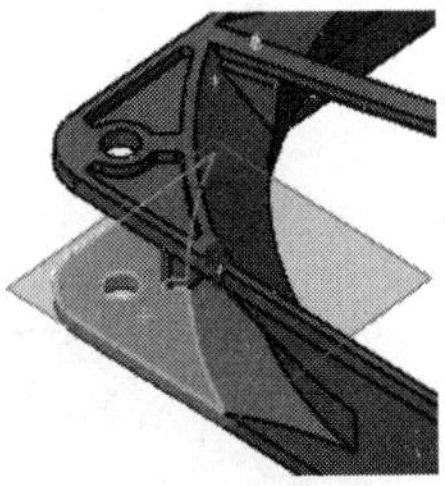

图 6-79　创建新的基准面

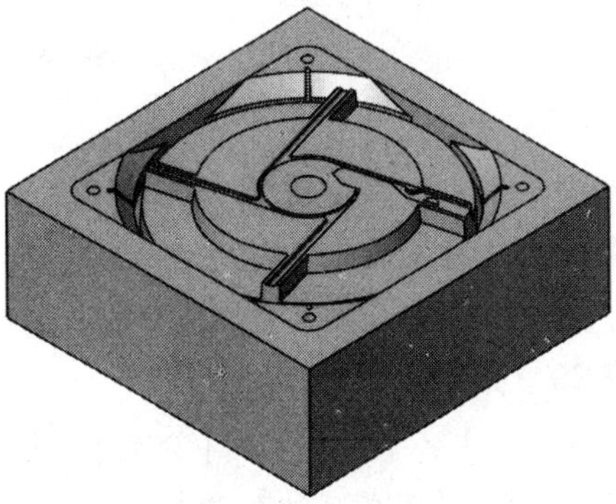

图 6-80　显示或隐藏零件

步骤 25　分割零件

单击【插入】/【特征】/【分割】，【剪裁工具】选择新的基准面。【目标实体】选择下半部的模具。单击【切割实体】，如图 6-81 所示。

对于所产生的实体，如只选择顶部外侧的实体，模具的内部就不会被分割。

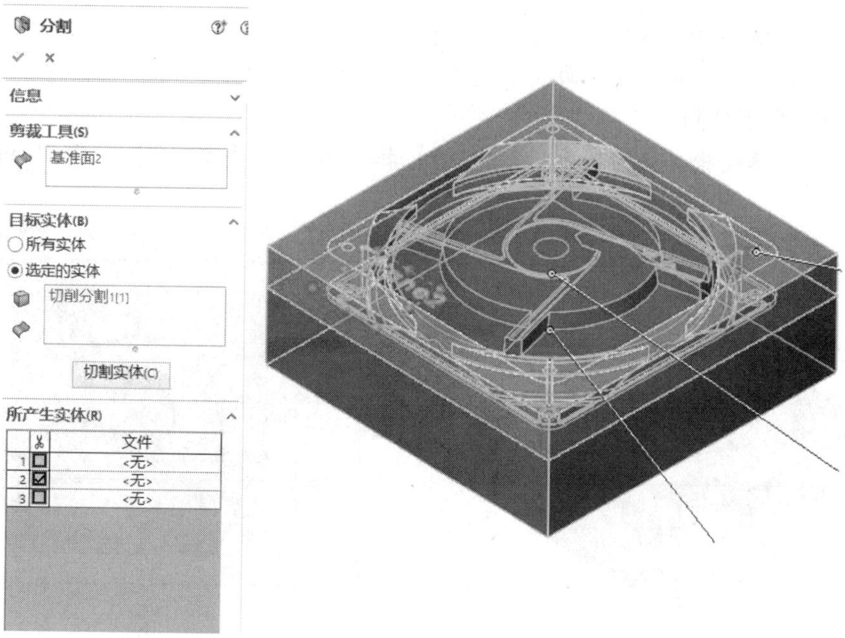

图 6-81　分割零件

步骤 26　查看结果

下部的模具已经分割为两个实体，其中的一个实体用来创建侧型心，如图 6-82 所示。

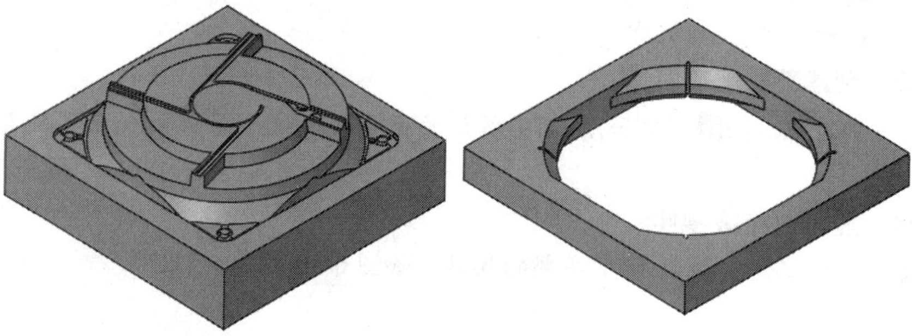

图 6-82　查看结果

步骤 27　孤立侧型心实体

步骤 28　创建新基准面

参考如图 6-83 所示的 3 个顶点，创建一个新的基准面。

步骤 29　分割零件

单击【插入】/【特征】/【分割】，【剪裁工具】选择新的基准面，【目标实体】选择侧型心体。单击【切割实体】，选择两个产生的实体，单击【确定】。

步骤 30　查看结果

模具已经生成，使用【外观】、【移动/复制实体】或者【爆炸视图】查看结果，如图 6-65 所示。

步骤 31　保存并关闭文件

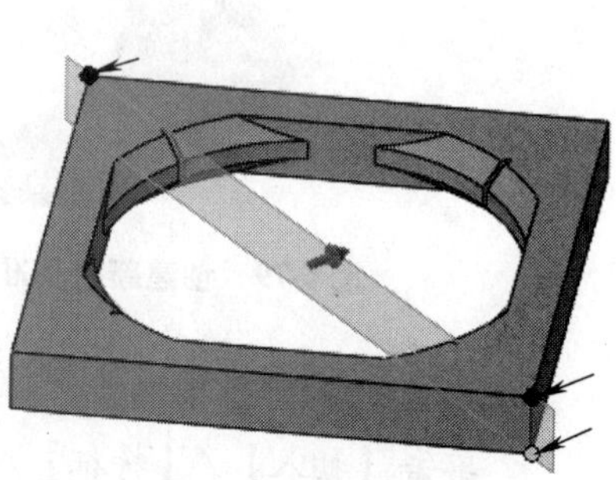

图 6-83　创建新基准面

第 7 章　改变方法进行模具设计

学习目标

- 改变方法创建模具
- 在一个多实体零件中使用组合命令创建一个型腔
- 使用型腔特征在一个装配体内创建模具
- 手动创建模具需要的曲面
- 使用不同的技术从已有的曲面中生成模具

7.1　模具设计的替代方法

在模具设计中，设计人员首要关注的是在模具的型腔和型心之间建立一个分型面。通常情况下，使用第 2 章“型心和型腔”和之后章节中描述的相关步骤都可以完成分型面的建立。

由于分型面被模具的凸凹模共享，零件上的型腔和型心侧面都要与分型面组合，因此它是最重要的曲面数据，并且它能创建模板、型心和其他模具组件实体。当遇到产品几何形体的原因无法使用正常程序建立分型面时，用户可以手工建立分型面。

当【分型线】或者【分型面】工具不能被正常使用时，就需要改变方法来进行模具设计。

7.2　实例练习：利用组合和分割

类似于图 7-1 所示的铸件，其模具由两个型腔和一个零件体组成，并没有型心。

这个零件不包含任何类似分型线的拓扑边。尽管如此，其分型面应该还是平坦的面，并且可以通过基准面来指定。

使用【组合】命令将已设计好的零件体从模具块中移除，使用【分割】将模具块分割成为两个实体，如图 7-1 所示。

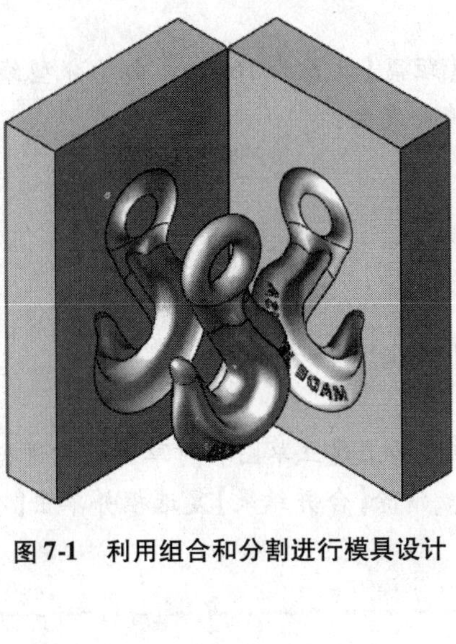

图 7-1　利用组合和分割进行模具设计

操作步骤

步骤 1　打开零件

打开 Lesson 07\Case Study 文件夹下的零件“Hook_Using Combine”。

步骤 2　比例缩放

将实体放大 1.05 倍，缩放点为重心，将它重命名为“Engineered Part”，如图 7-2 所示。

步骤 3　分型线

在模具工具工具栏中单击“分型线”。选择右视基准平面作为【拔模方向】，设置【拔模角度】为 2°，单击【拔模分析】。为了给分型线几何体建立边，选中【分割面】，单击【确定】创建分型线，如图 7-3 所示。

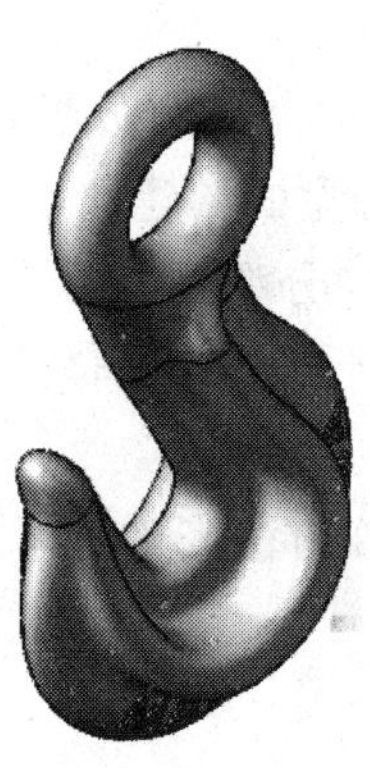

图 7-2　比例缩放

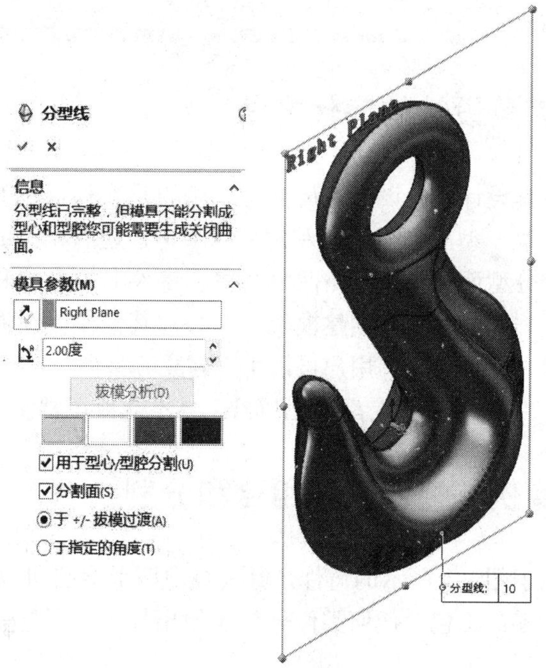

图 7-3　分型线

步骤 4　分型面

单击“分型面”，将【距离】设置为 16mm。由于分型线几何体的形状因素和分型面创建的方式，以下两种情况将会发生：

- 分型面不是平面。
- 分型面不完整。

如图 7-4 所示。

步骤 5　删除

删除分型线 1 和分型面 1 特征。

步骤 6　创建拉伸块

在图 7-5 所示的右视基准平面上建立草图。对草图轮廓进行拉伸，拉伸终止条件设置为【两侧对称】，深度为 100mm。清除【合并结果】复选框并单击【确定】。

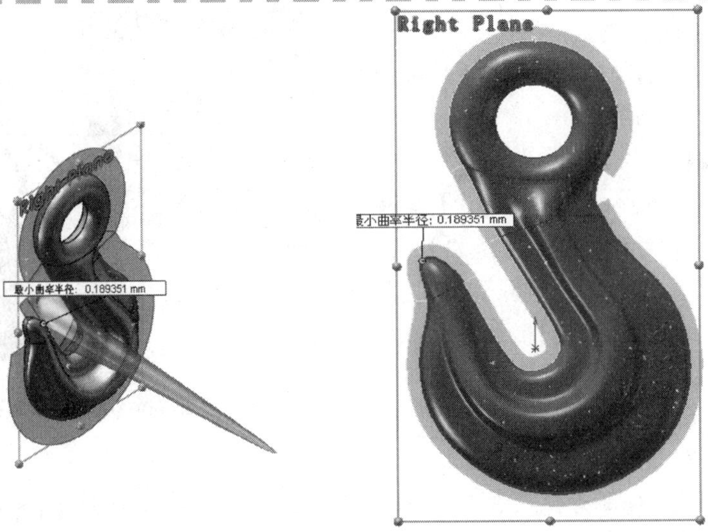

图 7-4　分型面

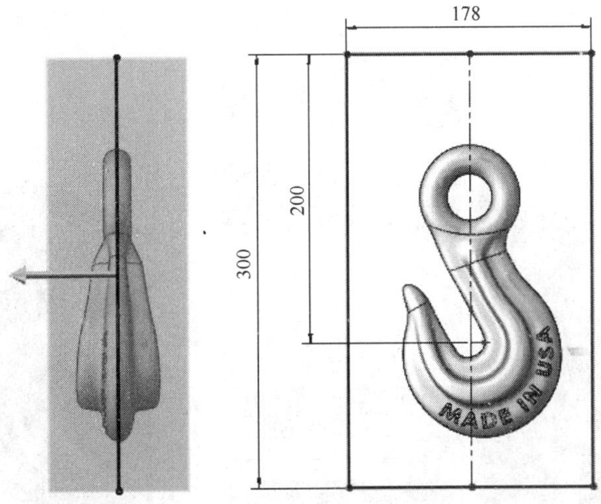

图 7-5　轮廓草图

提示　“实体”文件夹已包含两个实体。

技巧　使用“移动/复制实体”可以在适当位置复制曲面实体或实体，或者只是移动或旋转物体，而非复制。

将要通过从模具块中删减设计的零件而创建型腔。【组合】命令吸收了“工具”体。所以在【组合】命令中不会丢失零件，首先会复制一个零件。这个命令在高级零件建模中有介绍。

步骤 7　在适当的位置复制实体

隐藏拉伸实体“拉伸 1”。

选择【插入】/【特征】/【移动/复制实体】，并选择“Engineered Part”实体。如果“PropertyManager”显示“Mate Setting”，单击【平移/旋转】，然后单击【复制】和【确定】，如图 7-6 所示。

这时，弹出一个消息对话框：“既没指定平移也没指定旋转。您想继续吗?”，单击【确定】并重命名这个实体为“移动”。

步骤 8　隐藏和显示

隐藏“Engineered Part”，并显示拉伸实体“拉伸 1”，如图 7-7 所示。

步骤 9　删减

选择【插入】/【特征】/【组合】。【操作类型】选择为删减。【主要实体】选择“拉伸 1”实体，【减除的实体】选择“移动”实体，然后单击【显示预览】并单击【确定】。此时，在拉伸块内部有一个空腔，步骤 7 创建的复制实体被合并操作消耗掉了。

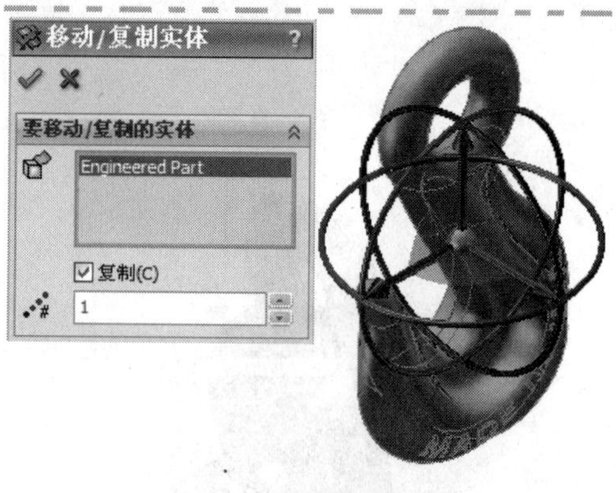

图 7-6　移动/复制实体

步骤 10　分割

单击【分割】，选择右视基准面作为【剪裁工具】。单击【切除零件】并选择两个生成的实体，单击【确定】，块被分割为两个切削实体，如图 7-8 所示。

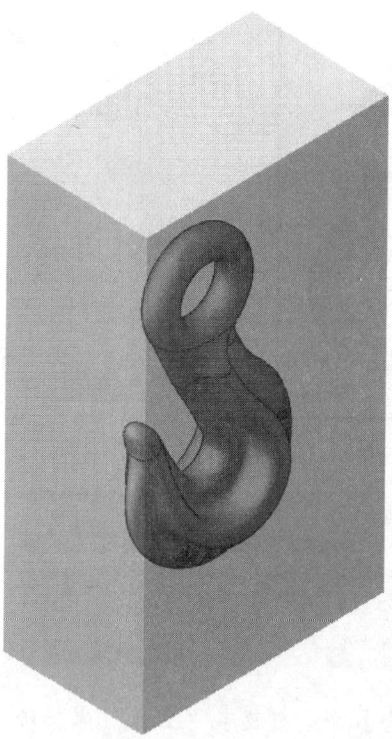

图 7-7　显示拉伸实体

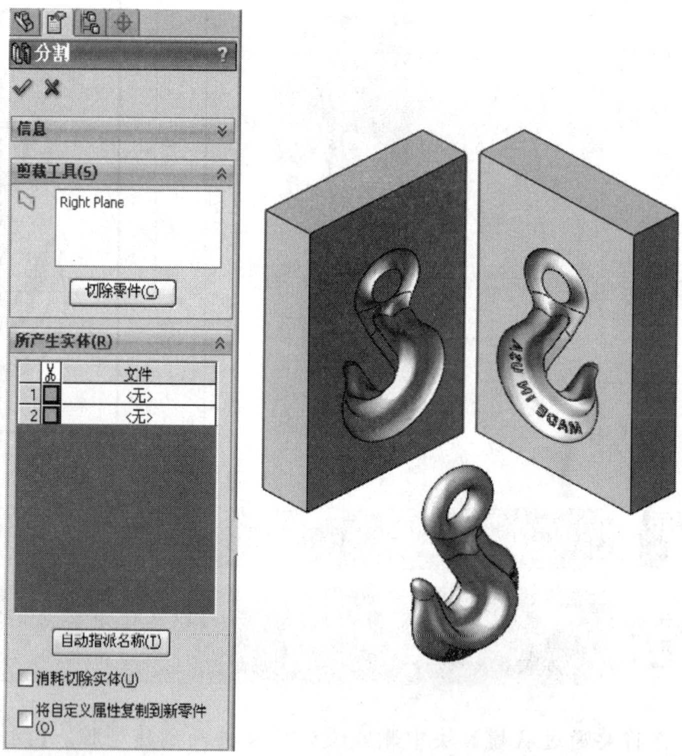

图 7-8　分割

步骤 11　保存并关闭零件

7.3　创建型腔

在上一个实例中，利用【合并】命令执行布尔差集从模具模腔中减去零件所占体积，最终形成模具，模具在零件中以实体形式创建。

另一种方案是，在装配体中使用【型腔】命令为模具块创建空腔。

当模具或铸造件有两个模腔并且有一个平面的分型面时，这种方法是可用的，如上一个实例的模具。

知识卡片

型腔	型腔命令类似于利用【合并】命令从一个实体中减去另一个实体，不同点是【型腔】命令的操作对象是装配体环境下的零件。
操作方法	● CommandManager：【模具工具】/【型腔】。 ● 菜单：单击【插入】/【模具】/【型腔】。

7.4　实例练习：型腔

本实例将创建与前一个实例相同的模具，在装配体环境下，通过在模具基体上创建型腔的方法生成模具。

操作步骤

步骤 1　创建一个模具块

创建一个新的零件作为模具的其中一个块，在 Front Plane 的中心原点绘制一个 200mm ×300mm 的矩形，【拉伸】草图 75mm。保存零件为 “Mold top”。如图 7-9 所示。

步骤 2　创建第二个模具块

在 “Mold top” 文件开启的情况下，单击【另存为】，在对话框中单击 “保存为副本并打开”，将新的零件命名为 “Mold bottom”。

步骤 3　编辑模具底部

编辑拉伸特征，反转方向。这会正确地对齐两个模具的原点，允许它们在模具中直接定位，如图 7-10 所示。保存文件。

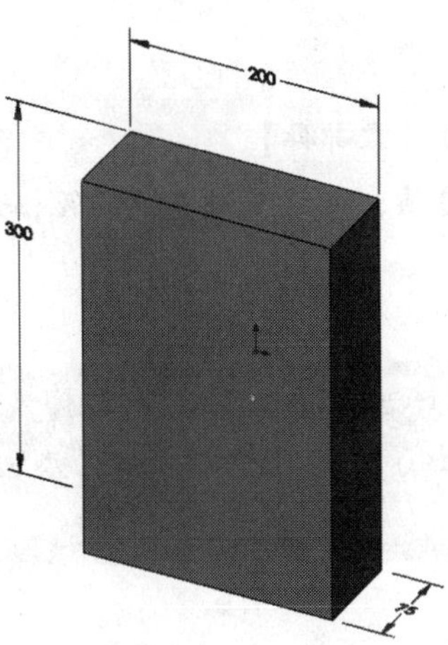

图 7-9　模具块

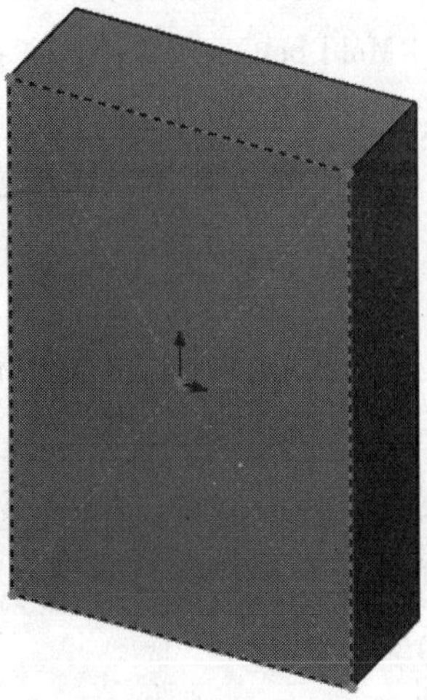
图 7-10　编辑模具

步骤 4　创建一个装配体

创建一个新的装配，使用【插入零部件】命令，单击【确定】✔把每个模具块固定到装配体的原点。如图 7-11 所示。也可以使用【配合】进行定位。

步骤5　插入零件

将零件“Hook_Using Cavity”插入装配体，添加【配合】将“Hook_Using Cavity”定位在两个模具块的中心，如图7-12所示。

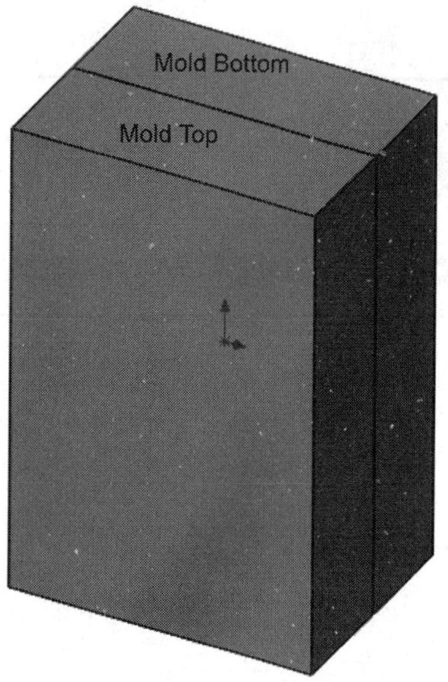

图7-11　创建装配体

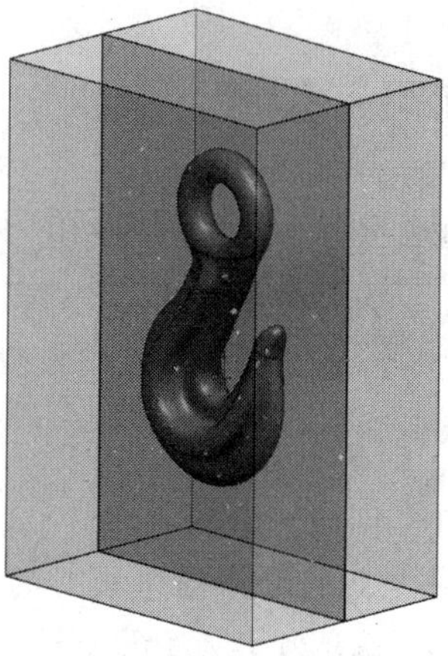

图7-12　插入零件

步骤6　保存并关闭装配体

装配体命名为“Cavity Mold”。

步骤7　编辑“Mold bottom”零件

选择“Mold bottom”零件，点击【编辑零件】。

步骤8　创建型腔

单击【型腔】，选择“Hook_Using Cavity”作为【设计零部件】。

以【零部件原点】为缩放点，选择【统一比例缩放】选项，并设置比例为3%，如图7-13所示。

单击【确定】，退回【编辑装配体】模式。

> **注意**　【型腔】命令中的比例与【比例缩放】命令是不一样的。为了将零件尺寸增大3%，在【比例缩放】命令中，用户应该将比例因子设为1.03，但在【型腔】命令中，直接指定为3%即可。

步骤9　重复

重复步骤8，编辑“Mold top”零件。

步骤10　创建爆炸视图

本实例练习的结果与上次案例研究获取的结果本质是一样的，不同之处在于本实例练习有三个零件文件，而上次是一个零件中有三个实体。如图7-14所示。

步骤11　保存并关闭所有文件

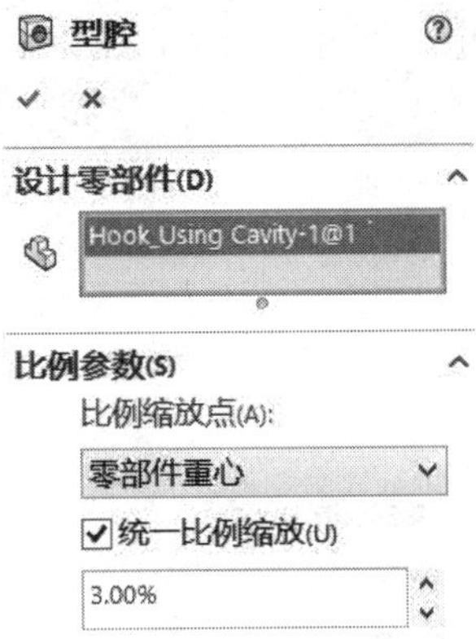

图 7-13　型腔

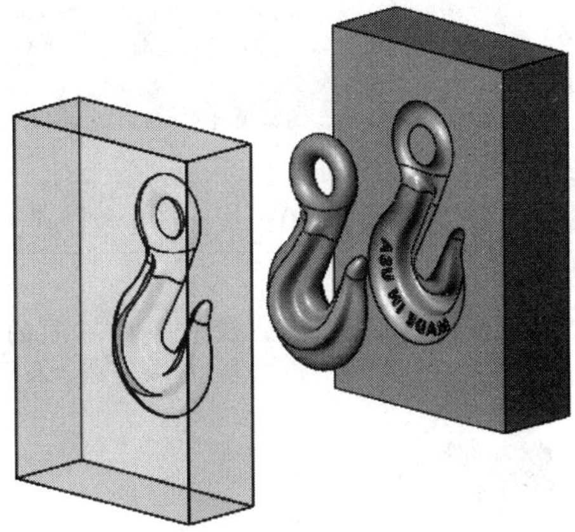

图 7-14　创建爆炸视图

7.5　实例练习：使用曲面

接下来的例子，要演示使用简单的曲面方法进行模具设计。这是一个铸件而非注塑件，但是模具设计的方法是相同的，如图 7-15 所示。

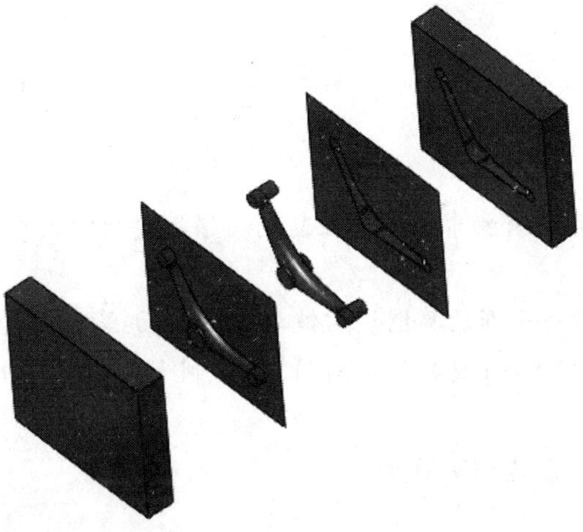

图 7-15　使用曲面进行模具设计

操作步骤

步骤 1　打开零件

打开 Lesson 07\Case Study 文件夹下零件 “Rocker Arm”。

步骤 2　比例缩放

单击【比例缩放】并以坐标原点为比例缩放点，将实体放大到原来的 1.03 倍，如图 7-16 所示。零件不是对称的，如果以重心为比例缩放点会改变分型线与 Front XY 参考平面的相对位置。

步骤 3　模具的面

单击【等距曲面】。选择如图 7-16 所示的位于零件分型线一侧的所有曲面，包括圆角面。为了在模具的前半部中使用它们，要复制这些曲面。

技巧 一个简便选择所有要求的面的方法是切换到【前视图】，然后框选所有可见的面。

步骤 4　复制曲面

设置【等距距离】为 0，单击【确定】✔，如图 7-17 所示。

步骤 5　修改外观

改变曲面实体的外观，设置一个不同的颜色。

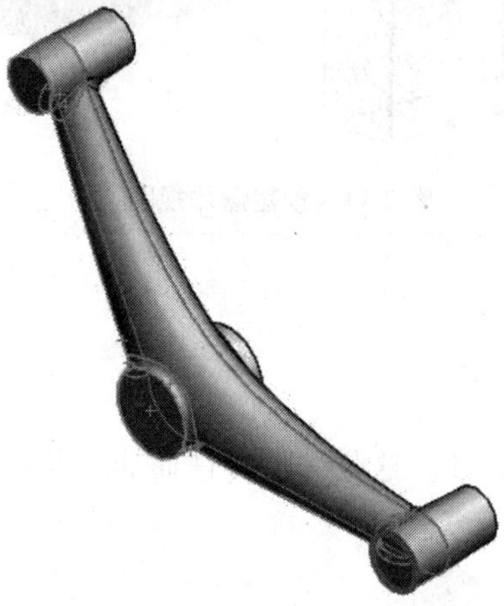

图 7-16　模具的面

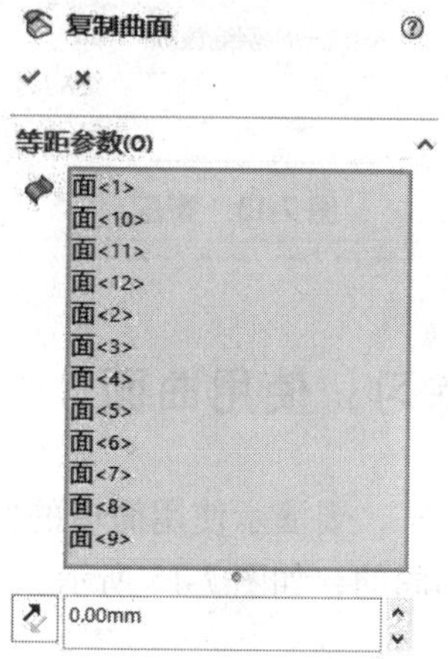

图 7-17　复制曲面

步骤 6　隐藏实体

【隐藏】实体，确认所有要求的面已经复制。根据要求做出修改。

步骤 7　分型线边线

在 Front XY 平面打开一个新的草图。右键单击“曲面-等距 1”的一个开放边，单击【选择相切】。单击草图工具栏上的【转换实体引用】，绘制一个如图 7-18 所示的矩形。

步骤 8　平面区域

在【平面区域】中使用这个草图。

步骤 9　缝合曲面

使用“缝合曲面”将两个曲面缝合成一个单独的曲面实体，如图 7-19 所示。

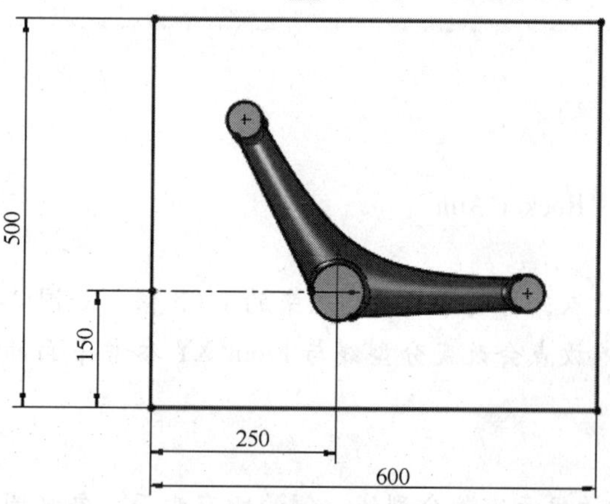

图 7-18　分型面草图

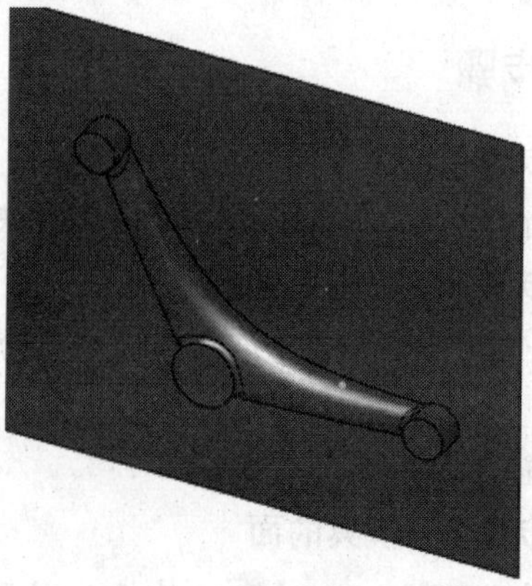

图 7-19　缝合曲面(一)

步骤 10　复制平面曲面

使用【等距曲面】，以等距距离 0 复制如图 7-20 所示的平面。

步骤 11　隐藏和显示

隐藏步骤 9 中创建的缝合曲面，显示实体。

步骤 12　缝合另一侧曲面

另一种复制面的方法是【缝合曲面】。

单击【缝合曲面】，选择另一侧的曲面和步骤 10 复制的平面，如图 7-21 所示。

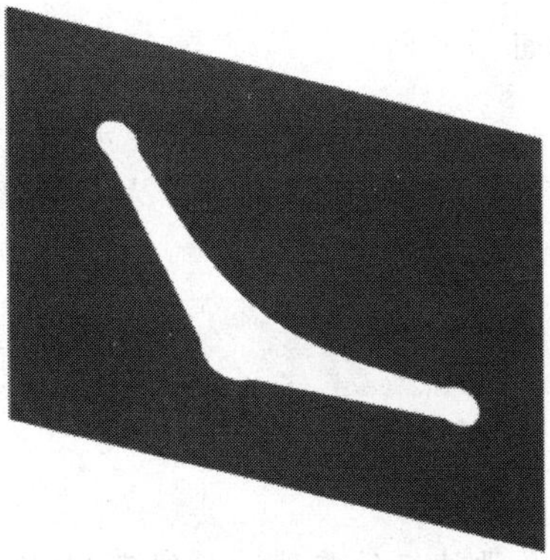

图 7-20　隐藏缝合曲面

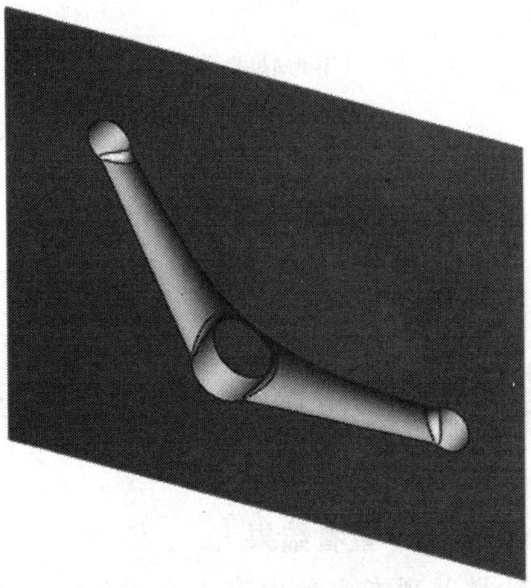

图 7-21　缝合曲面(二)

提示　由于零件不对称，所以要分开使用【等距曲面】去创建曲面。假如零件是对称的，就可以使用【镜像】创建曲面了。

7.6　使用成型到一面的方法

通过指定【成型到一面】的终止条件拉伸一个特征，可以避免出现采用第 7.7 节“使用分割方法”会复制出实体的情况。拉伸草图不能大于终止曲面实体。

步骤 13　隐藏实体

步骤 14　偏置平面草图

从平面区域中偏置一个【基准面】，设置 −Z 向的距离为 100mm。在平面上创建一个草图，使用【转换实体引用】复制平面区域的外侧边。

步骤 15　拉伸到曲面

拉伸草图，使用【成形到曲面】的终止条件。不勾选【合并结果】复选框，创建一个单独的实体特征，单击【确定】，如图 7-22 所示。

步骤 16　孤立

孤立第一个创建的缝合曲面。

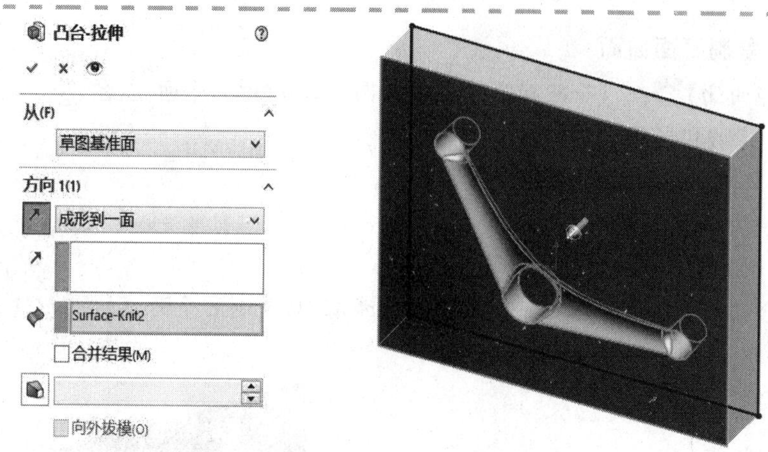

图 7-22　拉伸到曲面

步骤 17　重复

重复步骤 14 创建一个平面，为另一半模具绘制草图，如图 7-23 所示。拉伸草图，成形到曲面，选择第一个缝合的曲面。确认未勾选【合并结果】复选框。

提示　【成形到实体】的终止条件在这种情况下也适用。

步骤 18　退出孤立

步骤 19　查看结果

结果是现在零件中有 3 个实体：两个型腔体和一个设计好的零件，如图 7-24 所示。

步骤 20　保存并关闭零件

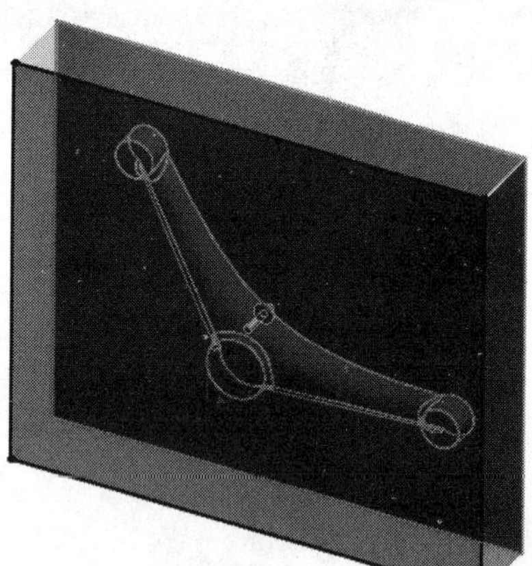

图 7-23　重复

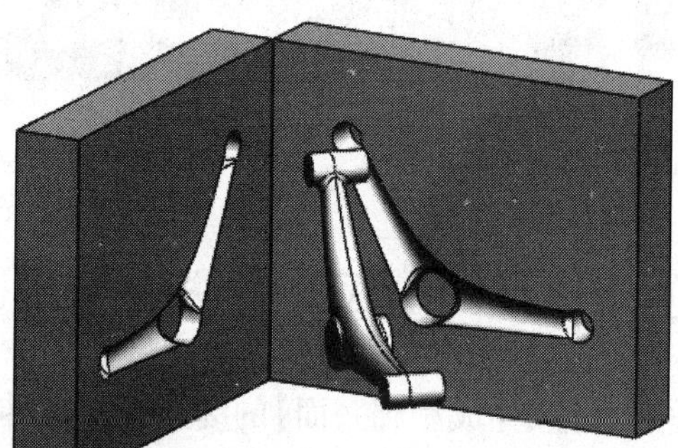

图 7-24　查看结果

7.7　使用分割方法

分割方法使用了两个曲面实体来分割一个实体块。这种方法类似于案例研究：使用组合和分割，但是它使用了多个曲面，而不是使用一个基准面来分割模具体。

步骤 21　删除特征

删除所有的特征以及在第二次缝合曲面后吸收的特征。隐藏实体，显示两个曲面实体。

步骤 22　拉伸

在分型面平面(前视基准面 XY)上创建一个新的草图，使用【转换实体引用】复制平面区域的外轮廓。拉伸草图 200m，终止条件为中间面，不勾选【合并结果】复选框，单击确定，如图 7-25 所示。

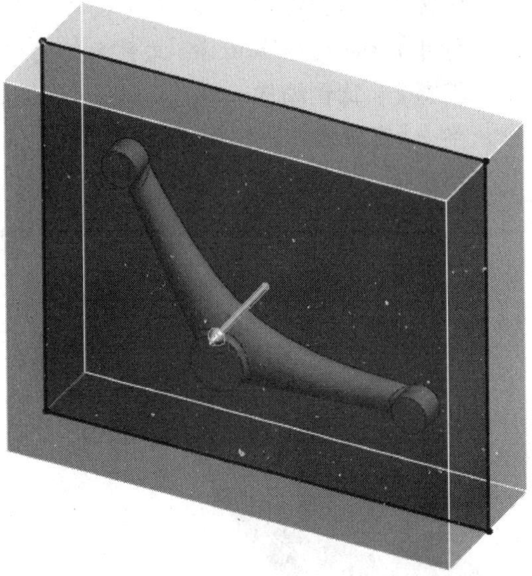

图 7-25　拉伸

步骤 23　分割

单击【分割】，选择两个曲面实体作为【剪裁工具】，【目标实体】选择拉伸块。单击【切割零件】，选择块体的两侧，单击【确定】。

步骤 24　额外实体

这种方法的缺点是会生成一个零件的复制体。【分割】会将模具分割为两半。但是它也会把内部的体积从剩下的块中分离出来，于是造成了这个复制体，如图 7-26 所示。

步骤 25　删除实体

使用动态预览找到这个复制体，右键单击，如图 7-27 所示。选择【删除/保留实体】，【类型】选择【删除实体】，单击【确定】。只有三个实体需要保留。

图 7-26　额外实体

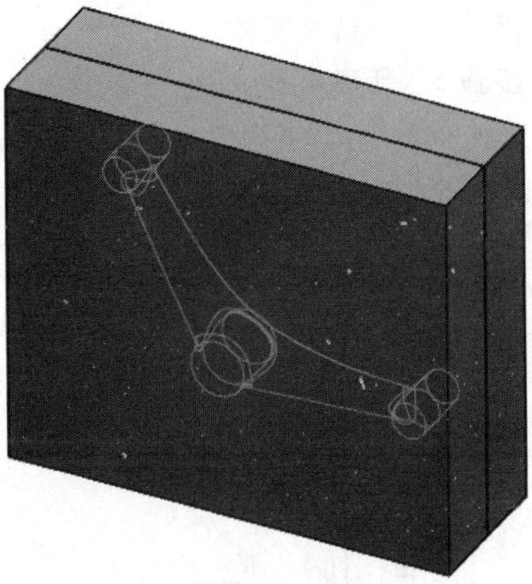

图 7-27　删除实体

步骤 26　保存并关闭零件

练习 7-1　手柄

任意选择一种方法用平面分型线为铸件创建一副简单的模具，如图 7-28 所示。

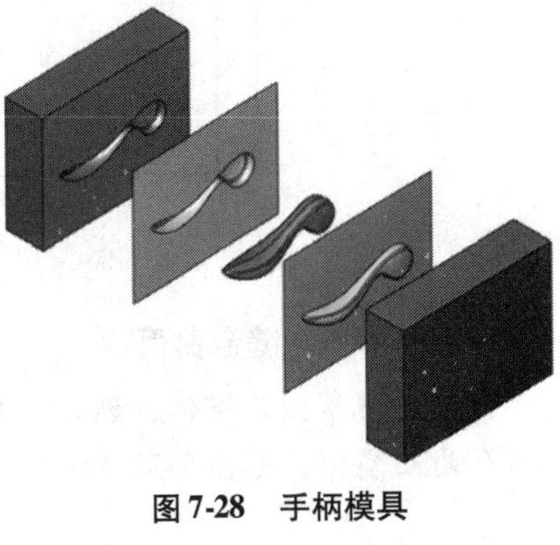

图 7-28　手柄模具

本练习将应用以下技术：

- 另一种方法进行模具设计。
- 使用成型到曲面。

操作步骤

步骤 1　打开零件

打开 Lesson 07\Exercises 文件夹下的零件“Handle”，如图 7-29 所示。

步骤 2　比例缩放

单击【比例缩放】将实体放大至 1.05 倍。

步骤 3　复制曲面

单击【等距曲面】并建立如图 7-30 所示的等距距离为 0mm 曲面。

图 7-29　打开零件

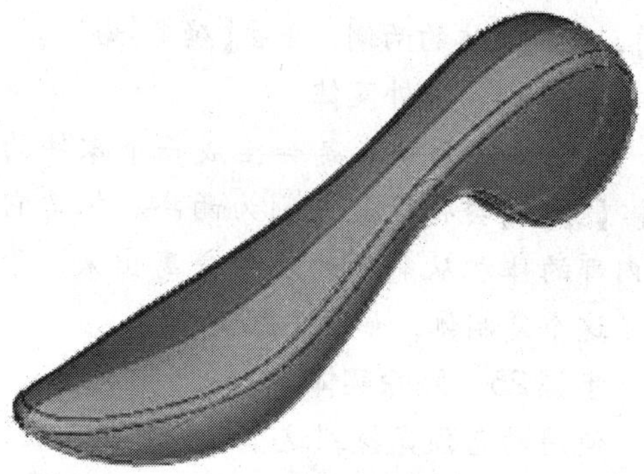

图 7-30　等距曲面

步骤 4　隐藏实体

步骤 5　新建草图

在右视基准面 YZ 上创建如图 7-31 所示由矩形和转换边线嵌套而成的新草图。

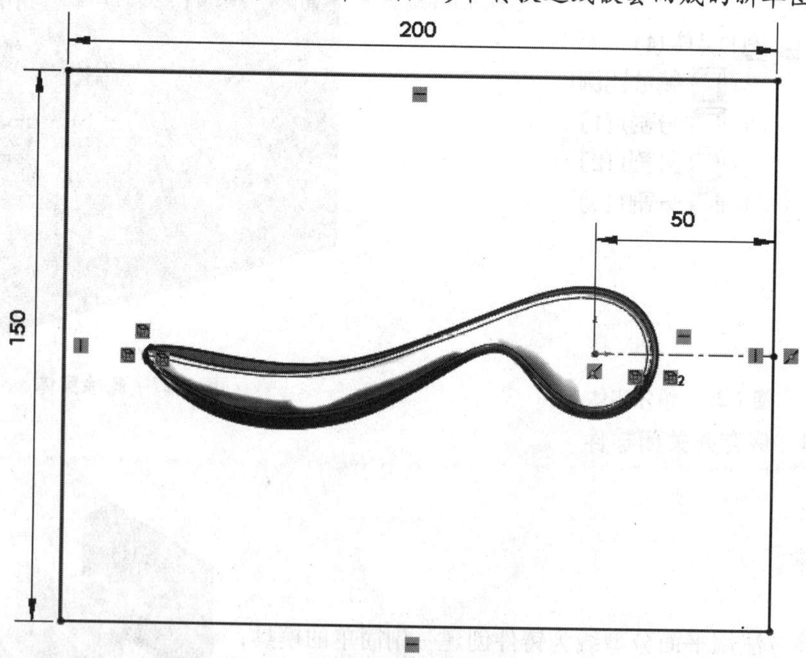

图 7-31　新建草图

步骤 6　缝合曲面

使用草图几何体，创建一个平面区域。使用【缝合曲面】将两个曲面实体合并为一个曲面实体，如图 7-32 所示。

步骤7　镜像

通过右视基准面YZ【镜像】曲面实体，如图7-33所示。

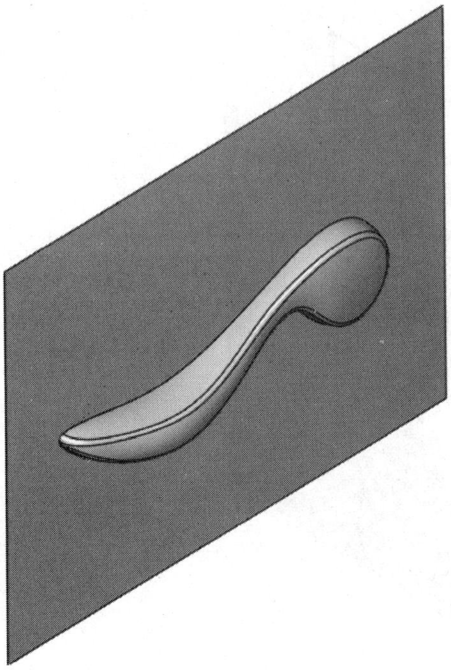

图7-32　缝合曲面

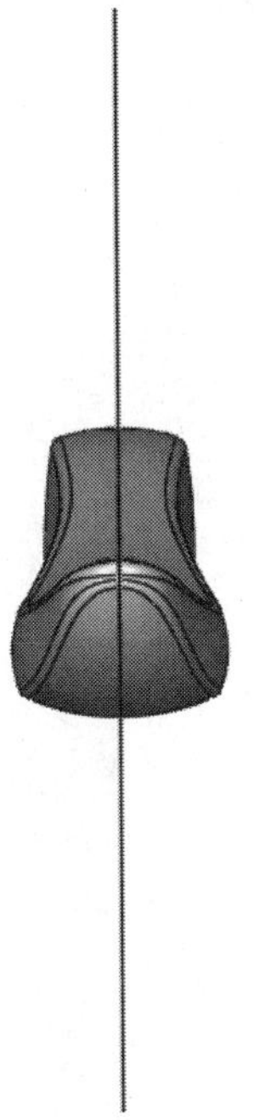

图7-33　缝合曲面

步骤8　拉伸

使用平面区域创建一个偏置距离为50mm的基准面。使用【转换实体引用】把曲面外轮廓转换为草图实体，并使用【成形到一面】进行拉伸，如图7-34所示。

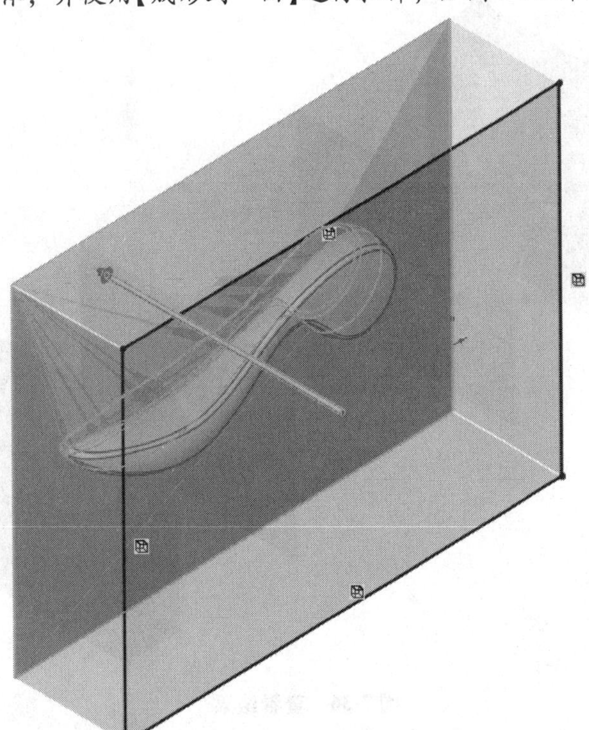

图7-34　拉伸

步骤 9　拉伸镜像实体

使用相同的设置条件对镜像的曲面实体重复以上的操作，如图 7-35 所示。注意不勾选【合并结果】复选框。

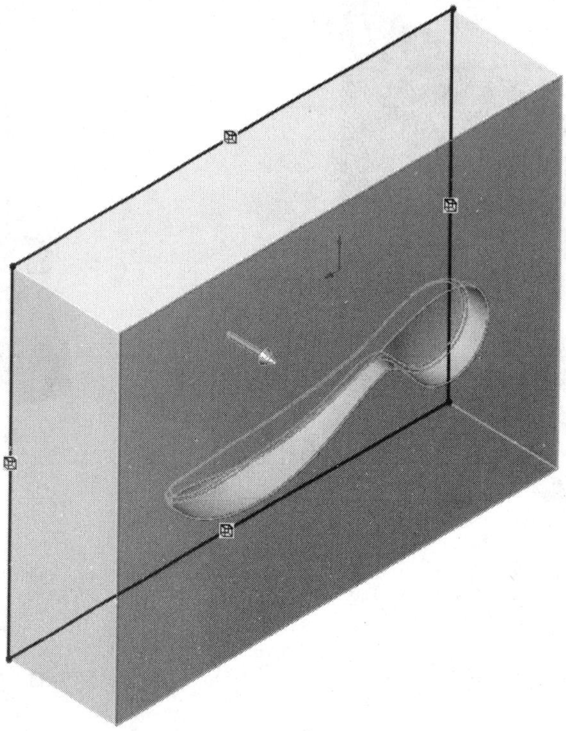

图 7-35　拉伸镜像实体

步骤 10　查看结果（图 7-36）

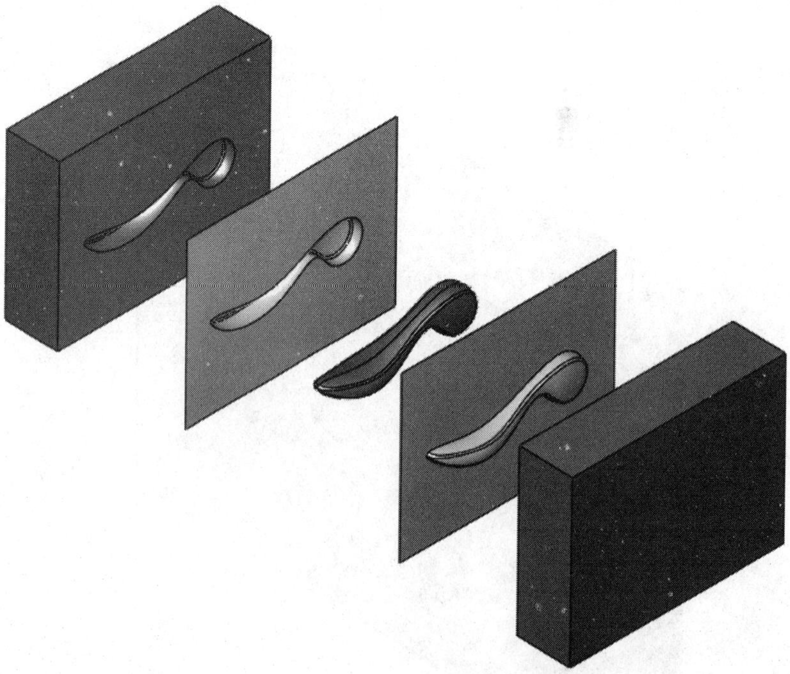

图 7-36　查看结果

步骤 11　保存并关闭零件

练习 7-2 过滤器

按照如下步骤，用另一种方法为 Filtier 创建如图 7-37 所示的模具。

本练习将应用以下技术：

- 案例研究：使用组合和分割。
- 使用分割方法。

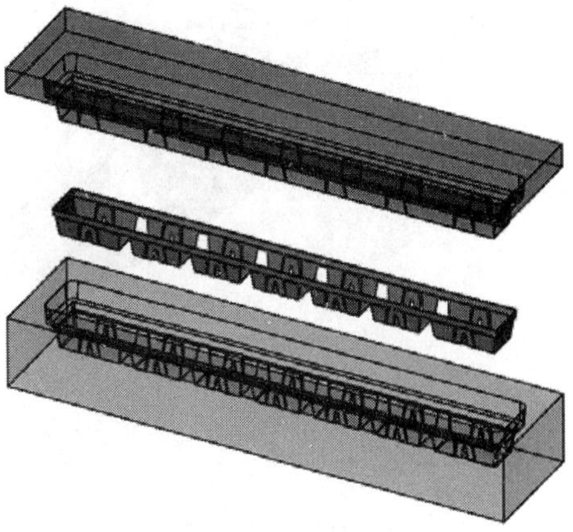

图 7-37 模具

操作步骤

步骤 1 导入一个 parasolid 文件

打开 Lesson07\Exercise 文件夹下的零件“Filter. x_ t”，选择“ Part_ MM”模板。

步骤 2 输入诊断

在零件上运行【输入诊断】，如有任何错误，进行修复。

步骤 3 比例缩放

设置比例缩放点为中心，缩放因子为 1.05，进行缩放。

步骤 4 复制曲面

单击【等距曲面】，设置等距距离为 0。右键单击 Filter 底部的一个内侧面，单击【选择相切】，单击【确定】，如图 7-38 所示。

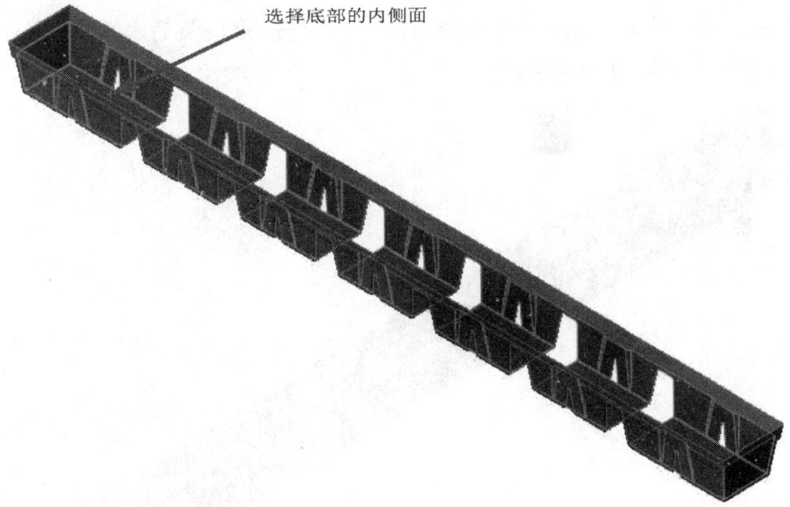

图 7-38 复制曲面

步骤 5 选择孔

隐藏实体能够更容易地选择曲面的边线。按住 Ctrl 键，选择每个要关闭曲面的孔的一条边。所有三角形的孔和穿过底面的大孔都需要做关闭曲面。

> **技巧** 使用【过滤边线】选择过滤器，使边更容易被选中。默认的快捷键是“E”，如图 7-39 所示。

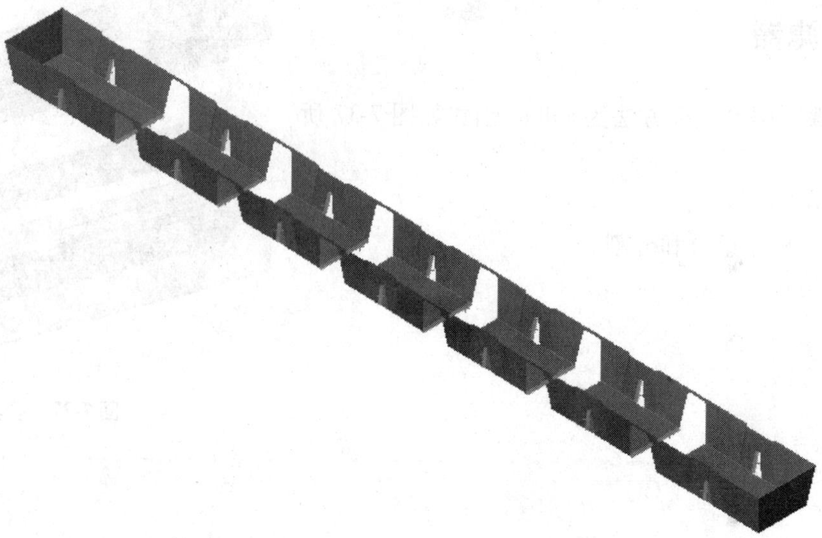

图 7-39　选择孔

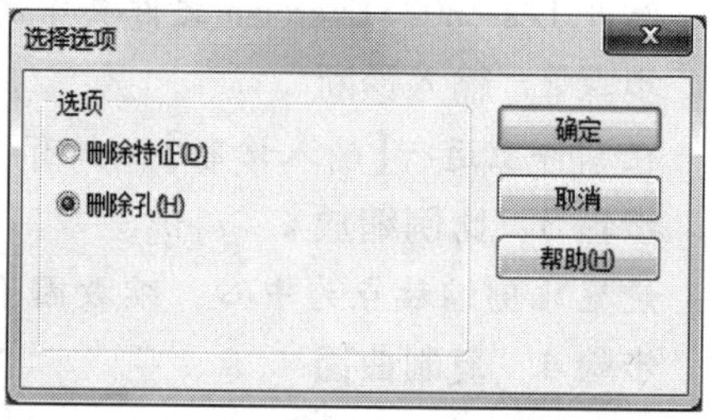

图 7-40　删除孔

步骤 6　删除孔

按下 Delete 键，在【选择选项】对话框中选择【删除孔】选项，单击【确定】，如图 7-40 所示。

步骤 7　查看结果

曲面实体中的孔洞已经被删除，底下的曲面恢复，如图 7-41 所示。

步骤 8　复制曲面

显示实体，单击【等距曲面】，右键单击零件顶部的内表面，在快捷菜单上选择【选择相切】。同样选中狭长的水平面，如图 7-42 所示。设置【等距距离】为 0，单击【确定】。

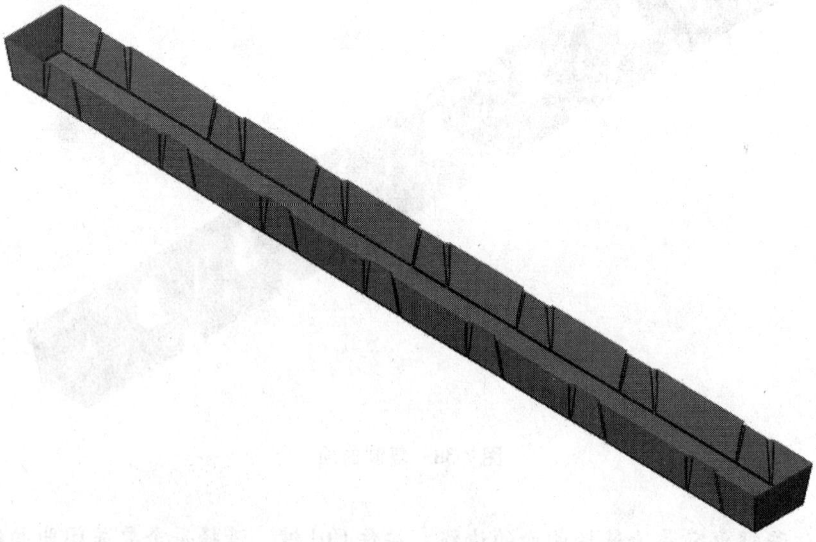

图 7-41　查看结果

步骤 9　缝合曲面

单击【缝合曲面】，选择两个曲面实体，单击【确定】。

步骤 10　创建新草图

选择如图 7-43 所示的厚壁面，创建一个新的草图。

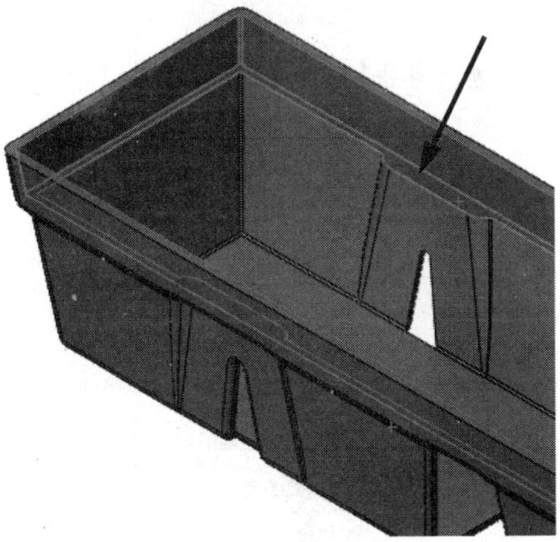

图 7-42　复制曲面

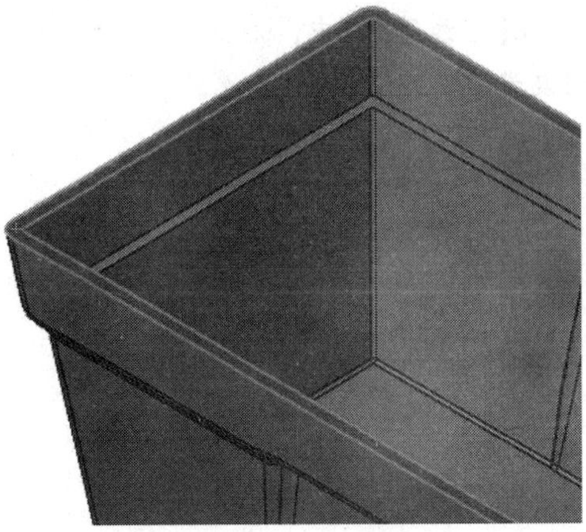

图 7-43　创建新草图

步骤 11　创建分型面草图

右键单击厚壁面的外侧边线，在快捷菜单上选择【选择相切】。单击草图工具栏【等距实体】，向外偏移 5mm，如图 7-44 所示。右键单击内侧边线，在快捷菜单上选择【选择相切】，单击【转换实体引用】。

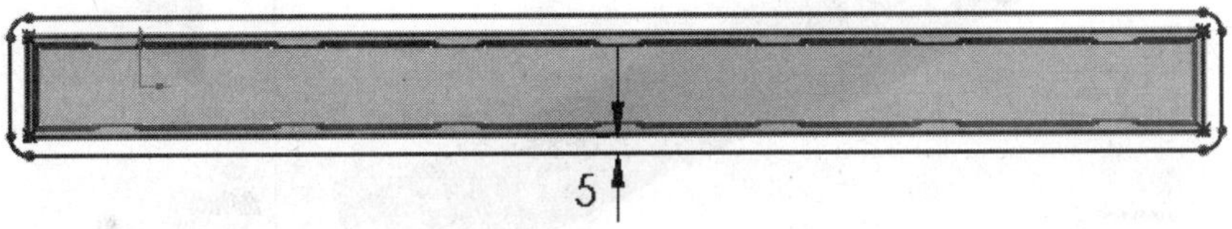

图 7-44　创建分型面草图

使用【平面区域】命令创建分型面，如图 7-45 所示。

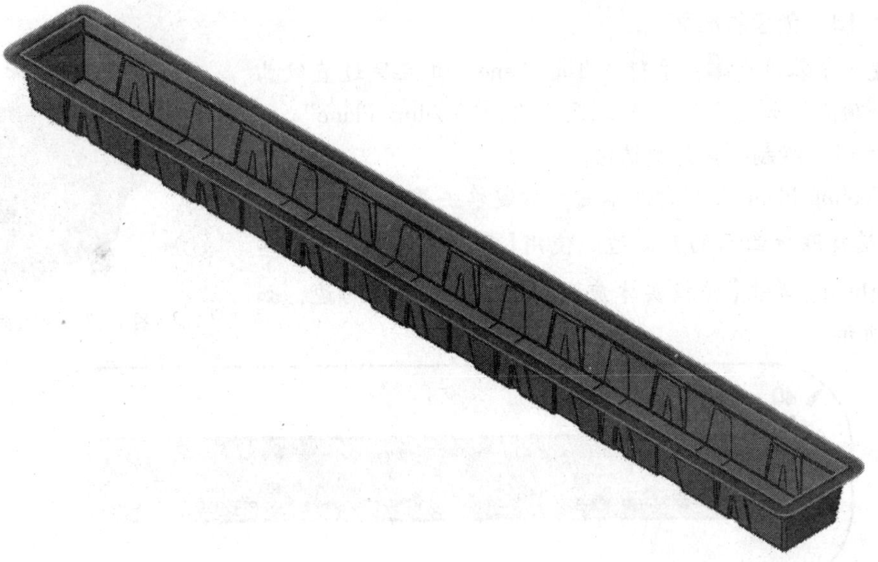

图 7-45　分型面

步骤12　创建直纹曲面

单击【直纹曲面】，如图7-46所示，【类型】选择【锥削到向量】，设置距离为15mm，【参考向量】选择平面区域【面】，角度为5°。

在【边线选择】中，右键单击分型面的一条外轮廓边，单击【选择相切】。勾选【剪裁并缝合】复选框，单击【确定】✔。

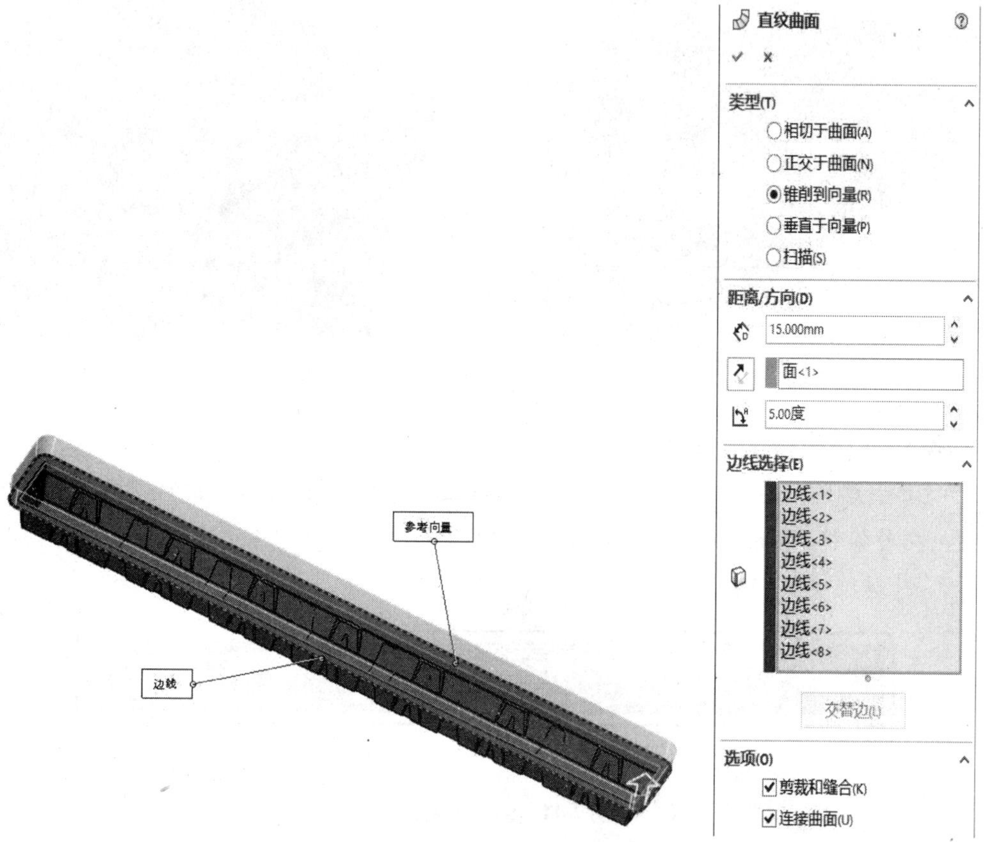

图7-46　直纹曲面

步骤13　创建基准面

创建一个基准面，平行于Top Plane，并且穿过直纹曲面的一个顶点，如图7-47所示。重命名为“Tooling Plane”。

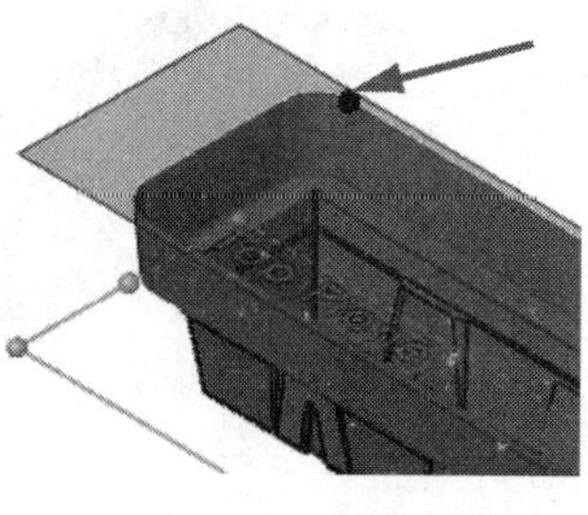

图7-47　基准面

步骤14　绘制模具外侧边线

在Tooling Plane上创建新草图。右键单击并选择【选择开放环】，选择联锁曲面的开放边。使用【等距实体】将这些边偏移40mm。单击【转换实体应用】，包含草图的边，如图7-48所示。

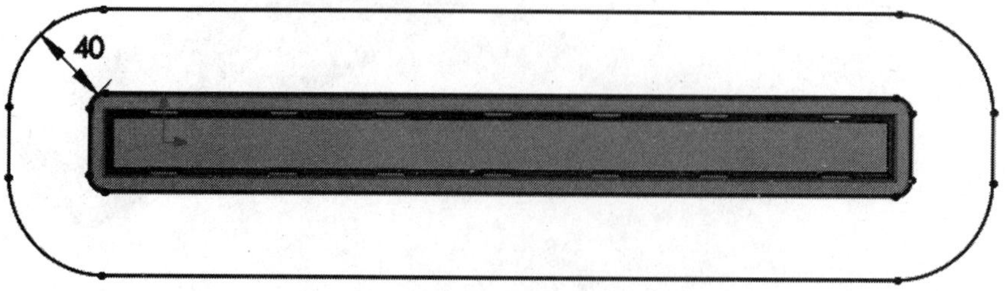

图7-48　草图

步骤 15　创建一个平面区域

使用【平面区域】，利用步骤 14 创建的轮廓创建模具块的底面。

步骤 16　缝合曲面

现在我们有了创建型心的所有曲面，使用【缝合曲面】创建单个的曲面实体，如图 7-49 所示。可选择改变型心曲面实体的外观。

图 7-49　缝合曲面

完成模具　为了完成过滤器模具，下面把本次课程中演示过的技术结合使用。首先拉伸模具块，然后使用型心曲面把模具块分割成两个独立的实体。对于模具的型腔部分，使用【组合】命令从实体中抽取过滤器的模型。

步骤 17　创建草图

在 Tooling Plane 上创建如图 7-50 所示的草图。

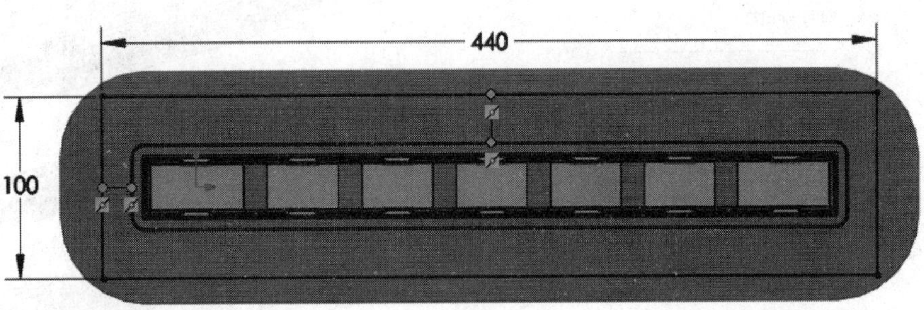

图 7-50　创建草图

步骤 18　拉伸模具块

拉伸草图，方向 1 设为 20mm，方向 2 设为 60mm，不勾选【合并结果】复选框，如图 7-51 所示。

步骤 19　分割模具块

单击【插入】/【特征】/【分割】，如图 7-52 所示。【剪裁工具】选择缝合曲面实体。【目标实体】选择【选定的实体】，选择【凸台-拉伸】，单击【切割实体】。选择两个切割生成的实体，单击【确定】✔。

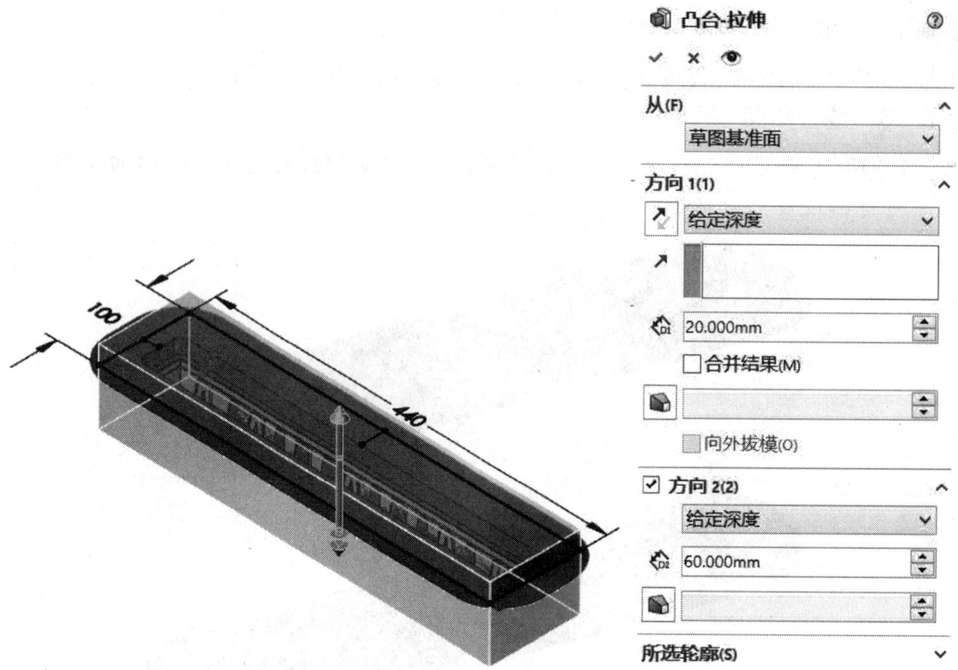

图 7-51　拉伸模具块

步骤 20　查看结果

现在零件中有 3 个实体，图 7-53 所示。型腔体的面与型心体的面完全匹配。为了完成型腔，零件将从模具体中使用【组合】特征抽取出来。因为【组合】特征会吸收抽取的实体，下面首先复制一个 Filter 实体以供使用。

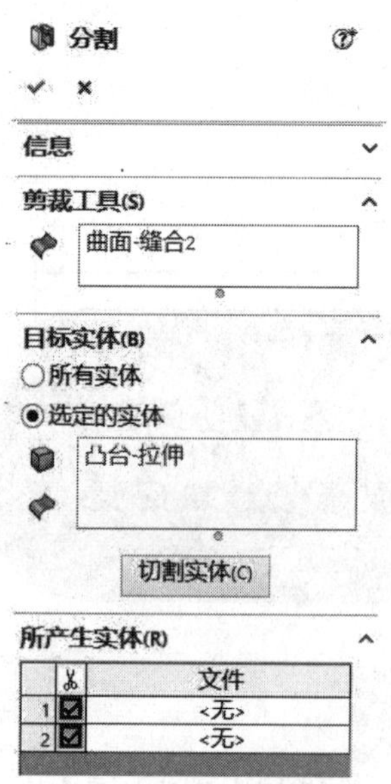

图 7-52　分割

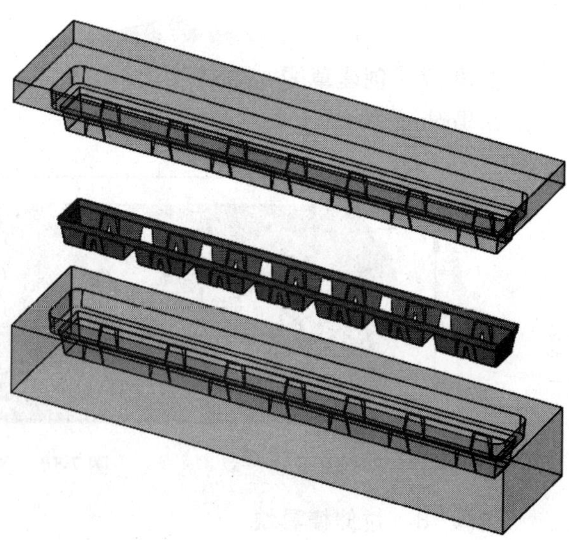

图 7-53　查看结果

步骤 21　复制实体

单击【插入】/【特征】/【移动/复制实体】，选择工件实体。如果 PropertyManager 显示配合设置，单击【平移/旋转】。勾选【复制】，单击【确定】✔。弹出如下提示框：“既没指定平移也没指定旋转。您想继续吗？”单击【确定】，如图 7-54 所示。重命名实体为“Remove”。

步骤 22　删减实体

单击【插入】/【特征】/【组合】，选择【操作类型】为【删减】。

单击【主要实体】栏，选择下半部的模具块，这个是型腔体。单击【要组合的实体】栏，选择上一步完成的复制实体【Remove】，单击【确认】✔，如图 7-55 所示。

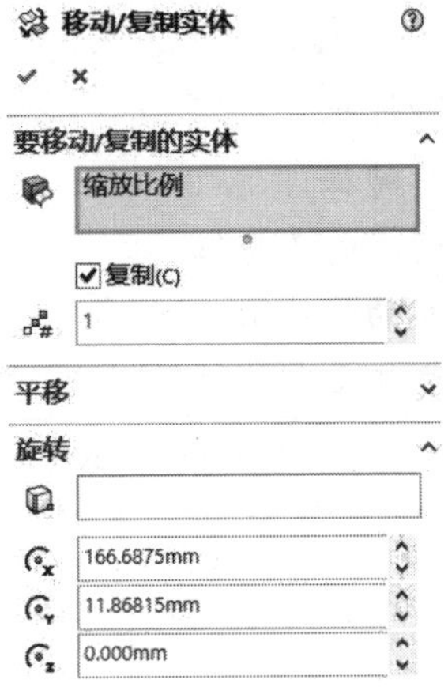

图 7-54　复制实体

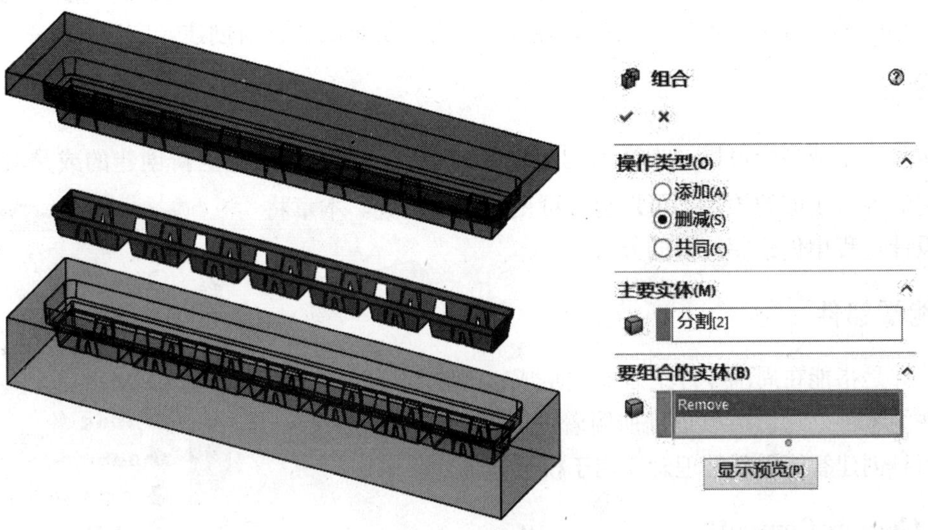

图 7-55　组合实体

步骤 23　保存并关闭零件

第8章　数 据 重 用

学习目标

- 理解设计库
- 插入库特征
- 修改现有的库特征
- 创建新的库特征
- 创建智能零部件
- 在 3D ContentCentral 中查找零件和装配体

8.1　数据重用

尽管每一个模具都是不同的，但是对类似的零件和特征来说，有许多任务是重复性的。本章我们将介绍一些节约时间的方法，拖拽生成想要的文件，而不是每次都重新创建。

8.1.1　库特征

库特征包含一个或多个可以一步插入到零件中的特征，它们可以是全新创建的或是其他零件中的现有特征。它们拥有足够的柔性，可以包含可变参数和配置。本章将专注于模具设计过程中创建库特征的方法。

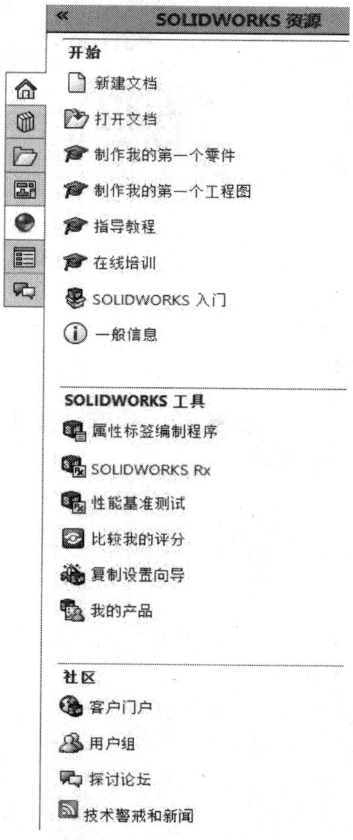

图 8-1　任务窗格

8.1.2　智能零部件

智能零部件是指能在周围零件上智能地生成特征并且可能向其中插入其他零件的零件。它们可以依据所附着的零部件自动调整尺寸。本章将把使用和创建智能零部件理念应用于模具零部件。

8.1.3　3D ContentCentral®

3D ContentCentral 提供了一个在线搜索设计零部件的方法。对于外购件来说，可以直接下载并插入到 SOLIDWORKS 装配体中，没有必要创建它们，这将节约大量的时间。

可以用不同的方式管理库特征、零件、智能零部件和从 3D ContentCentral 下载的零部件。

8.2　任务窗格

【任务窗格】提供了相关库和文件的位置，可以使用重复数据。在窗格图形区域的右侧，可以调整它的位置和尺寸，如图 8-1 所示。

任务窗格的选项卡将在以下课程中讨论：

①SOLIDWORKS 资源🏠。

②设计库。

③文件探索器。

8.3 SOLIDWORKS 资源

【SOLIDWORKS 资源】窗格包括【开始】和【SOLIDWORKS 工具】，以及其他在线资源，如图 8-2 所示。

【日积月累】位于窗格的最底部，如图 8-3 所示。

8.4 设计库

【设计库】用于储存和访问库特征、成形工具、装配体和零件，如图 8-4 所示。这里不仅有默认的【设计库】，也有【SOLIDWORKS Toolbox】以及【3DContentCentral】链接和可下载的【SOLIDWORKS 内容】。

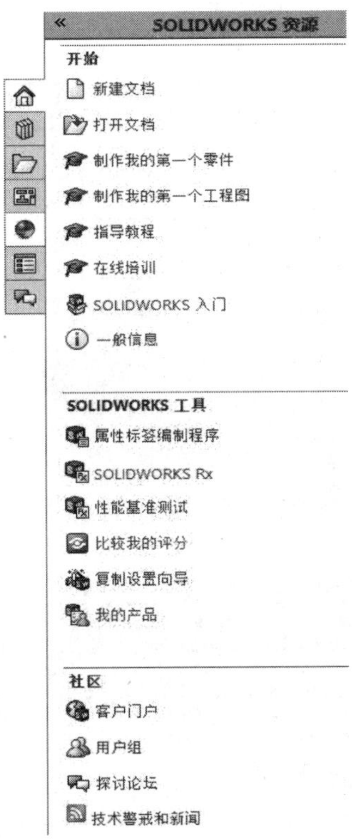

图 8-2 SOLIDWORKS 资源标选项卡

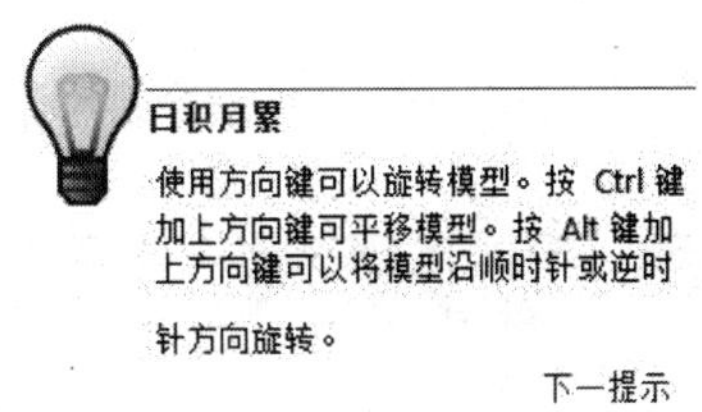

图 8-3 日积月累

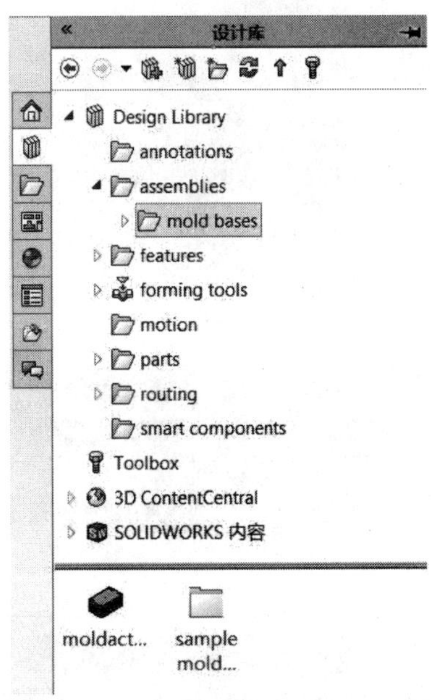

图 8-4 设计库

设计库中的项目是通过标准的拖拽技术进行插入。SOLIDWORKS 已经在设计库中预加载了很多文件。额外的文件以及位置可以使用属性框顶部的图标进行添加。这里的按钮也可以帮助设计库导航。

1. 导航工具 使用这些按钮往后或者往前到上一个文件夹，或者用来浏览最近的文件夹。

2. 添加到库 把一个选定的特征或者零件添加到设计库中。

3. 添加文件位置 添加一个已经存在的文件位置到设计库。该选项也可以通过单击【选项】/【系统选项】/【文件位置】实现。

4. 新文件夹 选择一个地址创建一个新的文件夹。该命令可以右键单击一个库文件夹并在快捷菜单中获取。

5. 刷新 刷新已经打开并且文件夹有改变的窗口。

6. 上一级 移动到上一级文件夹。

7. 配置 Toolbox 开始配置 Toolbox 工具

8.4.1 设计库的本质

为了利用好设计库的优势，需要了解它的文件结构。尽管一些特征和零件源自 SOLIDWORKS 软件，但是设计库的强大在于创建和使用用户自己的文件夹和零件库。

下一节提供了关于默认设计库结构的详细信息。当用户创建自己的特征库和零件时，极力推荐在默认目录外创建文件夹位置来保存自己的定制文件。这样可以单独管理定制文件，如果 SOLIDWORKS 永久地从系统中移除的时，也能防止出现数据丢失。

8.4.2 文件夹显示

这些文件夹可以图标或列表等多种形式呈现。在文件夹内右键单击并选择一个选项，见表 8-1。

表 8-1　文件夹显示方式

	图　标	清　单
大图标	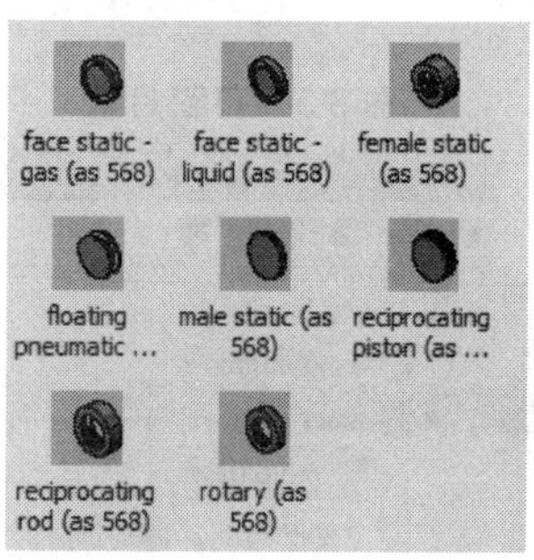	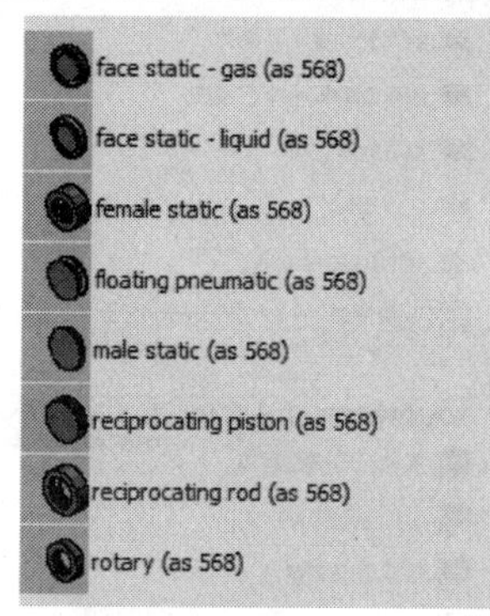
小图标	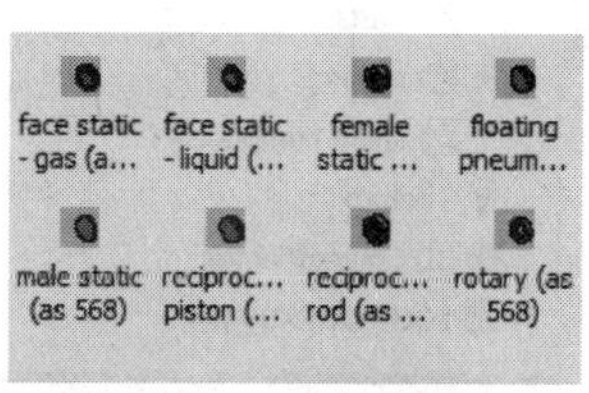	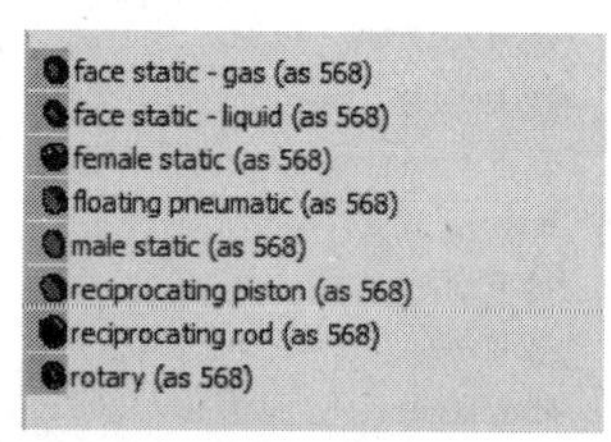

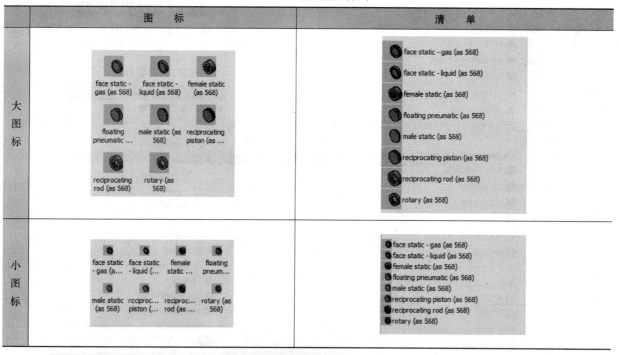

> **提示** 当光标悬浮在图标上时，一个更大的包括文件全称的提示将显示出来，如图 8-5 所示。
>
> 图标的名字源自库特征或零件在文件夹中的名字，可以单击并修改它。
>
> 源自文件属性的描述信息也可以显示出来，这在放置一个具体特征时非常实用。

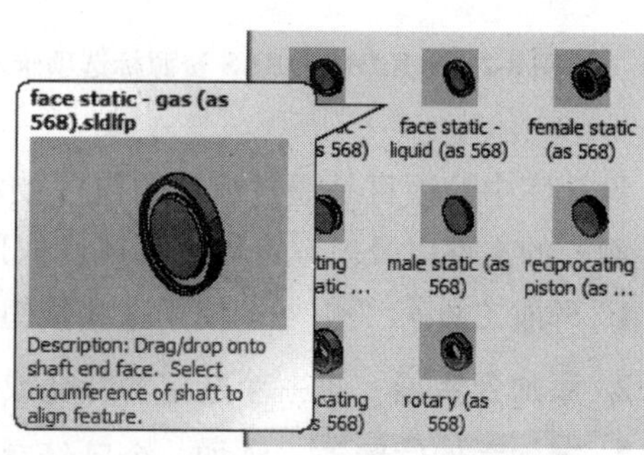

图 8-5　预览提示信息窗口

8.4.3 主要的目录结构

默认的 SOLIDWORKS 设计库位置是：ProgramData \ SOLIDWORKS\SOLIDWORKS 2016\design library 文件夹，该

文件夹是设计库的主文件夹。基于不同的目的，annotations、assemblies、features、forming tools 和 parts 等子文件夹包含了不同类型的数据，如图 8-6 所示。

1. 注解 注解文件夹包括可用于工程图的常用注解和块，如图 8-7 所示。

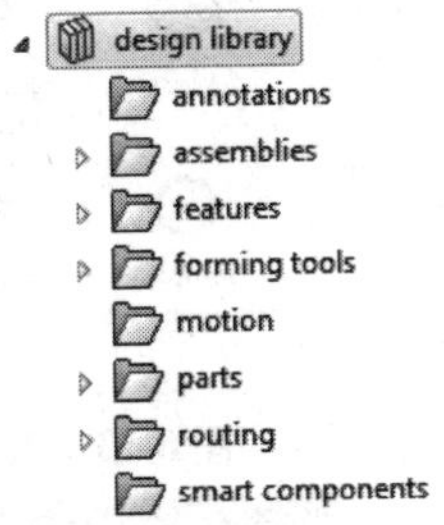

图 8-6 文件夹目录

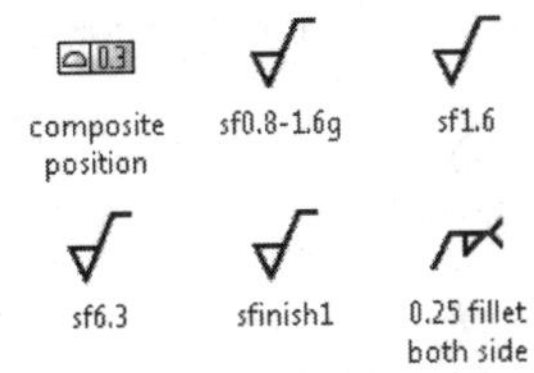

图 8-7 工程图注解

2. 装配体文件夹 装配体文件夹包含装配体和相关零件的子文件夹。

任何包含装配体的文件夹都应该被指定为一个“装配体文件夹”。要指定文件夹为装配体文件夹，在上面的窗口中，右键单击这个文件夹并选择【装配体文件夹 . . . 】。一旦被设为装配体文件夹，在下面的窗口中，只有装配体才可见，零件文件都是不可见的。

3. 特征文件夹 特征文件夹包含所有随设计库一起发布的库特征。它包含两个主要的子目录：英制(inch)和公制(metric)。每个都有相同的子目录：fluid power ports、hole patterns、keyways、o-ring grooves、retaining ring grooves 和 Slots。如图 8-8 所示的是“inch \ keyways”文件夹的特征。这里所有的文档都是库特征零件文件(* . sldlfp)。

图 8-8 库特征文件夹

技巧 “Sheetmetal”子目录包含了钣金设计中常用的切割除料特征。软件自带了许多特征库，这些库包含了多种定义标准尺寸的配置。

4. 成形工具库 SOLIDWORKS 为钣金件提供了一套成形工具，子目录包括：embosses、extruded flanges、lances、louvers 和 ribs。如图 8-9 所示为“forming tools\lance”文件夹。

任何包含成形工具的文件夹都应该被指定为一个“成形工具文件夹 ”。要指定文件夹为成形工具文件夹，可以在上面的窗口中右键单击这个文件夹并选择【成形工具文件夹】。

5. 运动工具库 运动文件夹包含了 Motion Studies 中的常用特征，包括力、马达、阻尼和弹簧，如图 8-10 所示。

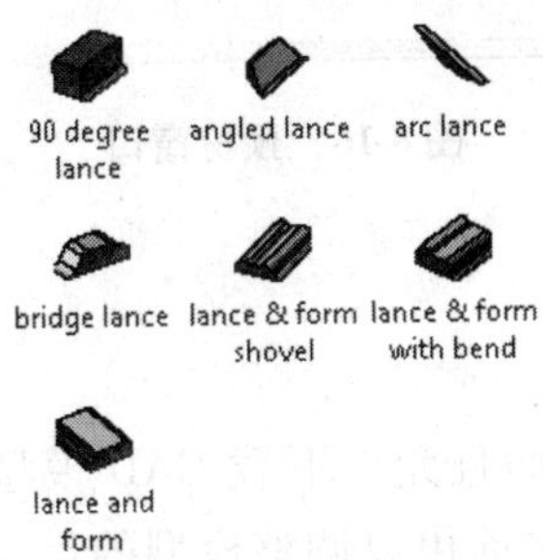

图 8-9 成形工具库

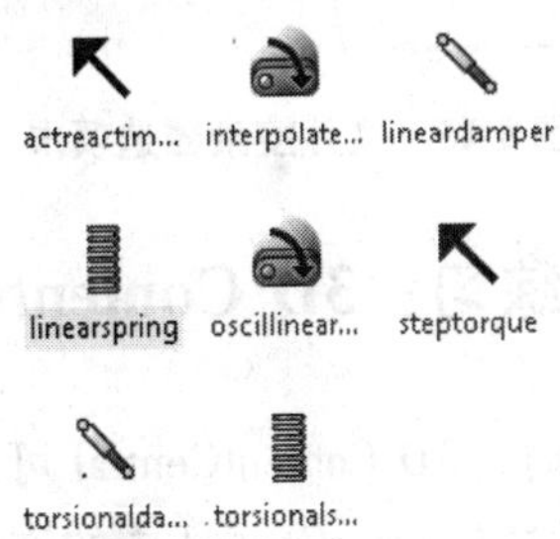

图 8-10 运动文件夹

6. 零件文件夹 设计库中的零件可以在“零件”文件夹中找到。子目录包括 hardware、inserts、knobs 和 sheetmetal。如图 8-11 所示为 hardware 文件夹。所有这些零件必须是 * . sldprt 文件。

7. 布线特征库 对于 SOLIDWORKS 高级许可，Routing 库文件夹为以下设计提供了常用组件：管道、管材和电子。SOLIDWORKS Routing 插件仅在高级许可提供。如图 8-12 所示为布线特征库。

8. 智能零部件 智能零部件目录包括若干零件例子，它们都能保存智能特征。当在一个装配体中使用它们时，这些零件会自动添加相关特征或者额外零部件，如图 8-13 所示。

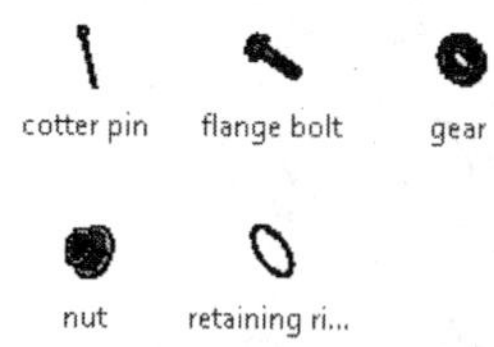

图 8-11 零件文件夹

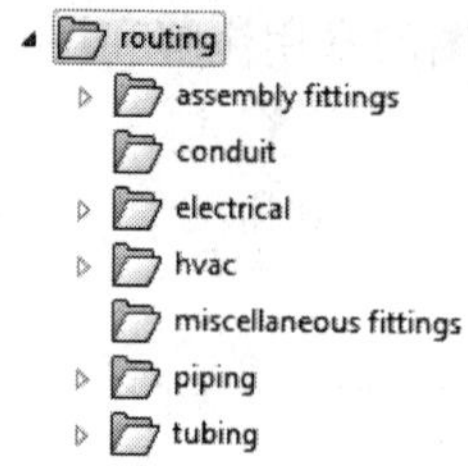

图 8-12 布线特征库

图 8-13 智能零部件

8.5 文件探索器

【文件探索器】选项卡用来显示、预览、打开和保存当前处于打开状态的 SOLIDWORKS 文件。在文件探索器中显示的顶层项目可以通过【选项】⚙/【系统选项】/【文件探索器】控制，如图 8-14 所示。

在 SOLIDWORKS 文档上移动光标可以看见提示工具以及一个预览和关于文件的详细信息，如图 8-15 所示。

【文件探索器】中的快捷菜单包括选项：预览或者打开任何已经存在的文件配置，如图 8-16 所示。

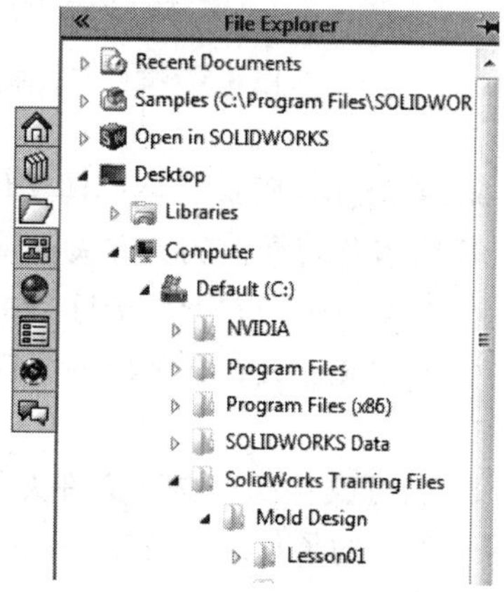

图 8-14 文件探索器

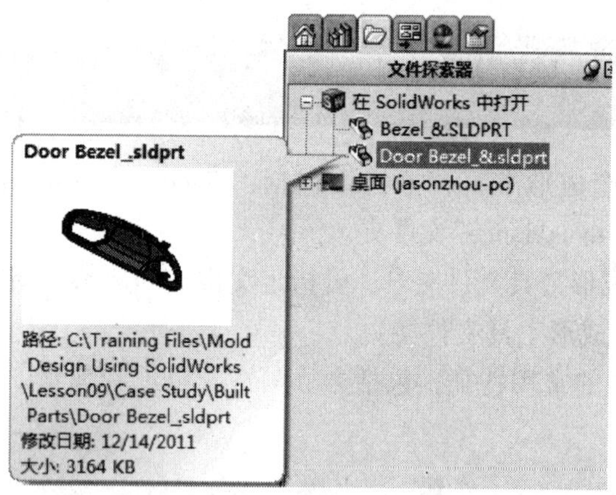

图 8-15 文件搜索器选项卡

图 8-16 预览窗口

8.6 实例练习：3D ContentCentral

采购零件时，3D ContentCentral 可以快速定位要购买的零件，而且允许下载 CAD 模型，以便直接用于装配体。3D ContentCentral 中的许多零件都是可配置的，下载之前可以调整模型的尺寸。本例将从 3D ContentCentral 获取模架部件，并将它们储存在设计库中。

> **提示**
>
> 随着更多材料的加入，3D ContentCentral 中的内容在持续地改变。这可能导致图形区域显示的内容与教程的内容不一致。这些不同之处并不影响本例的结果。
>
> 本例中的零件要求联网，如果没有连接网络，可以使用 Lesson08\Case Study 文件夹提供的文件。

操作步骤

步骤1 定义一个设计库位置

使用 Lesson08\Case Study 目录中的一个文件夹作为新文件的位置，存放库文件。在【SOLIDWORKS 资源】中选择【设计库】，单击【添加文件位置】，选择 Lesson08\Case Study 文件夹，选择【Custom Library】文件夹，单击确定。

步骤2 创建新文件夹

创建一个新文件夹以储存模架装配体和将要下载的零部件。在【设计库】属性框中，展开 Custom Library，选择 Assemblies 文件夹。在【设计库】属性框顶部单击【新文件】图标，将文件夹命名为“PCS Mold Base”，如图 8-17 所示。

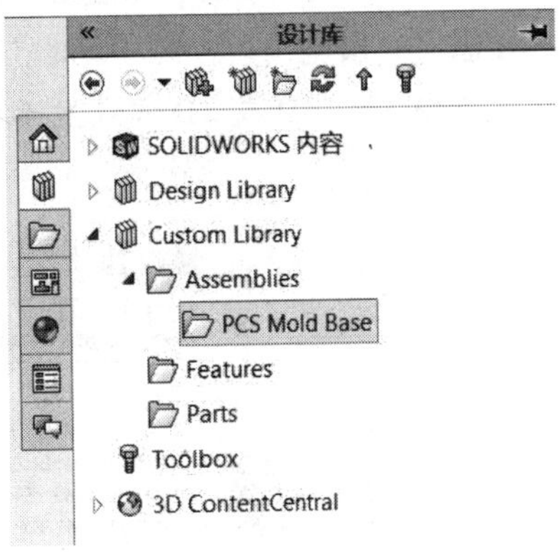

图 8-17 设计库

步骤3 定义装配体文件夹

为了在这个目录中只查看装配体文件，而不是单个的零件，右键单击 PCS Mold Base 文件夹，选择【Assemblies】文件夹。

步骤4 3D ContentCentral

展开设计库中的【3D ContentCentral】节点。展开【供应商内容】，单击【所有类别】。在下方的面板中，单击【单击此处获取所有类别】。在浏览器中会打开 www.3dcontentcentral.com，检查可用的类别列表，选择【模具部件】，如图 8-18 所示。

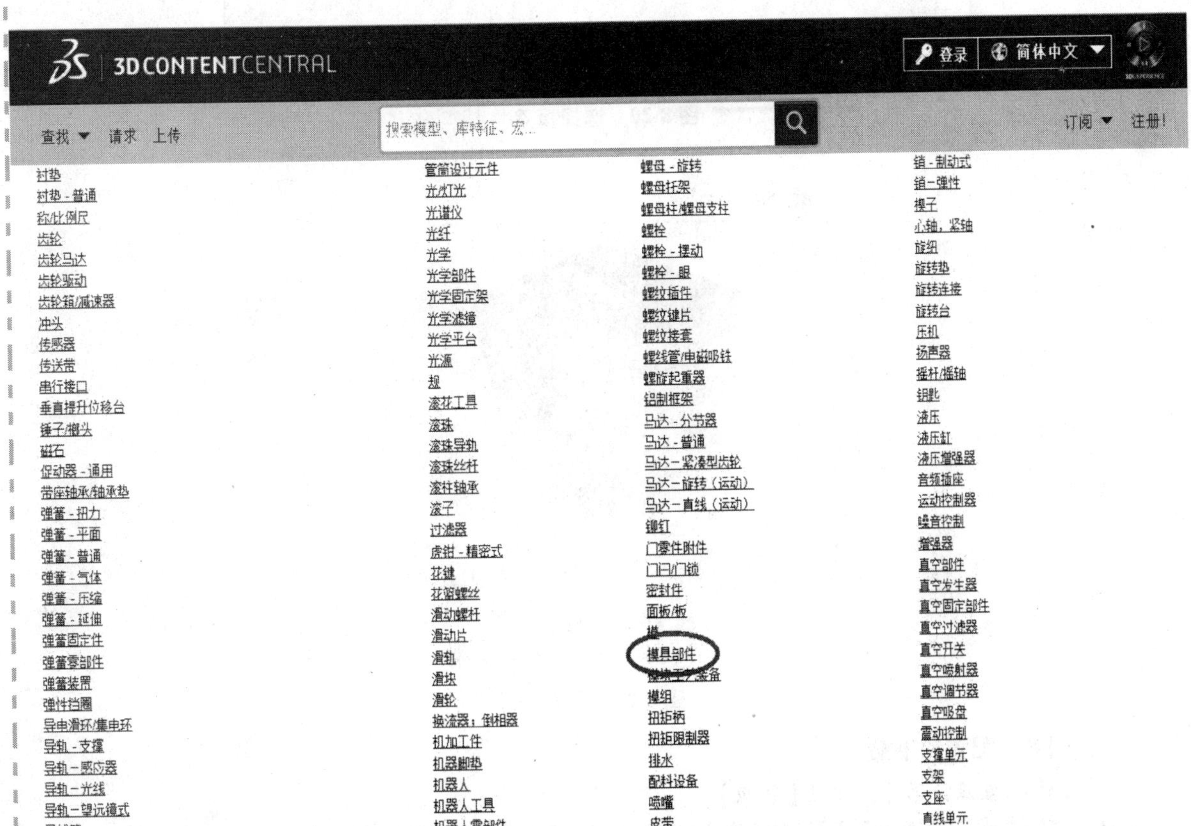

图 8-18 选择 3D ContentCentral 模具部件

步骤5　选择公司

这里列举了大量提供模具零部件下载的公司。找到“PCS Company”，单击“Mold Bases”，如图8-19所示。

步骤6　选择模架

选择“A Series”模架，如图8-20所示。

步骤7　预览

预览窗口以3D或2D方式显示模型，单击“预览3D”选项卡，如图8-21所示。

图8-19　选择公司

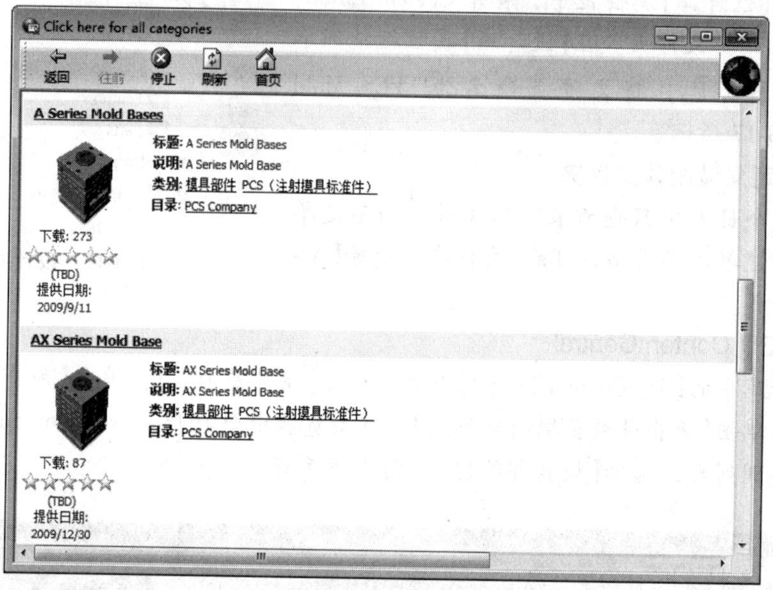

图8-20　选择模架

图8-21　预览

步骤8　配置和下载

单击【配置及下载】，单击【登录】。

提示　如果不是3D ContentCentral的会员，需要先注册。

从【配置】列表，对所有的零部件使用默认设置。在【下载】选项卡中，【格式】选择【SOLIDWORKS 零件/装配】，【版本】选择【2016】，如图 8-22 所示。

图 8-22　配置和下载

单击【下载】，弹出一个简要的信息，表明装配体和零件都已被配置好。

可以将文件拖拽到 SOLIDWORKS 或下载到一个指定的目录，单击链接【ASeries】下载，如图 8-23 所示。

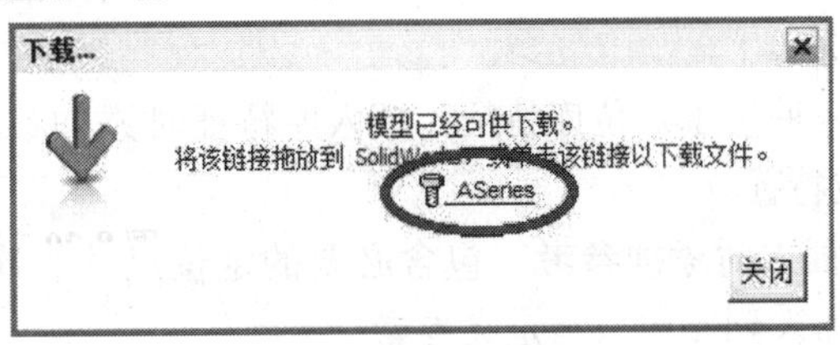

图 8-23　下载

步骤 9　解压文件

将文件解压到"PCS Mold Base"文件夹。

技巧 如果将链接拖到 SOLIDWORKS 图形区域，这些文件将被自动解压。如果像步骤 8 那样单击链接，".zip"文件将被复制到指定的文件夹，之后必须手动解压它。

提示 如果无法访问互联网，所有解压缩的文件都在 Lesson08\Case Study\L8 reference 文件夹中。只需要把 PCS Mold Base 文件夹的内容复制到设计库中新创建的文件夹。

步骤 10　检查设计库

【刷新】设计库视图，选择"PCS Mold Base"文件夹。注意单个的零件并没有显示，如图 8-24 所示。

右键单击"PCS Mold Base"文件夹，清除 Assemblies 文件夹。所有单独的零部件会显示在属性框底部。我们的兴趣主要是整个装配体，而不是单个的零件。

步骤 11　打开模架

在任务窗格下方面板中，双击装配体。此时，一个完整的模架装配体就准备好了，随时可以插入，如图 8-25 所示。

步骤 12　保存并关闭所有文件

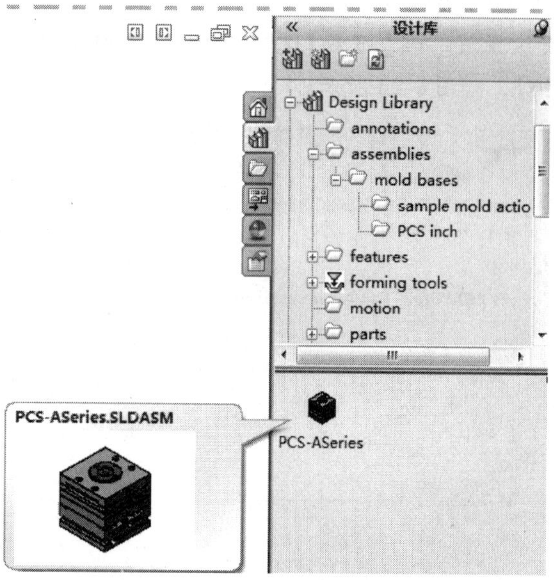

图 8-24　检查设计库

图 8-25　打开模架

8.7　库特征

“Features”文件夹包含添加到设计库的库特征。有一系列特征随 SOLIDWORKS 安装包发布。当特征被插入时，它们被复制到当前激活的零件中，除非【链接到库零件】复选框被勾选。

有两种技术定位库特征：插入库特征时添加参考关系或者使用【编辑草图】定位特征。

1. 插入时添加参考　包含必要的定位尺寸和库特征中的参考。然后随着特征加入到库中，重定义参考。

2. 使用【编辑草图】定位特征　另一种方法是在库特征中不包含外部参考关系，然后在【编辑草图】的过程中添加必要的参考关系。外部参考是草图或者库特征的外部尺寸和关联信息。

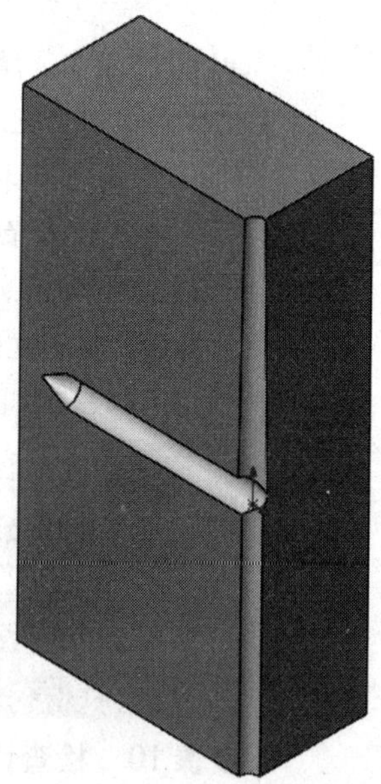

图 8-26　库特征

8.8　实例练习：创建库特征

在本实例中，将创建一个简单的流道和浇口库特征，它们可以在模具设计中重复使用，如图 8-26 所示。库特征简单，但拥有足够的柔性，这样我们可以在插入的过程中调整它的尺寸。实例包含库特征的参考关系，这样从库中使用特征时，就可以用它定位流道和浇口。

操作步骤

步骤 1　创建一个库文件夹

在创建库特征之前，应在设计库中创建一个文件夹来存放即将创建的模具特征。选择任务窗格上的【设计库】选项卡，展开 Custom Library 选择 Features 文件夹。创建一个【新文件夹】，命名为 Mold Features，如图 8-27 所示。

步骤2 创建新的零件文件

使用模板 Part_MM 创建一个新的零件文件。

步骤3 创建一个基础特征

库特征由去除材料的特征（一个旋转切除和一个拉伸切除）组成。为了创建这些切除特征，必须有一些基础几何体来切除贯穿。这个基础几何体不会包含在能够重复使用的库特征中。在右视基准视图上绘制一个矩形，如图 8-28 所示。在 –X 方向拉伸 50mm 形成块体。

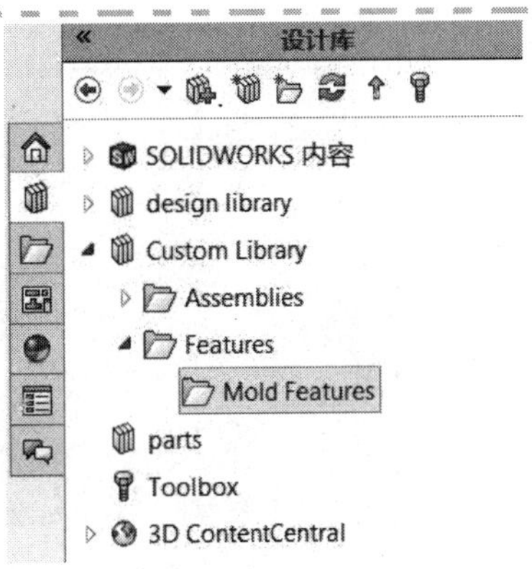

图 8-27 库文件夹

提示 这个块体的尺寸不是很重要，会在后面看到。

步骤4 创建直流道

在基体的右侧创建草图。请注意，流道的长度是由原点和基体边线的关系决定的。原点和边线是草图的外部参考，当这个特征重用时，关系需要新的参考，如图 8-29 所示。

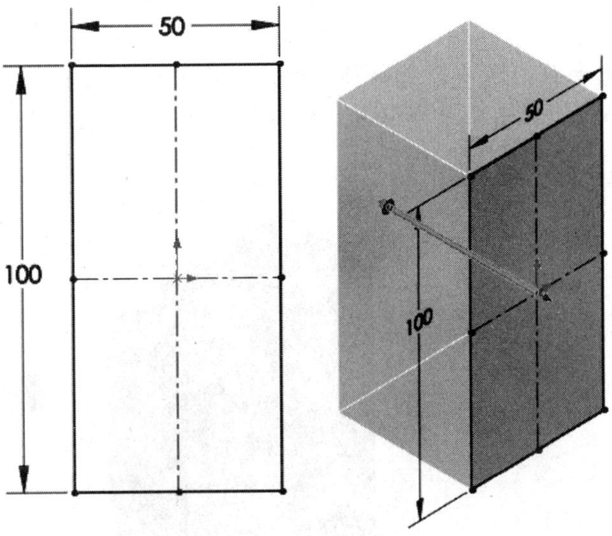

图 8-28 拉伸块体

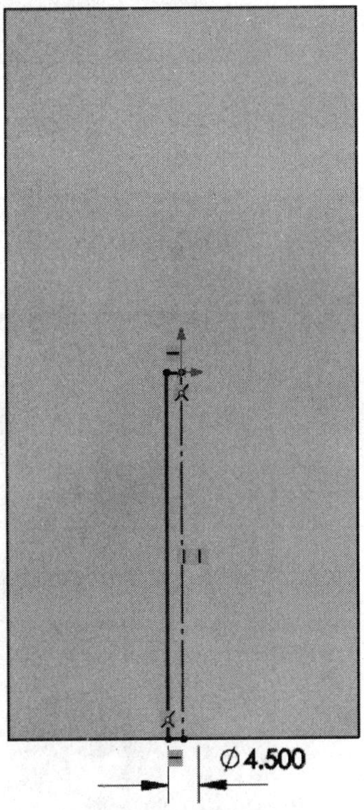

图 8-29 直流道草图

步骤5 旋转切除

使用步骤 4 的草图创建【旋转切除】，如图 8-30 所示。

步骤6 创建锥流道草图

在前一步骤相同的平面上创建草图。

创建一个旋转切除，如图 8-31 所示。

步骤7 创建其他流道

在前一步骤相同的平面上创建草图，如图 8-32 所示。以原点为中心绘制一个圆，并且与孔的边线重合。创建拉伸切除特征，深度为 40mm。

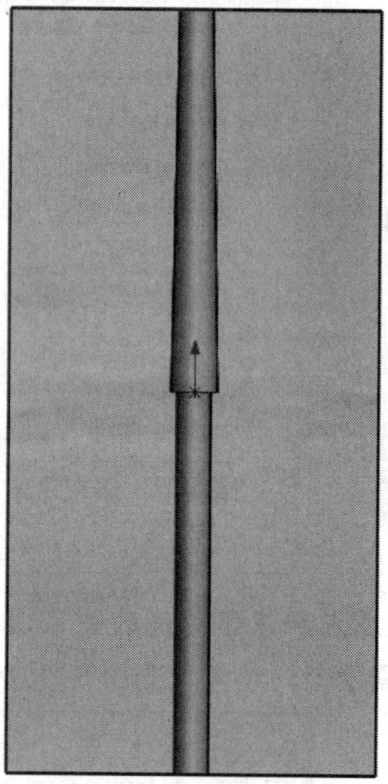

图 8-30　旋转切除

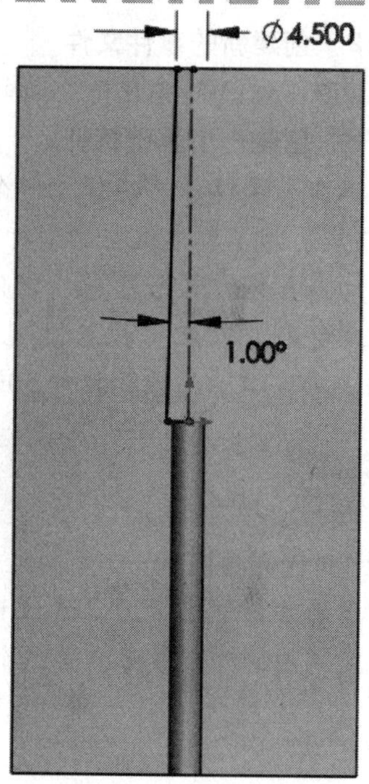

图 8-31　创建锥流道草图

在这个特征中，流道将采用离散的长度。当以库特征插入时，允许用户通过库特征输入尺寸值。在孔底，引用孔的边创建另一个孔，孔深为 5mm，拔模角度为 30°。流道剖面如图 8-33 所示。

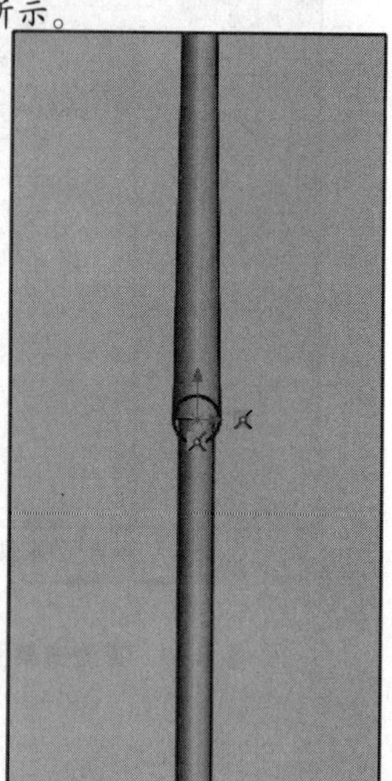

图 8-32　创建其他流道

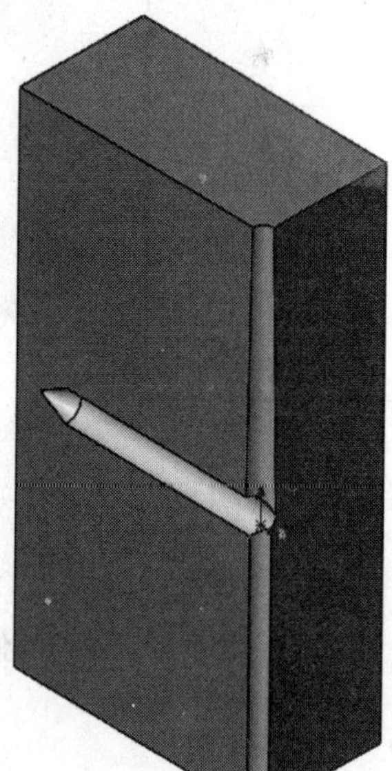

图 8-33　流道剖面

步骤 8　创建库特征

在【设计库】属性框，单击【添加到库】。将两个旋转切除特征和两个拉伸切除特征添加到【要添加的项目】列表。

在【保存到】中，命名新文件为“Runner-4.5”，并存放在“Mold features”文件夹里。【选项】输入 Lib Feat Part，【说明】中填入 4.5mm 流道和浇口，单击【确定】，如图 8-34 所示。

库特征此时已显示在“Mold features”文件夹里，如图 8-34 所示。直接关闭零件不保存。

步骤 9　打开库特征

在设计库中，双击“Runner-4.5”库特征，或者右键单击然后选择【打开】。

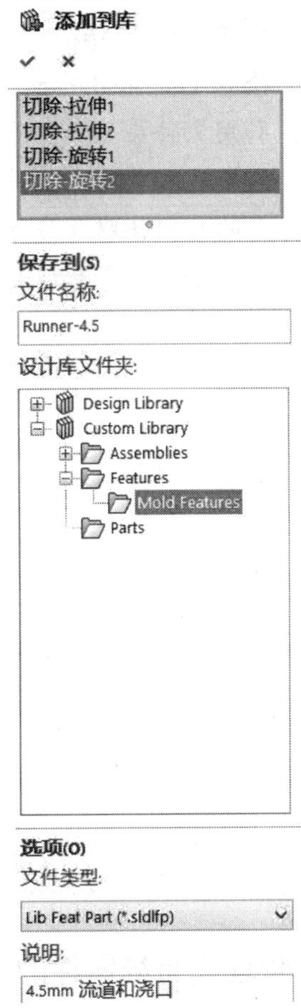

图 8-34　添加到库

8.8.1　库特征的特性

库特征在文件格式和其他细节上与零件文件是不一样的，基本的区别如下。

1. 文件类型　文件类型是库特征零件，使用一个 *.sldlfp 的文件扩展名。

2. 标记的特征　由库特征创建的特征(切除-旋转以及切除-拉伸)被标记为“L”。其他的特征(凸台-拉伸)没有这个标记。

3. FeatureManager 文件夹　两个额外的文件夹显示在 FeatureManager 设计树(图 8-35)中，它们列出了标记特征的参考和尺寸。

4. 参考文件夹　“参考”文件夹中的内容取决于特征的数量以及它们是如何创建的。参考与特征插入时的选择是对应的。最少时只有一个：方位基准面。

5. 尺寸文件夹　默认情况下，“尺寸”文件夹中包含特征中使用的和“找出尺寸”及“内部尺寸”两个子文件夹下的所有尺寸。

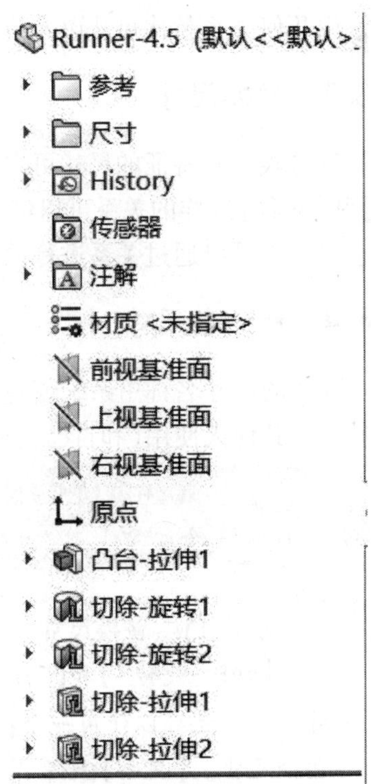

图 8-35　库特征设计树

步骤 10　库特征零件参考

检查 FeatureManager 设计树，如图 8-36 所示。当重用库特征时，引用文件夹显示了除放置的平面外，还有四个元素要求新的参考。两条边和草图点是库特征的外部参考。这些都是参考到凸台-拉伸 1 的几何体以及原点。有必要的话，这些参考在文件夹中可以重命名变得更加容易识别。

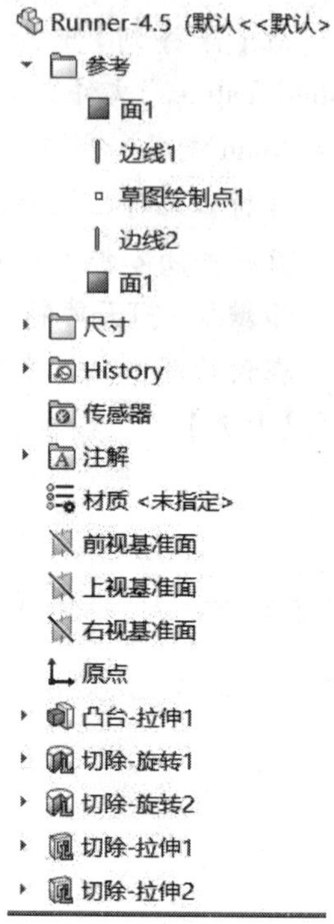

图 8-36　库特征设计树

8.8.2　管理库特征零件的尺寸

为了方便库特征的理解和修改，最好花一些时间来管理零件中的尺寸。有些管理任务可能包含去除不必要的尺寸，修改尺寸为内部几何体以放置过约束，用几何关系替代尺寸以及重命名尺寸，如图 8-37 所示。

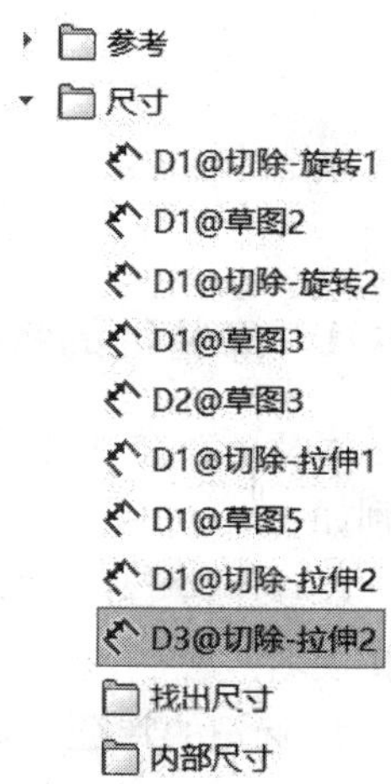

图 8-37　零件尺寸

8.8.3　替换尺寸

有时候，库特征的尺寸可以用草图关系替换简化。使用例如【相等】、【平行】和【对称】这样的关系可以经常替换尺寸。花时间来评估库特征的尺寸，查看它们是否可以通过关系进行简化。

8.8.4　重命名尺寸

默认的尺寸名称由系统创建。默认的名称无法描述尺寸的用途。为了使尺寸易于被其他人使用(和自己记忆)，应该对它们重命名。

提示　在 SOLIDWORKS 零件保存为一个库特征前就可以重命名尺寸。所有修改的尺寸名都会传递到库特征零件。

步骤 11　替换尺寸

【切除-旋转 1】和【切除-旋转 2】的直径应该一直相等。除了用两个单独的尺寸控制这些特征外，还可以使用一个【相等】关系进行控制。选择【切除-旋转 2】/【编辑草图】/【删除】直径尺寸。【显示】草图 2，它是【切除-旋转 1】的轮廓。选择如图 8-38 所示的边，单击【使相等 =】/【退出草图】，【隐藏】草图 2。

步骤12 重命名尺寸

如图8-39所示，重命名这些尺寸。在尺寸PropertyManager，或者从尺寸文件夹中，使用修改对话框对尺寸重命名。

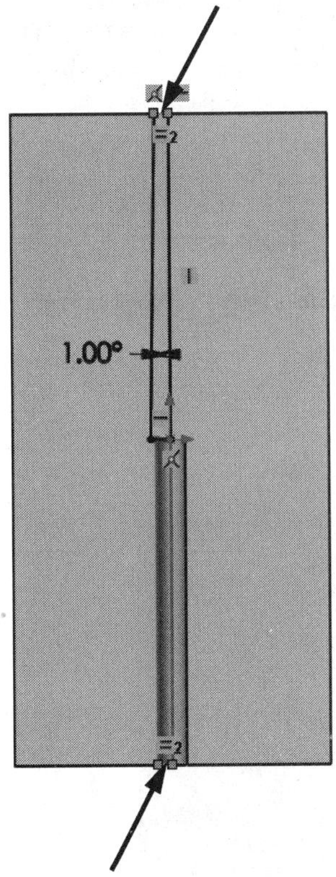

图8-38 替换尺寸

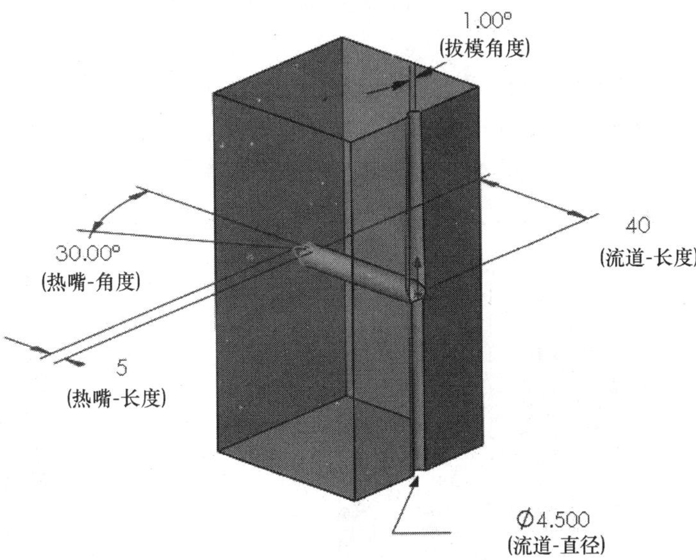

图8-39 重命名尺寸

8.8.5 尺寸分类

库特征尺寸可以被划分到不同的文件夹，并指定不同的类型，控制它们在重用时，在PropertyManager进行的显示 。

1）顶层“尺寸”文件夹中的尺寸在插入的过程中可见，并且可以修改。

2）“找出尺寸”文件夹里的尺寸在插入过程中提示输入数值。它们通常用来定位特征。

3）“内部尺寸”文件夹里的尺寸在插入的过程中会被隐藏。这些尺寸无法访问或者改变。

步骤13 改变尺寸的访问方式

我们需要在插入库特征的过程中修改先前重命名的尺寸。没有被重命名的尺寸在插入时将被隐藏起来。将没有重命名的尺寸拖拽到“内部尺寸”文件夹里，如图8-40所示。这个库特征的位置将会由参考决定，所以不用添加任何尺寸给“找到尺寸”文件夹。

步骤14 保存并关闭库特征

步骤15 打开零件

在Lesson08\Case Study文件夹中打开Block. sldprt零件。

步骤16 测试库特征

从设计库中拖拽Runner-4. 5mm到如图8-41所示的面。使用预览窗口识别和正确选择新的参考来定位特征。

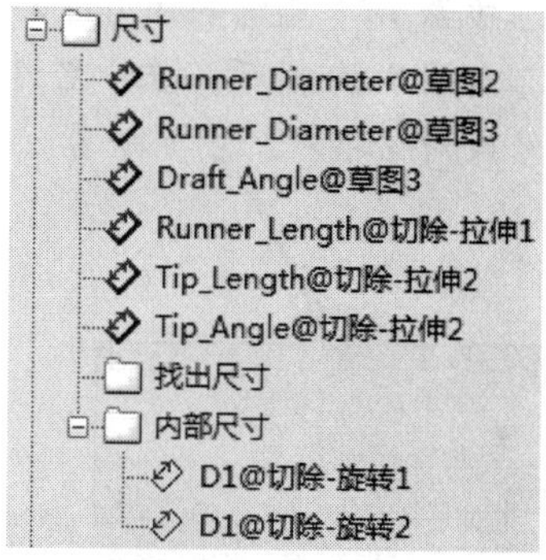

图 8-40　改变尺寸的访问方式

提示 如果原点在窗口中无法选择到，可以尝试在 FeatureManager 设计树中进行选择。

步骤 17　改变大小

展开【大小尺寸】选框，选择【覆盖尺寸数值】。测试块的厚度是 50mm，所以把 Runner_Length 的尺寸改为 45mm，单击确定。

步骤 18　查看结果

圆柱孔和锥孔的长度取决于块的长度和草图点的位置，流道贯通零件，浇口在后侧平面，如图 8-42 所示。

步骤 19　保存并关闭零件

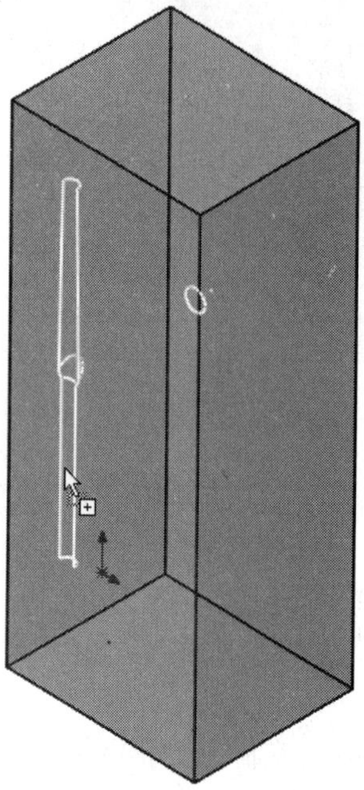
图 8-41　测试库特征

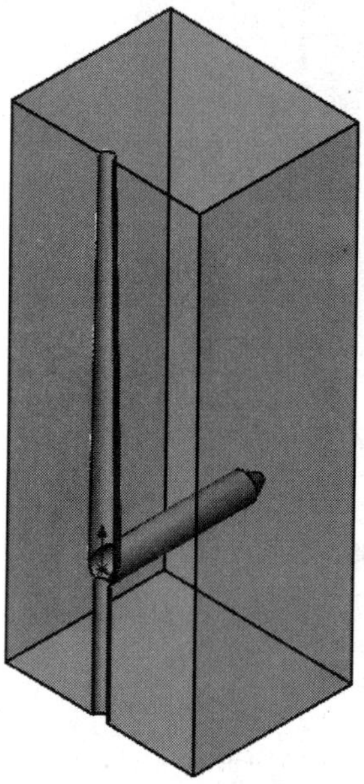
图 8-42　查看结果

8.9　库特征配置

通过添加配置让库特征更具有灵活性。在为库特征添加多个特征后，在插入库特征时，可以选择指定的配置来插入。

8.10　实例练习：水管

在这个实例中，将创建一个用于冷却模具的水管库特征。水管需要 4 个配置：一个用来连接模架和水管，一个是基本孔，一个用于 O 形圈，最后一个用于插头。

当向模具中插入流道时，通过 3D 草图定义流道的路径，因此库特征是基于 3D 草图的。

操作步骤

步骤1 新建零件

使用模板"Part_MM. sldprt"创建零件。

步骤2 创建基体特征

在上视基准面绘制矩形草图，以原点为中心。矩形为边长100mm的正方形。拉伸草图，深度为35mm，如图8-43所示。

步骤3 创建3D草图

创建3D草图，草绘一条直线，端点在面上。添加几何关系【沿Z】，直线没有添加尺寸，如图8-44所示。

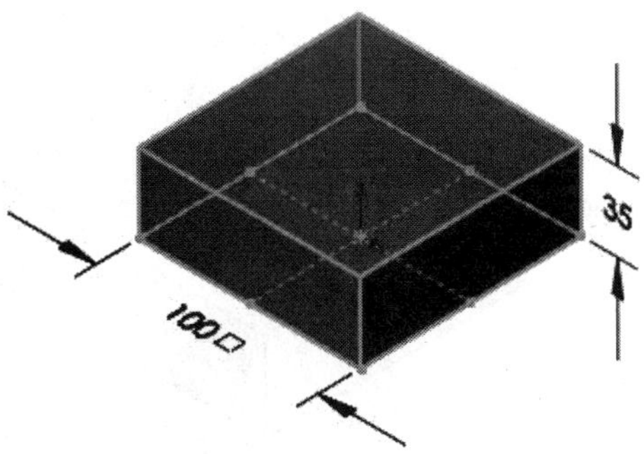

图8-43 创建基体特征

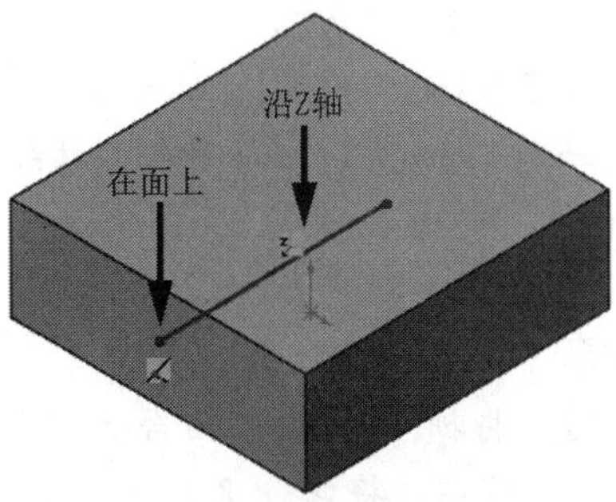

图8-44 创建3D草图

步骤4 创建第一个配置特征

通过【异形孔向导】创建8mm的孔。标准为【Ansi Metric】，类型为【钻孔大小】。将孔定位在草图线上，终止条件为【成形到一顶点】。所创建的孔将与直线一样长，如图8-45所示。

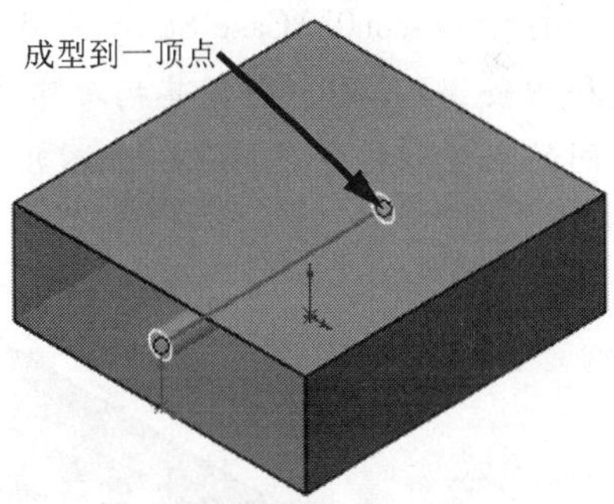

图8-45 创建第一个配置特征

步骤5 重命名配置

将配置重命名为"Hole Only"。

步骤6 创建另外三个配置

另外三个配置命名为Connector、O-Ring和Plug。

> 提示 四个配置都将使用这个8mm的孔特征，所以在创建其他配置之前创建这个孔，这样所有的配置都有这个孔。

步骤7 修建O形圈(O-Ring)配置

激活"O-Ring"配置，在3D草图重合端点处创建大小为15.5mm的孔，孔深为1.9mm，如图8-46所示。

> 提示 因为默认的配置选项【压缩新特征和配合】，这个特征在其他已有的配置中是自动压缩的。

步骤8 创建插接头(Plug)配置

激活"Plug"配置，在3D草图重合端点处创建10mm×1.0mm的锥形螺纹孔，标准为【Ansi Metric】。不通孔深度为15.0mm，螺纹线深度为10.0mm，如图8-47所示。

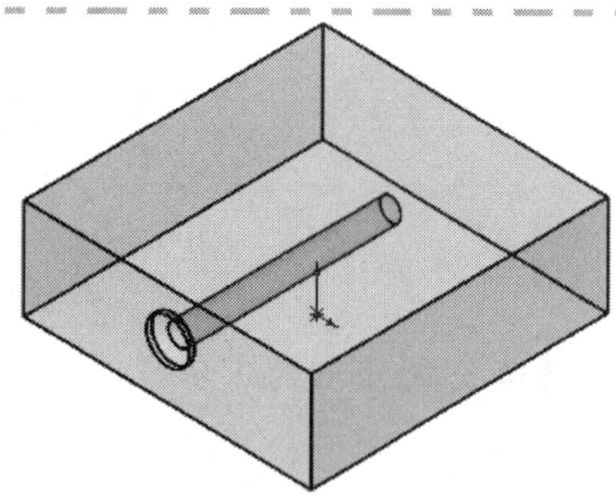

图 8-46　创建 O 形圈配置

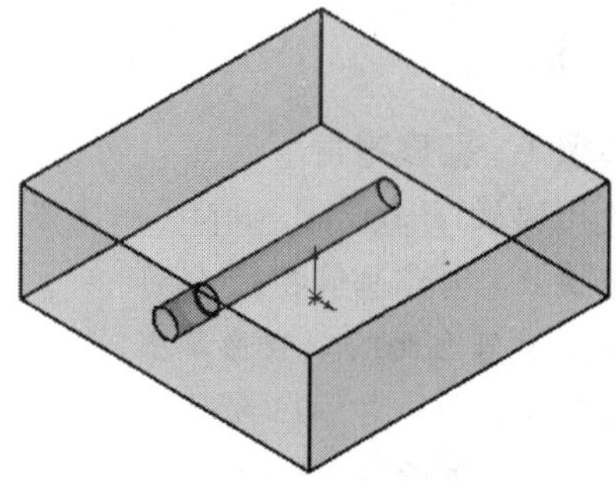

图 8-47　创建插接头配置

步骤 9　创建连接头(Connector)配置

激活"Connector"配置，创建 19mm 的孔。标准为【Ansi Metric】，类型为【钻孔大小】。终止条件为【给定深度】，不通孔深度为 18.0mm。底部是平的（修改【底端角度】为 180°）。在 19.0mm 孔的底部创建一个 10mm×1.0mm 的锥形螺纹孔，标准为【Ansi Metric】。不通孔深度为 15.0mm，螺纹线深度为 10.0mm，如图 8-48 所示。

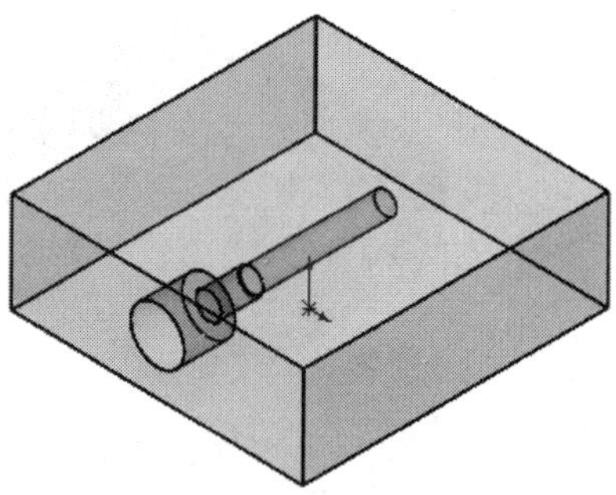

图 8-48　创建接头孔特征

步骤 10　创建库特征

创建库特征，包括除"凸台-拉伸 1"之外的所有特征以及 3D 草图。将它命名为 Waterline，保存到 Mold Features 文件夹。

步骤 11　测试特征

打开 Lesson08\Case Study 文件夹下"Waterline test block. sldprt"零件。这个零件只有一个块和四条 3D 草图，将用其插入库特征的 4 个配置。插入四个库特征复本，每一个对应一个不同的配置以检查库特征，如图 8-49 所示。

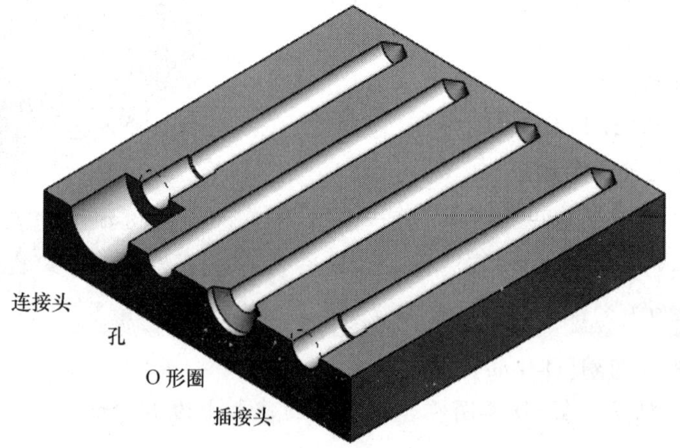

图 8-49　测试特征

步骤 12　保存并关闭所有文件

在第 9 章创建完整模具时，我们将使用这个库特征。

可以选择现有零件中的特征来创建库特征，并放入设计库。在前面的实例练习中，创建了一个虚拟零件，然后选择相关特征来创建库特征。如果特征已存在于现有零件中，可以从这个零件中选择它们，而不需要创建虚拟的零件。在这个过程中，SOLIDWORKS 会尝试简化基体特征，从而只保留必要的特征。

8.11 创建智能零部件

【智能零部件】可用来关联普通零部件和特征。将智能零部件插入装配体时允许一步插入多个相关的零部件和特征。这个智能零部件可被用于任何装配体，与其相关联的零部件和特征都被一起插入，不需要额外的步骤。

创建一个智能零部件分为两个阶段。首先，必须将适当的零部件和关联特征装配在定义装配体中，以形成智能的零部件。定义装配体类似于创建库特征所使用的基础特征。

第二阶段，智能零部件从定义装配体中分离出来，所有与智能特征（或部件）参考相关的信息都被引入到智能零部件中。与装配体或其他零部件间没有任何外部参考关系。

8.11.1 创建定义装配体

创建智能零部件的第一步是创建定义装配体。本节将通过浇口衬套、定位环和螺钉来演示智能零部件。

创建与智能零部件关联的特征需要使用关联特征技术。

操作步骤

步骤1 打开零件

打开 Lesson 08\Case Study\SmartComponent 文件夹下的"HASCO Metric Sprue Bushing. sldprt"零件。确保配置"Z512-18x66-3-40"被激活，如图 8-50 所示。

无论在何时使用这一衬套，我们都不仅要在模架上切除一个合适的孔，而且必须添加定位环、螺钉和螺纹孔，如图 8-51 所示。

图 8-50 打开衬套零件

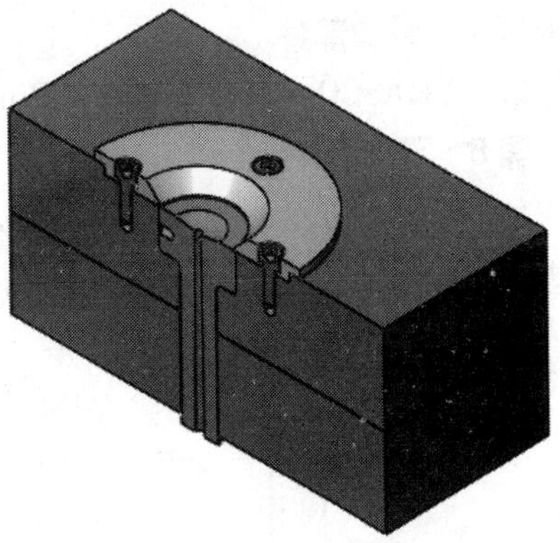

图 8-51 模架浇口部分

步骤2 创建定义装配体

打开 Lesson08\Case Study\Smart Component 文件夹下的"Defining Assembly. sldasm"装配体。这个装配体由两个模拟夹模板和板模具的块组成。

步骤3 插入零件

将零件"HASCO Metric Sprue Bushing"插入装配体。

步骤4 添加距离配合

添加一个【距离】配合定位衬套，距离上模具块的顶面为 4mm，如图 8-52 所示为剖视图。

步骤 5　第一个关联切除

右键单击零件“Block A”，单击【编辑】。为了便于选择隐藏线，使用【隐藏线可见】模式。基于右视基准面创建草图。使用【转换实体引用】功能投影浇口衬套，如图 8-53 所示。

创建旋转切除特征，将特征重命名为“切除-旋转 A”。返回到装配体环境。

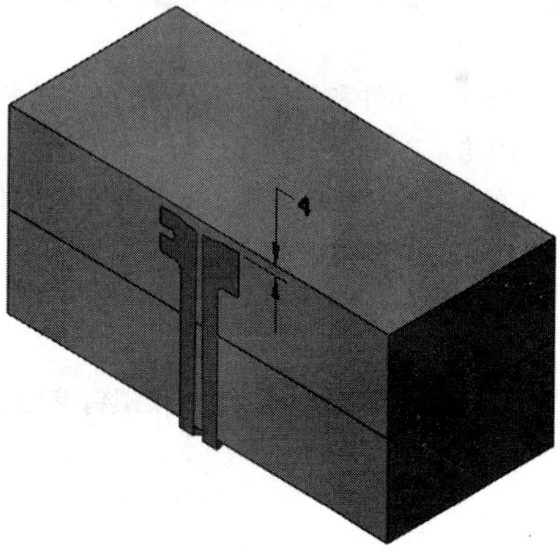

图 8-52　添加距离配合

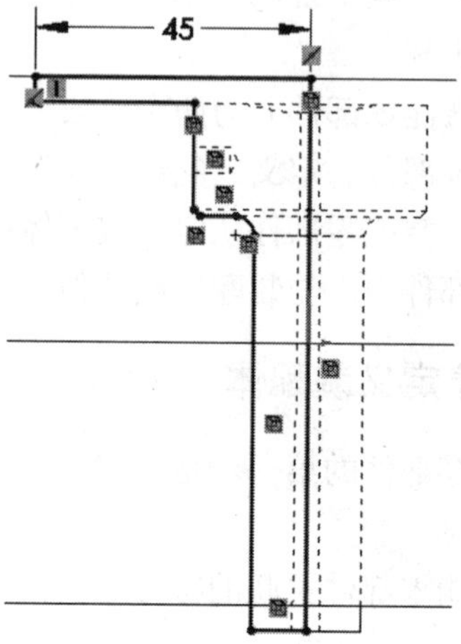

图 8-53　创建关联草图 1

步骤 6　第二个关联切除

右键单击零件“Block B”，单击【编辑】。基于右视基准面创建草图，如图 8-54 所示。创建旋转切除特征，将特征重命名为“切除-旋转 B”。单击【编辑零部件】，返回主装配体。

> **注意**　为了确保智能零部件能将每个切除应用到正确的板中，每个旋转切除特征的名字必须不相同。

步骤 7　添加部件

将零件“HASCO Metric Locating Ring”插入装配体中。使用配置“K100-100×8”。

步骤 8　添加配合

使用【同轴心】和【重合】配合定位此零件。将定位环的“Plane1”平面和 Block A 的右视基准面配合在一起，以防止其转动，如图 8-55 所示。

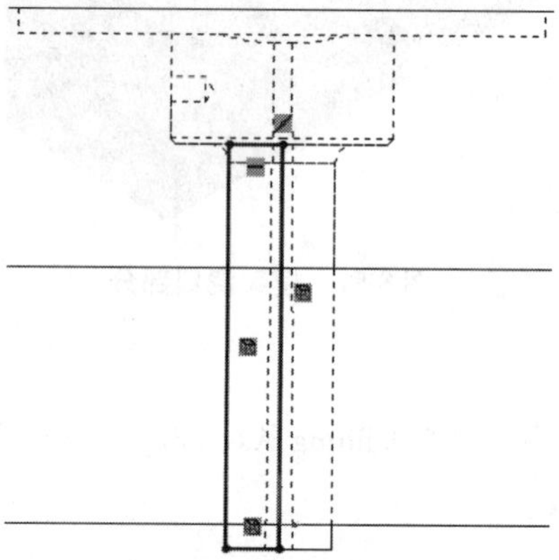

图 8-54　创建关联草图 2

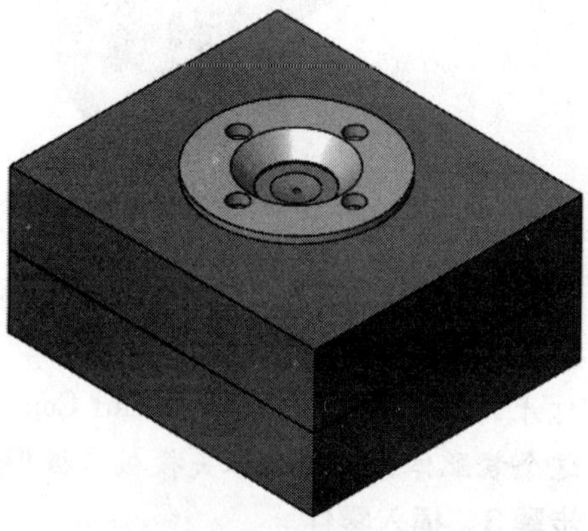

图 8-55　插入部件并添加配合

步骤 9　创建沉头螺纹孔

编辑“Block A”，在与定位环上的 4 个孔同心的位置创建 4 个【Ansi Metric】类型的沉头螺纹孔。孔的大小为 M6×1.0，给定深度为 17mm。返回装配体环境，如图 8-56 所示。

步骤10　添加扣件

向现有孔中添加扣件。向每个孔中插入“Socket Head Cap Screw_AM(B18.3.1M-6×1.0×16 Hex SHCS)”。

提示：对这个例子而言，直接使用CaseStudy文件夹下的螺栓，如图8-57所示。

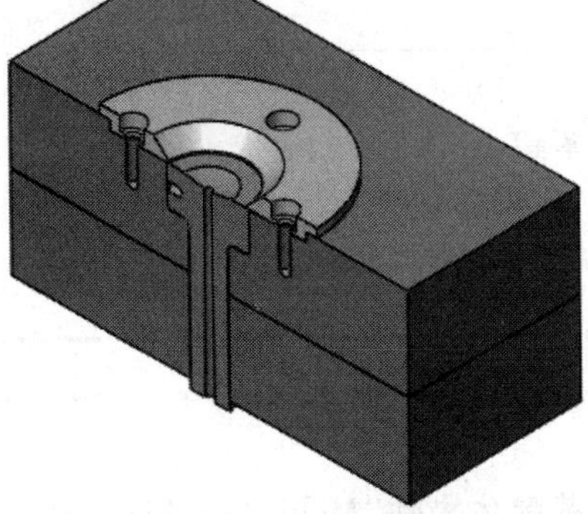

图8-56　创建沉头螺纹孔

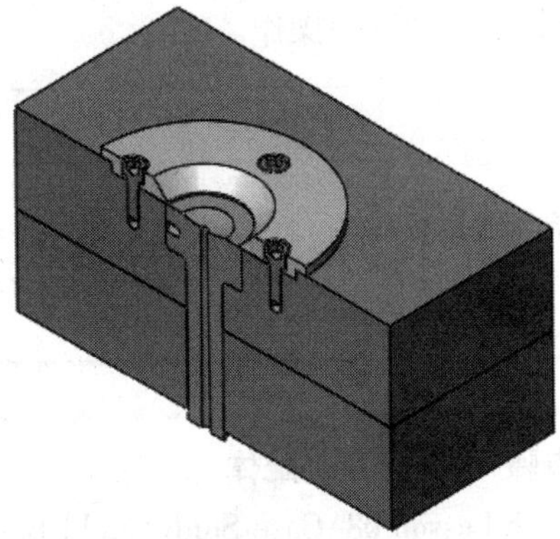

图8-57　添加扣件

8.11.2　制作智能零部件

为了生成智能零部件，必须通过【制作智能零部件】命令选择关联零部件和特征。

知识卡片	制作智能零部件	• CommandManager：【装配体】/【制作智能零部件】。 • 下拉菜单：【工具】/【制作智能零部件】。

步骤11　选择零部件

选择“HASCO Metric Sprue Bushing”，单击【制作智能零部件】。选择Locating Ring和4个cap screw为智能零部件。在【特征】中选择切除-旋转A、切除-旋转B和M6×1.0螺纹孔1为特征，如图8-58所示。单击【确定】。

步骤12　智能零部件图标

HASCO Metric Sprue Bushing零件有一个闪电图标，这表示它是智能零部件。

步骤13　保存并关闭装配体

装配体已处理结束，此时可以删除它，下面先测试这个智能零部件。

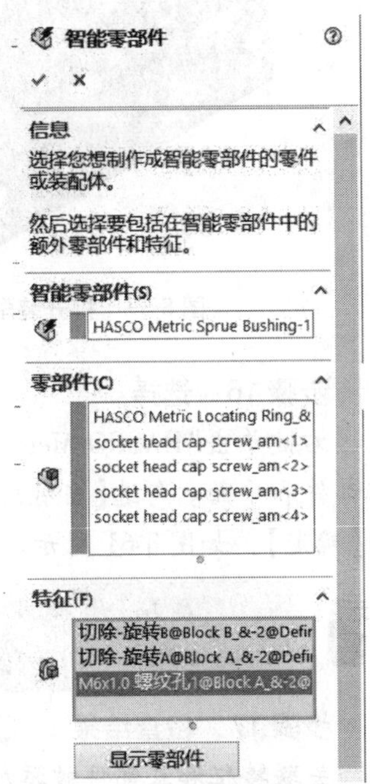

图8-58　制作智能零部件

8.11.3 插入智能零部件

智能零部件插入装配体的方式和其他零部件一样。

8.11.4 插入智能特征

在智能零部件被插入装配体且配合好后，可以添加智能特征和关联零部件。通过定义装配体中的参考和选择集来实现这一操作。

知识卡片	
插入智能特征	• 图形区域：在插入一个零部件后，单击【插入智能特征】。 • 下拉菜单：选择智能零部件，单击【插入】/【智能特征】。 • 右键菜单：右键单击智能零部件，单击【插入智能特征】。

步骤 14 打开装配体

打开 Lesson 08\Case Study\Mold Base 文件夹下的装配体文件“Mold Base Fixed Half”。这是第 9 章中将使用的模架的固定部分，如图 8-59 所示。

步骤 15 插入智能零部件

插入并配合智能零部件“HASCO Metric Sprue Bushing”。利用装配体的上视基准面和右视基准面，将智能零部件定位在装配体中心。通过配合将浇口衬套定位在中心，并且位于夹板顶平面以下 4mm 处，如图 8-60 所示。

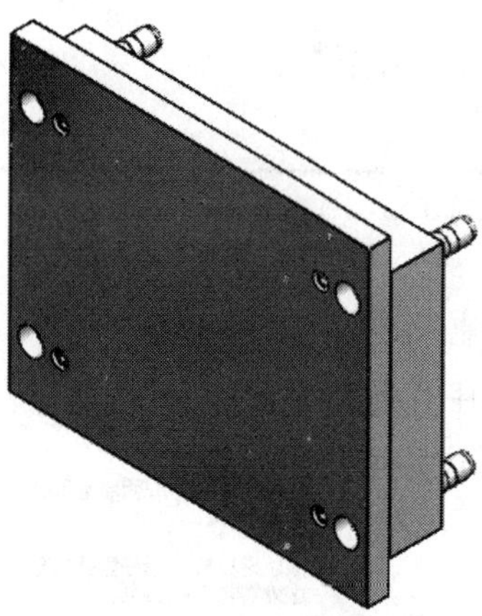

图 8-59 打开装配体

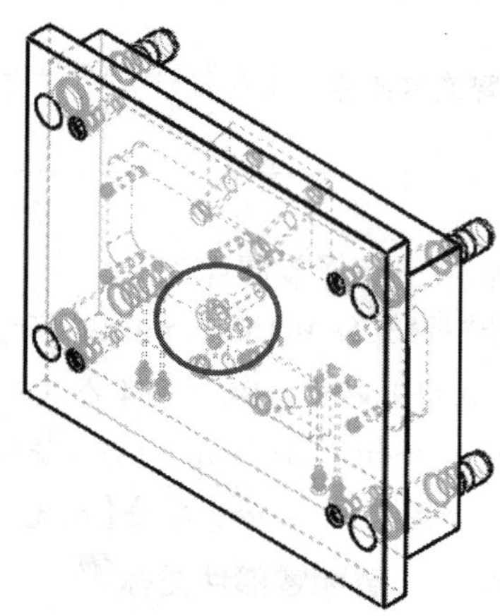

图 8-60 插入智能零部件

步骤 16 选择

右键单击“HASCO Metric Sprue Bushing”，选择【插入智能特征】。选择【参考】列表下的零部件和平面。勾选【当智能零部件移动/更改时更新特征和零部件大小/位置】复选框，单击【确定】，如图 8-61 所示。

> **提示** 【特征】和【零部件】下的所有选项都是基于创建智能零部件时的选择集合而自动选择的。可以清除它们以阻止添加某个特殊的特征或零部件。

步骤 17 检查结果

关联特征和零部件被添加到装配体，如图 8-62 所示。

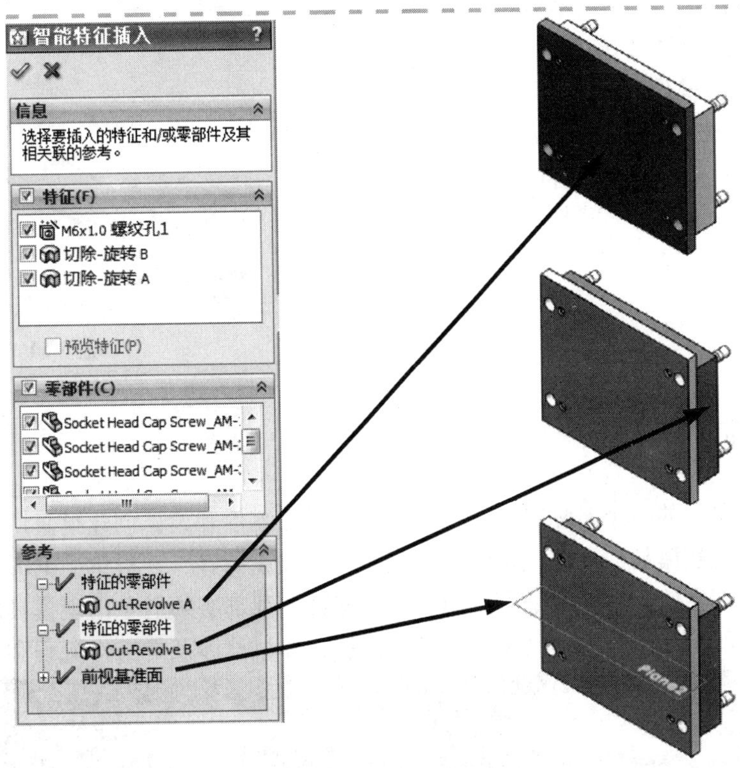

图 8-61　插入智能特征

步骤 18　查看 FeatureManager 设计树

FeatureManager 设计树中，"HASCO Metric Sprue Bushing"文件夹下包含了 HASCO Metric Sprue Bushing、Locating Ring、screws 和特征文件夹，如图 8-63 所示。

图 8-62　检查结果

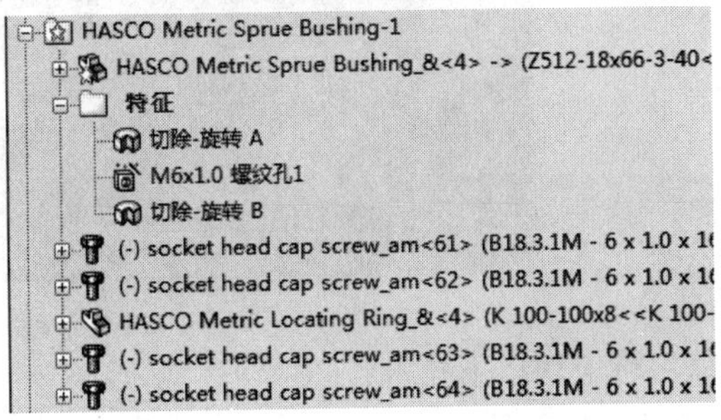

图 8-63　查看 FeatureManager 设计树

步骤 19　保存并关闭所有文件

练习 8-1　智能零部件

对于本次练习，会在 3D ContentCentral 找到一个起模杆(图 8-64)并下载。下载完成后，将其创建为智能零部件，并用它在模具基体中创建适合的切除。

使用过程中，利用起模杆在模具的上模板、下模板、固定板和起模保持板中创建切除特征。确保起模杆从四个零件中进行正确的切除操作。如果无法访问 3D ContentCentral，也可以使用 Lesson08\Exercises\Smart Component 文件夹中的 Ejector Pin defining assembly 文件。

本练习将应用以下技术：

- 智能零部件

单位：自选。

操作步骤：略。

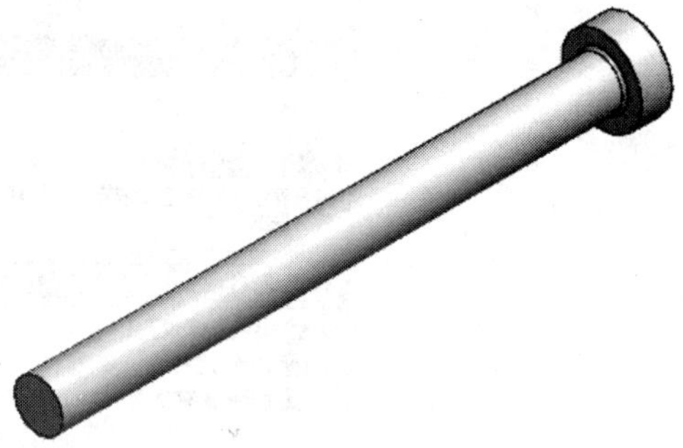

图 8-64 起模杆

练习 8-2 模具插入项目

本练习是模具制造中的一个实际练习，将从一个输入的零件开始，创建模具所需的插入件。

为一个汽车零件创建模具：一个汽车门把手壳，它已经设计好，并提供了 IGES 文件，如图 8-65 所示。加工好的零件顶部在使用过程中是可见的，因此零件的顶部必须避免出现模具的痕迹。

将使用前面学习的工具来体验模具设计的整个过程，并讨论涉及的工作流程和制作过程。

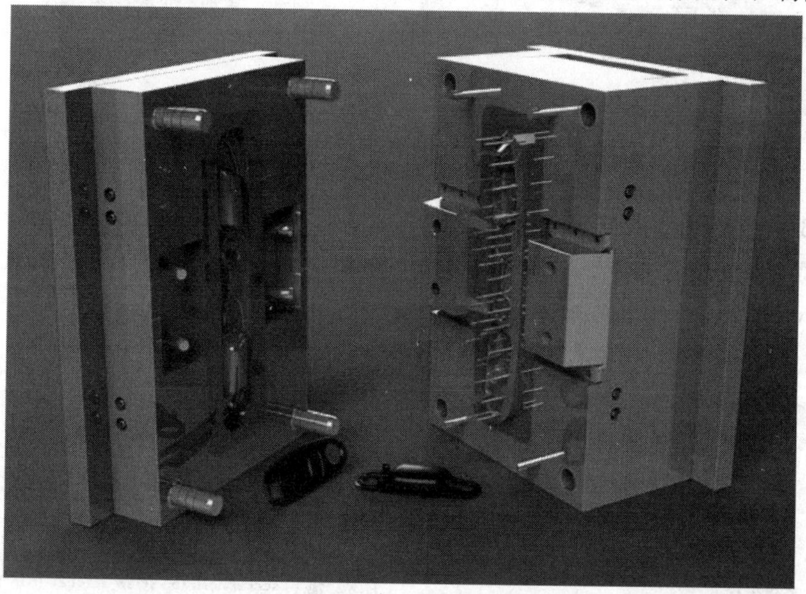

图 8-65 汽车模具

本练习将应用以下技术：

- 模具分析工具。
- 关闭曲面。
- 复制曲面。
- 包围的模具区域。
- 顶出杆。
- 切削分割。

操作步骤

步骤 1 打开零件

打开 Lesson 08\Case Study 文件夹下的“Bezel. sldprt”零件，这是一个空文件。

步骤2　输入几何体

单击【插入】/【特征】/【输入的】，输入 Lesson 08\Case Study 文件夹下的“Door Handle Bezel. igs”文件，如图 8-66 所示。

步骤3　运行输入诊断

修复出现的任何错误。

步骤4　保存文件

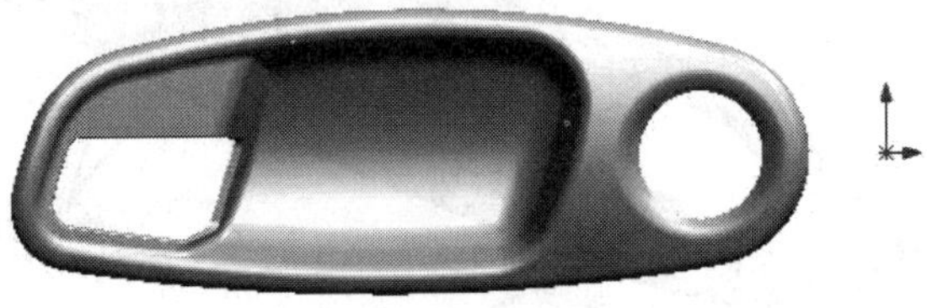

图 8-66　输入几何体

1. 制订计划　第一步是分析零件，看模具需要些什么，并制订一个模具分割计划。下面将做以下事情：

(1) 确定模具的分割方式　可以使用【拔模分析】命令并选择不同的拔模方向，结合可视化的观察结果和经验来确定模具分割的最佳方向以及分型线的位置。

(2) 确定是否发生底切　底切会增加模具成本，因为需要添加侧型心和斜顶杆。需要确定底切区域是否可以模具化或者是否有必要修改设计。

(3) 确定是否需要修复模型　整个模型的拔模是否能够确保其能从模具中被顶出？

2. 命名管理　每当一个特征应用实体或曲面实体时，必须对它们重命名。因此，将参照它们的功能来命名。

步骤5　拔模分析

运行【拔模分析】，使用前视基准面定义拔模方向，拔模角度为 3°，如图 8-67 所示。

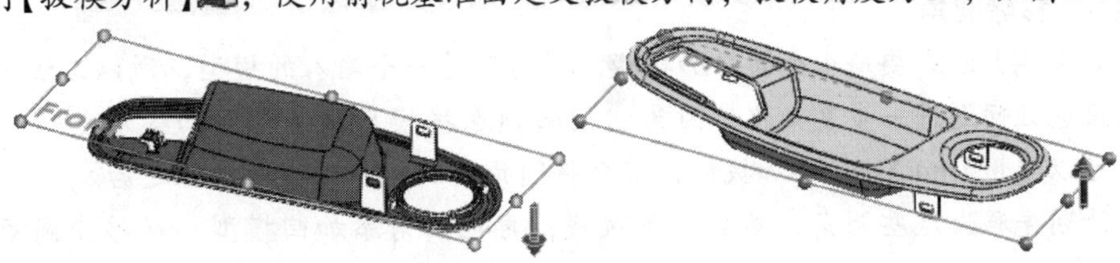

图 8-67　拔模分析(1)

可以看到，分型线被清晰定义但许多面的拔模角度不够。这些都需要修复。如果将拔模角度改为 2°，然后再改为 1°，颜色将会改变。可以发现两个侧片的拔模角度为 1°，但是“L”型侧片的拔模角度为 0°。如图 8-68 所示。单击【取消】✕。

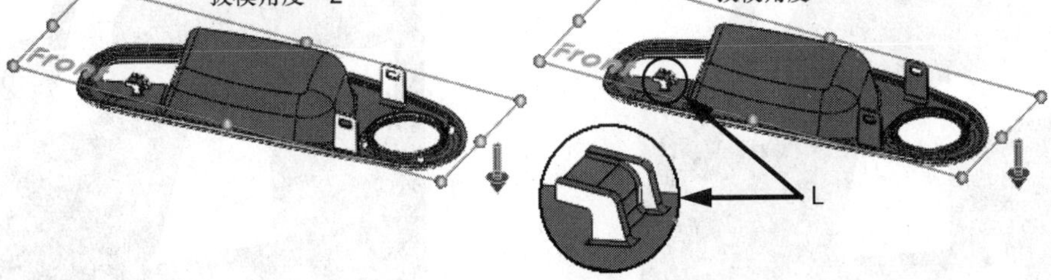

图 8-68　拔模分析(2)

步骤 6　底切检查

运行【底切分析】，选择前视基准面作为拔模方向。为了便于查看底切曲面，单击除【封闭底切】之外的所有【显示/隐藏】按钮，如图 8-69 所示。

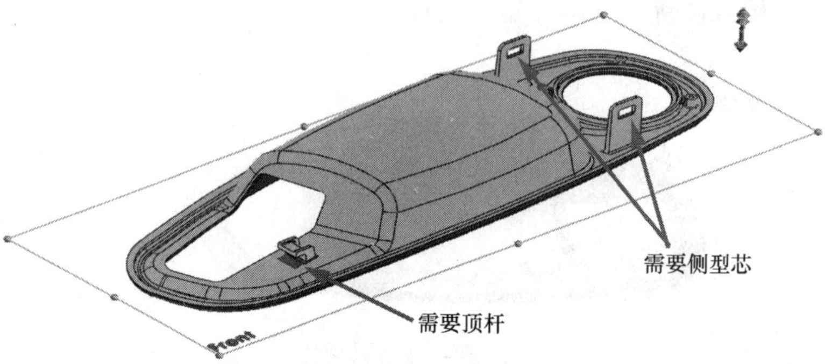

图 8-69　底切检查

可以看到，左边的 L 型侧片需要一个斜顶杆，右边的两个开槽需要一个侧型心或滑块。单击【取消】×。

3. 模型修复　因为有些区域的拔模量不满足要求，可以将模型发回设计者进行修复，或者在与设计者讨论后自己修复。

在与设计者讨论后，基于几何体和使用的材料，推断 1°的拔模角度是足够的。由于这些修改都很明确，将直接修复模型而不发回设计者。

步骤 7　再次启动拔模分析

单击【拔模分析】，选择前视基准面作为【拔模方向】，设置【拔模角度】为 1°，单击【确定】✔。标记有颜色的面，方便查看哪些地方需要拔模。

步骤 8　移除圆角

缩放 L 型侧片。需要给 4 个面添加拔模。因为这是一个输入的模型，所以无法编辑拔模特征。圆角也让问题进一步复杂化，因为它们必须在拔模后添加。假如这不是一个输入的实体，则可以使用 DraftXpert 添加拔模，它会将圆角重新排序到拔模特征之后。

这里计划先移除这些圆角，然后添加拔模，再把圆角添加回模型。在移除圆角前，使用【测量】命令确定圆角的半径是 0.35mm，如图 8-70 所示。

使用【删除面】命令的【删除并修补】选项，移除与需要拔模的面相切的圆角面，如图 8-71 所示。

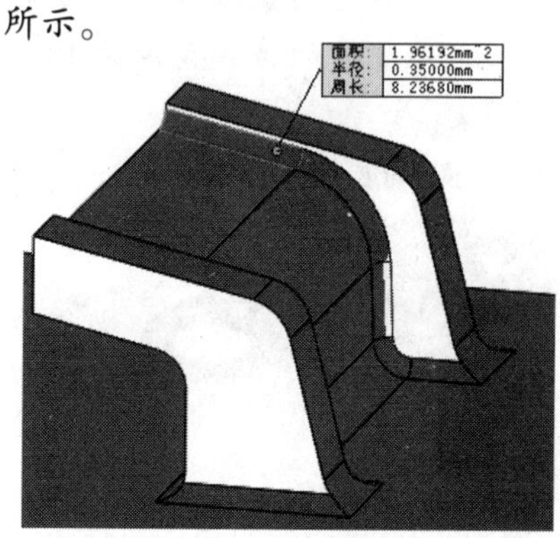

图 8-70　移除圆角

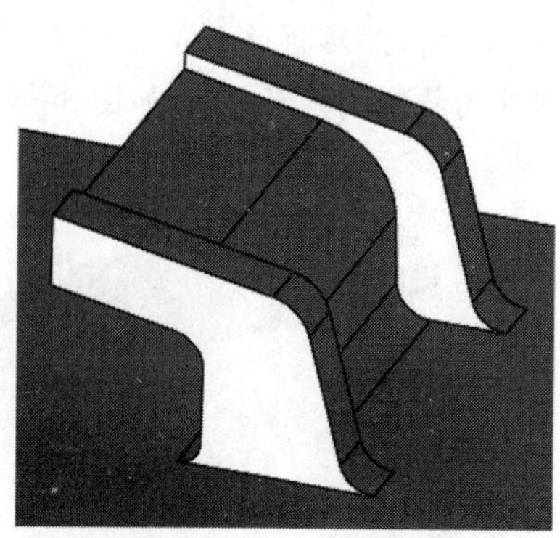

图 8-71　删除面

步骤 9　添加拔模

为 4 个黄色平面添加 1°的拔模角度。只要拔模应用完成，这 4 个面就会变成红色，这表明当前的拔模角度足够，如图 8-72 所示。

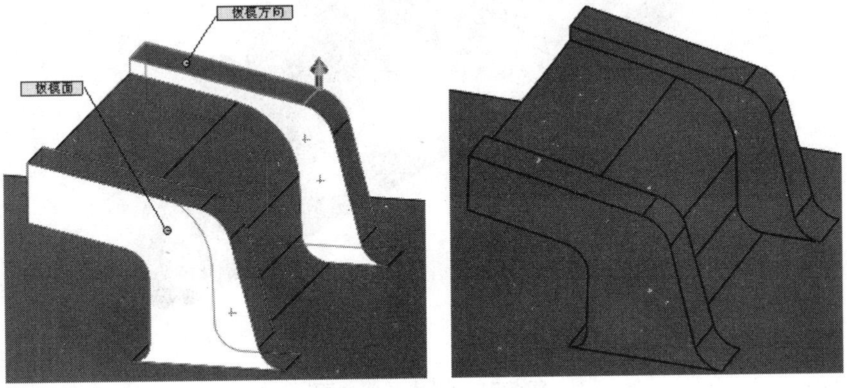

图 8-72　添加拔模

步骤 10　关闭拔模分析

步骤 11　添加圆角

给 4 条边线添加半径为 0.35mm 的圆角，如图 8-73 所示。

步骤 12　以原点为缩放点缩放零件

设置【比例因子】为 1.02（放大 2%）。

步骤 13　确定分型线

单击【分型线】，在前视基准面上创建分型线，设定【拔模角度】为 1°，如图 8-74 所示。

可能会弹出一个警告信息：分型线已完整，但需要关闭曲面。

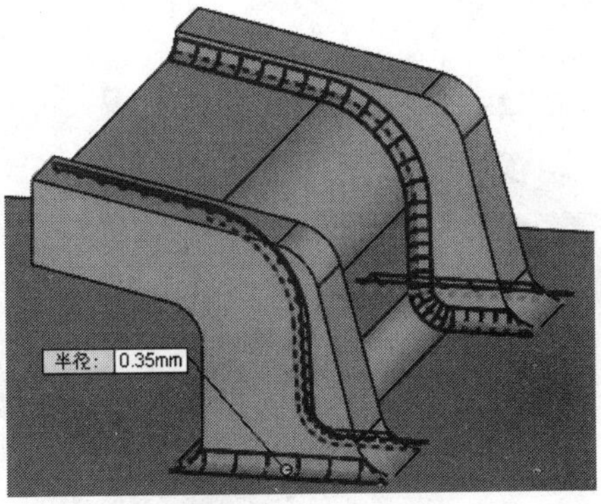

图 8-73　添加圆角

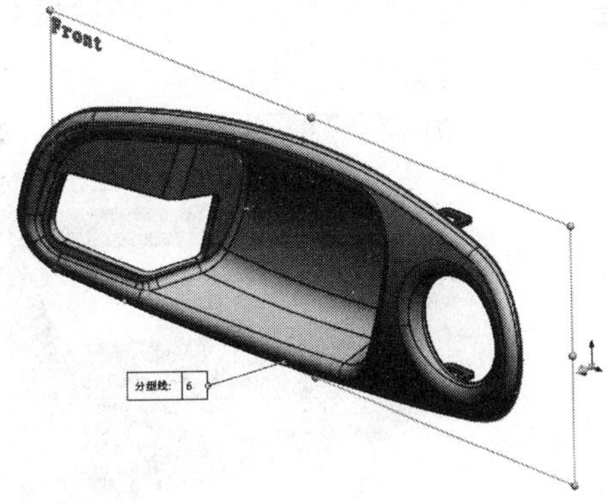

图 8-74　确定分型线

步骤 14　创建关闭曲面

这些开口比较容易封闭，圆形开口使用【接触】，其他开口使用【相切】。可以单击红色箭头来改变相切的方向，以正确地应用相切曲面，如图 8-75 所示。

可以注意到消息已变成绿色了：模具可分割成型心和型腔。

单击确定。

步骤 15　分型面

检查模型，这里希望分型面沿模型上现有的平面（蓝色）延伸，如图 8-76 所示。

一开始将使用【分型面】命令创建分型面。

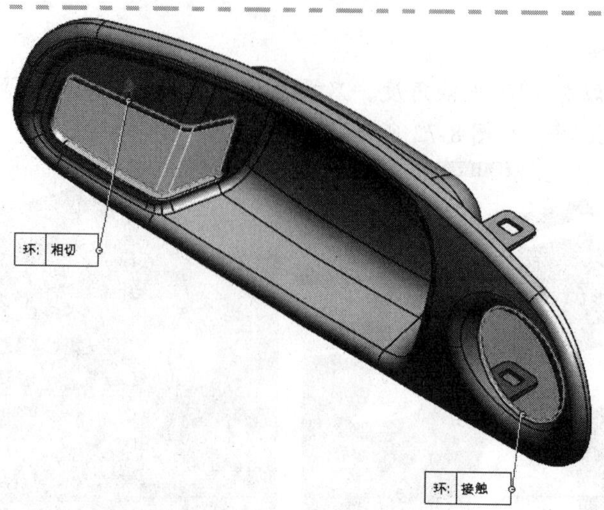

图 8-75　创建关闭曲面

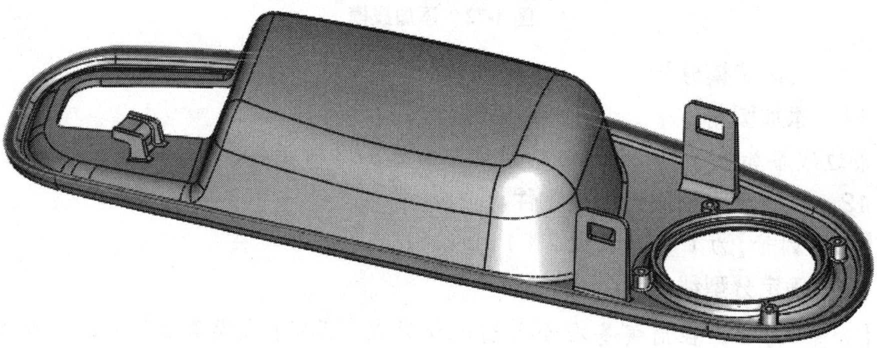

图 8-76　分型面

在三个可用选项之间切换，可以发现没有一个预览是想要的，如图 8-77 所示。单击【取消】✕。

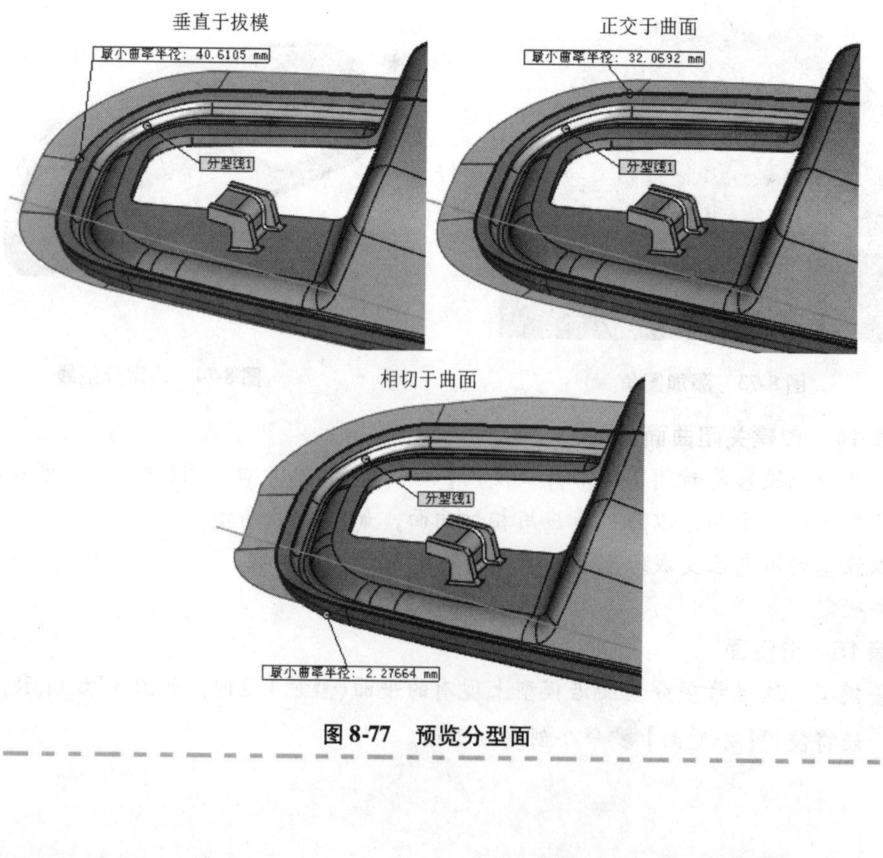

图 8-77　预览分型面

步骤 16 解除剪裁和延伸曲面

可以利用模型现有的曲面，只需要将其延伸并剪裁即可得到想要的尺寸。隐藏型芯和型腔曲面实体，并且只显示实体。选择如图 8-78 所示平面，并单击【缝合曲面】，将创建一个曲面副本。

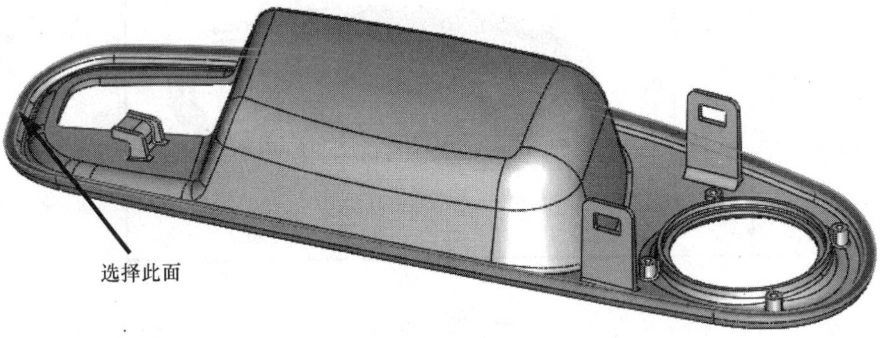

图 8-78 预览分型面

单击【解除剪裁曲面】，选择刚创建的副本平面。

技巧 【解除剪裁曲面】无法作用于实体的平面，而只能用于曲面实体。因此，不用担心无意中选中实体的表面，这样就没有必要隐藏实体。

在【距离】中输入 15%，将曲面沿原始边界延伸 15%。在【选项】下，选择【外部边线】并勾选【与原有合并】复选框，它将生成的延伸部分与副本平面合并在一起。单击【确定】，如图 8-79 所示。

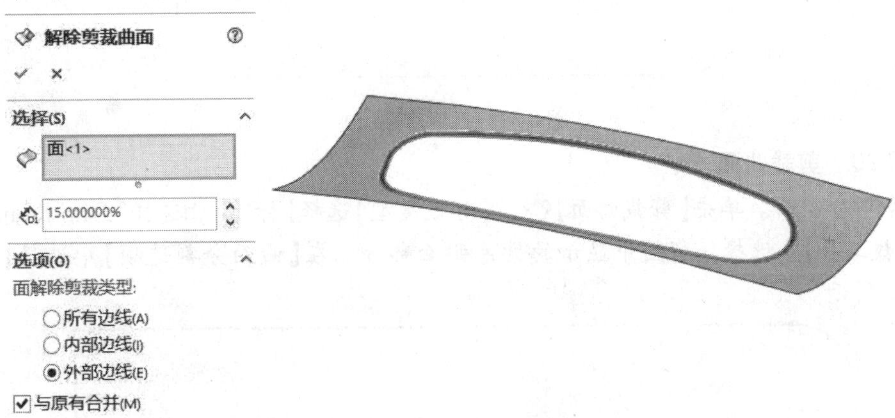

图 8-79 解除裁剪曲面

步骤 17 查看结果

现在有了分型面。Bezel 的切削分割计划包含了联锁曲面，因此需要剪裁分型面以创建联锁曲面需要的边。这里会创建两个草图，一个草图的大小就是模具镶块，另一个用来剪裁曲面，它基于模具块的轮廓创建。

步骤 18 创建草图(1)

隐藏分型面，在前视基准面上，创建如图 8-80 所示的草图，将草图命名为“Insert Profile”。

步骤 19 创建草图(2)

在前视基准面上，创建如图 8-81 所示的第二个草图，将草图命名为“Trim Profile”。

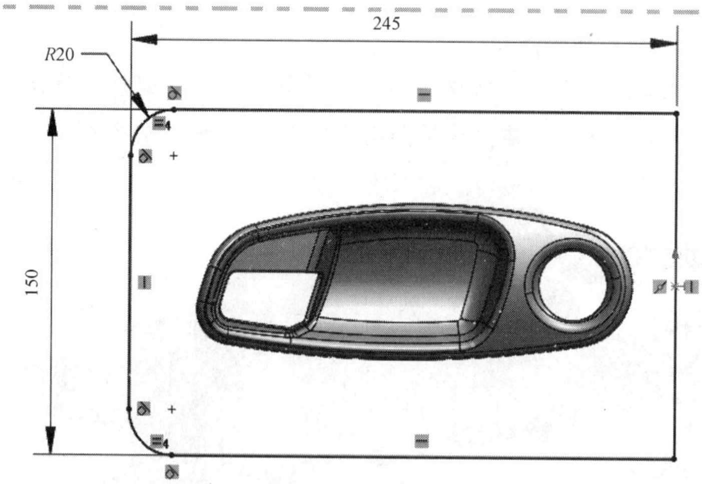

图 8-80　创建草图(1)

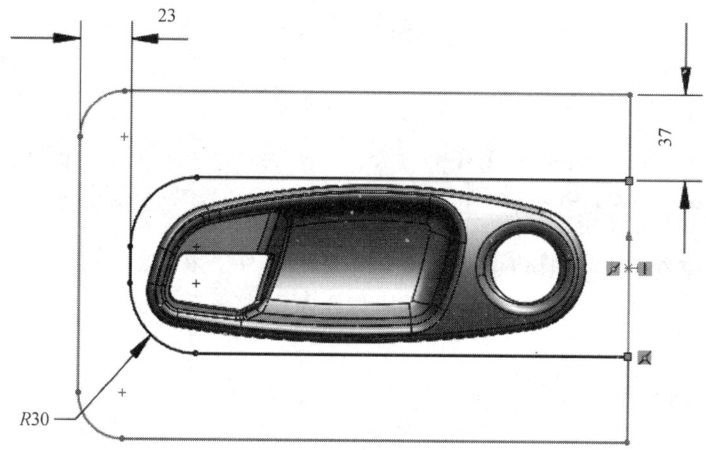

图 8-81　创建草图(2)

步骤 20　剪裁曲面

显示分型面。单击【剪裁曲面】，【剪裁类型】选择【标准】。选择“Trim Profile”草图作为【剪裁工具】。选择保留图中显示的紫色曲面部分。在【曲面分割选项】中选择【自然】，如图 8-82 所示。

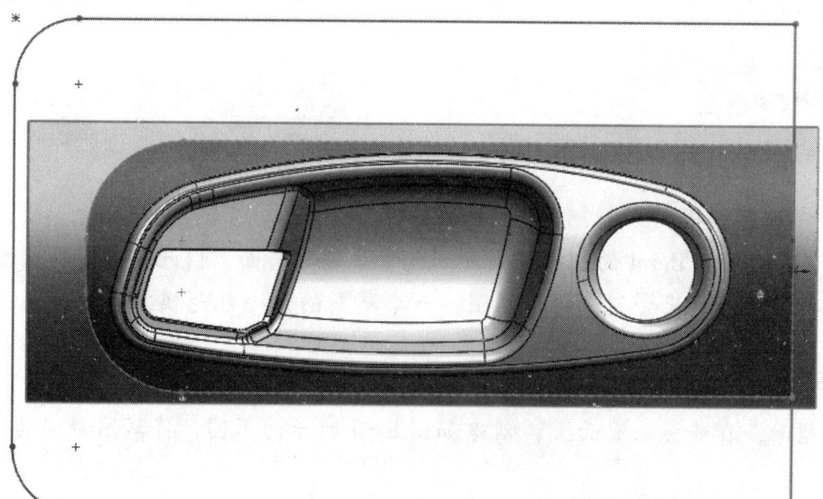

图 8-82　裁剪曲面

步骤 21 隐藏和显示

隐藏实体，显示型心曲面。分型面是从实体的一个表面复制而来。结果，它与型心曲面实体上相应的平面重合，如图 8-83 所示。

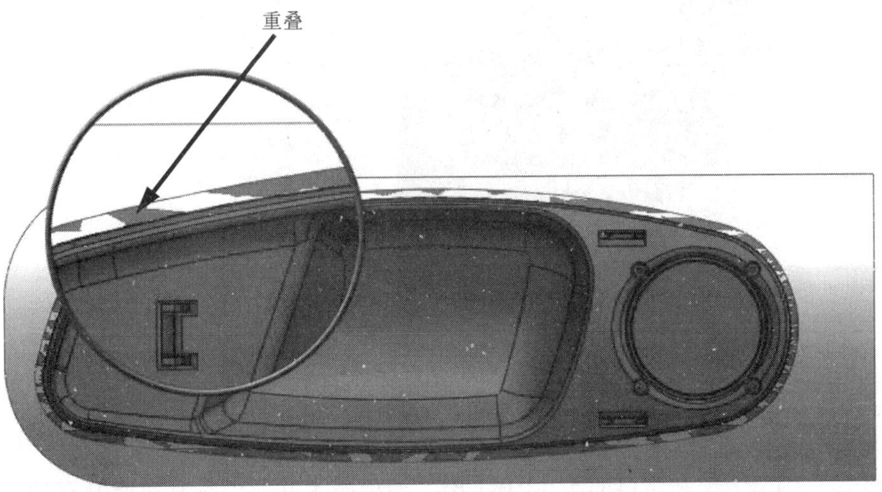

图 8-83 重叠面

步骤 22 剪裁曲面

使用分型线特征作为【剪裁工具】，剪去边线内侧的分型面，如图 8-84 所示。

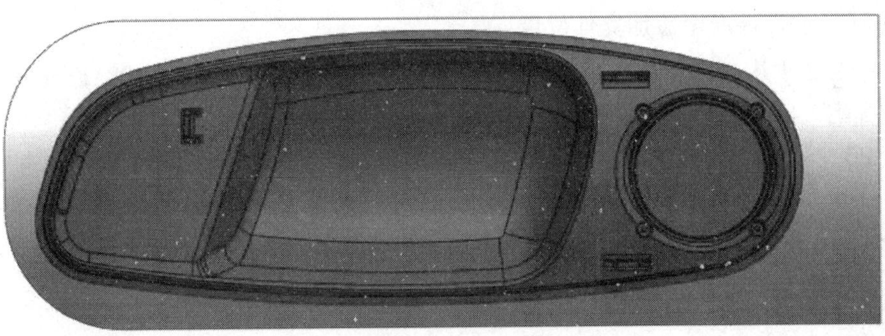

图 8-84 剪裁曲面

步骤 23 添加文件夹

为了在切削分割中自动选中分型面，可以把它添加到【分型面实体】文件夹。单击【插入模具文件夹】，这就会添加需要的文件夹。将【曲面-剪裁 2】拖到【分型面实体】文件夹中，如图 8-85 所示。

图 8-85 添加文件夹

步骤 24 切削分割

选择草图“Insert Profile”，单击【切削分割】。两个拉伸块的深度分别设为 40mm 和 30mm。因为分型面比模具插入件要小，选择【连锁曲面】，并设置拔模角度为 3.0°。型心和型腔插入件已创建好，如图 8-86 所示。

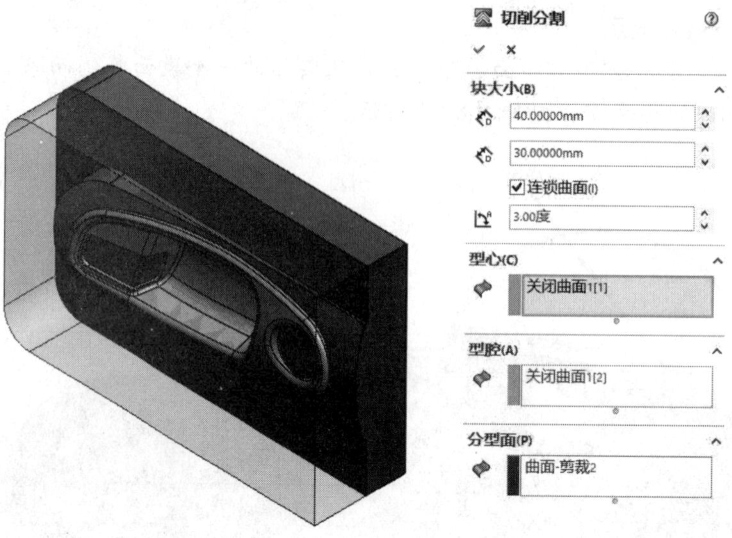

图 8-86　切削分割

4. 流道和浇口　创建流道和浇口的 SOLIDWORKS 建模技术并非模具制造所特有的。可以直接通过拉伸或旋转切除等操作直接创建流道和浇口，或者可以通过库特征零件来加速创建过程。对于本例，会利用一些已有的库特征零件。

当安装到汽车中时，“Bezel”文件中上面的零件是可见的。需要定位浇口，从下面注射成型这个零件。已经设计了一个子浇口，它将注射顶杆孔中。当后面创建这个喷杆时，将在其中创建一个通道。

步骤 25　在设计库中添加文件位置

在任务窗格中展开设计库，单击【添加文件位置】，定位到 Lesson08\Exercises\Library 文件夹，如图 8-87 所示。

步骤 26　添加流道和浇口

在设计库窗格中单击库文件夹，获取本例用到的库特征。将库特征“Sprue-Runner_Gate”拖到图 8-88 所示的平面上。选择原点定位库特征的草图点，选择上视基准面定位库特征的上视基准面，单击【确定】✔。

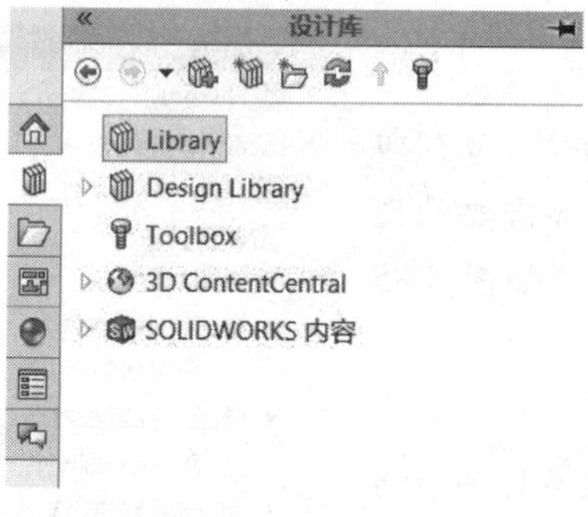

图 8-87　添加文件位置

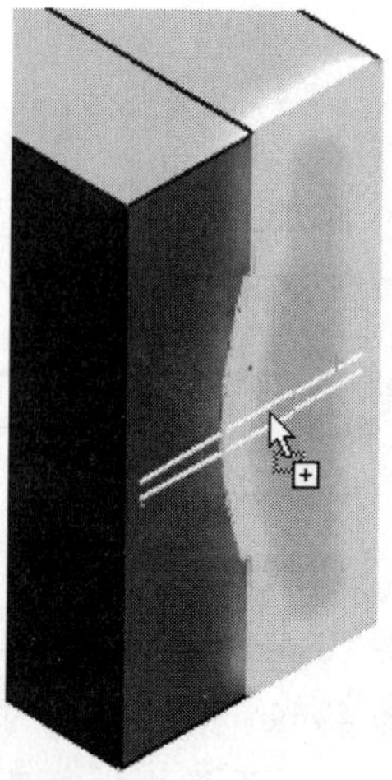

图 8-88　添加流道和浇口

步骤 27 查看结果

隐藏所有的曲面和“Bezel”，仅保留两个模具腔可见，改变模具的透明度。浇口没有进入模具的型腔，因为还没有创建顶杆孔。在后续的步骤中要注意这一点。

提示 为了便于演示，库特征染成紫红色，如图 8-89 所示。

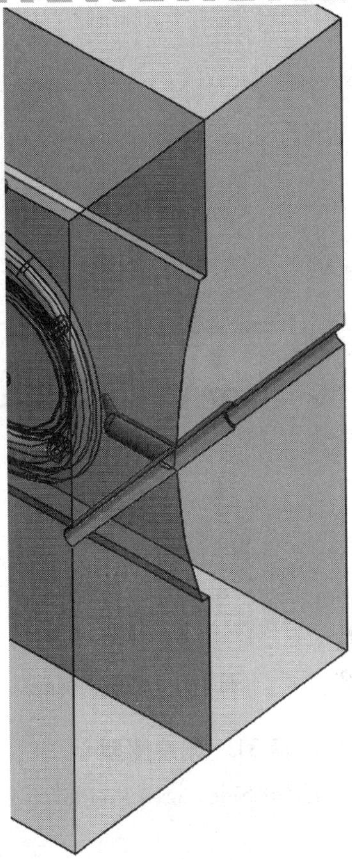

图 8-89 查看结果

5. 侧型芯 接下来将创建必要的工具来处理分析阶段发现的底切，将创建两个侧型心和一个斜顶杆。

步骤 28 创建草图平面

【孤立】型腔实体，穿过两个侧片任意一条边线的中点，创建一个平行于右视基准面的【基准面】，命名为“Side Core Plane”，如图 8-90 所示。

步骤 29 显示

单击【隐藏线可见】。

步骤 30 创建侧型心草图

基于“Side Core Plane”新建草图，选择模具插入件的 3 条边线和侧片的内表面，单击【转换实体引用】。草绘、剪裁和标注余下的直线，如图 8-91 所示。

提示 出于演示的目的，水平线显示在竖直方向了。

从原点处草绘一条中心线，镜像草图，重命名为“Side Cores Profile”，如图 8-92 所示。

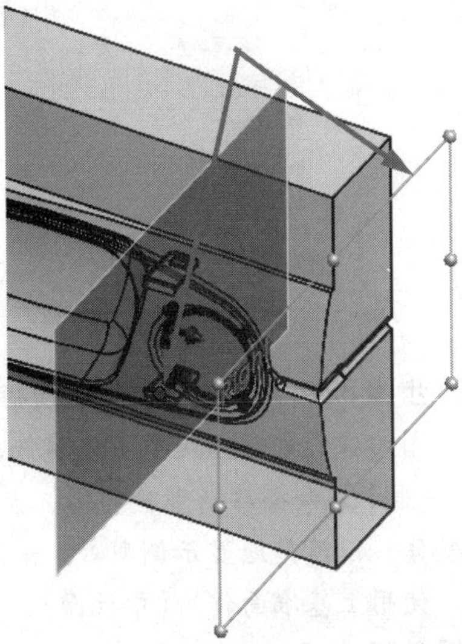

图 8-90 创建草图平面

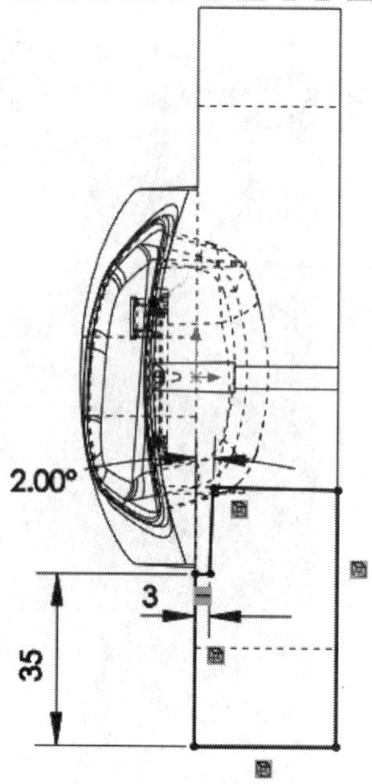

图 8-91　创建侧型心草图

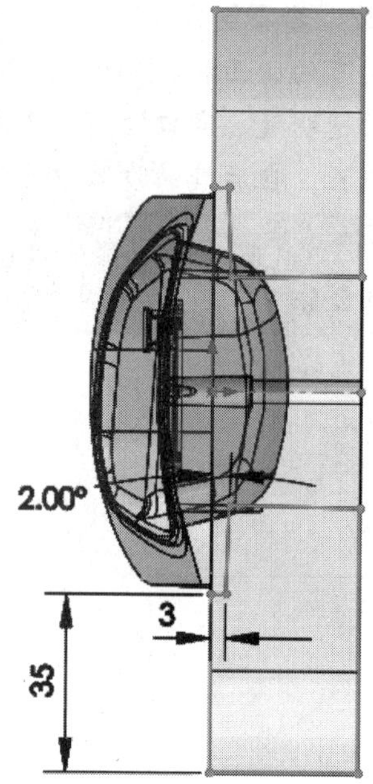

图 8-92　镜像草图

步骤 31　创建侧型心

选择“Side Cores Profile”草图，单击【型心】。沿两个方向各拉伸 10mm，如图 8-93 所示。

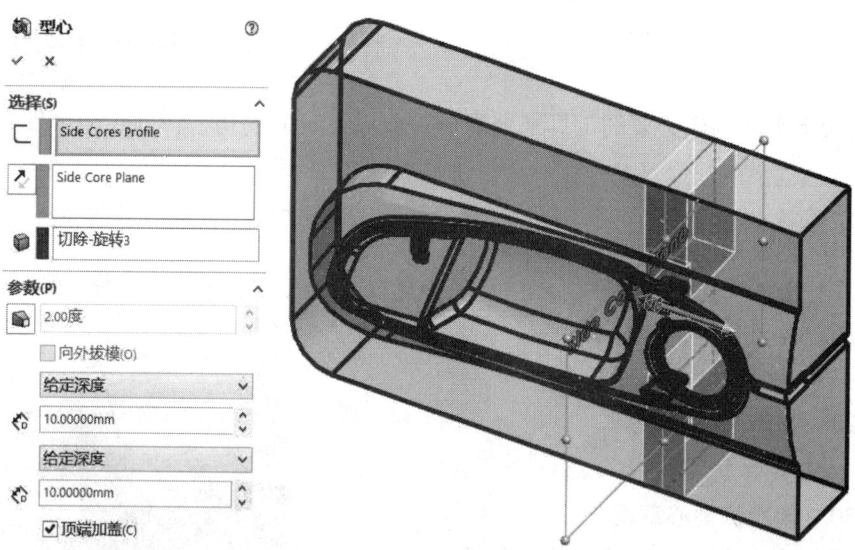

图 8-93　创建侧型心

步骤 32　为侧型心添加拔模特征

因为操作的对象是多实体零件，所以为了便于为侧型心添加拔模特征，只需要利用【移动/复制】命令移动型腔实体。拔模特征添加完成后，删除【移动/复制】特征即可。移动型腔实体，以清楚地显示侧型心，如图 8-94 所示。移动的距离不重要。

使用上基准面作为【中性面】，为侧型心的侧平面和对应的型腔平面添加 3°的拔模角度，如图 8-95 所示。

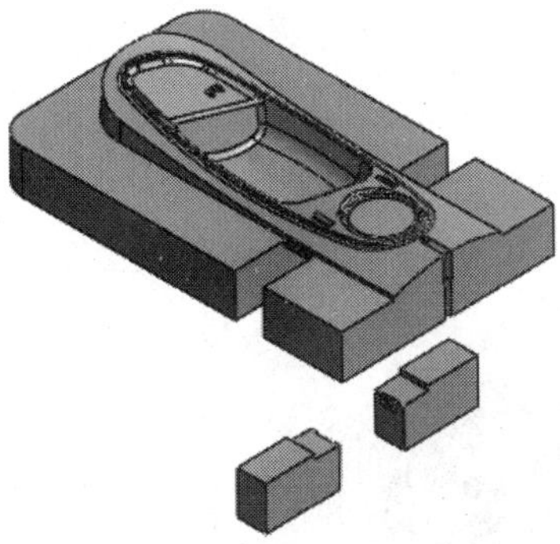

图 8-94 侧型心

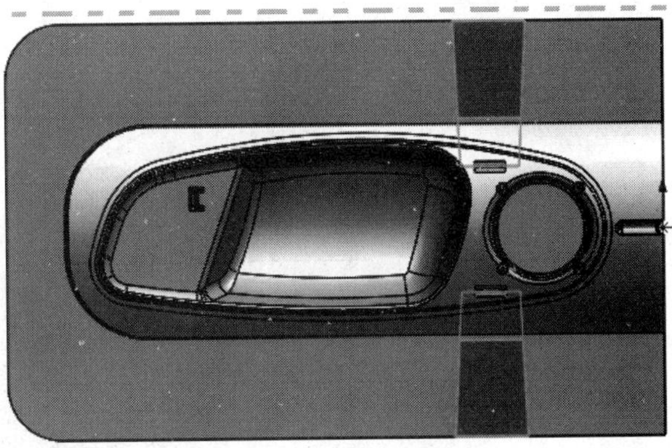

图 8-95 添加拔模特征

步骤 33 重新装配零件

删除特征“实体-移动/复制 1”，零件将恢复到原来的装配位置。

步骤 34 创建一个草图平面

穿过 L 型支架的中心，创建一个平行于上视基准面的基准面，重命名为“Lifter Sketch Plane”，如图 8-96 所示。

步骤 35 创建斜顶杆草图

在 Lifter Sketch Plane 基准面上创建草图，首先用【转换实体引用】命令转换两条边线，如图 8-97 所示。完成图示草图，请注意，图中的 15mm 尺寸并不重要。添加这个尺寸只是为了使草图完全定义。重要的是斜顶杆草图完全包括型腔实体，如图 8-98 所示。将草图重命名为“Lifter Sketch”。

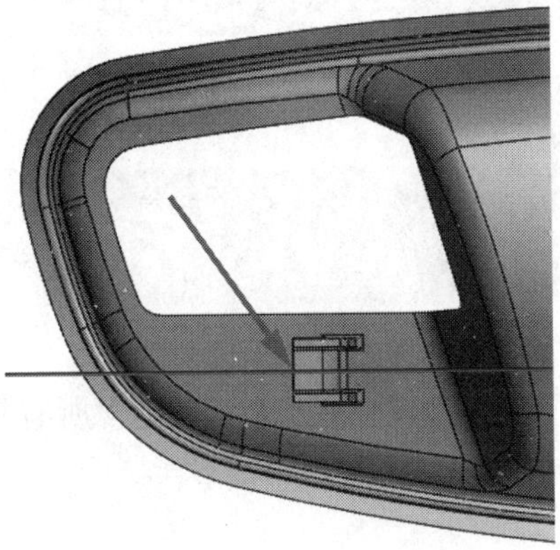

图 8-96 创建一个草图平面

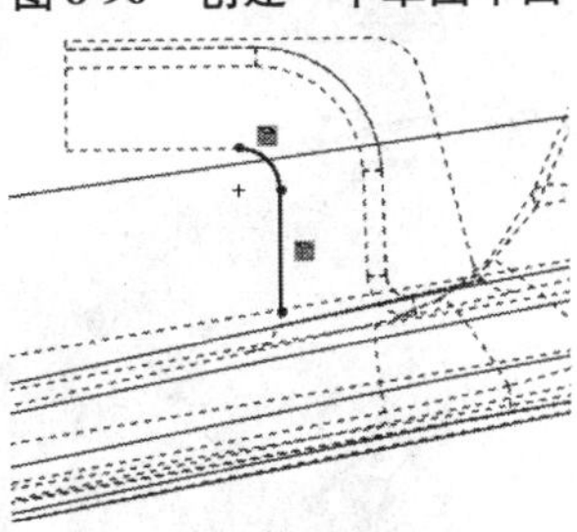

图 8-97 转换实体引用

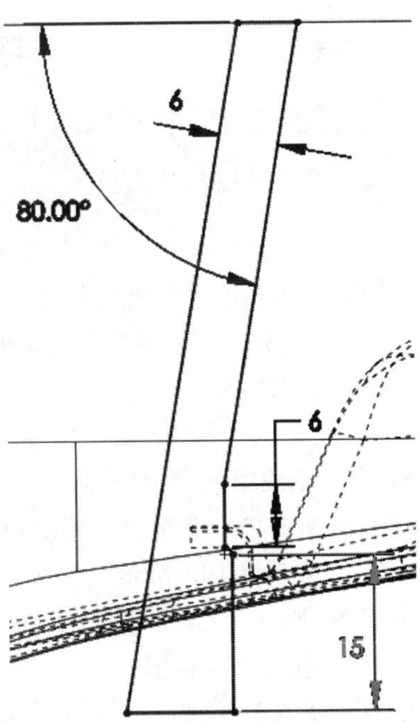

图 8-98 创建斜顶杆草图

步骤 36 创建斜顶杆

选择“Lifter Sketch”，单击【型心】两边各拉伸 5mm，如图 8-99 所示。

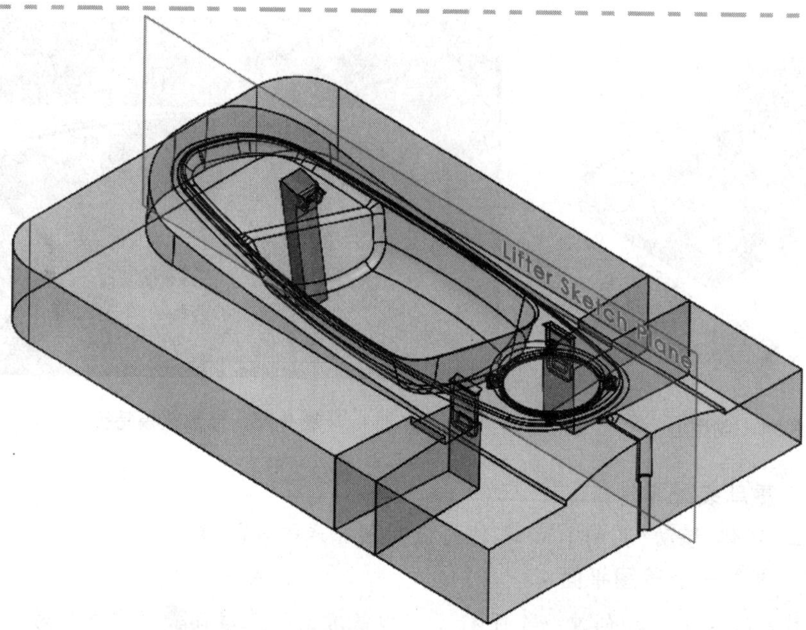

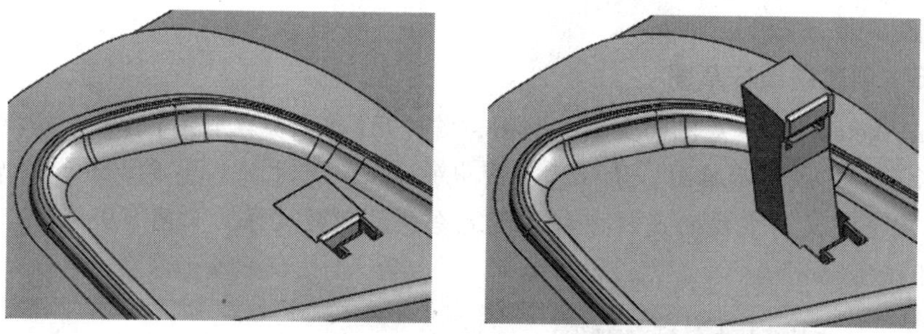

图 8-99 创建斜顶杆

提示 为了便于移动，斜顶杆和侧型心需要连接到模架。当把型心和型腔板接入到模架时，再进行这些操作。

6. 顶杆 接下来将为顶杆创建所有的孔。先创建一个顶杆孔，然后创建一个包含所有孔位置的草图，最后创建一个草图驱动的阵列生成其余的孔。

稍后在模架中创建顶杆。

步骤 37 创建第一个顶杆孔

在型腔底面创建一个草图。草绘一个 ϕ4mm 的圆，与原点水平对齐。如图 8-100 所示。拉伸切除，贯穿所有实体。将特征命名为“Ejector Pin Hole”，如图 8-100 所示。

步骤 38 创建阵列草图

基于前视基准面新建一个草图。在每个顶杆所在位置放置一个草图点。一共显示了 14 个点，位置的准确度并不重要，通过尺寸或【固定】约束完全定义草图。将草图命名为“Ejector Pin Pattern”，如图 8-101 所示。

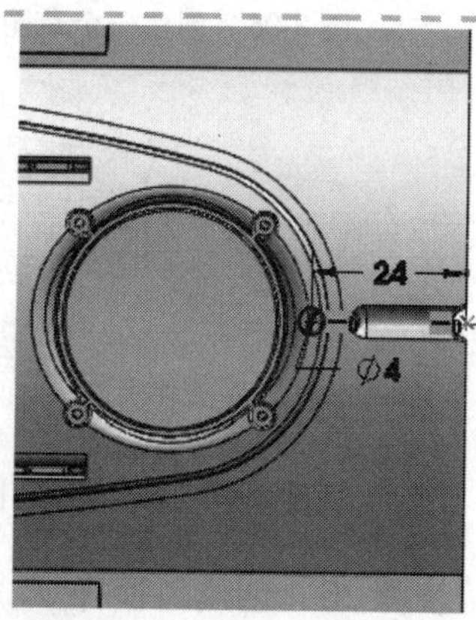

图 8-100 创建第一个顶杆孔

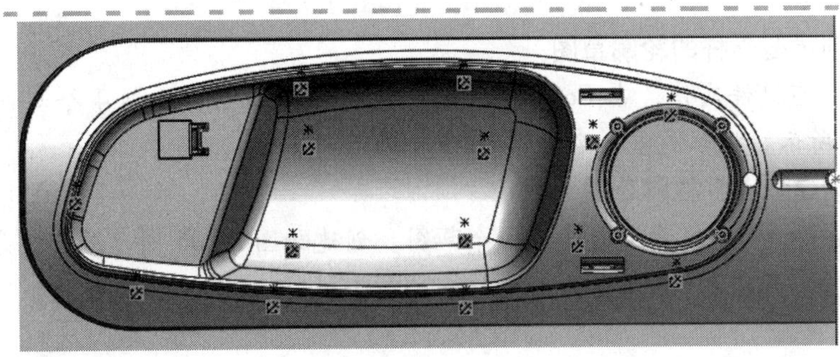

图 8-101 创建阵列草图

步骤 39 阵列顶杆孔

利用“Ejector Pin Hole”特征和“Ejector Pin Pattern”草图创建一个草图驱动阵列，如图 8-102 所示。

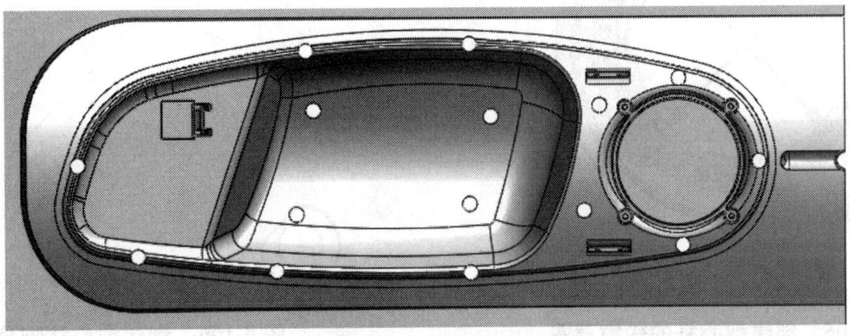

图 8-102 阵列顶杆孔

步骤 40 退出孤立

7. 型心杆 凸台中的 4 个孔是一个高耐磨区域，为了便于替换，应该采用型心杆，如图 8-103 所示。

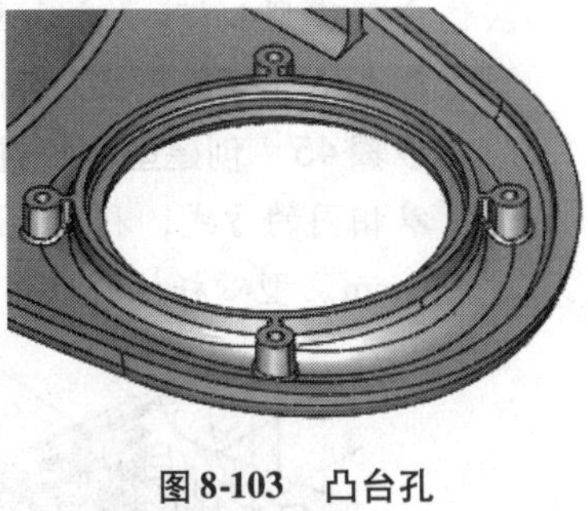

图 8-103 凸台孔

步骤 41 创建一个草图平面

新建一个基准面，距离前视基准面 30mm。将基准面重命名为“Core Pin Plane”，如图 8-104 所示。

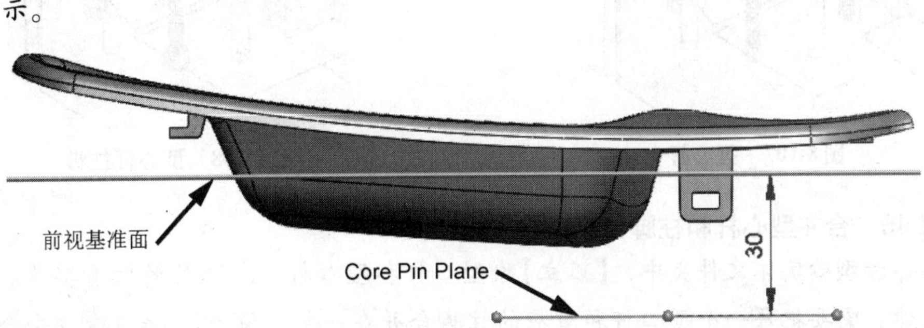

图 8-104 创建型心杆草图平面

步骤 42　创建型心杆的轮廓草图

【孤立】bezel 塑料件实体，在 Core Pin Plane 创建一个草图。绘制 4 个与凸台等半径的圆，如图 8-105 所示。将草图重命名为“Core Pin Profile”。

步骤 43　创建型心杆柱脚草图

在“Core Pin Plane”基准面上新建另一个草图。创建如图 8-106 所示草图，每个圆弧都与上一个草图的圆同心◎。将草图重命名为“Core Pin Heel Profile”。退出孤立。

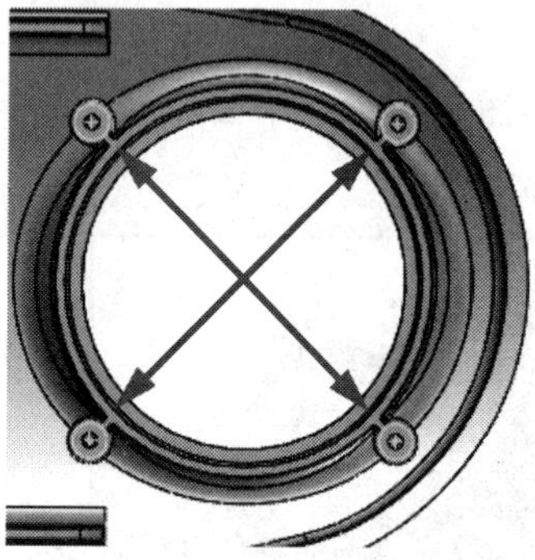

图 8-105　创建型心杆的轮廓草图

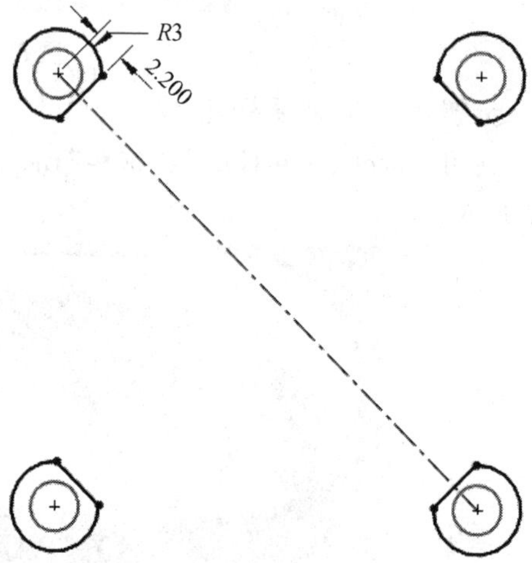

图 8-106　创建型心柱脚草图

步骤 44　创建型心杆

选择“Core Pin Profile”草图，然后单击【型心】。以【完全贯穿】为终止条件，从型腔实体中创建型心杆。【方向 1】为不通孔，【方向 2】输入 0.00mm。为了便于演示，型心杆以深青色表示，如图 8-107 所示。

步骤 45　创建型心杆柱脚

以相同的方式，利用“Core Pin Heel Profile”草图创建型心杆杆头，切除到型心实体，深度为 3mm。型心杆柱脚使用红色表示，如图 8-108 所示。

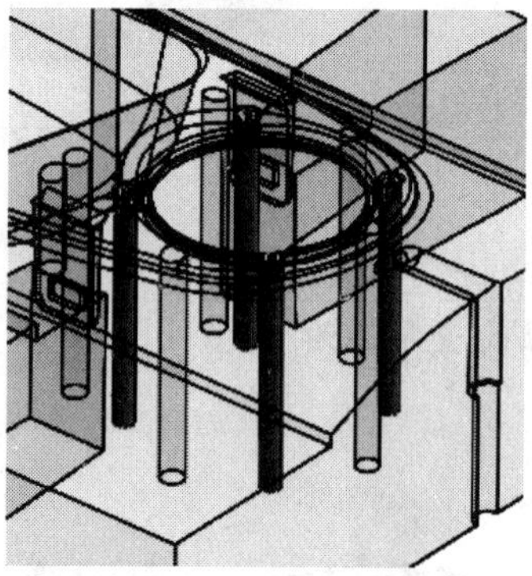

图 8-107　型心杆

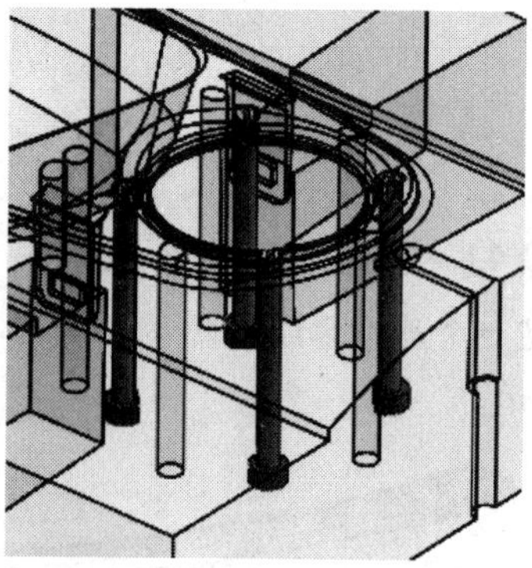

图 8-108　型心杆柱脚

步骤 46　合并型心杆和柱脚

在实体和型心实体文件夹中，【孤立】除型心杆和型心杆柱脚之外的所有实体。有八个单独的实体，需要把每一个型心杆和对应的柱脚合并在一起。使用【组合】命令合并相应的实体，如图 8-109 所示。

步骤47 重命名实体

重命名其他的实体以反映它们的功能，显示所有实体，如图8-110所示。

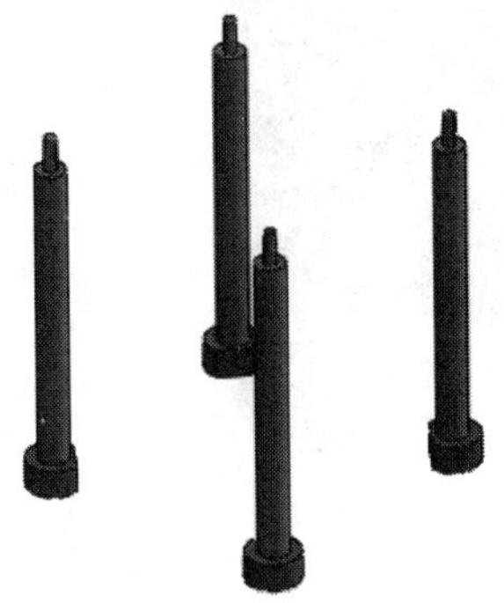

图8-109 组合实体

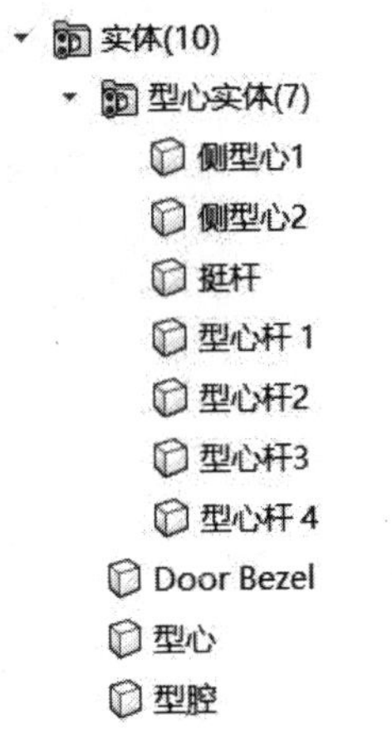

图8-110 重命名实体

8. 创建单独零件 到目前为止，一直在多实体零件中创建插入件。当这些插入件被添加到模架的时候，需要这些实体是单独的零部件。因此，下一步是把这些实体保存为新的零件文档。

步骤48 保存实体为零件

右键单击实体文件夹，选择【保存实体】，单击【自动指派名称】，如图8-111所示。因为已经重命名了实体，自动指派的名字可以反馈零件的用途。

不勾选“Door Bezel”，在最终的模具装配体中，不需要这个零件。

在【生成装配体】下，单击【浏览】，输入装配体名称“Bezel Mold Insert”，并保存在Lesson08\Exercises文件夹下，单击【确定】✔。

提示 【保存实体】命令创建新的SOLIDWORKS文档、零件或装配体。可以指定文档模板或允许系统使用默认的模板。通过【工具】/【选项】/【系统选项】/【默认模板】设置。要在【保存实体】命令中覆盖这些设置，使用合适的组合框。

图8-111 保存实体

步骤49 查看结果

新的Bezel Mold Insert装配已经在一个单独的文档窗口中打开，如图8-112所示。

步骤50 保存并关闭所有文件

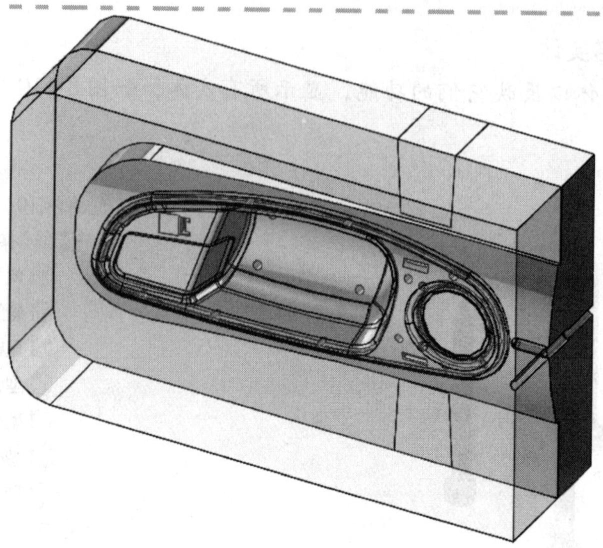

图 8-112　查看结果

第9章　完成模架

学习目标

- 向模架添加模具插入件
- 将侧型心和斜顶杆连接到模架上
- 使用库特征创建流道和浇口
- 输入曲面切除起模杆
- 可视化移动模具的不同部分

9.1　实例练习：模架

本章会利用前面设计的插入件完成模架。虽然模架的所有零部件都可以在 SOLIDWORKS 中设计，但这些零部件通常都是采购的。

对于本项目，适当的零件已从 3D ContentCentral 下载并装配。为了便于查看模架中的不同零部件，多个显示状态已创建好。多数零部件都有多个配置，如果需要配合插入件的话，可以简单地更变模架设计。

操作步骤

步骤1　打开模架装配体

打开 Lesson09\Case Study\Bezel Mold Base 文件夹下装配体“Bezel Mold Base”，如图 9-1 所示。

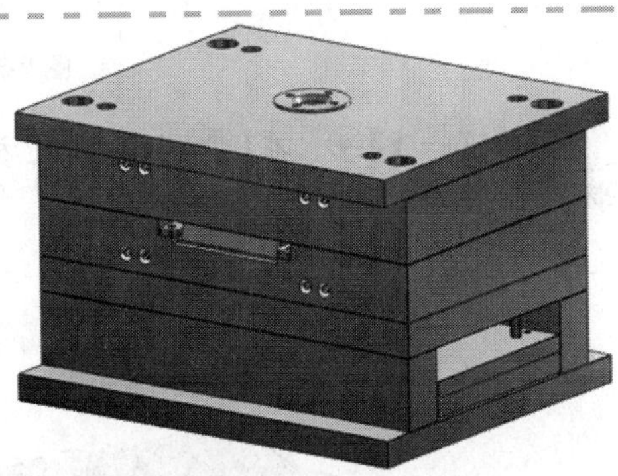

图 9-1　打开模架装配体

提示：在已保存的视图“Start”中，可以看到许多不同的视图。

步骤2　检查装配体

装配体有三个配置，一个用于显示打开的模具，一个用于显示闭合的模具，另一个允许移动不同的模具部件。激活“Mold Opening”配置。

步骤3　更改显示状态

将显示状态改为“Plates Transparent”。可以看到在位的内部零部件，并且可以放置模具插入件，如图 9-2 所示。

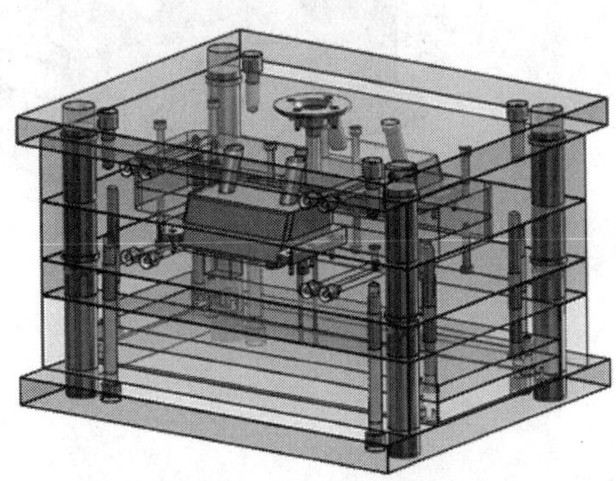

图 9-2　更改模架显示状态

步骤4　放置模具插入件

单击【插入零部件】，在 Lesson09 \ Case Study 文件夹中选择 Mold Insert 装配体。单击【确定】✔，将它放置在装配原点。

提示　插入件可以放在装配体原点，这是因为输入零件的原点处在正确的位置上。否则的话，需要使用标准配合来装配。

步骤5　镜像插入件

将显示状态改为“Moving Half Only”，单击【镜像零部件】，【要镜像的零部件】选择Mold Insert装配体。

提示　【镜像基准面】选择Mold Insert装配体的Right Plane（右视基准面）。这可以避免一个连接到“Bezel Mold Base”装配体的外部参考，如图9-3所示。

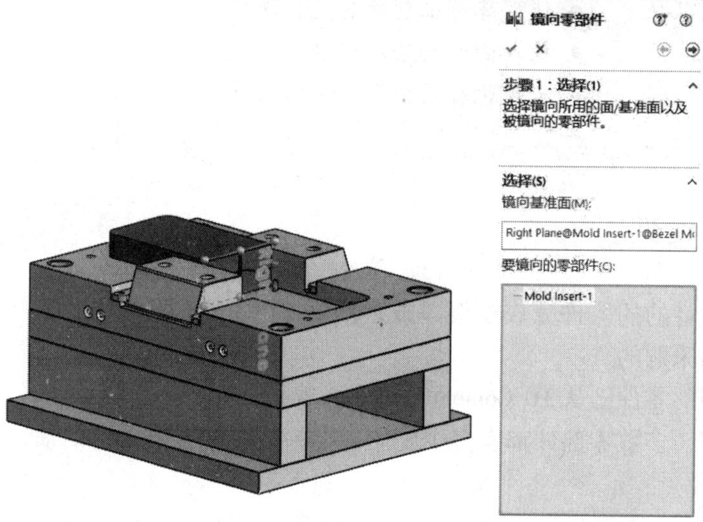

图9-3　镜像零部件

单击【下一步】，在【步骤2：设定方位】中，单击【生成相反方位版本】，单击【下一步】，如图9-4所示。

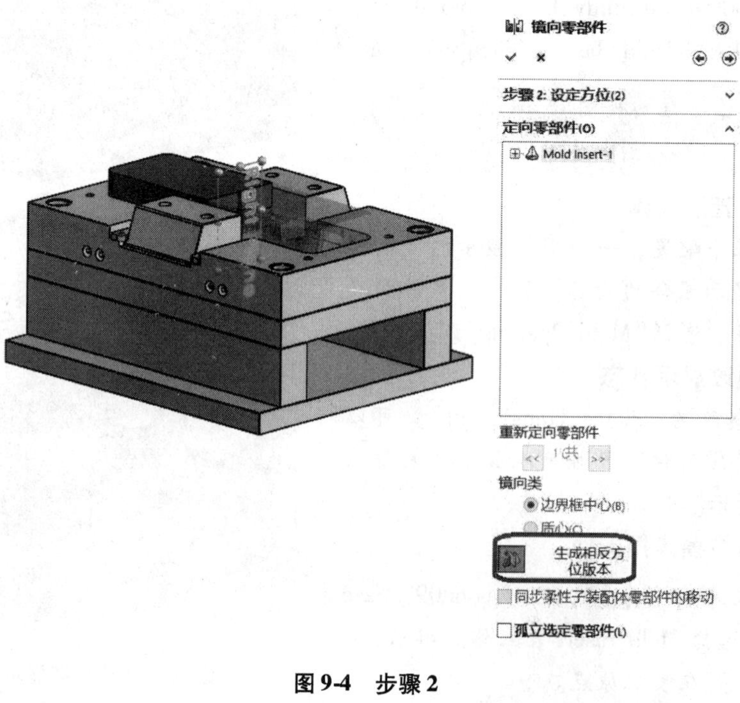

图9-4　步骤2

在【步骤3：相反方向】，选择【生成新文件】，【添加后缀】选择“_Mirror”。单击【确定】✔。此时，左右两边都有插入件，如图 9-5 所示。

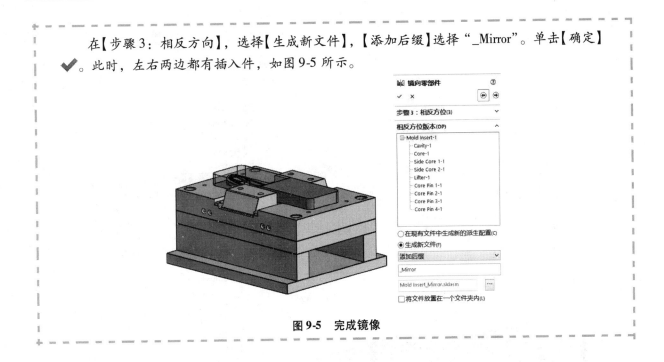

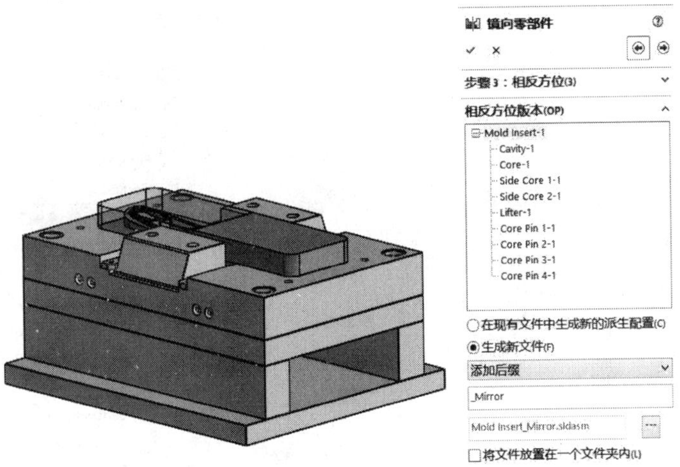

图 9-5　完成镜像

9.2　管理装配体

我们以独立的装配体方式插入了两个模具插入件。然而，在完成的模具中，不同插入件的零件跟随模架的不同零件。对于一个真实的完整项目，必须添加物理零部件将平板约束在位置上。此时，只需要将每个零部件移入相应的装配体中。因为每个子装配体都作为刚体来移动，装配体中的所有零部件在移动过程中会保持已添加的物理约束。

编辑装配体结构　在装配体结构中移动零部件有两种方式，在 FeatureManager 中动态拖动，或者利用【编辑装配体结构】对话框操作。

技巧　一般来说，当父装配中有超过一个零部件需要移动时，对话框是最有效的重组零部件方式。

知识卡片	编辑装配体结构	• 菜单：【工具】/【重新组织零部件】。 • FeatureManager：把一个零部件从一个装配体拖拽到另一个。

步骤 6　改变显示状态

为了方便查看哪些零部件需要移动，将显示状态改为“All Plates Removed”，如图 9-6 所示。只要将零部件移动到其他隐藏的装配体中，被移动的零部件也将被隐藏起来。

步骤 7　解散镜像特征

为了从镜像插入件中重组零部件，必须解散这个特征。右键单击【镜像零部件 1】特征，在菜单中单击【解散镜像零部件特征】。对于涉及配合的消息，单击【是】。

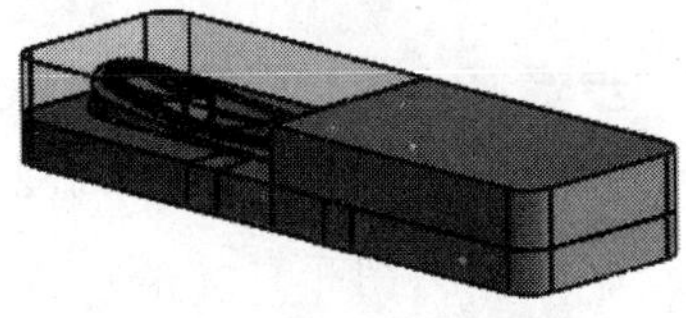

图 9-6　改变显示状态

步骤 8　移动 Mold Insert 零件到 Fixed Half

展开 Mold Insert 装配体，使用拖拽或者【编辑装配体结构】对话框，把“Mold Insert”零件移动到装配体“Bezel Mold Base Fixed Half”中，如图 9-7 所示。

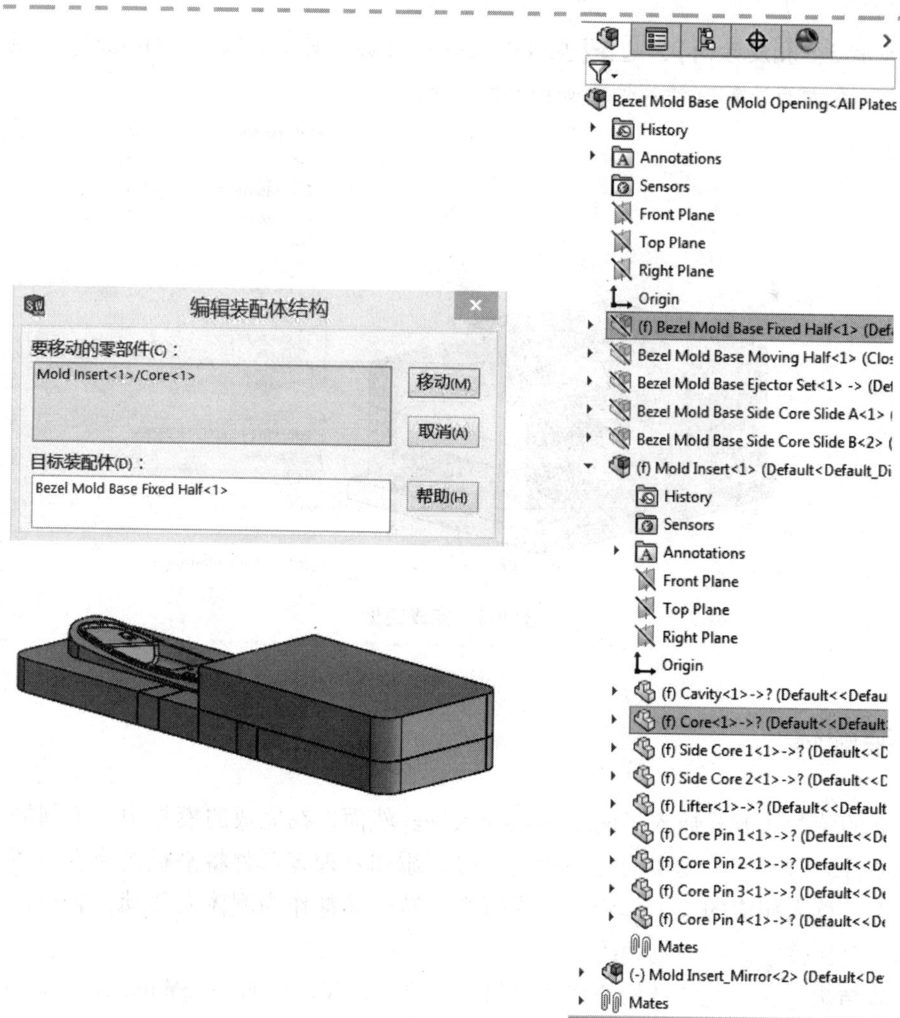

图 9-7　移动零部件(1)

步骤 9　移动 Core_Mirror 零件到 Fixed Half

展开 Mold Insert_ Mirror 装配体，使用拖拽或者【编辑装配体结构】对话框，把“Core_Mirror”零部件移动到装配体“Bezel Mold Base Fixed Half”中，如图 9-8 所示。

步骤 10　移动 Cavity 和 Core Pin 零部件到 Moving Half

展开 Mold Insert 装配体，使用拖拽或者【编辑装配体结构】对话框，把“Core Pin”以及“Cavity”零部件移动到装配体“Bezel Mold Base Moving Half”中，如图 9-9 所示。

步骤 11　移动 Mold Insert_Mirror 零件到 Moving Half

展开 Mold Insert_ Mirror 装配体，使用拖拽或者【编辑装配体结构】对话框，把“Cavity_Mirror”以及“Core Pin#_Mirror”零部件移动到装配体“Bezel Mold Base Fixed Half”中，如图 9-10 所示。

步骤 12　移动侧型心到 Side Core Slide A

将 Side Core2 和 Side Core2_Mirror 移动到两个 Bezel Mold Base Side Core Slide A 装配体中，如图 9-11 所示。

步骤 13　移动侧型心零件到 Side Core Slide B

将 Side Core1 和 Side Core1_Mirror 移动到两个 Bezel Mold Base Side Core Slide B 装配体中，如图 9-12 所示。

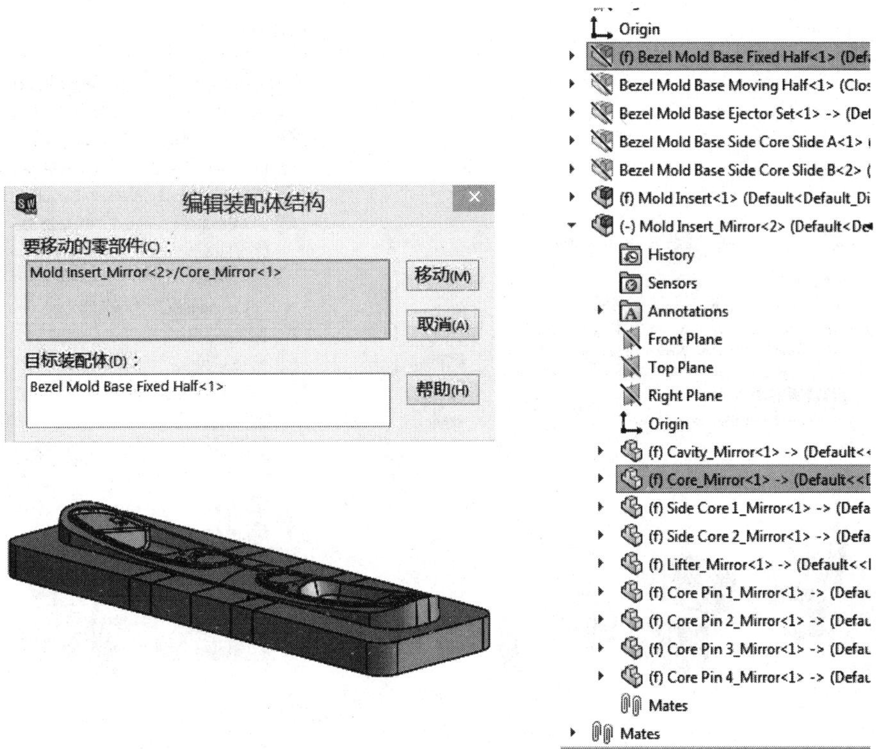

图 9-8 移动零部件(2)

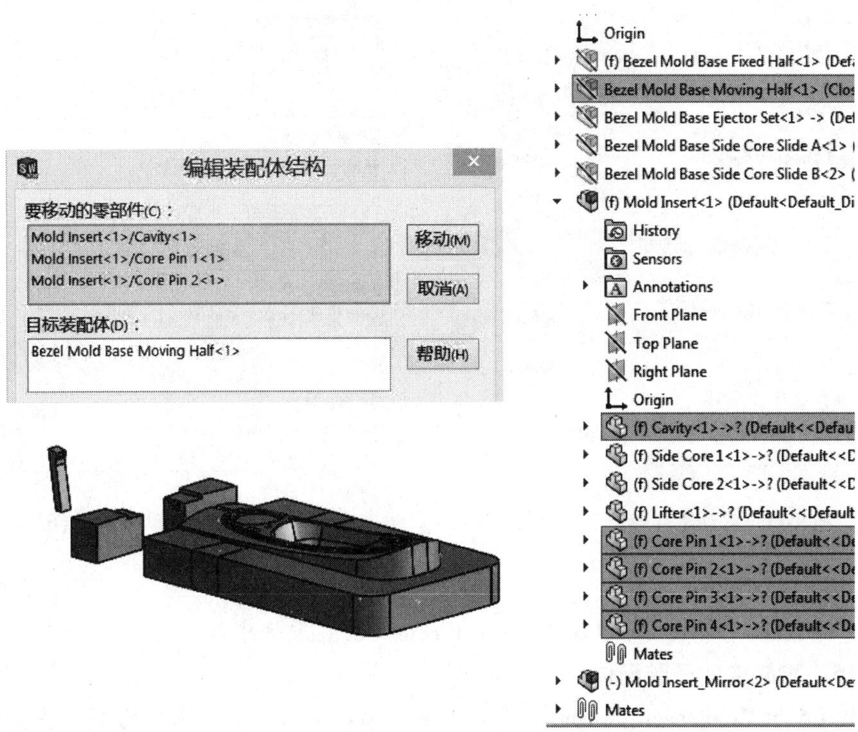

图 9-9 移动零部件(3)

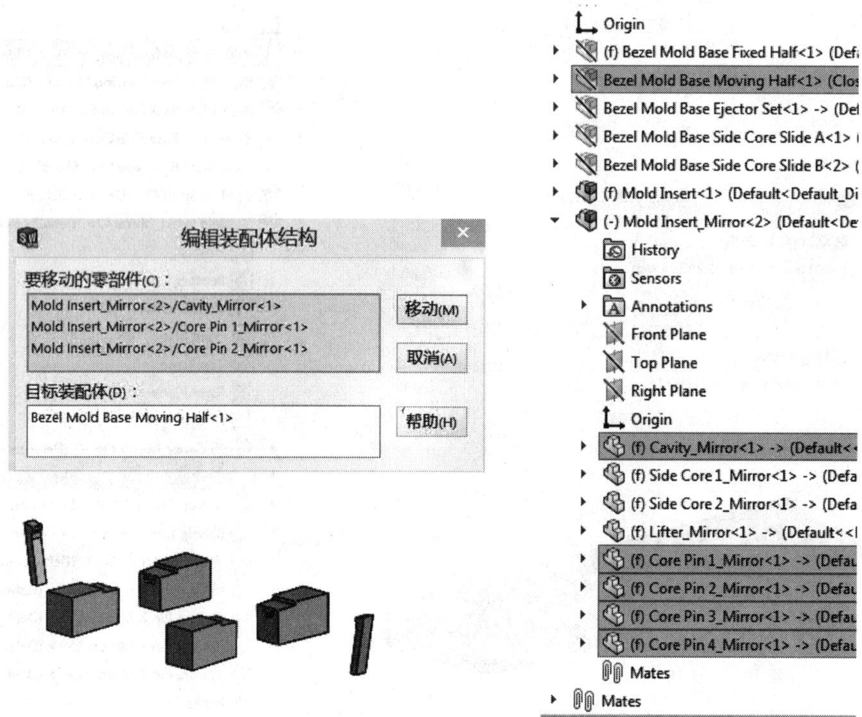

图 9-10 移动零部件(4)

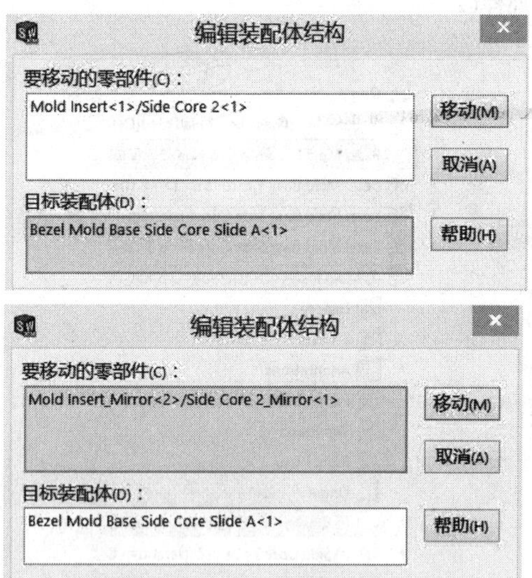

图 9-11 移动零部件(5)

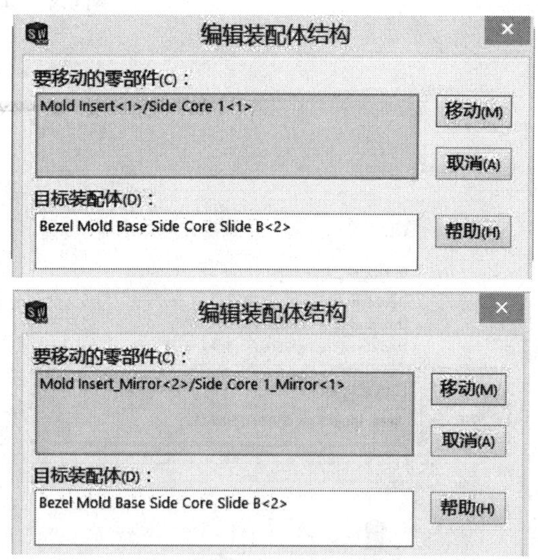

图 9-12 移动零部件(6)

步骤 14 移动 Lifter

将所有的 Lifter 移动到 Bezel Mold Base Ejector Set 装配体中。

步骤 15 删除空的子装配体

Mold Insert 和 Mold Insert_Mirror 子装配体当前都是空的，不再需要它们，将其删除。

步骤 16 改变显示状态

将显示状态改为“Ejector Set Only”，如图 9-13 所示。

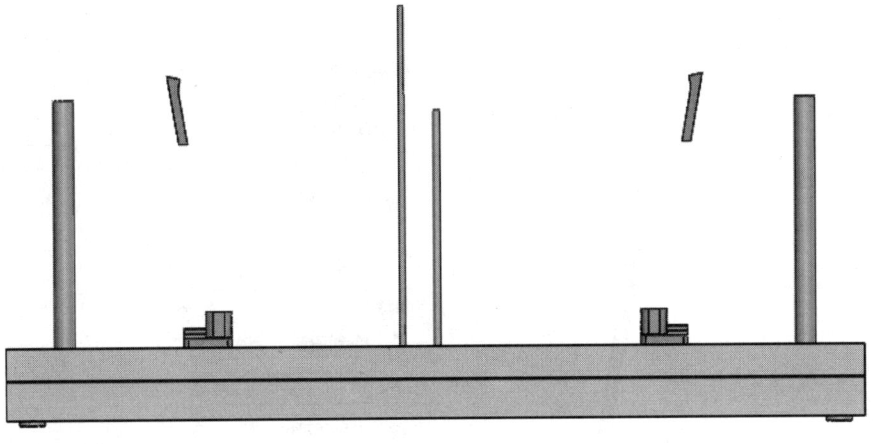

图 9-13　改变显示状态

9.3　修改斜顶杆

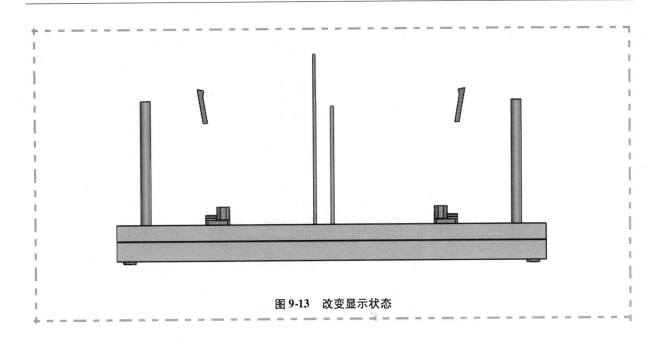

斜顶杆(图9-14)需要修改以便在 Ejector Set 装配体内连接到 U-Coupling。因为这是在一个装配体内移动零件，当设计需要的特征时，要避免内在联系。当装配体在一个新位置重构时，这种联系会导致几何体发生改变。

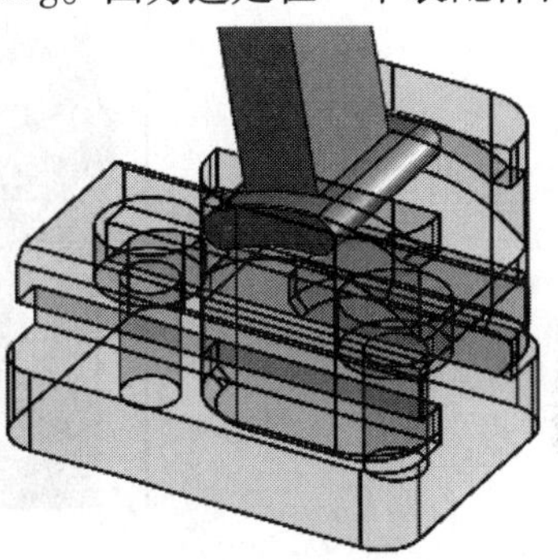

图 9-14　斜顶杆

技巧

有很多方法创建需要的特征。对于本例，首先用【移动面】命令延伸 Lifter 零部件，然后添加一个【拉伸凸台】配合。我们会在装配体内完成编辑，这样配合几何体就可以参考，但是会使用【无外部参考】来防止内部联系，因为 Lifter_Mirror 是 Lifter 的子特征，对 Lifter 的改变会影响到 Lifter_Mirror。

步骤 17　编辑零部件

选择 Lifter，单击【编辑零部件】。

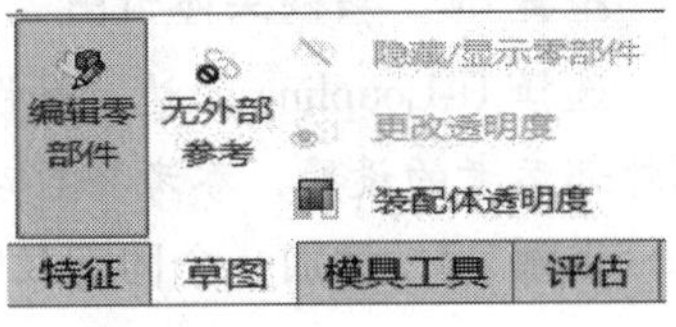

图 9-15　无外部参考

步骤 18　无外部参考

在 CommandManager 单击【无外部参考】，如图 9-15 所示。

步骤 19　移动面

单击【移动面】，选择【平移】底面，设置 ΔZ = −115mm，如图 9-16 所示。

步骤 20　创建一个基准面

创建一个与“Lifter ”的上视基准面平行的参考基准面，并且穿过斜顶杆一条边线的中点。将基准面命名为 U-Coupling Connector Plane，如图 9-17 所示。

步骤 21　绘制 U-Coupling Connector 草图

在 U-Coupling Connector Plane 上创建草图，以斜顶杆边线中点为起始点，创建一条与侧边平行的中心线，如图 9-18 所示。

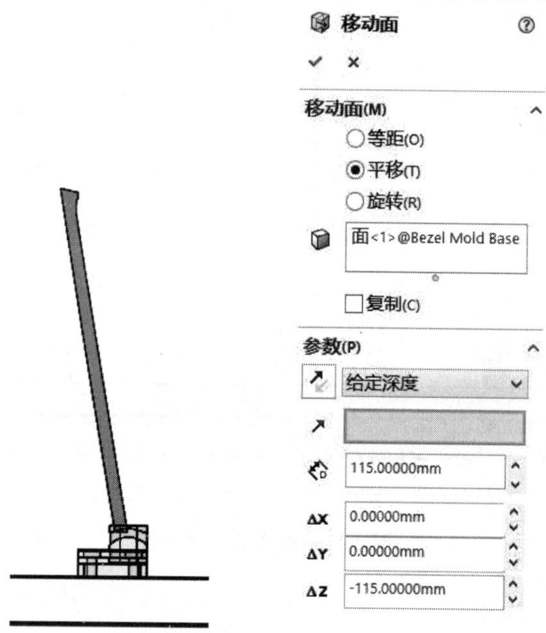

图 9-16　移动面

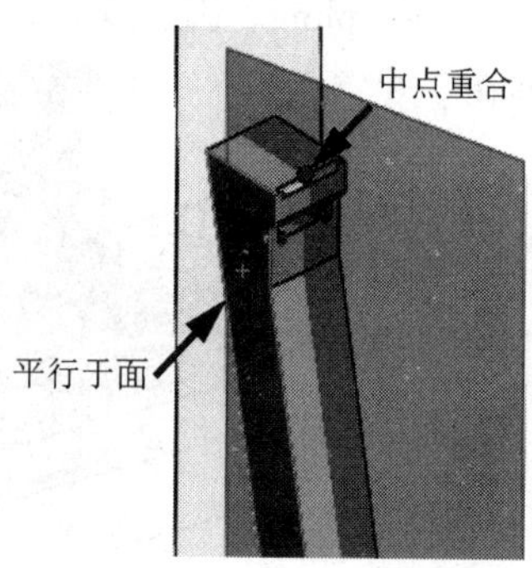

图 9-17　创建一个基准面

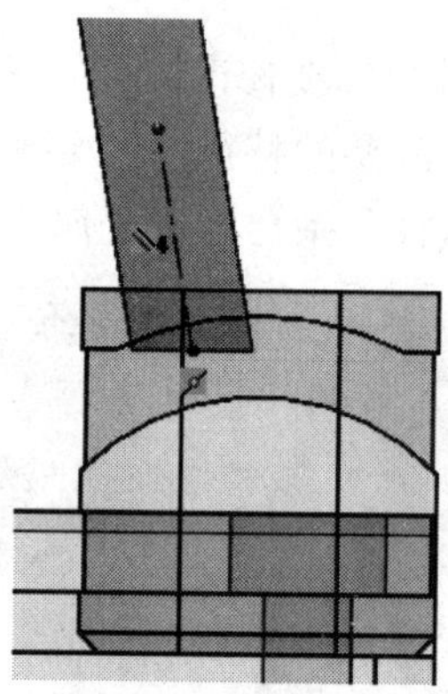

图 9-18　绘制草图

步骤 22　转换实体引用

选择 U-Coupling 的边，如图 9-19 所示，单击【转换实体引用】。会弹出信息提示因为无外部参考的设置，参考将自动断开，单击【确定】。

步骤 23　添加一个固定几何关系并构造

选择转换的弧线，添加【使固定】几何关系。将弧线变为【构造几何线】。

步骤 24　中心点圆弧槽口

单击【中心点圆弧槽口】，绘制一个如图 9-20 所示的槽口。圆弧的第一点与转换的圆弧圆心重合。第二个和第三个点如图 9-20 所示。

步骤 25　添加一个几何关系和尺寸

在槽口的中心和 Lifter 中心线之间，添加一个【重合】几何关系。

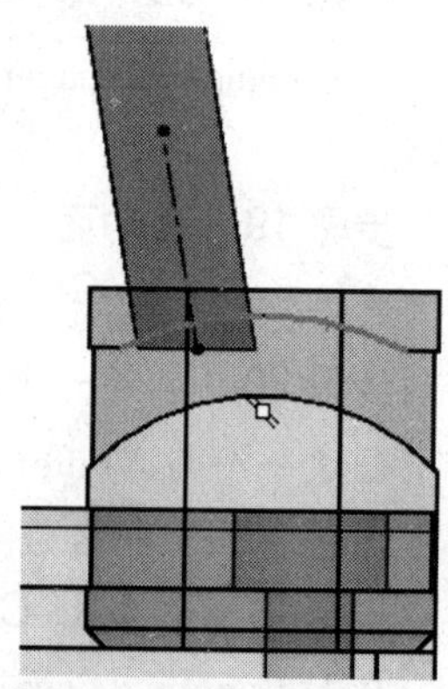

图 9-19　转换实体引用

技巧 对草图添加尺寸，如图 9-21 所示。选择槽口的 3 个圆弧中心点添加 30°度尺寸。

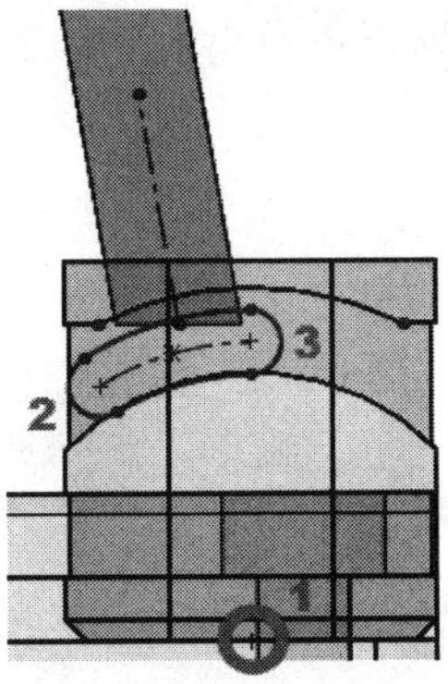

图 9-20 中心点圆弧槽口

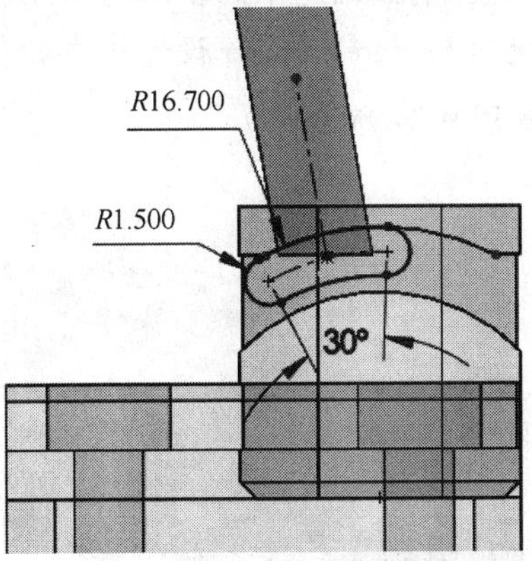

图 9-21 添加几何关系和尺寸

步骤 26 测量再拉伸

U-Coupling 的两个高亮面之间的距离为 15mm。拉伸草图，以【两侧对称】为终止条件，深度为 15mm，如图 9-22 所示。

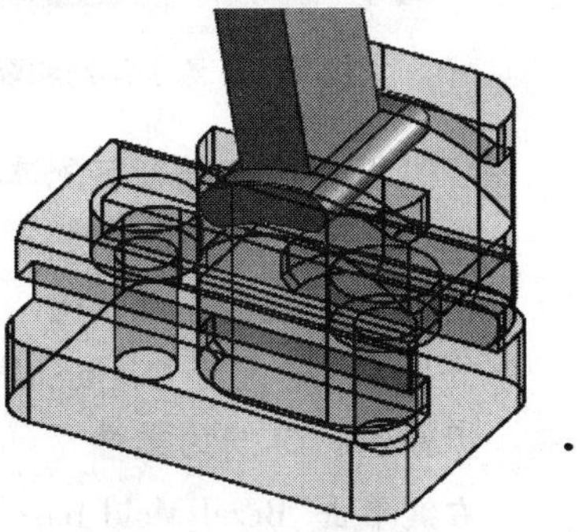

图 9-22 拉伸草图

步骤 27 保存零件

Lifter 和 Lifter_ Mirror 零部件现在已经完成了。

步骤 28 退出编辑零部件

退出【编辑零部件】模式，回到编辑顶部装配体。

9.4 斜顶杆运动

为了让斜顶杆在模架装配体里运动，需要做一些修改。当前的斜顶杆固定在 Ejector Set 装配体中。会改变它们的状态为浮动，然后添加配合以控制其位置和运动。

当应用配合后，会指定 Ejector Set 装配体在模架中为柔性体。这允许斜顶杆的运动在顶层装配体中可见。

步骤 29 编辑 Ejector Set 装配体

在 FeatureManager 设计树中右键单击 Bezel Mold Base Ejector Set 装配体，选择【编辑装配体】。

步骤 30 添加浮动和配合

右键单击“Lifter”，选择【浮动】，然后【重建模型】。在 Lifter 的曲面和 U-Coupling 之间添加【同心】配合。添加一个【宽度】配合，让 Lifter 和 U-Coupling 居中配合，如图 9-23 所示。

步骤 31 对 Lifter_Mirror 重复操作

重复上一步配合 Lifter_Mirror。

步骤 32　压缩配合

在“Bezel Mold Base Ejector Set”装配体中，有一个【重合】配合用来定义“U-Coupling”的位置。这里将压缩这个配合以允许“U-Coupling”移动。这个配合已经命名为“For Position Only”。使用 FeatureManager 设计树中的【过滤器】找到“For Position Only”配合并将其【压缩】，如图 9-24 所示。

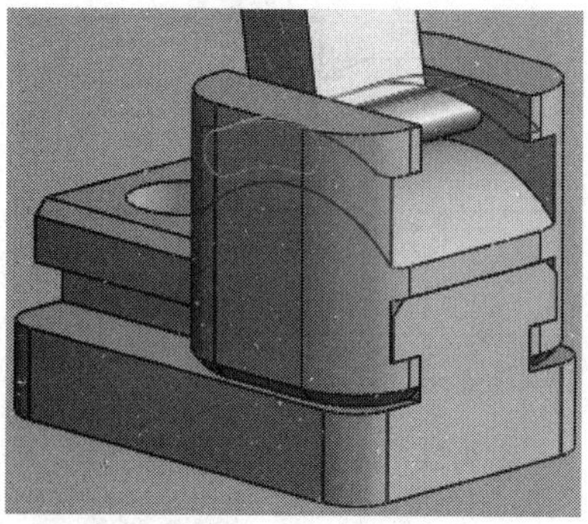

图 9-23　添加浮动和配合

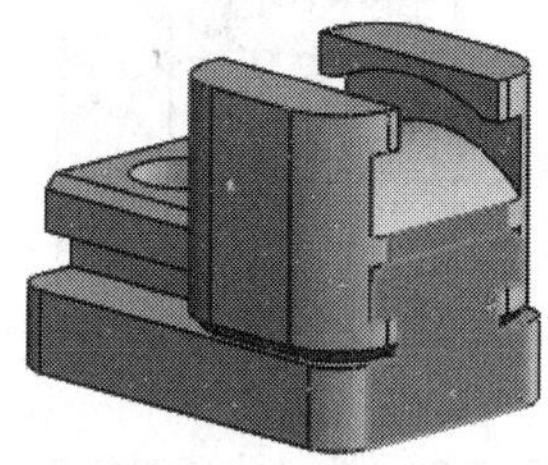

图 9-24　压缩配合

步骤 33　退出编辑装配体模式

现在处于装配体的顶层。

步骤 34　改变显示状态

将显示状态改为 Moving Half + Ejector Set，如图 9-25 所示。

步骤 35　求解为柔性

右键单击“Bezel Mold Base Ejector Set”装配体，单击【零部件属性】，设置【求解为】选项为柔性。将此属性应用到【所有配置】，单击【确定】。

步骤 36　添加配合

拖动“Lifter”以便查看高亮平面，添加【重合】配合，如图 9-26 所示。对“Lifter_Mirror”零件做同样的操作。

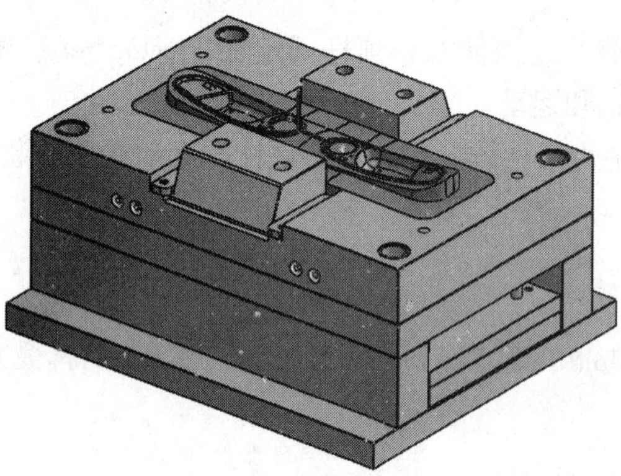

图 9-25　改变显示状态

图 9-26　添加配合

步骤 37　运动检查

确保“Mold Opening”配置被激活，将显示状态改为“Fixed Half Hidden Lines Removed”。拖动模具的可移动部分，确保侧型心可以伸缩，斜顶杆可以上下移动，如图 9-27 所示。

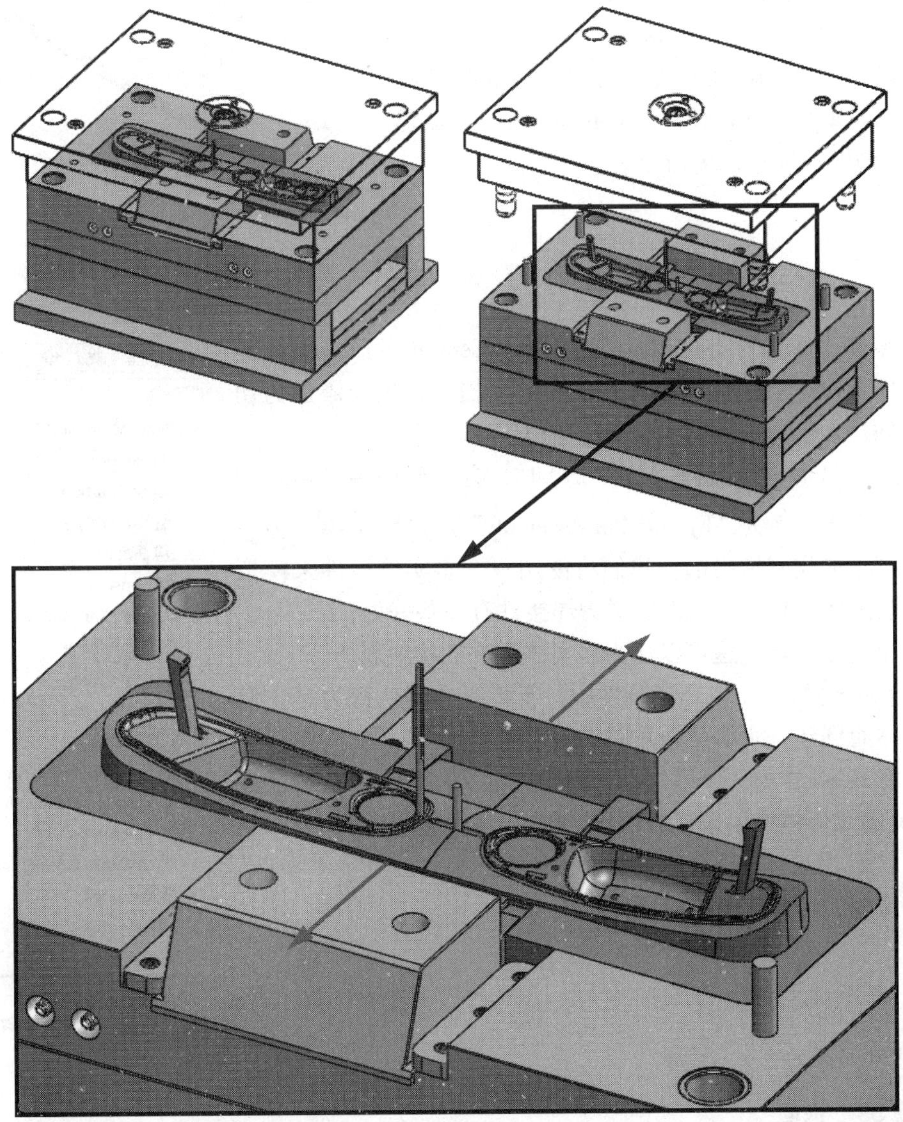

图 9-27 运动检查

9.5 顶杆

当移动顶出板时，可以发现这里只有一个顶杆。需要基于现有的顶杆和阵列好的顶杆孔创建额外的顶杆。

有几件事需要完成：

1）现有的顶杆与其他的杆是不一样的，因为它有一个将塑料从子浇口引导到型腔的通道。

2）其余的杆必须由第一个杆阵列而来，但是没有额外的通道。

3）所有的杆都必须被模具插入件的型腔模的曲面切除。

有几种方法实现上述的目标。在这个实例练习中，将所有的顶杆创建为一个多实体零件。为此，要用到一个零件，这个零件包含两个插入件，采购的顶杆和用于切除杆的“bezel”零件。

步骤 38　打开顶杆

在独立的窗口中打开“Bezel Mold Base Ejector Set”装配体中，“Pins”文件夹下的“Bezel Mold Base Ejector Pins”零件。可以使用 FeatureManager 过滤器找到这个零件，如图 9-28 所示。

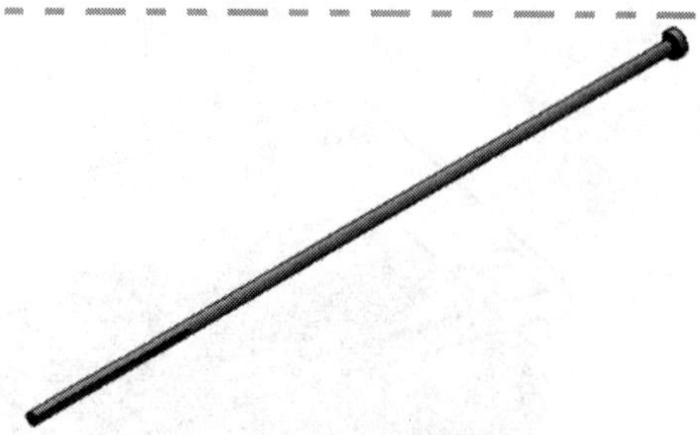

图 9-28　打开顶杆

这个顶杆零件是采购件，可以从 3D ContentCentral 下载。下载的模型会在后面作为一个零件特征插入到现在的文档中，也会添加为切除特征，用来创建顶部的平面侧和底部的通道。

当查看 FeatureManager 设计树（图 9-29）时，会发现许多未预料到的特征。一个是已被命名为“Ejector Pin Assembly”焊接特征，另一个是切除列表。正如先前指出的，我们将使用一个多实体零件来模拟一个顶出杆的装配体。将一个零件定义为焊接件有一些好处：

1）使用一个切割清单。这可以作为多实体零件的物料表。

2）关闭【合并结果】。在一个焊接件中，新特征的默认行为是它们会作为独立实体而创建，而不是合并周围的几何体。

下一步是将 Bezel 作为一个零件添加到当前的文档中。一旦特征完成，那么 Bezel 的几何体将用来剪裁顶杆。Bezel 零件也包含 Ejector Pin Pattern 草图，它们用来阵列顶杆。将在通道特征前添加 Bezel 零件，所以能在应用这些通道前阵列这些顶杆。

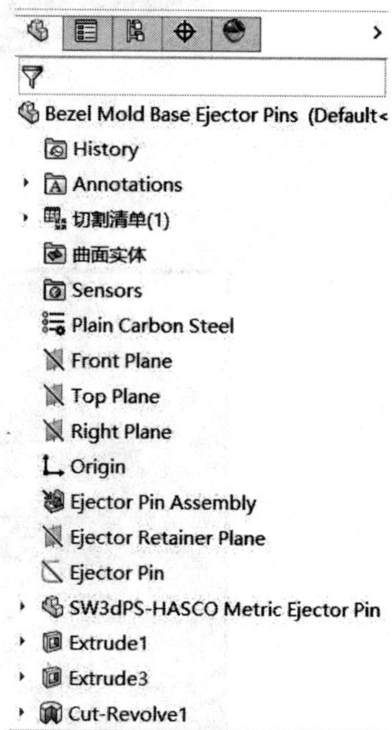

图 9-29　顶杆零件

步骤 39　退回

退回到【Extrude1】后面，如图 9-30 所示。

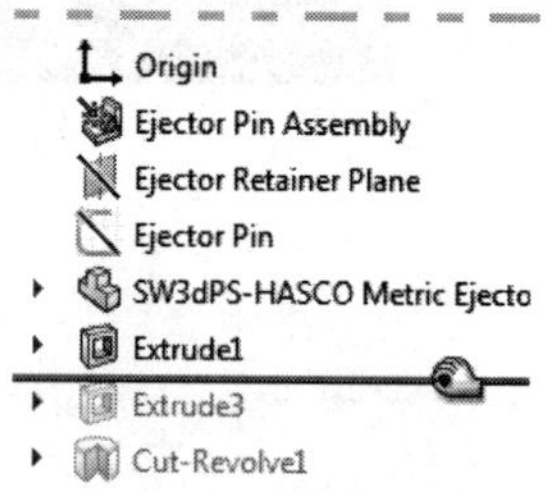

图 9-30　退回

步骤 40　插入零件

单击【插入】/【零件】，然后在 Lesson09\Case Study 文件夹中找到 Bezel_Complete 零件。

步骤 41　转移草图和曲面

在【转移】列表中，清除【实体】复选框，勾选【曲面实体】和【解除吸收的草图】复选框，清除【用移动/复制特征找出零件】复选框。我们想要曲面和草图来对齐到相同的原点，单击【确定】，如图 9-31 所示。

步骤 42　查看结果

现在有了 Ejector Pin Pattern 草图以及曲面实体，分别用来阵列顶出杆和剪裁它们的端部，如图 9-32 所示。

步骤 43　阵列顶杆

使用 Ejector Pin Pattern 草图，对杆实体创建一个【草图驱动阵列】特征，如图 9-33 所示。

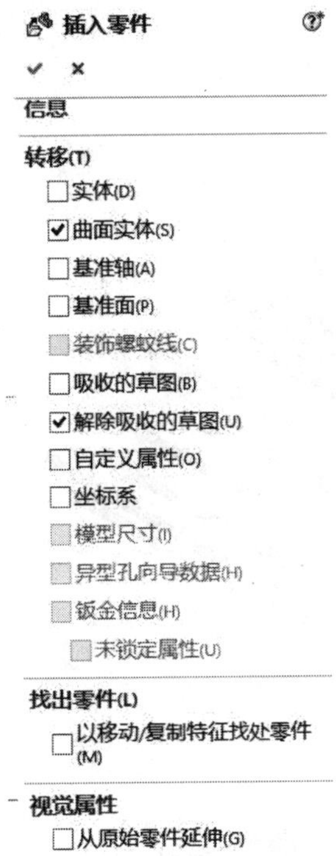

图 9-31 转移草图和曲面

图 9-32 查看结果

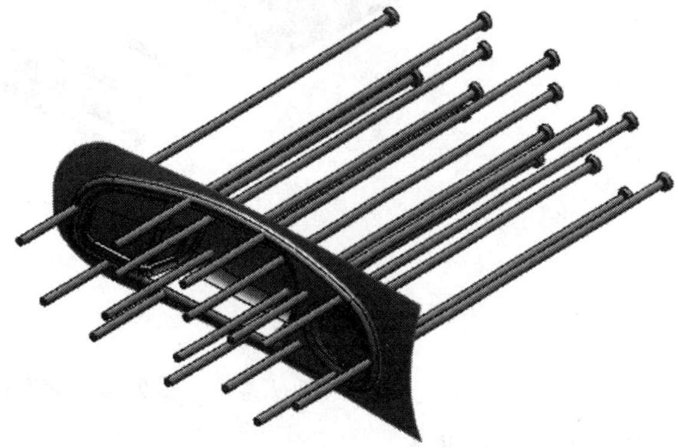

图 9-33 阵列顶杆

步骤 44 隐藏曲面

现在有了所有顶杆，它们必须由型腔曲面剪裁。隐藏分型面和型心曲面，如图 9-34 所示。

步骤 45 曲面切割

使用【曲面切割】剪裁掉杆的顶部，如图 9-35 所示。

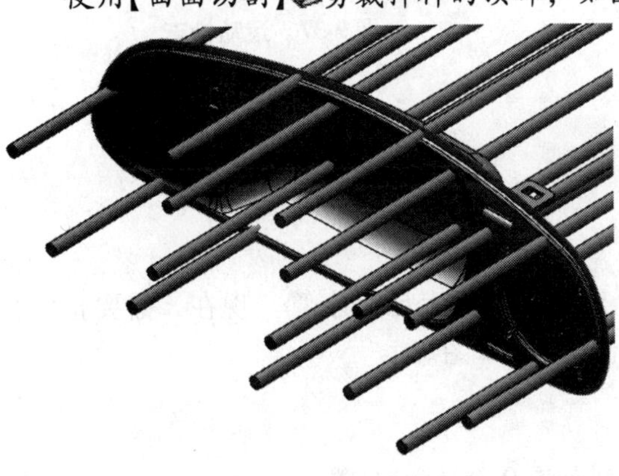

图 9-34 隐藏曲面

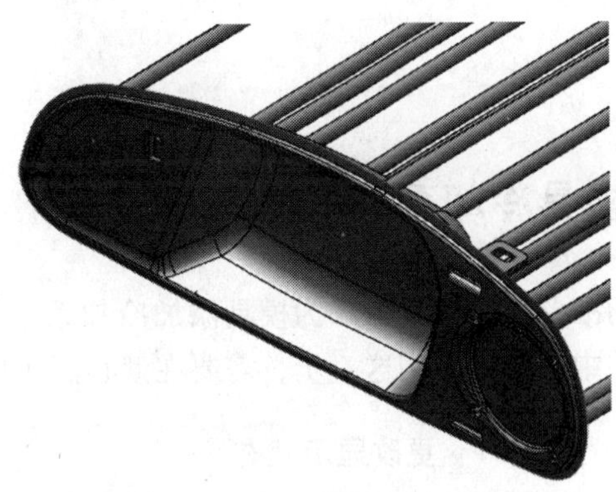

图 9-35 曲面切割

步骤 46 向前滚动

向前滚动到特征树的顶底部。

步骤 47 镜像杆

需要在模具的镜像侧有相同的杆，在右视基准面【镜像】实体，如图 9-36 所示。

技巧 可以使用【切割清单】文件夹帮助选择实体。

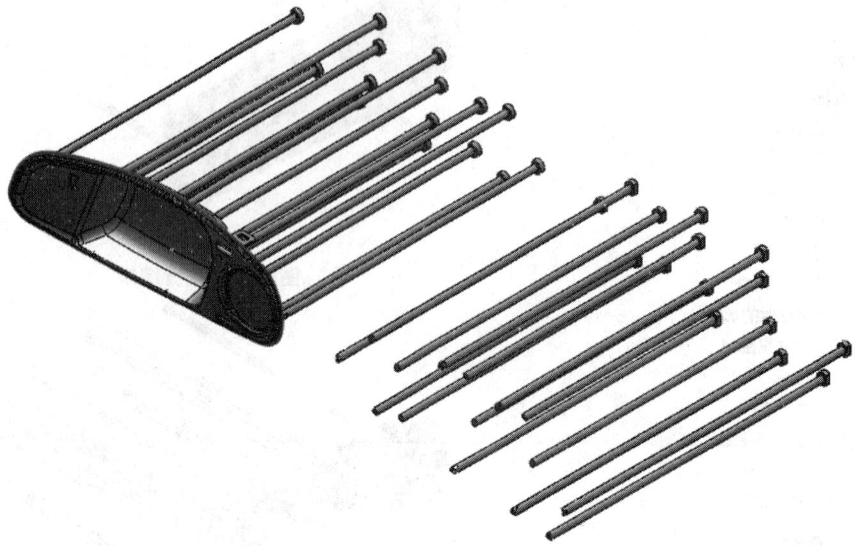

图 9-36　镜像杆

步骤 48　隐藏曲面

隐藏所有的曲面实体。

步骤 49　保存并关闭 Ejector Pins 零件

步骤 50　运动检查

返回模架装配体，移动顶出板，检查确保所有的顶出杆和板一起运动，如图 9-37 所示。

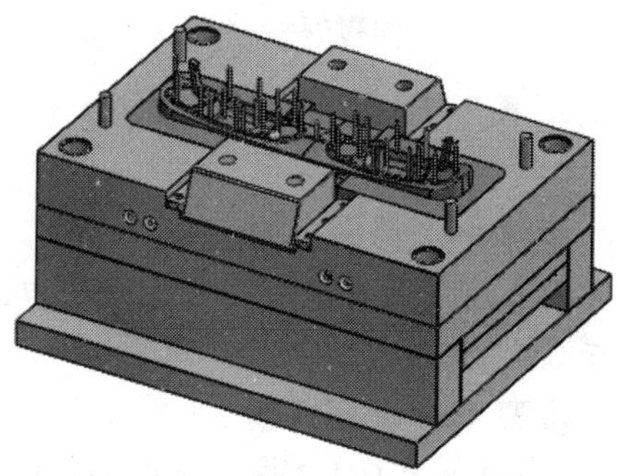

图 9-37　运动检查

9.6　模具冷却系统

一切准备就绪后，可以为模具添加冷却系统。模架的支撑板上已有水管。现在，需要把它们延伸到插入件中。为了做到这一步，需要在型心插入件中创建 3D 草图。

步骤 51　更改显示状态

激活“Fixed Half Only”显示状态，旋转模型到如图 9-38 所示位置。

步骤 52　编辑零部件

选择原始的插入件(不是镜像件)，单击【编辑零部件】。

步骤 53　打开参考

关闭【无外部参考】选项。

步骤 54　创建水管草图

创建一个 3D 草图，更改显示为【框架】。从两个水管中心线处创建两根直线，并且添加一个【相等】约束，如图 9-39 所示。对其中的一条直线添加尺寸 15mm。

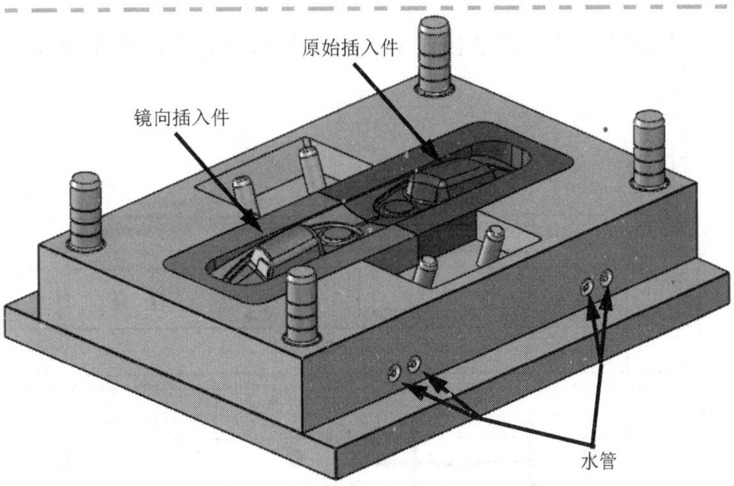

图 9-38　更改显示状态

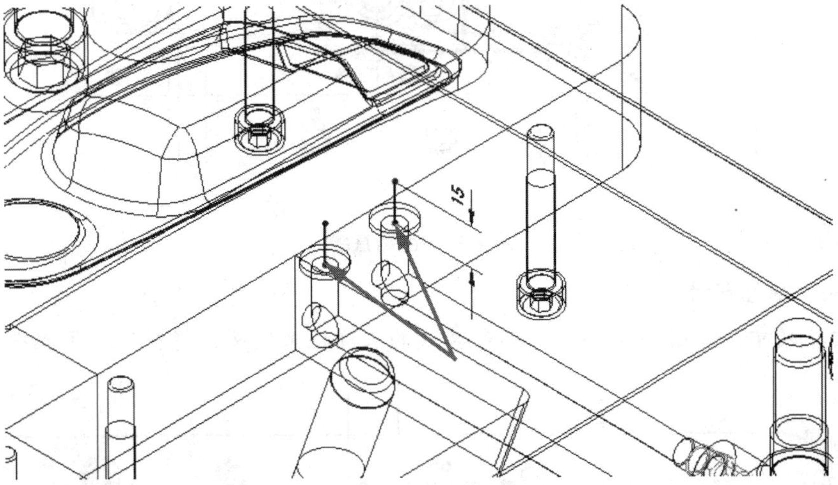

图 9-39　创建水管草图

步骤 55　分割屏幕

把屏幕分成两半，一个显示俯视图，另一个显示前视图，这样更容易看清水管的路径，如图 9-40 所示。

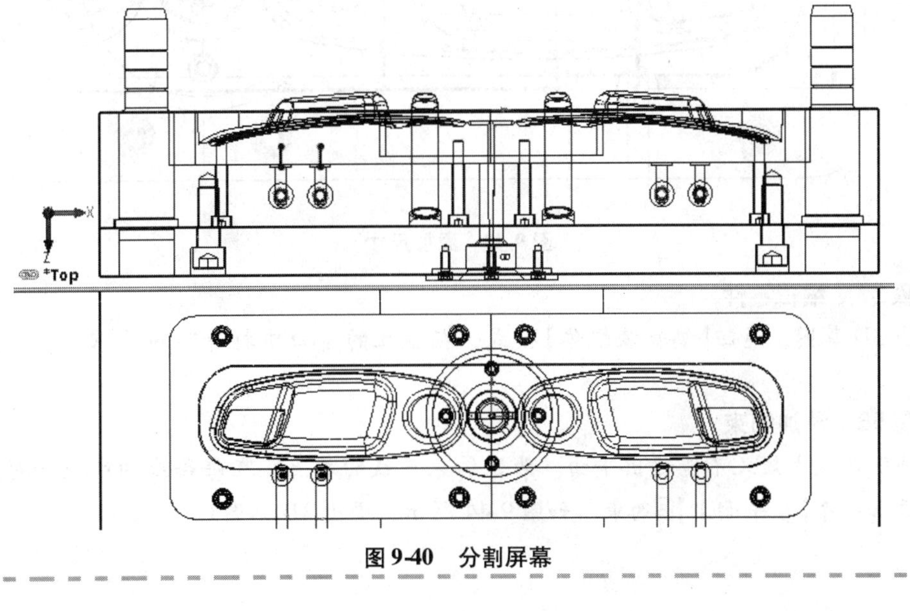

图 9-40　分割屏幕

创建直线，如图 9-41 所示。为了区分现有的几何体，直线的宽度增加了。

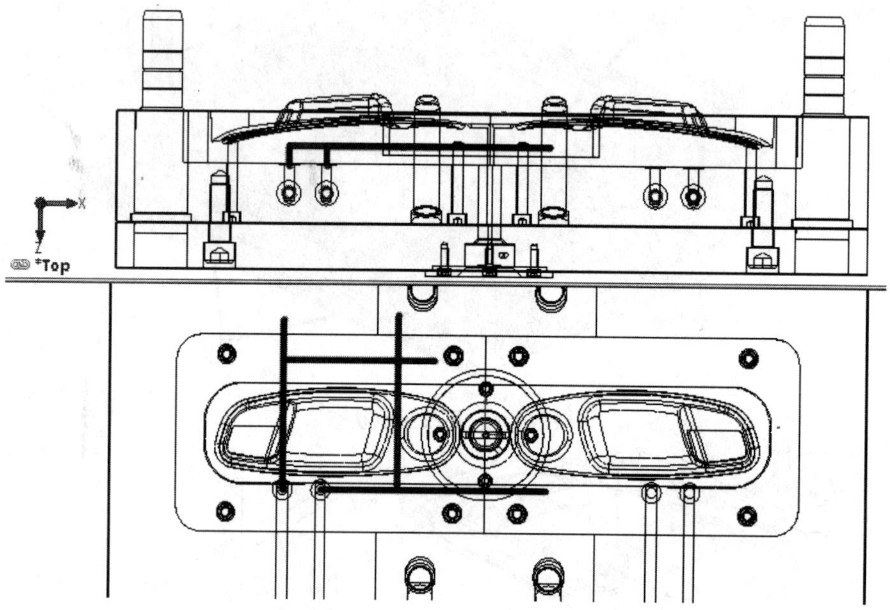

图 9-41　创建直线

步骤 56　添加尺寸

添加两个尺寸，如图 9-42 所示。四条直线的长度还未定义，将在后续步骤中定义它们。

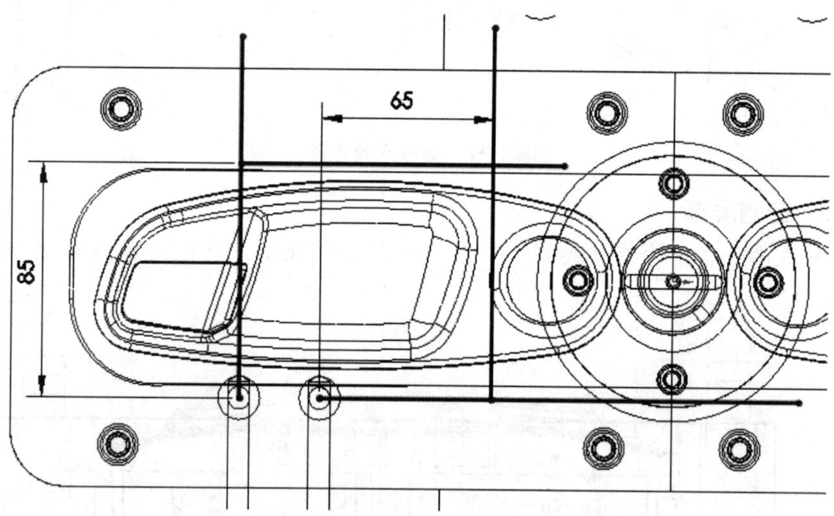

图 9-42　添加尺寸

步骤 57　编辑零件

退出 3D 草图，返回【编辑装配体】模式，在独立的窗口中打开“Core”零件，如图 9-43 所示。

步骤 58　添加约束

直线既不能太短又不能超出平面。为了约束直线的端点，在每条线的终点和对应的平面之间添加一个【在平面上】约束。如图 9-44 所示，退出 3D 草图。

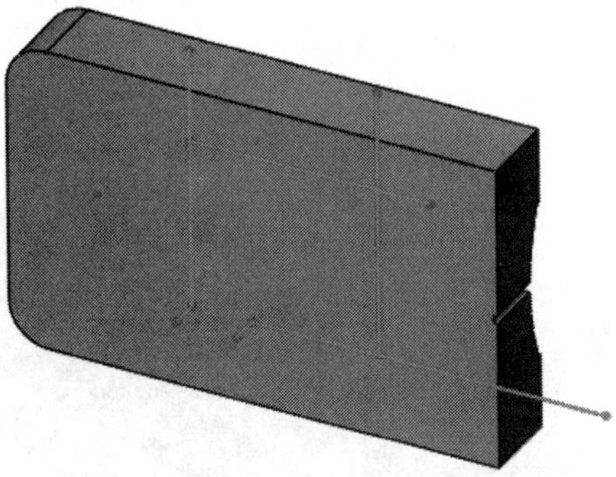

图 9-43 编辑零件

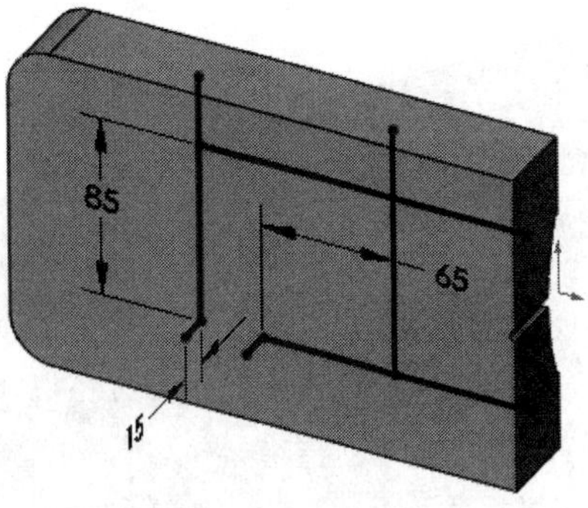

图 9-44 添加约束

步骤 59 水管库特征

为了更方便地创建水管，将要使用第 8 章创建的水管库特征。这个水管库特征可以在 Custom Library、Features、Mold Features 文件夹中找到。

提示 如果找不到特征，在设计库中单击【添加一个文件位置】，浏览 Lesson09\Case Study 文件夹找到 L9 Library 文件夹。也可以使用 Custom-Waterline 文件。

作为一个回顾，库零件的 4 个配置如图 8-49 所示。每个配置要求一个草图点定义开始位置，以及另一个草图点指定孔的深度。

步骤 60 添加水管

拖拽库特征到模型的面上，在图 9-45 所示点上添加配置。

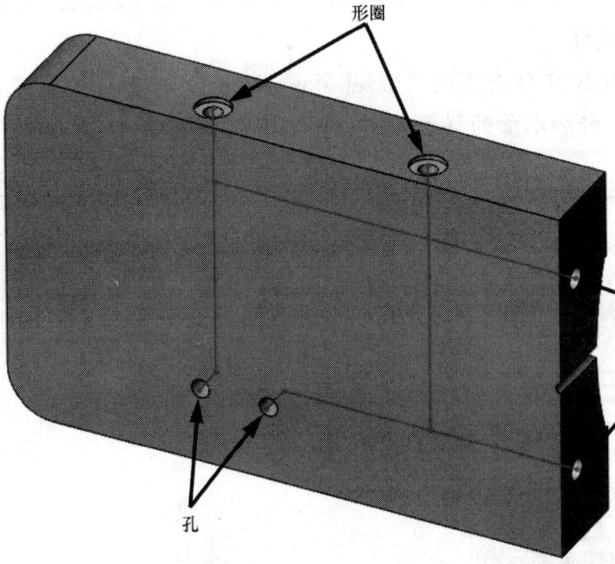

图 9-45 添加配置

步骤 61 查看结果

使用一个【剖面视图】查看结果，如图 9-46 所示。

步骤 62 返回装配体

可以看到，所有的水管已更新到镜像的插入件中了。

提示 为了演示方便，型心和型腔被设为透明，如图 9-47 所示。

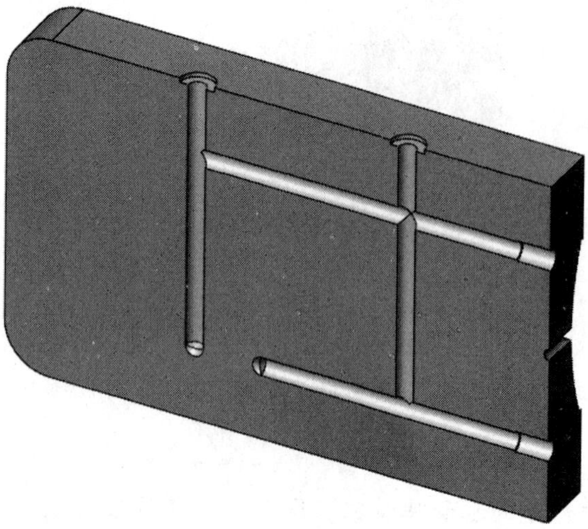

图 9-46　查看结果

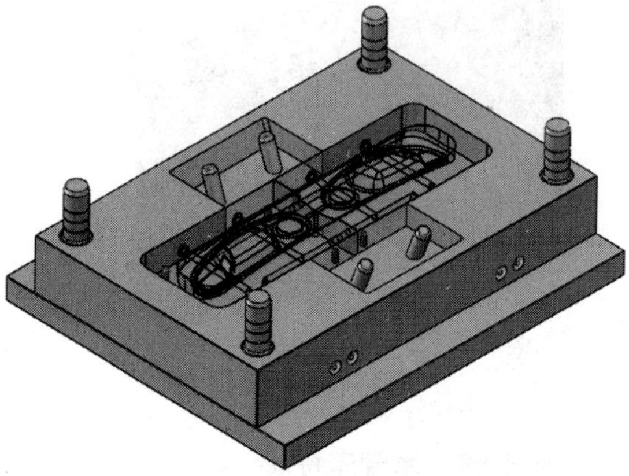

图 9-47　透明显示

9.7　生成工程图

模具创建完成后，工程图经常被用来报价。除了必要的课程外，创建工程图不需要额外的培训。关于用 SOLIDWORKS 创建工程图的内容，请参考《SOLIDWORKS 工程图教程(2016 版)》。

步骤 63　打开工程图文件

打开 Lesson 09\Case Study 文件夹下的“Bezel Mold Base”工程图。检查不同的视图。可以看到斜顶杆、侧型心、顶杆和水管的详细信息，如图 9-48 所示。

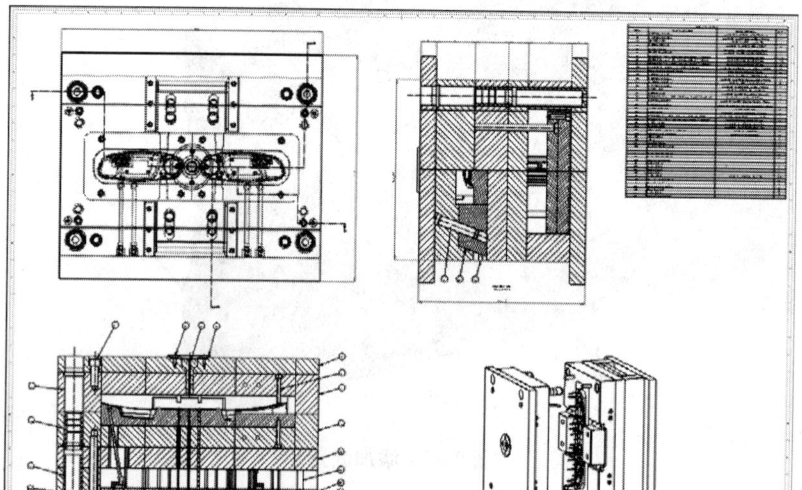

图 9-48　工程图

步骤 64　保存并关闭所有文件

9.8　模型更改

在所有的模具设计工作完成之后，进行一些设计更改不是很常见。但这可能是创伤性的，如果模具是通过参数化方式创建的，就像前述步骤那样，综合变化是很直接的。

关键步骤是：

1. 确定模型更改　以可视化的方式确定模型更改可能是困难的。SOLIDWORKS Utilities 提供了一个比较两个不同模型几何体的工具。可以告诉我们哪些已被改变了，哪些需要操作。

2. 输入新模型　新的模型可以直接输入到现有的模具文件中。

3. 必要时修复模型　如果文件不是 SOLIDWORKS 文件，可能需要修复。

4. 修复重建错误　一旦模具中的模型被替换，SOLIDWORKS 将基于新的零件进行重建模具。如果 SOLIDWORKS 不能修复所有的错误，则需要手动修复。

步骤 65　打开 IGES 文件

输入 Lesson 09\Case Study 文件夹下“Door Handle Bezel”和“Door Handle Bezel(Rev A)”文件，运行【输入诊断】，修复模型。覆盖打开的文件窗口，视觉检查无法告诉我们哪里发生了修改，如图 9-49 所示。

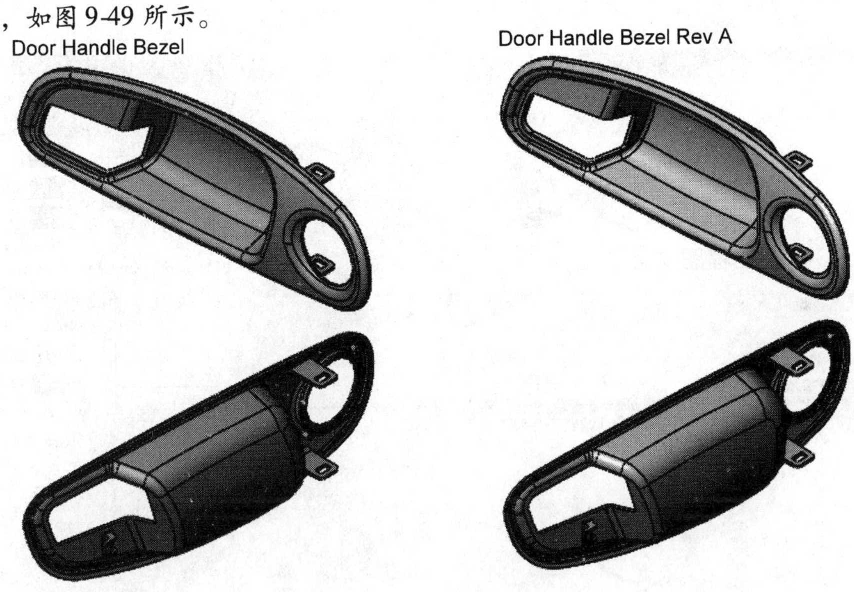

图 9-49　视觉检查

步骤 66　比较几何体

单击【工具】/【比较】/【几何体】，启动 SOLIDWORKS Utilities 插件。在任务窗格选择“Door Handle Bezel”作为【参考引用文档】。选择“Door Handle Bezel(Rev A)”作为【修改的文档】，如图 9-50 所示。

步骤 67　比较几何体选项

在任务窗格中，选择【选项】。单击【几何体】选项卡，不勾选【进行体积比较】复选框，单击【确定】，如图 9-51 所示。

步骤 68　检查结果

单击【运行比较】，选择【面比较】，然后轮流单击每个查看图标，依次查看未更改的面、独特面和修改的面。可以看到，尽管两个零件看起来很像，但尺寸和特征的比例是不相同的，如图 9-52 所示。

图 9-50　比较几何体

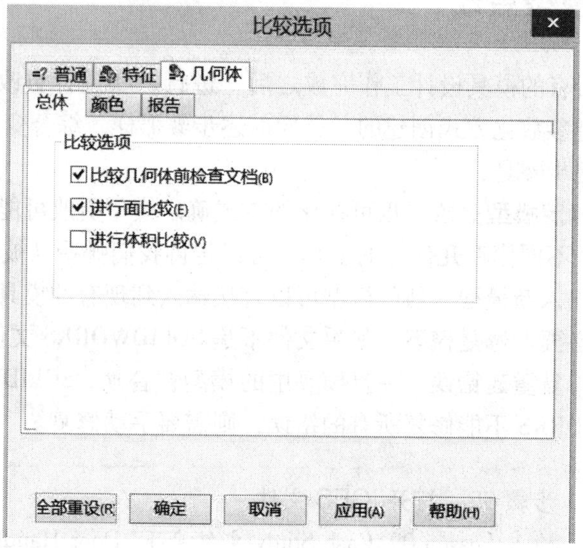

图 9-51　比较几何体选项

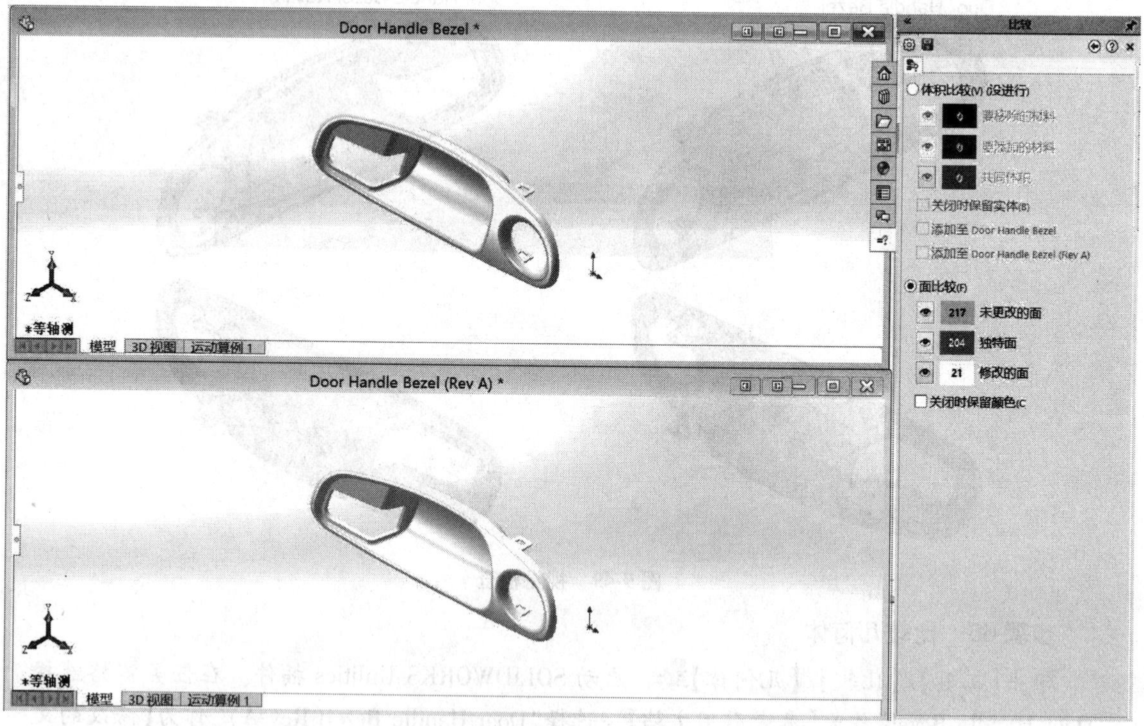

图 9-52　检查结果

步骤 69　关闭零件

关闭几何体比较工具，然后关闭两个零件。

步骤 70　打开主零件

所有的模具工具都起源于多实体零件 Bezel_Complete，所以必须将更改输入到那里。打开零件 Bezel_Complete，如图 9-53 所示。

步骤71 输入新几何体

右键单击"Imported1"特征，单击【编辑特征】。将看到如下警告信息："此特征有父子关系或被用作参考。编辑此对象可能会丢失该关系或生成重建错误。"单击【确定】。

选择"Door Handle Bezel(Rev A).IGS"文件，勾选【使面和边线相匹配】复选框，单击【打开】。

步骤72 检查实体

实体应该全部重建成功，如图9-54所示。

步骤73 打开和重建装配体

打开Lesson 09\Case Study\Mold Base文件夹下的"Bezel Mold Base"，【重新构建】装配体。对Bezel所作的修改将反映到装配体文件中，这将花费一定的时间。

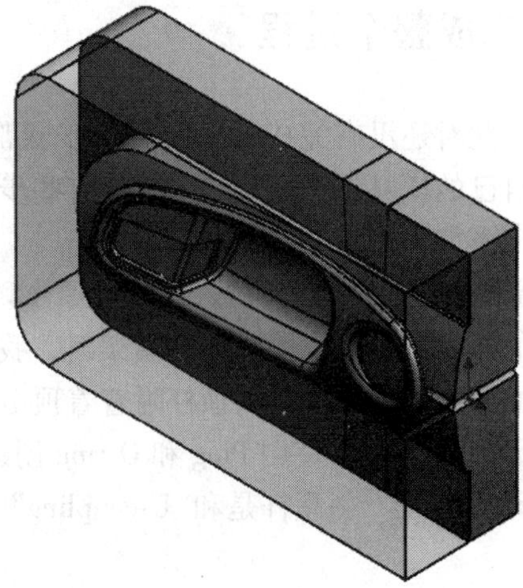

图9-53 打开主零件

步骤74 查看结果

显示状态更改为Fixed Half Hidden Lines Removed，所有的零件已经更新以包含主模型的修改。

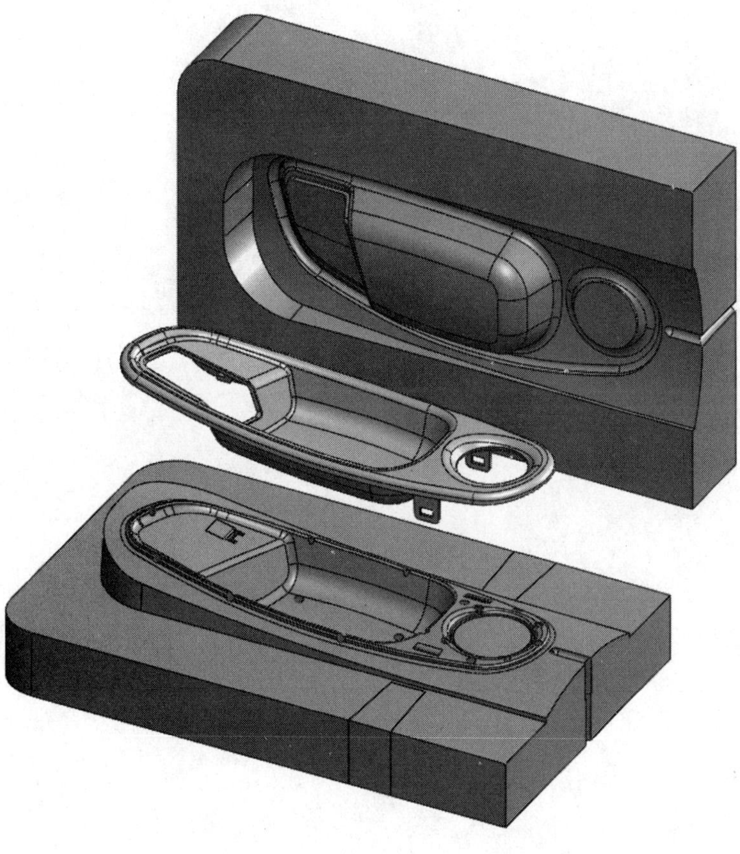

图9-54 检查实体

步骤75 保存并关闭所有文件

9.9 完成整个过程

模具此时还没有完成，但余下的步骤都是机械加工相关的而非模具特有的，所以不执行。但是，当创建自己的模具设计项目时，仍然有些步骤是要考虑的。

以下事情仍然需要处理：

1. 添加连接器 模具插入件通过螺栓联接在模架上。模架上有螺栓，但是插入件上并没有创建与之匹配的孔。当将插入件添加到模架时，我们分解了装配体，并且将诸如侧型心和斜顶杆等零部件移到相应的子装配体中。将斜顶杆附着着顶出板上，但仍然需要将侧型心和侧型心滑块连接在一起。

2. 添加零部件 使用 Plug 和 O-ring 创建水管，这些零部件仍然必须添加到装配体中。

3. 添加特征 斜顶杆是和“U-coupling” 相连接的。“U-coupling”只是放在顶出板上，而没有适当地固定。